Günter Zumpe

Angewandte Mechanik

Band 2

ANGEWANDTE MECHANIK

Band 2

Beschreibung und Zuordnung von Vektormengen

von

Prof. Dr.-Ing. habil. Günter Zumpe

2., erweiterte Auflage

Mit 65 Tafeln und 80 Abbildungen

AKADEMIE-VERLAG · BERLIN
1984

Erschienen im Akademie-Verlag, DDR-1086 Berlin, Leipziger Str. 3—4

Lizenznummer: 202 · 100/432/84
Printed in the German Democratic Republic
Gesamtherstellung: VEB Druckerei „Thomas Müntzer", 5820 Bad Langensalza
LSV 1124, 3784
Bestellnummer: 763 228 3 (5557/2)
03600

Vorwort

Meinen Töchtern
Christina und Cornelia
gewidmet

Die Erfahrung lehrt, daß die Lösung mechanischer Probleme dem Studierenden am Anfang aus zwei Gründen besondere Schwierigkeiten bereitet: Erstens, weil die Überführung des realen Objektes in ein zulässiges mathematisiertes Modell hohe Anforderungen an sein Abstraktionsvermögen stellt, und zweitens, weil ihm die zur Problemlösung erforderlichen mathematischen Grundlagen noch nicht geschlossen zur Verfügung stehen.

Die Abbildung der Verschiebungen, Geschwindigkeiten, Beschleunigungen und Impulse, des Eigengewichtes, der Wind-, Wasser-, Schnee- und Verkehrslasten, der Bodenpressungen und Spannungen in Vektoren sowie die Darstellung ihrer Verteilung im Raum — also der im ersten Band behandelte Übergang vom lebendig Angeschauten zum abstrakten Modell — ist gewiß nicht leicht.

Das Rechnen mit diesen an verschiedene Punkte des Raumes oder verschiedene Wirkungslinien gebundenen Vektoren ist aber zunächst ganz unmöglich, da die Vektorrechnung nur auf Vektoren mit gemeinsamem Fußpunkt oder auf freie Vektoren uneingeschränkt angewendet werden darf.

Es ist also notwendig und deshalb Anliegen des vorliegenden zweiten Bandes, den Studierenden mit den zulässigen Operationen für gebundene bzw. linienflüchtige Vektoren vertraut zu machen, um ihm eine Umformung, eine geeignete Modifizierung des mathematisierten Modells zu ermöglichen (Tafel V.1).

Überblicken wir die Vielzahl der möglichen Aufgabenstellungen, so erkennen wir, daß die Vektoren einzeln als Element, diskret verteilt als System oder kontinuierlich verteilt als Feld im Modell auftreten können, daß von diesen Vektorverteilungen Projektionen und Momente zu bilden sind und daß gezeigt werden muß, wie wir mit Hilfe dieser Projektionen und Momente die im Raum verteilte Vektormenge durch Vektoren ersetzen dürfen, die an einem gemeinsamen Punkt angreifen, um danach die bekannte lineare Vektoralgebra anwenden und somit den Modifizierungsprozeß durchführen zu können.

Diese mathematischen Grundlagen werden sehr ausführlich behandelt. Dabei wird jede mathematische Problemstellung mechanisch motiviert und der mathematischen Aussage ihr mechanisches Korrelat gegenübergestellt. Die zusammenhängende Betrachtung dieser Grundlagen vor dem Eintritt in die klassischen Disziplinen der Mechanik, also vor dem Eintritt in die Kinematik, die Dynamik, die Statik und die Kinetik, hat sich bewährt, da für die Behandlung der mechanischen Probleme dann eine gesicherte mathematische Theorie zur Verfügung steht, der mechanische Inhalt nicht durch mathematische Herleitungen verwischt wird und vergleichende Betrachtungen (z. B. der statischen Momente und Trägheitsmomente, der Flächenträgheitsmomente und Massen-

Tafel V.1. **Zum Lösungsprozeß mechanischer Probleme**

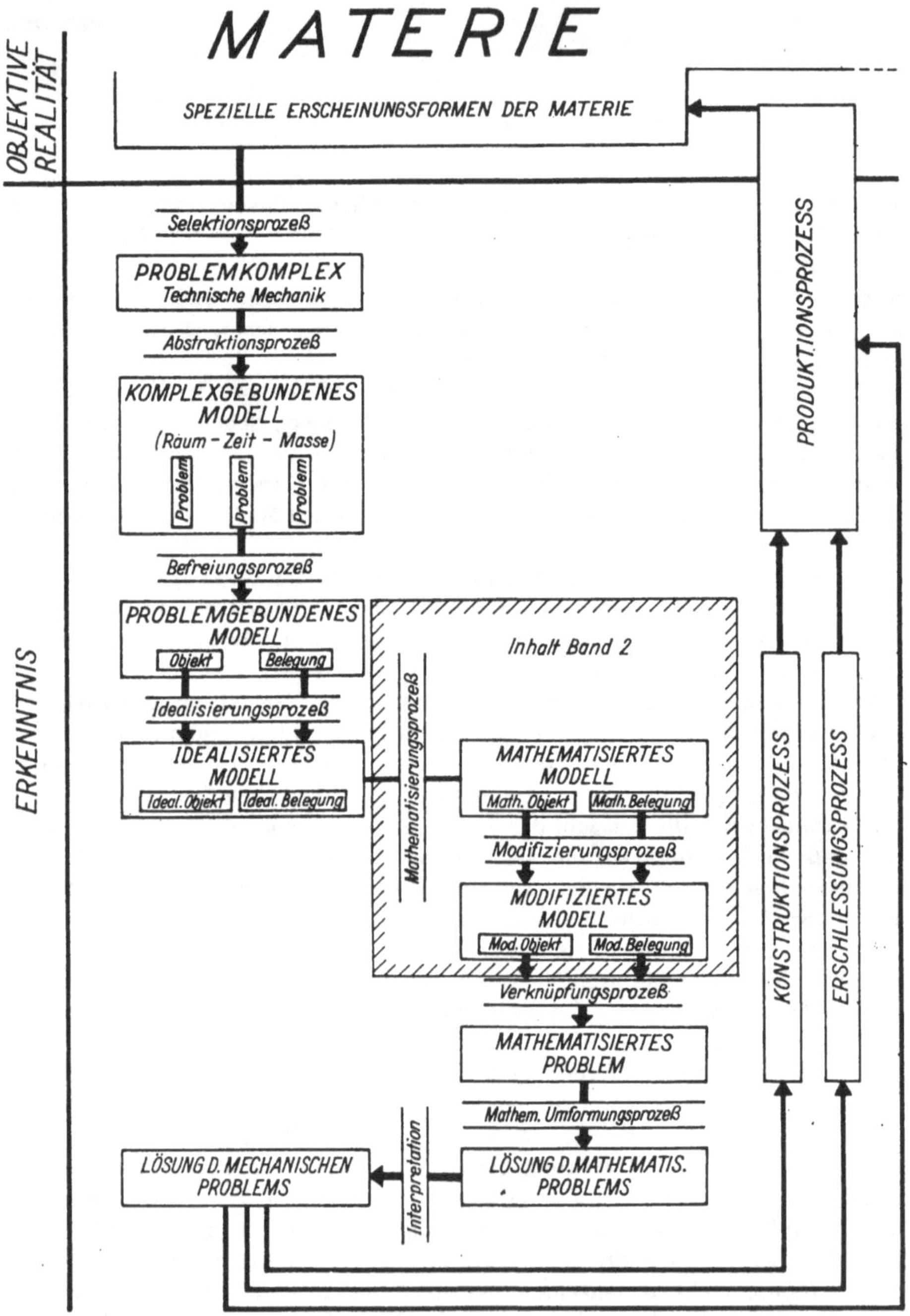

trägheitsmomente oder der Reduktion eines Impulsdichtefeldes und der Spannungsermittlung im Rahmen der technischen Biegetheorie) möglich sind.

Auch dieser zweite Band wird manchen Leser zu kritischen Hinweisen anregen, für deren Zusendung ich ihm wiederum sehr verbunden wäre.

Bei der Fertigstellung und bei der Durchsicht des Manuskriptes haben mich meine Assistenten Herr Dr.-Ing. C. Neuberg und Frau Dr.-Ing. I. Steiding umsichtig und tatkräftig unterstützt. Meine Sekretärin, Frau Ch. Franck, schrieb mit der ihr eigenen Sorgfalt das Typoskript, während Frau S. Krauße und Frau J. Tittel in mustergültiger Form die Zeichnungen für die vielen Bilder angefertigt haben. Die wissenschaftliche Lektorierung wurde wiederum sehr gewissenhaft von meinem Kustos, Herrn Dr.-Ing. P. Siegert besorgt. Von Seiten des Akademie-Verlages lag die Betreuung in den Händen der stellvertretenden Cheflektorin Frau R. Helle und der Fachlektorin Frau R. Trautmann, die mir stets beratend zur Seite standen, auf all meine Wünsche eingingen und mit ihren Mitarbeitern für die ansprechende Ausstattung auch dieses zweiten Bandes sorgten.

Ihnen allen möchte ich für ihre Bemühungen recht herzlich danken.

Dresden, im Mai 1978 GÜNTER ZUMPE

Vorwort zur 2. Auflage

In den Gesprächen über die Bedeutung der Elementarpaare für die Mechanik, die im vorliegenden Band eingeführt werden, äußerten vor allem Studierende immer wieder den Wunsch, diese Elementarpaare im Lösungsprozeß (nach Tafel V.1) einer größeren Aufgabe verfolgen zu können — und zwar sowohl während der theoretischen Vorbereitung als auch während der daran anschließenden numerischen Bewältigung.

Diesem Wunsch möchte ich mit einem Beispiel nachkommen, in dem der in Tafel N.5 skizzierte lineare Zusammenhang zwischen der Kräftebelegung eines Tragwerkes und dem korrespondierenden Normalspannungsfeld über einem seiner Querschnitte aufgezeigt wird.

Dieses Beispiel ist so breit angelegt, daß neben dem direkten problemorientierten Studium auch ein aufgabeorientiertes Studium der Kapitel 4., 5., 6. und 7. parallel zum Beispiel möglich ist. Der in Tafel N.5 aufgezeigte Zusammenhang wird durch eine einzige Matrizengleichung (B.136) widergespiegelt, deren numerische Bewältigung mittels einer EDVA erfolgen kann (Tafel B.24).

Im theoretischen Bereich wird die Leistungsfähigkeit der Elementarpaare sowohl in der knappen plakativen Form der Herleitungen als auch in den sehr übersichtlichen Deduktionen augenfällig, im numerischen Bereich ermöglichen die Elementarpaare eine mühelose Formalisierung des Lösungsprozesses mittels Matrizen.

In der Dynamik tritt uns das Elementarpaar als Dyname, in der Kinematik als Kinemate (als infinitesimale Verrückungskinemate, als Geschwindigkeits-,

Beschleunigungs- oder Impulskinemate) entgegen, und in der Kinetik werden Elementarpaare miteinander verknüpft, indem z. B. die Dyname gleich der zeitlichen Änderung der Impulskinemate gesetzt wird. Die Bedeutung der Elementarpaartheorie für die mathematische Fundierung der Starrkörpermechanik kann also erst nach dem Studium ihrer Teildisziplinen, deren Darlegung dem folgenden Band vorbehalten ist, gültig beurteilt werden.

Leider sind in der vorliegenden 2. Auflage aus drucktechnischen Gründen Änderungen und Ergänzungen in den Kapiteln 4., 5., 6., und 7. nicht möglich. Deshalb möchte ich der stellvertretenden Cheflektorin Frau R. Helle und der Fachlektorin Frau R. Trautmann für ihre vielen Bemühungen danken, die während der Vorbereitung dieser 2. Auflage immer darauf gerichtet waren, die Erfüllung der Leserwünsche durch ergänzende Ausführungen in dem sehr umfangreichen Beispiel zu ermöglichen. Gemeinsam mit den zuständigen Mitarbeitern in Herstellung und Druckerei sorgten sie für die wiederum sehr ansprechende Ausstattung des Buches.

Meinen Mitarbeitern danke ich für die sorgfältige und umsichtige Unterstützung während der Bearbeitung dieses Beispiels: Frau S. Krausse, Herr Dipl.-Gwl. Ch. Heinze und Herr Dipl.-Ing. H.-J. Scholze halfen mir beim Zeichnen der vielen Bilder und Tafeln, meine Tochter Cornelia schrieb das Typoskript, Herr Dr.-Ing. C. Neuberg unterstützte mich tatkräftig und gewissenhaft bei der Fertigstellung des Manuskriptes, während Herr Dr.-Ing. P. Siegert in vielen analysierenden Gesprächen unmittelbaren Anteil an der Gestaltung nahm, die Rechenprogramme für die EDVA BESM-6 schrieb und das ganze Beispiel wissenschaftlich lektorierte. Dem Direktor des Rechenzentrums der Technischen Universität Dresden, Herrn o. Prof. Dr.-Ing. habil. H. Stahl, danke ich für seine Unterstützung und für sein Interesse, mit dem er die Arbeit auch an diesem Beispiel verfolgte.

Einen besonders herzlichen Dank aber sage ich meinen Lesern für ihre Fragen, für ihre Wünsche und für ihre weiterführenden Gedanken. Ich hoffe sehr, daß dieses Beispiel manchen der Leser anregen wird, die allgemeingültigen Reflexionen über die Projektionen, über die Momente und über die Elementarpaare im Hinblick auf ihre Anwendung erneut zu durchdenken. Freuen würde ich mich, wenn sich daraus weitere fruchtbare Gespräche und Korrespondenzen ergäben.

Dresden, im November 1982 Günter Zumpe

Inhaltsverzeichnis

4. Beschreibung von Vektormengen

Stellen wir nach der Durchführung des Befreiungsprozesses die mechanischen Größen des Modells durch ihre mathematischen Bilder dar, so erhalten wir diskret oder auch kontinuierlich im Raum verteilte Tensoren, neben den Skalaren und Dyaden also auch Vektoren. An einzelnen Punkten des Anschauungsraumes greifen Kräfte an; auf eine Dachfläche wirken Wind und Schnee, auf die Wasserseite der Staumauer einer Talsperre der Druck des angestauten Wassers und über das Volumen der Staumauer verteilt das Eigengewicht, während Verschiebungs-, Geschwindigkeits- und Beschleunigungsfelder die Bewegung eines Körpers beschreiben. Alle diese im Anschauungsraum befindlichen Vektoren dürfen dann, wenn sie physikalische Größen der gleichen Art (also beispielsweise nur Kräfte oder nur Verschiebungen) symbolisieren, zu Vektorsystemen oder Vektorfeldern zusammengefaßt werden.

In diesem Abschnitt werden deshalb Vektoren als Elemente E *einer Vektormenge, Vektorsysteme* S *und Vektorfelder* Φ *definiert und beschrieben sowie die für theoretische Untersuchungen erforderlichen „elementaren" Systeme und Felder ebenso wie die bei der praktischen Anwendung häufig auftretenden „speziellen" Vektormengen eingeführt.*

4.1. Vektoren

4.1.1. Definitionen

Da vektorielle mechanische Größen als freie, linienflüchtige oder gebundene Vektoren sowie als Translations- oder Rotationsvektoren in Erscheinung treten, werden diese Begriffe im folgenden definiert.

4.1.1.1. Die Hamiltonsche Definition des Vektors

Zahlreiche mechanische Größen, wie z. B. die Verschiebung oder die Geschwindigkeit, sind räumlich orientiert. Zu ihrer vollständigen Bestimmung wird deshalb neben der Maßzahl, die den Betrag angibt, auch die Kennzeichnung ihrer Richtung und ihres Richtungssinnes erforderlich. Diese drei zur Beschreibung derartiger mechanischer Größen erforderlichen Angaben lassen sich geometrisch sehr anschaulich durch eine orientierte Strecke (einen Pfeil) im Raum darstellen.

Jede orientierte Strecke und jede mechanische Größe, die sich nach Festlegung einer Maßeinheit und einer Meßvorschrift durch eine orientierte Strecke veranschaulichen und eindeutig beschreiben läßt, nennt man nach Hamilton einen *Vektor*.

4.1.1.2. Freie, linienflüchtige und gebundene Vektoren

Ist die Verschiebung eines Vektors sowohl auf seiner Wirkungslinie als auch parallel zu dieser zulässig, so nennt man diesen einen *freien Vektor*. Für die Beschreibung wird also der Anfangspunkt der orientierten Strecke, der sog. Angriffspunkt des Vektors, nicht benötigt.

Darf jedoch der Vektor – ohne das Problem zu verfälschen – lediglich auf seiner im Raum fest vorgegebenen Wirkungslinie verschoben werden (dies ist z. B. bei einer Kraft dann möglich, wenn diese an einem starren Körper angreift), so liegt ein *linienflüchtiger Vektor* vor, für dessen Beschreibung die Angabe der Wirkungslinie erforderlich ist.

Ist die Verschiebung eines Vektors nicht zulässig, so spricht man von einem *gebundenen Vektor*. Neben Betrag, Richtung und Richtungssinn sind in diesem Falle für die vollständige Beschreibung die Koordinaten des Angriffspunktes notwendig, wie z. B. bei der Verschiebung eines Punktes oder bei der Einwirkung einer Kraft auf einen elastisch-festen Körper.

4.1.1.3. Translations- und Rotationsvektoren

Der Richtungssinn kann sowohl eine Translation (Verschiebung) als auch eine Rotation (Drehung) repräsentieren und fordert demnach die Unterscheidung von *Translationsvektoren* und *Rotationsvektoren* (oder Drehvektoren). Treten beide Vektorarten in der gleichen Skizze auf, dann versieht man – lediglich der besseren Unterscheidung wegen – die Translationsvektoren mit einer, die Rotationsvektoren dagegen mit zwei Pfeilspitzen (Doppelpfeil). Bei ebenen Problemen (mitunter der Anschaulichkeit wegen auch bei räumlichen Problemen) wird neben dem sog. Doppelpfeil ein mit Pfeilspitze versehener Halbkreis als Rotationsvektorsymbol benutzt (Bild 4.1). Als Beispiele für Translationsvektoren sollen die Bahngeschwindigkeits- und Bahnbeschleunigungsvektoren, als Beispiele für Rotationsvektoren die Winkelgeschwindigkeits- und Winkelbeschleunigungsvektoren genannt werden.

Bild 4.1. Rotationsvektorsymbole

4.1.2. Das Koordinatensystem

Greifen mehrere Vektoren $\boldsymbol{a}_i$ ($i = 1, \dots, n$) der gleichen Art (z. B. Kräfte) gleichzeitig am gleichen Punkt an, so kann man versuchen, jeweils einen Vektor in Abhängigkeit von den übrigen mit Hilfe einer Linearkombination auszudrücken, z. B.

$$\boldsymbol{a}_n = \alpha_1 \boldsymbol{a}_1 + \alpha_2 \boldsymbol{a}_2 + \cdots + \alpha_{n-1} \boldsymbol{a}_{n-1} \,. \tag{4.1}$$

Gelingt dies, dann heißen die Vektoren *linear abhängig*.

In diesem Fall lassen sich also die Vektoren $\boldsymbol{a}_1, \ldots, \boldsymbol{a}_n$ zu einem Nullvektor kombinieren, ohne daß alle Skalare $\alpha_1, \ldots, \alpha_n$ gleichzeitig Null sein müssen:

$$\begin{aligned} \boldsymbol{0} &= \alpha_1 \boldsymbol{a}_1 + \alpha_2 \boldsymbol{a}_2 + \cdots + \alpha_{n-1} \boldsymbol{a}_{n-1} - \boldsymbol{a}_n \,, \\ \boldsymbol{0} &= \alpha_1 \boldsymbol{a}_1 + \alpha_2 \boldsymbol{a}_2 + \cdots + \alpha_{n-1} \boldsymbol{a}_{n-1} + \alpha_n \boldsymbol{a}_n \quad \text{mit} \quad \alpha_n = -1 \,. \end{aligned} \tag{4.2}$$

Kann jedoch eine derartige Kombination zum Nullvektor dann und nur dann angeschrieben werden, wenn gleichzeitig alle α_i für $i = 1, \ldots, n$ Null sind, so läßt sich keiner der Vektoren in Abhängigkeit von den übrigen ausdrücken, und die Vektoren heißen *linear unabhängig*.

Findet man höchstens m linear unabhängige Vektoren, die wir mit $\boldsymbol{b}_1, \boldsymbol{b}_2, \ldots, \boldsymbol{b}_m$ bezeichnen, dann bilden diese eine *Basis* und heißen *Basisvektoren*.

Im dreidimensionalen Raum bilden genau drei nichtkomplanare Vektoren $\boldsymbol{b}_1, \boldsymbol{b}_2, \boldsymbol{b}_3$ eine Basis, da die Linearkombination dieser drei Vektoren nur dann den Nullvektor ergibt, wenn jeder dieser Vektoren verschwindet:

$$\boldsymbol{0} = \beta_1 \cdot \boldsymbol{b}_1 + \beta_2 \cdot \boldsymbol{b}_2 + \beta_3 \cdot \boldsymbol{b}_3 \tag{4.3}$$

für $\beta_1 = \beta_2 = \beta_3 = 0$.

Im folgenden werden wir zeigen, daß sich jeder Vektor eines dreidimensionalen Raumes eindeutig als Linearkombination dreier Basisvektoren darstellen läßt.

Betrachtet man neben den Basisvektoren $\boldsymbol{b}_1, \boldsymbol{b}_2, \boldsymbol{b}_3$ gleichzeitig einen beliebigen Vektor $\boldsymbol{a} \neq \boldsymbol{0}$, so ist dieses System von vier Vektoren linear abhängig, d. h., es existieren mindestens vier Zahlen

$$\{\alpha, \beta_1, \beta_2, \beta_3\} \,,$$

die gleichzeitig nicht alle Null sind und die Linearkombination zum Nullvektor ermöglichen:

$$\alpha \boldsymbol{a} + \beta_1 \boldsymbol{b}_1 + \beta_2 \boldsymbol{b}_2 + \beta_3 \boldsymbol{b}_3 = \boldsymbol{0} \,;$$

α muß hier stets von Null verschieden sein, da sonst die Vektoren $\boldsymbol{b}_i$ linear abhängig, also keine Basisvektoren wären, was der Voraussetzung widersprechen würde. Aus diesem Grunde kann durch α dividiert werden, und man erhält mit $\frac{\beta_i}{\alpha} =: -\lambda_i$, $\quad i = 1, 2, 3$,

$$\boldsymbol{a} = \lambda_1 \boldsymbol{b}_1 + \lambda_2 \boldsymbol{b}_2 + \lambda_3 \boldsymbol{b}_3 \,.$$

Diese Darstellung ist eindeutig, denn jede weitere denkbare Linearkombination, z. B.

$$\boldsymbol{a} = \lambda_1^* \boldsymbol{b}_1 + \lambda_2^* \boldsymbol{b}_2 + \lambda_3^* \boldsymbol{b}_3 \,,$$

führt nach der Differenzbildung

$$\boldsymbol{0} = \boldsymbol{a} - \boldsymbol{a} = (\lambda_1 - \lambda_1^*) \boldsymbol{b}_1 + (\lambda_2 - \lambda_2^*) \boldsymbol{b}_2 + (\lambda_3 - \lambda_3^*) \boldsymbol{b}_3$$

wegen der (vorausgesetzten) linearen Unabhängigkeit der Basisvektoren zu der Forderung

$$(\lambda_1 - \lambda_1^*) = (\lambda_2 - \lambda_2^*) = (\lambda_3 - \lambda_3^*) = 0$$

und damit zu

$$\lambda_1 = \lambda_1^*, \quad \lambda_2 = \lambda_2^*, \quad \lambda_3 = \lambda_3^*.$$

Daraus folgt, daß sich jeder dreidimensionale Vektor $\boldsymbol{a}$ als eindeutig bestimmte Linearkombination von drei Basisvektoren angeben läßt.

Für den zweidimensionalen Raum ((*komplanare*) Vektoren mit gleicher Wirkungs*ebene*) finden wir genau zwei Basisvektoren, für den eindimensionalen Raum ((*kollineare*) Vektoren mit gleicher Wirkungs*linie*) genau einen Basisvektor. Die Anzahl der Basisvektoren kennzeichnet also die Dimension des Raumes.

Im dreidimensionalen euklidischen Raum erhält man die Länge oder den Betrag eines Vektors zu

$$|\boldsymbol{a}| = |\sqrt{a_x^2 + a_y^2 + a_z^2}|. \tag{4.4}$$

Durch Division mit seinem Betrag kann jeder Vektor auf die Länge 1 *normiert* werden.

Für die Anwendung ist es zweckmäßig, die Basisvektoren zu normieren, da dann die Koordinaten a_i des Vektors $\boldsymbol{a}$ vergleichbare Aussagen (z. B. vergleichbare Längen) liefern. Aus

$$\begin{aligned} \boldsymbol{a} &= \lambda_1 \boldsymbol{b}_1 + \lambda_2 \boldsymbol{b}_2 + \lambda_3 \boldsymbol{b}_3 \\ &= |\boldsymbol{b}_1| \cdot \lambda_1 \cdot \frac{\boldsymbol{b}_1}{|\boldsymbol{b}_1|} + |\boldsymbol{b}_2| \cdot \lambda_2 \cdot \frac{\boldsymbol{b}_2}{|\boldsymbol{b}_2|} + |\boldsymbol{b}_3| \cdot \lambda_3 \cdot \frac{\boldsymbol{b}_3}{|\boldsymbol{b}_3|} \end{aligned} \tag{4.5}$$

folgt mit $|\boldsymbol{b}_i| \cdot \lambda_i =: a_i$ und $\frac{\boldsymbol{b}_i}{|\boldsymbol{b}_i|} =: \boldsymbol{e}_i \quad (i = 1, 2, 3)$

$$\boldsymbol{a} = a_1 \cdot \boldsymbol{e}_1 + a_2 \cdot \boldsymbol{e}_2 + a_3 \cdot \boldsymbol{e}_3 = \sum_{i=1}^{3} a_i \boldsymbol{e}_i, \tag{4.6}$$

wobei $\boldsymbol{e}_1, \boldsymbol{e}_2, \boldsymbol{e}_3$ die Einheitsvektoren einer Basis des dreidimensionalen linearen Raumes und a_1, a_2, a_3 die Koordinaten des Vektors $\boldsymbol{a}$ heißen.

Sind drei normierte Vektoren $\boldsymbol{e}_k$ ($k = 1, 2, 3$; $|\boldsymbol{e}_k| = 1$) paarweise orthogonal (d. h. $\boldsymbol{e}_k \cdot \boldsymbol{e}_i = 0$ für $k \neq i$), dann liegt ein sogenanntes *normiertes Orthogonalsystem* oder kurz *Orthonormalsystem* vor, daß als *Koordinatensystem* für die Vektordarstellung besonders geeignet ist.

4.1.3. Vektordarstellung

4.1.3.1. Vektordarstellung in der Mathematik

In einem fest vorgegebenen Koordinatensystem $\boldsymbol{e}_\nu$ ($\nu = 1, 2, 3$) ist entsprechend Abschnitt 4.1.2 ein Vektor durch die Koordinaten a_ν eindeutig bestimmt. Aus diesem Grunde genügt die Angabe dieser Koordinaten, die man sowohl als Spaltenmatrix $\boldsymbol{a}$ als auch als Zeilenmatrix (transponierte Spaltenmatrix) $\boldsymbol{a}'$

$$\boldsymbol{a} = \begin{pmatrix} a_1 \\ a_2 \\ a_3 \end{pmatrix}, \qquad \boldsymbol{a}' = (a_1, a_2, a_3) \tag{4.7}$$

anordnen kann.

Im allgemeinen wird die Basis durch ein schiefwinkliges räumliches Koordinatensystem, bestehend aus drei beliebigen nichtkomplanaren (d. h. nicht in einer Ebene liegenden, also linear unabhängigen) Basisvektoren gebildet. Für die Beschreibung einer großen Anzahl dreidimensionaler Probleme ist jedoch schon eine paarweise orthogonale Anordnung der Basisvektoren, d. h. ein sog. Orthogonalsystem, das normiert als Orthonormalsystem oft nach René Descartes (1596–1650, lat. Renatus Cartesius) *cartesisches* (auch kartesisches) Koordinatensystem genannt wird, besser geeignet.

In diesem dreidimensionalen cartesischen Koordinatensystem mit den Basisvektoren $\boldsymbol{i}, \boldsymbol{j}, \boldsymbol{k}$ kann z. B. die Kraft $\boldsymbol{P}_{0a}$ (Bild 4.2) wie folgt angeschrieben werden:

$$\underbrace{\boldsymbol{P}_{0a}}_{\text{Vektor}} = \underbrace{\boldsymbol{P}_{0x} + \boldsymbol{P}_{0y} + \boldsymbol{P}_{0z}}_{\text{Komponenten (Vektoren)}} = \underbrace{P_{0x}\,\boldsymbol{i} + P_{0y}\,\boldsymbol{j} + P_{0z}\,\boldsymbol{k}}_{\text{Koordinaten}} = \underbrace{\begin{pmatrix} P_{0x} \\ P_{0y} \\ P_{0z} \end{pmatrix} = \begin{pmatrix} |\boldsymbol{P}_{0a}| \cdot \cos\alpha_a \\ |\boldsymbol{P}_{0a}| \cdot \cos\beta_a \\ |\boldsymbol{P}_{0a}| \cdot \cos\gamma_a \end{pmatrix}}_{\text{Koordinaten}} \tag{4.8a}$$

(Basisvektoren: $\boldsymbol{i}, \boldsymbol{j}, \boldsymbol{k}$)

$$\boldsymbol{P}_{0a} = \underbrace{|\boldsymbol{P}_{0a}|}_{\text{Betrag}} \cdot \underbrace{\begin{pmatrix} \cos\alpha_a \\ \cos\beta_a \\ \cos\gamma_a \end{pmatrix} =: |\boldsymbol{P}_{0a}| \cdot \boldsymbol{p}_{0a}}_{\text{Einheitsvektor}} \quad \text{mit} \quad |\boldsymbol{p}_{0a}| = 1\,. \tag{4.8b}$$

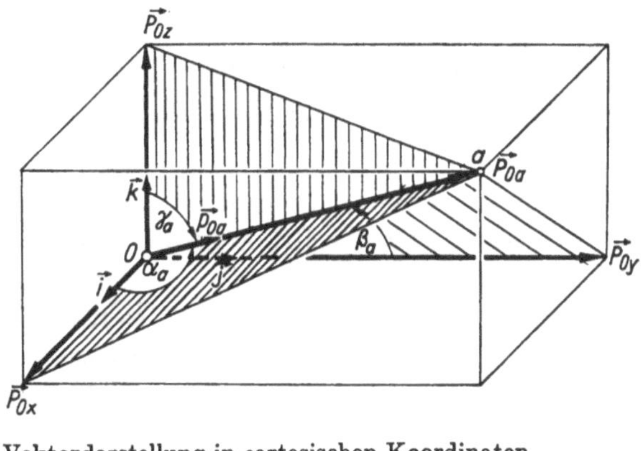

Bild 4.2. Vektordarstellung in cartesischen Koordinaten

4.1.3.2. Vektordarstellung in der Mechanik

In der Mechanik sind zur eindeutigen Beschreibung eines gebundenen Vektors – so z. B. der (hinreichend kleinen) Verschiebung $\boldsymbol{s}$ des Punktes a in Richtung des Einheitsvektors $\boldsymbol{y}$ infolge der Kraft $\boldsymbol{P}$ (Bild 4.3) – fünf Bestimmungsstücke

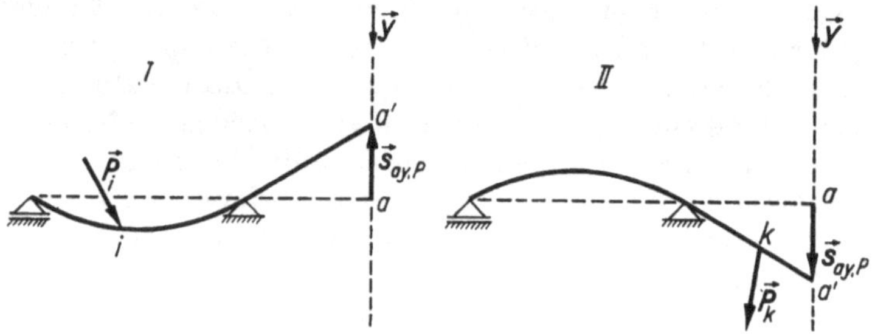

Bild 4.3. Vektordarstellung der Verschiebung $\mathbf{s} = \overrightarrow{aa'}$

erforderlich:

1. sein Betrag: im Beispiel $|\mathbf{s}|$,
2. seine Richtung, festgelegt durch den willkürlichen definierten Einheitsvektor der Richtungsgeraden: im Beispiel $\boldsymbol{y}$,
3. sein Richtungssinn, angegeben durch den Kosinus des Winkels, der von dem Vektor und dem Einheitsvektor der Richtungsgeraden eingeschlossen wird: im Beispiel I: $\cos(\mathbf{s}, \boldsymbol{y}) = -1$, im Beispiel II: $\cos(\mathbf{s}, \boldsymbol{y}) = +1$,
4. sein Angriffspunkt: im Beispiel a,
5. die Ursache seiner Existenz: im Beispiel $\boldsymbol{P}$ (genauer $\boldsymbol{P}_i$ bzw. $\boldsymbol{P}_k$).

Faßt man die Richtungsgerade als eindimensionalen Raum und den Einheitsvektor (z. B. $\boldsymbol{y}$) als Basisvektor dieses Raumes auf, so können Betrag (z. B. $|\mathbf{s}|$) und Richtungskosinus (z. B. $\cos(\mathbf{s}, \boldsymbol{y})$) zur Koordinate zusammengefaßt werden (z. B. $s = |\mathbf{s}| \cdot \cos(\mathbf{s}, \boldsymbol{y})$).

Angriffspunkt, Richtung und Ursache werden i. allg. als Indizes angegeben, und zwar beschreibt der

1. Index vor dem Komma: den Angriffspunkt (a),
2. Index vor dem Komma: die Richtung ($\boldsymbol{y}$, y),
1. Index nach dem Komma: die Ursache ($\boldsymbol{P}$, P).

Der Vektor selbst kann im üblichen Sinne durch ein Symbol, durch Koordinate und Einheitsvektor oder durch Betrag, Richtungssinn und Einheitsvektor angegeben werden:

Betrag
Richtungssinn
Einheitsvektor

$$\mathbf{s}_{a\boldsymbol{y},\boldsymbol{P}} = s_{a\boldsymbol{y},\boldsymbol{P}} \cdot \boldsymbol{y} = |\mathbf{s}_{a\boldsymbol{y},\boldsymbol{P}}| \cdot \cos(\mathbf{s}, \boldsymbol{y}) \cdot \boldsymbol{y}$$

$$\mathbf{s}_{ay,P} = s_{ay,P} \cdot \boldsymbol{y} = |\mathbf{s}_{ay,P}| \cdot \cos(\mathbf{s}, \boldsymbol{y}) \cdot \boldsymbol{y}$$

Einheitsvektor
Koordinate

In den Indizes werden die halbfetten Buchstaben immer dann durch magere ersetzt, wenn die Eindeutigkeit der Aussage dabei erhalten bleibt.

Die Indizes werden nur dann angegeben, wenn die Eindeutigkeit nicht verloren geht; das Komma darf nur dann weggelassen werden, wenn der Ursachenindex entfällt.

Wenn es die Eindeutigkeit gestattet, kann man also vereinfachen. Wird z. B. die Verschiebung nur am Punkt a, nur in Richtung y und nur infolge der Kraft P betrachtet, so gilt

$$\mathbf{s}_{ay,\,P} = \mathbf{s}_{ay} = \mathbf{s}_{a,\,P} = \mathbf{s}_a = \mathbf{s}\,.$$

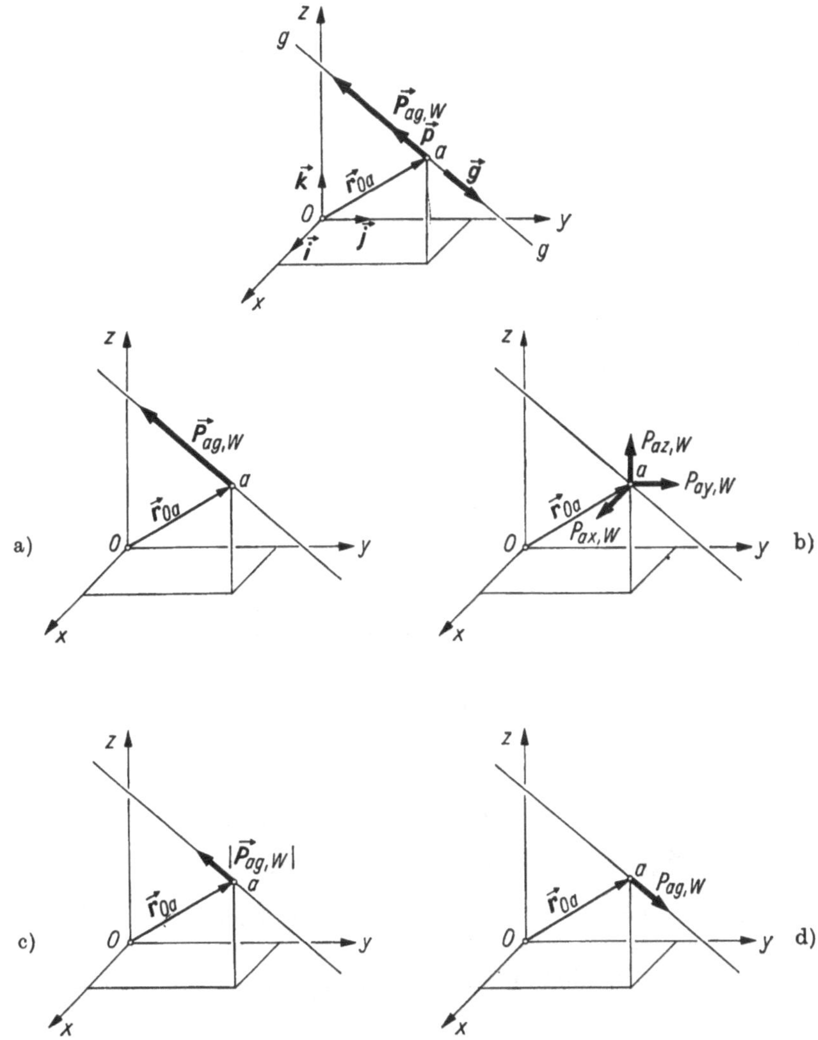

Bild 4.4. Darstellung eines Vektors $\boldsymbol{P}$ im Punkt a in Richtung der Geraden $\overline{gg}$ infolge einer Ursache W

a) als Vektor (Pfeil und Symbol $\boldsymbol{P}_{ag,\,W}$),

b) durch Basisvektoren $\boldsymbol{i}, \boldsymbol{j}, \boldsymbol{k}$ und Koordinaten (Pfeile und Koordinaten $P_{ax,\,W}$, $P_{ay,\,W}$, $P_{az,\,W}$),

c) durch Einheitsvektor $\boldsymbol{p}$ und Betrag (Pfeil und Betrag $|\boldsymbol{P}_{ag,\,W}|$),

d) durch Basisvektor $\boldsymbol{g}$ und Koordinate (Pfeil und Koordinate $P_{ag,\,W}$)

Entsprechend der Methode (grafische, analytische Behandlung) und dem Ziel (Reduktion: Zusammenfassung von Vektoren, Disduktion: Zerlegung von Vektoren) werden verschiedene Vektordarstellungen gewählt, die in Bild 4.4 zusammengestellt sind.

4.1.3.3. Anwendung: Vektordarstellung im zweidimensionalen Raum

Im Anschauungsraum liegen die vier komplanaren Vektoren $\boldsymbol{P}_{0,\nu}$ ($\nu = 1, \ldots, 4$) mit dem Angriffspunkt 0 infolge einer Einwirkung in Richtung ν vor, die als Linearkombinationen der Basisvektoren $\boldsymbol{i}$ und $\boldsymbol{j}$ angegeben werden sollen (Bild 4.5).

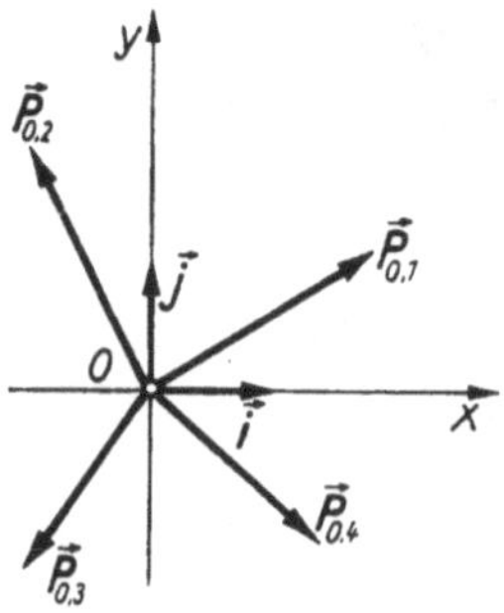

Bild 4.5. Vektoren $\boldsymbol{P}_{0,\nu}$ ($\nu = 1, \ldots, 4$) und Basisvektoren $\boldsymbol{i}, \boldsymbol{j}$

Zunächst drückt man jeden Vektor $\boldsymbol{P}_{0,\nu}$ als Summe seiner beiden Komponenten in den von den Basisvektoren $\boldsymbol{i}$ und $\boldsymbol{j}$ festgelegten Richtungen x und y aus:

$$\boldsymbol{P}_{0,\nu} = \boldsymbol{P}_{0x,\nu} + \boldsymbol{P}_{0y,\nu} \,. \tag{4.9}$$

Darauf führt man die den Komponenten zugeordneten Einheitsvektoren ein:

$$\begin{aligned} \boldsymbol{P}_{0,\nu} &= |\boldsymbol{P}_{0x,\nu}| \cdot \frac{\boldsymbol{P}_{0x,\nu}}{|\boldsymbol{P}_{0x,\nu}|} + |\boldsymbol{P}_{0y,\nu}| \cdot \frac{\boldsymbol{P}_{0y,\nu}}{|\boldsymbol{P}_{0y,\nu}|} \,, \\ \boldsymbol{P}_{0,\nu} &= |\boldsymbol{P}_{0x,\nu}| \cdot \boldsymbol{p}_{0x,\nu} + |\boldsymbol{P}_{0y,\nu}| \cdot \boldsymbol{p}_{0y,\nu} \,. \end{aligned} \tag{4.10}$$

Diese Einheitsvektoren $\boldsymbol{p}_{0x,\nu}$ bzw. $\boldsymbol{p}_{0y,\nu}$ und die ihnen parallelen Basisvektoren $\boldsymbol{i}$ bzw. $\boldsymbol{j}$ können nun gleichgerichtet ($\upuparrows$) oder entgegengesetzt gerichtet ($\updownarrows$) sein. Im ersten Fall ($\upuparrows$) sind die Einheitsvektoren und Basisvektoren gleich

$$\boldsymbol{p}_{0x,\nu} = +\boldsymbol{i} \quad \text{bzw.} \quad \boldsymbol{p}_{0y,\nu} = +\boldsymbol{j} \,,$$

im anderen hingegen ($\updownarrows$) entgegengesetzt gleich

$$\boldsymbol{p}_{0x,\nu} = -\boldsymbol{i} \quad \text{bzw.} \quad \boldsymbol{p}_{0y,\nu} = -\boldsymbol{j} \,.$$

Die Frage, ob die Verknüpfung der Einheits- und Basisvektoren mit Hilfe des skalaren Faktors +1 oder −1 zu erfolgen hat, kann man sofort beantworten, wenn man die Einheitsvektoren $\boldsymbol{p}_{0x,\nu}$ bzw. $\boldsymbol{p}_{0y,\nu}$ auf die parallelen Basisvektoren $\boldsymbol{i}$ bzw. $\boldsymbol{j}$ projiziert (d. h. mit $\boldsymbol{i}$ und $\boldsymbol{j}$ skalar multipliziert), denn es ist

$$\boldsymbol{p}_{0x,\nu}\cdot\boldsymbol{i}=\begin{cases}\cos 0=+1 & \text{für } \boldsymbol{p}_{0x,\nu}\upuparrows\boldsymbol{i},\\ \cos\pi=-1 & \text{für } \boldsymbol{p}_{0x,\nu}\uparrow\downarrow\boldsymbol{i},\end{cases}\tag{4.11 a}$$

$$\boldsymbol{p}_{0y,\nu}\cdot\boldsymbol{j}=\begin{cases}\cos 0=+1 & \text{für } \boldsymbol{p}_{0y,\nu}\upuparrows\boldsymbol{j},\\ \cos\pi=-1 & \text{für } \boldsymbol{p}_{0y,\nu}\uparrow\downarrow\boldsymbol{j}.\end{cases}\tag{4.11 b}$$

Es dürfen also in (4.10) die Einheitsvektoren durch die parallelen Basisvektoren ersetzt werden, wenn die Skalarprodukte $\boldsymbol{p}_{0x,\nu}\cdot\boldsymbol{i}$ bzw. $\boldsymbol{p}_{0y,\nu}\cdot\boldsymbol{j}$ als Faktoren hinzugefügt werden:

$$\boldsymbol{P}_{0,\nu}=(\boldsymbol{p}_{0x,\nu}\cdot\boldsymbol{i})\,|\boldsymbol{P}_{0x,\nu}|\cdot\boldsymbol{i}+(\boldsymbol{p}_{0y,\nu}\cdot\boldsymbol{j})\,|\boldsymbol{P}_{0y,\nu}|\cdot\boldsymbol{j}\,.\tag{4.12}$$

Diese Faktoren faßt man dann zweckmäßigerweise mit den Beträgen zur Koordinate (vorzeichenbehafteter Betrag) zusammen und erhält schließlich

$$\boldsymbol{P}_{0,\nu}=P_{0x,\nu}\cdot\boldsymbol{i}+P_{0y,\nu}\cdot\boldsymbol{j}\tag{4.13}$$

als gesuchte Linearkombination (Bild 4.6).

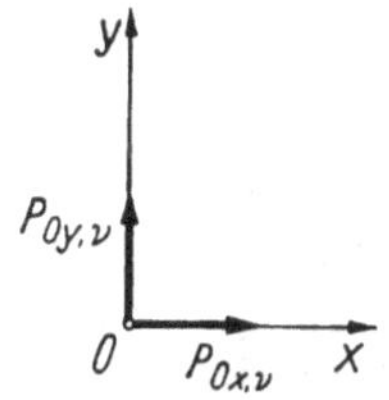

Bild 4.6. Darstellung der Vektoren $\boldsymbol{P}_{0,\nu}$ durch Basisvektoren und Koordinaten

4.2. Vektorsysteme

Häufig haben mehrere gleichzeitig auftretende orientierte mechanische Größen (wie z. B. die Radlasten eines Zuges) gemeinsame Merkmale (die Radlasten sind z. B. parallel, haben den gleichen Richtungssinn sowie den gleichen Betrag). Sie erhalten aus diesem Grunde besondere Namen, die im folgenden definiert werden.

4.2.1. Definition

Sind einzelnen (endlich vielen) Punkten i ($i = 1, 2, \ldots, n$) eines beschränkten Bereiches B Vektoren der gleichen Art (z. B. Kraftvektoren) zugeordnet, so liegt eine diskrete Vektorverteilung vor, die man definitionsgemäß (vgl. Abschnitt 3.3.2.3) Vektorsystem (z. B. Kräftesystem) nennt und symbolisch

$$S_{\boldsymbol{P}}:=\{\boldsymbol{P}_1,\ldots,\boldsymbol{P}_n\}=\{\boldsymbol{P}_i\mid i=1,\ldots,n\}=\{\boldsymbol{P}_i\mid i\in B\}\tag{4.14}$$

schreibt.[1])

[1]) Die Betrachtungen über Vektoren gelten für alle mechanischen gerichteten Größen (z. B. Verschiebungen, Geschwindigkeiten, Impulse, Impulsableitungen, orientierte Flächen, Kräfte, Momente). Als Repräsentant wurde das Symbol $\boldsymbol{P}$ gewählt.

Als Beispiel wurden schon in Abschnitt 3.3.2.3 neben dem Kräftesystem das Geschwindigkeitssystem, das Impulssystem und das System der Erdbeschleunigungen erwähnt.

4.2.2. Vergleich von Vektoren

Vergleichen wir zwei Vektoren hinsichtlich ihrer Wirkungslinie, so ergeben sich folgende vier Fälle:

1. Vektoren heißen *kollinear* (|||), wenn sie dieselbe Wirkungslinie haben.
2. Vektoren heißen *parallel* (||), wenn ihre Wirkungslinien parallel sind.
3. Vektoren heißen *komplanar* (▯), wenn ihre Wirkungslinien in einer Ebene liegen.
4. Vektoren heißen *nichtkomplanar* oder *spatial* (⌸), wenn ihre Wirkungslinien nicht in einer Ebene liegen, wenn sie also windschief sind.

Da zur Beschreibung eines gebundenen Vektors (z. B. der Kraft) — wenn wir von der Ursache absehen — drei Merkmale, nämlich die Orientierung (Richtung und Richtungssinn bzw. Einheitsvektor), Betrag und Angriffspunkt erforderlich sind, lassen sich prinzipiell drei Gleichheiten unterscheiden:

1. Gleichheit von Einheitsvektoren
   Einheitsvektoren sind gleich, wenn sie die gleiche Richtung und den gleichen Richtungssinn, also die gleiche Orientierung im Raum festlegen.
   Vektoren mit gleichen Einheitsvektoren heißen gleichgerichtet ($\upuparrows$).
   Die Wirkungslinien zweier gleichgerichteter Vektoren $\boldsymbol{P}_i$ und $\boldsymbol{P}_k$ sind parallel ($\boldsymbol{P}_i \parallel \boldsymbol{P}_k$). Fallen sie zusammen, so heißen die Vektoren kollinear ($\boldsymbol{P}_i \,|||\, \boldsymbol{P}_k$).
   Zwei gleichgerichtete Vektoren $\boldsymbol{P}_i$ und $\boldsymbol{P}_k$ können also

   gleichgerichtet und parallel: $\boldsymbol{P}_i \upuparrows \boldsymbol{P}_k$

   oder

   gleichgerichtet und kollinear: $\boldsymbol{P}_i \uparrow\!|\!|\!\uparrow \boldsymbol{P}_k$

   sein.
2. Gleichheit von Vektoren
   Vektoren sind gleich, wenn ihre Einheitsvektoren und ihre Beträge gleich sind.
   Die Wirkungslinien zweier gleicher Vektoren $\boldsymbol{P}_i$ und $\boldsymbol{P}_k$ können parallel oder kollinear und demnach die Vektoren selbst

   gleich und parallel: $\boldsymbol{P}_i \Rrightarrow \boldsymbol{P}_k$

   oder

   gleich und kollinear: $\boldsymbol{P}_i \equiv\!\!\!\!\!\rightarrow \boldsymbol{P}_k$

   sein. Anstelle $\boldsymbol{P}_i \Rrightarrow \boldsymbol{P}_k$ schreibt man in der Regel $\boldsymbol{P}_i = \boldsymbol{P}_k$.
3. Identität von Vektoren
   Vektoren sind identisch ($\equiv$), wenn ihre Einheitsvektoren, ihre Beträge und ihre Angriffspunkte gleich sind.

In jedem anderen Fall sind zwei Vektoren ungleich. In der Menge der ungleichen Vektoren haben die *entgegengesetzt gerichteten* Vektoren eine gewisse Bedeutung, weshalb sie ein besonderes Symbol erhalten (Tafel 4.1).

Tafel 4.1. **Symbole für den Vergleich zweier Vektoren**

Symbol allgemein	Symbol speziell	Wirkungslinie	Einheitsvektor Richtung	Einheitsvektor Richtungssinn	Betrag	Angriffspunkt
$\|\|\|$	$\uparrow\|\uparrow$	kollinear	gleich	gleich	beliebig	beliebig
	$\uparrow\|\downarrow$	kollinear	gleich	gegengleich	beliebig	beliebig
	$\Rrightarrow$	kollinear	gleich	gleich	gleich	beliebig
	$\rightleftharpoons$	kollinear	gleich	gegengleich	gleich	beliebig
	$\equiv$	kollinear	gleich	gleich	gleich	gleich
	$\equiv -$	kollinear	gleich	gegengleich	gleich	gleich
$\|\|$	$\uparrow\uparrow$	parallel	gleich	gleich	beliebig	beliebig
	$\uparrow\downarrow$	parallel	gleich	gegengleich	beliebig	beliebig
	$\Rightarrow$, $=$	parallel	gleich	gleich	gleich	beliebig
	$\rightleftarrows$, $= -$	parallel	gleich	gegengleich	gleich	beliebig
$\square$		komplanar	beliebig	beliebig	beliebig	beliebig
$\boxminus$		spatial (nichtkomplanar)	beliebig	beliebig	beliebig	beliebig

4.2.3. Elementare Vektorsysteme

Zwei Vektoren der gleichen Art bilden ein „Paar von Vektoren“. Je nach Anordnung der Wirkungslinien unterscheidet man:

1. Das Kollinearpaar

Zwei Vektoren der gleichen Art mit gemeinsamer Wirkungslinie bilden ein Kollinearpaar. Sind die beiden Vektoren gegengleich, so wird dieses spezielle Kollinearpaar *Aufhebungspaar* genannt.

Repräsentieren die beiden Vektoren z. B. Kräfte, die an einem starren Körper angreifen, so *heben* sie sich *auf*: Die Resultierende der beiden Kräfte ist ein Nullvektor, der das mechanische Verhalten des starren Körpers nicht beeinflußt.

$$S_P := \{\boldsymbol{P}_m, \boldsymbol{P}_n \mid \boldsymbol{P}_m \rightleftharpoons \boldsymbol{P}_n\} . \tag{4.15}$$

Haben beide Vektoren den gleichen Angriffspunkt (z. B. m), so versieht man einen der beiden Vektoren zur Unterscheidung vom anderen mit einem Stern.

$$S_P := \{\boldsymbol{P}_m, \boldsymbol{P}_m^* \mid \boldsymbol{P}_m \equiv -\boldsymbol{P}_m^*\} . \tag{4.16}$$

2. Das Komplanarpaar

Zwei Vektoren der gleichen Art mit komplanaren Wirkungslinien bilden ein *Komplanarpaar*.

$$S_P := \{\boldsymbol{P}_m, \boldsymbol{P}_n \mid \boldsymbol{P}_m \; \square \; \boldsymbol{P}_n\} \tag{4.17}$$

Repräsentieren die beiden Vektoren z. B. Kräfte, die an einem starren Körper angreifen, so dürfen diese zu einer Resultierenden zusammengefaßt werden. Das Komplanarpaar ist dann einer Einzelkraft äquivalent (Abschnitt 2.4.3.3.).

Sind die beiden Vektoren gegengleich, so wird dieses spezielle Komplanarpaar *Vektorpaar* genannt.

$$S_{\boldsymbol{P}} := \{\boldsymbol{P}_m, \boldsymbol{P}_n \mid \boldsymbol{P}_m = -\boldsymbol{P}_n\} . \tag{4.18}$$

3. Das Spatialpaar

Zwei Vektoren der gleichen Art mit spatialen Wirkungslinien bilden ein Spatialpaar, das auch *Vektorkreuz* genannt wird.

$$S_{\boldsymbol{P}} := \{\boldsymbol{P}_m, \boldsymbol{P}_n \mid \boldsymbol{P}_m \boxminus \boldsymbol{P}_n\} . \tag{4.19}$$

Aufhebungspaar, Vektorpaar, Komplanarpaar und Vektorkreuz werden als *elementare Vektorsysteme* bezeichnet (Tafel 4.2). Sollen die elementaren Vektorsysteme bereits an den Vektorsymbolen erkennbar sein, so bezeichnet man z. B. die Vektoren des Aufhebungspaares mit $\boldsymbol{A}$

$$S_{\boldsymbol{A}} := \{\boldsymbol{A}_m, \boldsymbol{A}_n \mid \boldsymbol{A}_m \overset{\rightharpoonup}{\underset{\leftharpoondown}{=}} \boldsymbol{A}_n\} , \tag{4.15a}$$

des Vektorpaares mit $\boldsymbol{K}$

$$S_{\boldsymbol{K}} := \{\boldsymbol{K}_m, \boldsymbol{K}_n \mid \boldsymbol{K}_m \rightleftarrows \boldsymbol{K}_n\} , \tag{4.18a}$$

des Komplanarpaares mit $\boldsymbol{P}$

$$S_{\boldsymbol{P}} := \{\boldsymbol{P}_m, \boldsymbol{P}_n \mid \boldsymbol{P}_m \;\square\; \boldsymbol{P}_n\} , \tag{4.17a}$$

des Vektorkreuzes mit $\boldsymbol{V}$

$$S_{\boldsymbol{V}} := \{\boldsymbol{V}_m, \boldsymbol{V}_n \mid \boldsymbol{V}_m \boxminus \boldsymbol{V}_n\} . \tag{4.19a}$$

4.2.4. Spezielle Vektorsysteme

Im allgemeinen Fall sind in einem Vektorsystem die Wirkungslinien spatial angeordnet und beliebig gerichtet. Hinsichtlich der Anordnung lassen sich hieraus komplanare und kollineare, hinsichtlich der Richtung zentrale und parallele Vektorsysteme spezialisieren.

Damit ergeben sich folgende *spezielle Vektorsysteme*:

1. Zentrales Spatialsystem,
2. Paralleles Spatialsystem,
3. Beliebiges Komplanarsystem,
4. Zentrales Komplanarsystem,
5. Paralleles Komplanarsystem,
6. Kollinearsystem.

Beispiele für Wirkungslinien spezieller Vektorsysteme sind in Tafel 4.3 dargestellt.

Betrachten wir als praktisches Beispiel ein Ziegeldach. Dachlatten, die auf die Sparren aufgenagelt worden sind, tragen die Dachziegel, den Schnee sowie den Wind und setzen die Latten-, Ziegel- und Schneelasten sowie Winddruck und Windsog auf die Sparren ab. Befreien wir die Sparren vom Dach, so können wir die auf die Sparren einwirkenden Lasten als Einzelkräfte eintragen. Wir erhalten ein beliebiges Spatialsystem, das sich in parallele Komplanarsysteme (z. B. Schnee auf Sparren) zerlegen läßt.

Tafel 4.2. **Elementare Vektorsysteme**

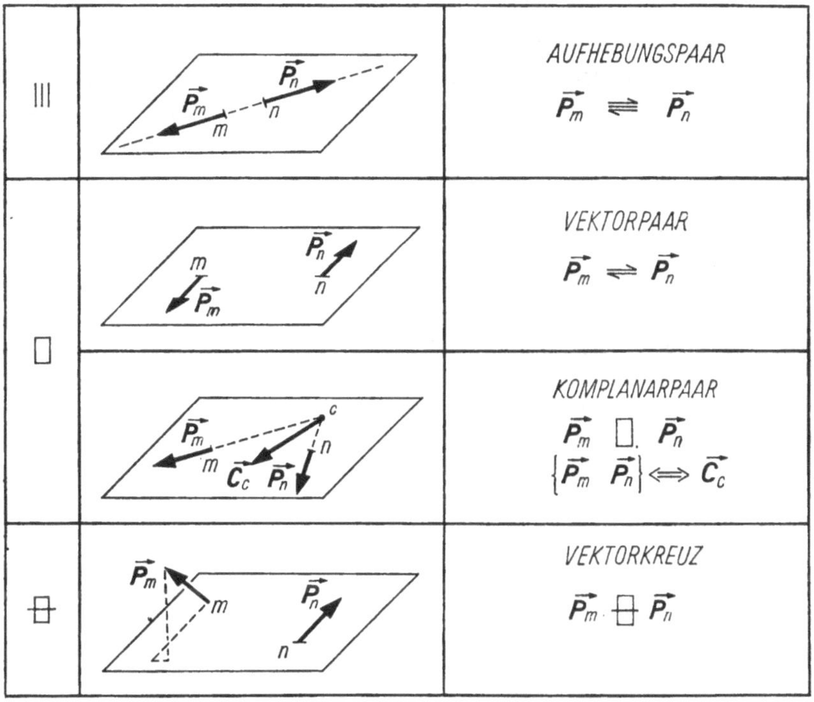

Tafel 4.3. **Spezielle Vektorsysteme**

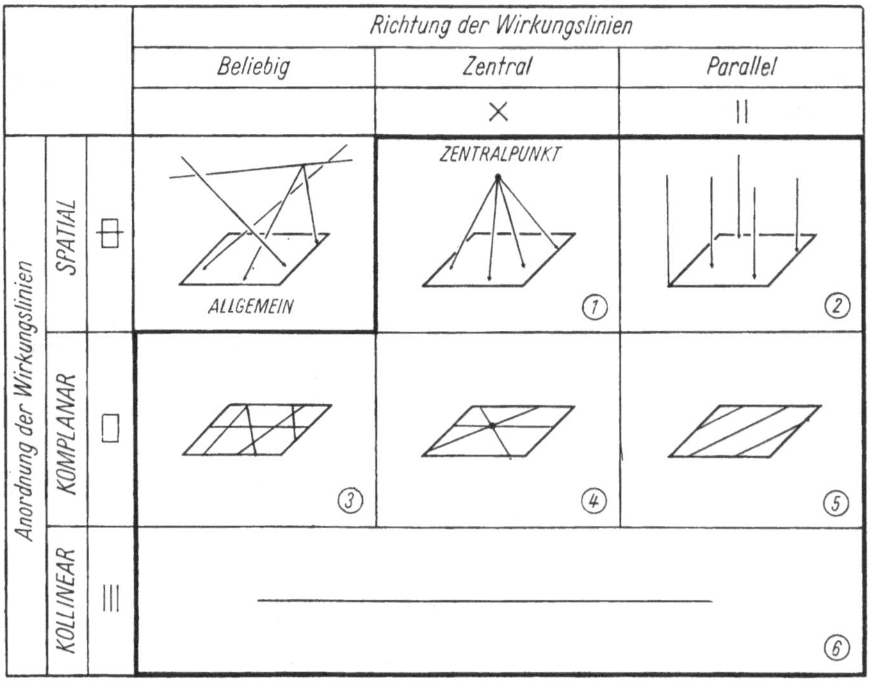

4.3. Vektorfelder

Vektorfelder treten als kinematische und dynamische Felder (Tafel 3.1) sowie als Projektionsfelder und Momentenfelder auf. Sie zeichnen sich in den meisten Fällen durch gewisse Besonderheiten (wie Anordnung der Vektoren, Struktur des Feldes) aus und tragen dann eigene, diese Besonderheiten charakterisierende Namen, die im folgenden definiert und erklärt werden sollen.

4.3.1. Definition

Ist jedem Punkt $\boldsymbol{r}$ eines beschränkten Bereiches B unseres Anschauungsraumes ein Vektor $\boldsymbol{\alpha}$ der gleichen Art (z. B. Verschiebungsvektor) zugeordnet, der stetig mit diesem seinem Angriffspunkt variiert, so liegt eine kontinuierliche Vektorverteilung in B vor, die man definitionsgemäß (Abschnitt 3.3.2.2) Vektorfeld (z. B. Verschiebungsfeld) nennt und symbolisch

$$\Phi_\alpha := \Phi_{\boldsymbol{\alpha}} := \{\boldsymbol{\alpha}(\boldsymbol{r}) \mid \boldsymbol{r} \in B\} \qquad : \text{Zustand}, \qquad (4.20)$$

$$\Phi_\alpha := \Phi_{\boldsymbol{\alpha}} := \{\boldsymbol{\alpha}(\boldsymbol{r}, t) \mid \boldsymbol{r} \in B, t \in [t_A, t_E]\} \qquad : \text{Vorgang} \qquad (4.21)$$

schreibt. Ist das Vektorfeld zeitunabhängig, so beschreibt es einen Zustand, sonst (also wenn es zeitabhängig ist) einen Vorgang im Zeitintervall $[t_A, t_E]$.

4.3.2. Elementare Vektorfelder

Für die Anwendung haben vier Vektorfelder besondere Bedeutung. Es sind dies das Nullfeld, das konstante, zylindrische und schraubenförmige Vektorfeld. Da man sich diese Felder, die im folgenden definiert werden sollen, sehr leicht vorstellen kann, wenn man gedanklich die Verschiebungsvektoren einzelner Punkte eines starren Körpers bei speziellen Bewegungen aufzeichnet, schicken wir jeder Definition — gewissermaßen als Beispiel — die Darstellung eines derartigen speziellen Verschiebungsfeldes voraus.

4.3.2.1. Das Nullvektorfeld

Befindet sich ein starrer Körper in einem Zeitintervall im Zustand der Ruhe, so erfahren alle Punkte des von dem Körper eingenommenen Raumteiles in jenem Zeitintervall die gleiche Verschiebung mit dem Betrag Null. Sämtliche Verschiebungsvektoren sind Nullvektoren. Die Gesamtheit dieser Nullvektoren bildet das den Ruhezustand charakterisierende Verschiebungsfeld, das sog. *Ruhefeld* (verallgemeinert: ein Nullvektorfeld).

Definition. Ein *Nullvektorfeld* liegt vor, wenn jedem Punkt eines Raumes oder Raumteiles der Nullvektor zugeordnet ist.

4.3.2.2. Das konstante Vektorfeld

Bewegt sich ein starrer Körper wie ein Aufzug, also derart, daß alle seine Punkte gerade (und damit parallele) Bahnen beschreiben und demnach im gleichen Zeitabschnitt die gleiche Verschiebung erfahren, so haben die Verschiebungsvektoren sämtlicher Punkte die gleiche Richtung, den gleichen Richtungssinn und den gleichen Betrag.

Da die Bewegung eines Körpers dann, wenn alle seine Punkte kongruente Bahnkurven beschreiben, Translation genannt wird, bildet die Gesamtheit dieser gleichen Verschiebungsvektoren das die Translation charakteriserende, (da die einzelnen Vektoren ortsunabhängig sind) konstante Verschiebungsfeld, das sog. *Translationsfeld* (verallgemeinert: ein konstantes Vektorfeld).

Definition. Ein *konstantes Vektorfeld* liegt vor, wenn jedem Punkt eines Raumes oder Raumteiles der gleiche Vektor zugeordnet ist.

4.3.2.3. Das zylindrische Vektorfeld

Dreht sich ein starrer Körper um eine feste Achse, so bewegt sich jeder seiner Punkte in einer Ebene senkrecht zur Drehachse auf einer Kreisbahn, in deren Mittelpunkt die Drehachse die Ebene senkrecht durchstößt.

Da der Körper starr ist, muß die Bewegung aller Ebenen, auf denen die Drehachse senkrecht steht, gleich sein, und es genügt die Beobachtung einer derartigen Ebene. Da aber auch die beobachtete Ebene starr ist, muß die Bewegung all ihrer *Durchmesser* (aller Geraden, die die Drehachse (senkrecht) schneiden) gleich sein, also die Betrachtung eines Durchmessers genügen. Und da schließlich auch der Durchmesser starr ist, d. h. während der Drehung keine Verformung erfährt, dürfen wir uns auf die Beschreibung der Verschiebung zweier Punkte des Durchmessers beschränken. Der Schnittpunkt 0 des Durchmessers mit der Drehachse, also der Mittelpunkt der Kreisbahn des Punktes b, wird überhaupt nicht bewegt, während ein beliebiger Punkt b mit dem Abstand r_{0b} vom Kreismittelpunkt 0 bei einer Verdrehung um den infinitesimalen Winkel $d\varphi$ eine Verschiebung mit dem Betrag $|d\mathbf{s}| = |\mathbf{r}_{0b}| \cdot d\varphi$ erfährt. Bei konstantem $d\varphi$ nimmt also $|d\mathbf{s}|$ linear mit größer werdendem Abstand $|\mathbf{r}_{0b}|$ vom Kreisbahnmittelpunkt zu.

Denkt man sich nun die Verschiebungsvektoren über allen Punkten eines Durchmessers, darauf über allen Punkten (jedes Durchmessers) einer Ebene senkrecht zur Drehachse und schließlich über allen Punkten (jedes Durchmessers jeder Ebene senkrecht zur Drehachse also) des ganzen sich drehenden Körpers aufgezeichnet, so bildet die Gesamtheit dieser Verschiebungsvektoren ein Feld, in dem alle Verschiebungsvektoren senkrecht zur Drehachse orientiert sind und die Mantelflächen konzentrisch zur Drehachse angeordneter Zylinder tangieren. Sämtliche Verschiebungsvektoren, die den Punkten auf einer Geraden parallel zur Drehachse zugeordnet sind, sind gleich. Die Drehachse selbst ist der geometrische Ort derjenigen Punkte, für die die Verschiebung senkrecht zu ihr gleich Null ist.

Da man die Drehbewegung eines starren Körpers um eine feste Achse (also die Bewegung, bei der die Bahnkurven aller Punkte konzentrische Kreise sind und in Ebenen senkrecht zur Drehachse liegen), als Rotation bezeichnet, nennt man das die Rotation charakterisierende zylindrische Verschiebungsfeld ein *Rotationsfeld* (und verallgemeinert: ein zylindrisches Vektorfeld).

Tafel 4.4.a. **Elementare Vektorfelder I**

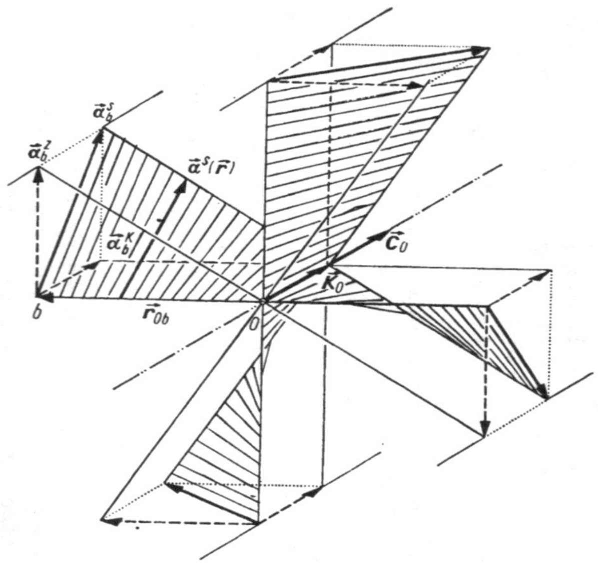

SCHRAUBENFÖRMIGES VEKTORFELD

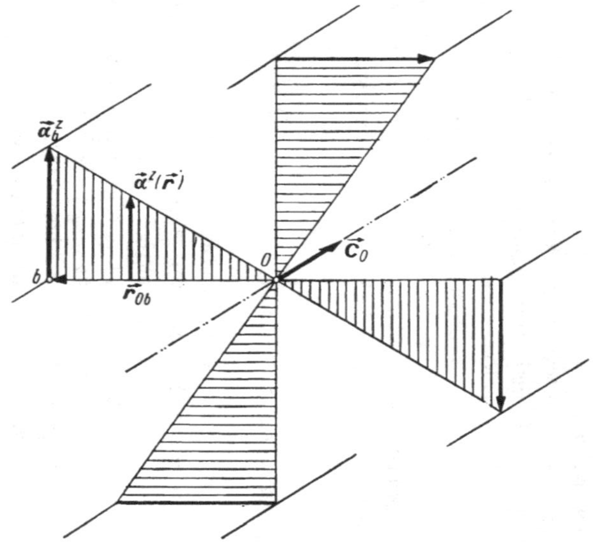

ZYLINDRISCHES VEKTORFELD

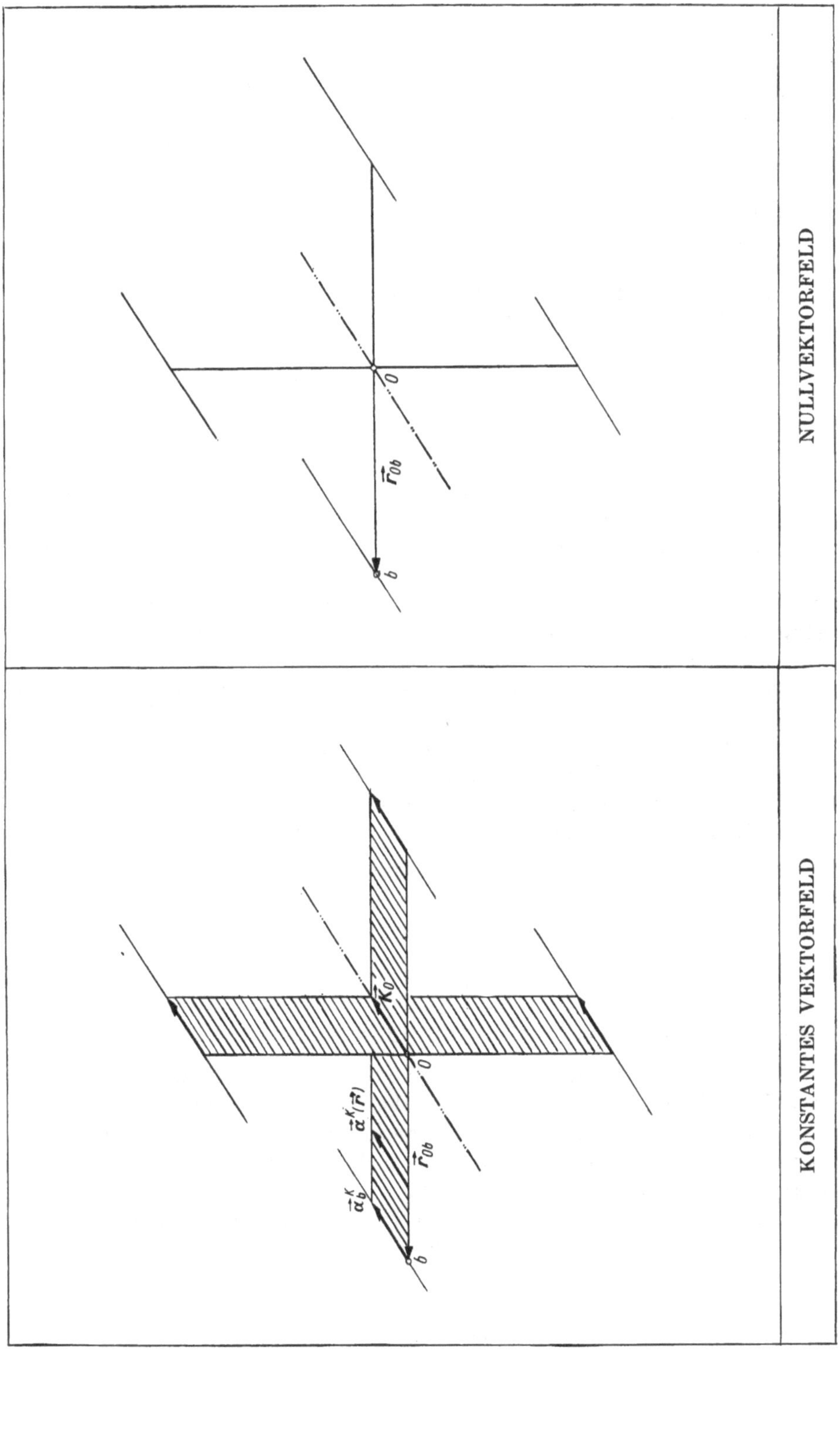
NULLVEKTORFELD
KONSTANTES VEKTORFELD

Definition. Ein *zylindrisches Vektorfeld* liegt vor, wenn die jedem Punkt P eines Raumes oder Raumteiles zugeordneten Vektoren

a) senkrecht auf der durch die *Zentrallinie* und den Punkt P aufgespannten Ebene stehen sowie

b) über alle denkbaren Durchmesser gleich verteilt sind, und zwar derart, daß ihre Beträge vom Wert Null im Schnittpunkt des Durchmessers mit der Zentrallinie bei größer werdendem Abstand von der Zentrallinie linear anwachsen.

Damit ist gleichzeitig die Zentrallinie als geometrischer Ort der Punkte des Feldes definiert, für die jeder Vektor senkrecht zu ihr zum Nullvektor wird.

4.3.2.4. Das schraubenförmige Vektorfeld

Erfährt ein starrer Körper gleichzeitig eine Rotation um eine feste Achse und eine Translation in Richtung dieser festen Achse, so darf man nach dem GALILEIschen Axiom von der Unabhängigkeit der Verschiebungen die beiden Bewegungen nacheinander betrachten und die Verschiebungsvektoren der Einzelbewegungen mit Hilfe des Superpositionsaxioms überlagern, d. h. vektoriell addieren.

Da bei dieser speziellen Bewegung alle Verschiebungsvektoren des Translationsfeldes parallel zur Drehachse orientiert sind, stehen die Verschiebungsvektoren des Translations- und Rotationsfeldes aufeinander senkrecht. Die Verschiebungsvektoren des Feldes erhält man, indem man die beiden jeweils einem Punkt zugeordneten, aufeinander senkrecht stehenden Verschiebungsvektoren überlagert. Die Gesamtheit der auf diese Weise entstehenden Verschiebungsvektoren bilden ein schraubenförmiges Feld, das die Motion (d. h. die gleichzeitig verlaufende Rotation eines Körpers um eine Achse und Translation desselben in Richtung dieser Achse) charakterisiert und deshalb *Motionsfeld* oder *Schraubenfeld* (verallgemeinert: ein schraubenförmiges Vektorfeld) genannt wird.

Definition. Ein *schraubenförmiges Vektorfeld* entsteht, wenn einem zylindrischen Vektorfeld ein konstantes Vektorfeld, dessen Vektoren parallel zur Zentrallinie des zylindrischen Feldes gerichtet sind, überlagert wird.

4.3.2.5. Grafische Darstellung der elementaren Vektorfelder

Die grafische Darstellung einer räumlichen Vektorverteilung (Tafel 4.4) ist stets kompliziert, deshalb ist man bestrebt, diese möglichst zu vereinfachen.

Da die Vektorverteilung eines zylindrischen Feldes über jedem Durchmesser gleich ist, genügt diese Darstellung der Vektorverteilung über einem Durchmesser, um das ganze Feld darzustellen.

In Analogie hierzu kann man ein konstantes Feld grafisch darstellen, indem man die Verteilung der Vektoren über einer der Geraden aufzeichnet, die das konstante Feld senkrecht zu den Vektoren durchstößt.

Bei der Bildung des schraubenförmigen Feldes wurden die Vektoren eines konstanten Feldes parallel zur Zentrallinie eines zylindrischen Feldes angeordnet,

Elementare Vektorfelder

Bezeichnung	Vereinfachte Darstellung	Feldgleichung	
Schraubenförmiges Vektorfeld	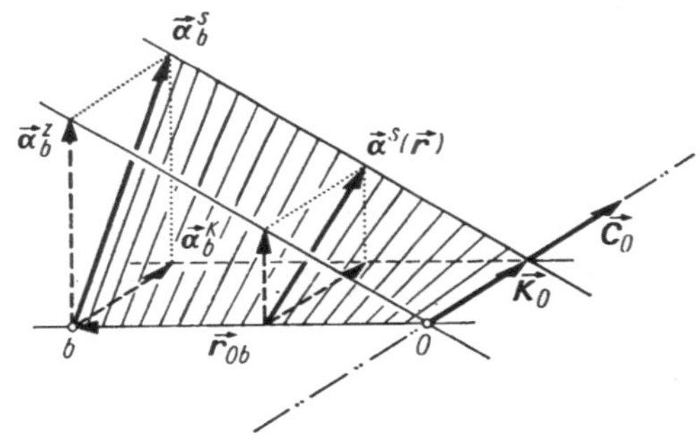	$C_0 \neq 0$ $K_0 \neq 0$	$\boldsymbol{\alpha}^S(\boldsymbol{r}) = (\mathsf{M'P}) \begin{pmatrix} \boldsymbol{C}_0 \\ \boldsymbol{K}_0 \end{pmatrix}$
Zylindrisches Vektorfeld	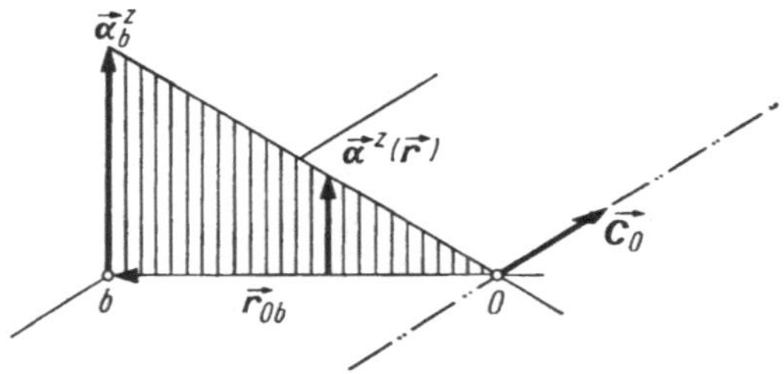	$C_0 \neq 0$ $K_0 = 0$	$\boldsymbol{\alpha}^Z(\boldsymbol{r}) = (\mathsf{M'P}) \begin{pmatrix} \boldsymbol{C}_0 \\ \boldsymbol{0} \end{pmatrix} = \mathsf{M'}\boldsymbol{C}_0$
Konstantes Vektorfeld	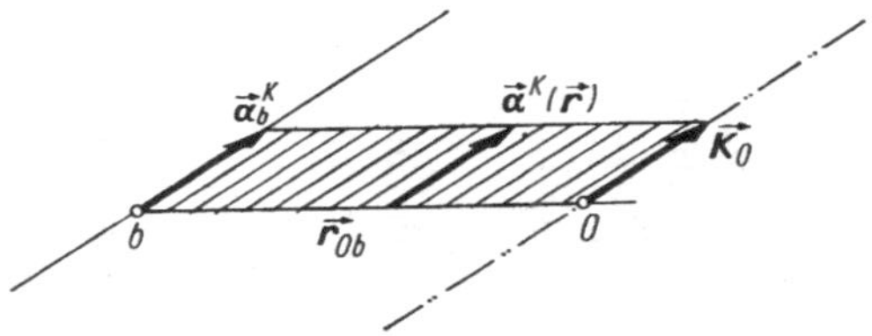	$C_0 = 0$ $K_0 \neq 0$	$\boldsymbol{\alpha}^K(\boldsymbol{r}) = (\mathsf{M'P}) \begin{pmatrix} \boldsymbol{0} \\ \boldsymbol{K}_0 \end{pmatrix} = \mathsf{P}\boldsymbol{K}_0$
Nullvektorfeld	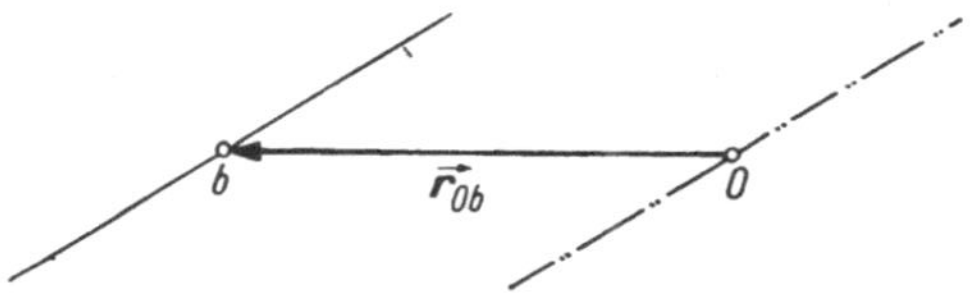	$C_0 = 0$ $K_0 = 0$	$\boldsymbol{\alpha}(\boldsymbol{r}) = (\mathsf{M'P}) \begin{pmatrix} \boldsymbol{0} \\ \boldsymbol{0} \end{pmatrix} = \boldsymbol{0}$

so daß jeder Durchmesser des zylindrischen Feldes das konstante Feld senkrecht zu dessen Vektoren durchstößt und demnach nicht nur zur Darstellung des zylindrischen, sondern auch zur Darstellung des konstanten Feldes herangezogen werden darf. Da diese Feststellung für jeden Durchmesser gilt, genügt zur grafischen Darstellung des schraubenförmigen Vektorfeldes ebenfalls die Darstellung über einem Durchmesser.

Zusammenfassend gilt also: Nullvektorfelder, konstante, zylindrische und schraubenförmige Vektorfelder werden dargestellt, indem man die Vektorverteilung über einer Geraden aufzeichnet (Tafel 4.4), die bei

1. Nullvektorfeldern beliebig durch das Feld verläuft,
2. konstanten Vektorfeldern senkrecht zu den Vektoren durch das Feld verläuft,
3. zylindrischen Vektorfeldern ein Durchmesser des Feldes ist,
4. schraubenförmigen Vektorfeldern ein Durchmesser des Feldes ist.

4.3.2.6. Gleichung und symbolische Darstellung der elementaren Vektorfelder

Liegt in einem beschränkten Bereich B ein Vektorfeld vor, so gibt die Gleichung dieses Vektorfeldes für jeden beliebigen, durch den Ortsvektor $\boldsymbol{r} = \boldsymbol{r}_{0b}$ fixierten Punkt b mit den Koordinaten x_b, y_b und z_b den Betrag, die Richtung und den Richtungssinn des Feldelementes $\boldsymbol{\alpha}(\boldsymbol{r}) = \boldsymbol{\alpha}(\boldsymbol{r}_{0b}) = \boldsymbol{\alpha}_b$ an.

Will man zum Ausdruck bringen, daß das vorliegende Feld ein Nullvektorfeld, ein konstantes, zylindrisches oder schraubenförmiges Vektorfeld ist, so kann man dies durch den Index 0, K, Z oder S rechts oben kennzeichnen.

Für das *Nullvektorfeld* erhalten wir die Gleichung

$$\boldsymbol{\alpha}(\boldsymbol{r}) = \boldsymbol{\alpha}_b^0 = \boldsymbol{0}\,. \tag{4.22}$$

Die gleichzeitig vorgestellte Gesamtheit (Menge { }) aller dieser im beschränkten Bereich B vorliegenden Nullvektoren $\boldsymbol{\alpha}(\boldsymbol{r}) = \boldsymbol{0}$, also das gesamte Nullvektorfeld, stellen wir symbolisch wie folgt dar:

$$\Phi_\alpha^0 := \{\boldsymbol{\alpha}^0(\boldsymbol{r}) = \boldsymbol{0} \mid \boldsymbol{r} \in B\}\,. \tag{4.23}$$

Für das *konstante Vektorfeld*, dessen Elemente $\boldsymbol{\alpha}(\boldsymbol{r}) = \alpha(\boldsymbol{r})\,\boldsymbol{e}$ alle den gleichen Einheitsvektor $\boldsymbol{e}$ haben, kann die folgende Gleichung angeschrieben werden:

$$\boldsymbol{\alpha}(\boldsymbol{r}) = \boldsymbol{\alpha}_b^K = \boldsymbol{K}_0 = K_0\,\boldsymbol{e} \tag{4.24}$$

oder in Koordinatenschreibweise für $\boldsymbol{r} = \boldsymbol{r}_{0b}$

$$\begin{pmatrix} \alpha_{bx} \\ \alpha_{by} \\ \alpha_{bz} \end{pmatrix} = \begin{pmatrix} K_{0x} \\ K_{0y} \\ K_{0z} \end{pmatrix} = \boldsymbol{K}_0 \begin{pmatrix} \cos\alpha_e \\ \cos\beta_e \\ \cos\gamma_e \end{pmatrix}. \tag{4.25}$$

Da alle in dem beschränkten Bereich B vorliegenden Vektoren $\boldsymbol{\alpha}(\boldsymbol{r})$ gleich sind, wird für die Beschreibung der Vektor $\boldsymbol{K}_0$ im Ursprung gewählt.

Um nun die Gleichung für das konstante Vektorfeld (ebenso wie die für das zylindrische Vektorfeld) in Matrizenform angeben zu können, führen wir die (das konstante Vektorfeld beherrschende) Einheitsmatrix P ein

$$\mathsf{P} := \begin{pmatrix} 1 & 0 & 0 \\ 0 & 1 & 0 \\ 0 & 0 & 1 \end{pmatrix} \tag{4.26}$$

und schreiben

$$\begin{pmatrix} \alpha_{bx} \\ \alpha_{by} \\ \alpha_{bz} \end{pmatrix} = \begin{pmatrix} 1 & 0 & 0 \\ 0 & 1 & 0 \\ 0 & 0 & 1 \end{pmatrix} \begin{pmatrix} K_{0x} \\ K_{0y} \\ K_{0z} \end{pmatrix} = \boldsymbol{K}_0 \begin{pmatrix} 1 & 0 & 0 \\ 0 & 1 & 0 \\ 0 & 0 & 1 \end{pmatrix} \begin{pmatrix} \cos\alpha_e \\ \cos\beta_e \\ \cos\gamma_e \end{pmatrix} \tag{4.27}$$

oder symbolisch

$$\boldsymbol{\alpha}_b = \mathsf{P}\,\boldsymbol{K}_0 = K_0\,\mathsf{P}\,\boldsymbol{e} = \boldsymbol{\alpha}^K(\boldsymbol{r})\,. \tag{4.28}$$

Das in B vorliegende konstante Vektorfeld beschreiben wir dann symbolisch

$$\Phi_\alpha := \{\boldsymbol{\alpha}^K(\boldsymbol{r}) = \mathsf{P}\,\boldsymbol{K}_0 = K_0\,\mathsf{P}\,\boldsymbol{e} \mid \boldsymbol{r} \in B\}\,. \tag{4.29}$$

Liegt im beschränkten Bereich B ein *zylindrisches Vektorfeld* vor, so lassen sich die einzelnen Feldelemente als vektorielles Produkt errechnen. Mit den Bezeichnungen in Bild 4.7 gilt

$$\boldsymbol{\alpha}(\boldsymbol{r}) = \boldsymbol{\alpha}_b^Z = -\boldsymbol{r}_{0b} \times \boldsymbol{C}_0 = \boldsymbol{C}_0 \times \boldsymbol{r}_{0b}\,, \tag{4.30}$$

wenn $\boldsymbol{C}_0$ ein im Ursprung gebundener Vektor ist und folgende Bedingungen gelten:

$$\begin{aligned} &1.\ \boldsymbol{\alpha}(\boldsymbol{r}_{0b}) \perp \boldsymbol{r}_{0b}\,, \\ &2.\ \boldsymbol{\alpha}(\boldsymbol{r}_{0b}) \perp \boldsymbol{C}_0\,, \\ &3.\ |\boldsymbol{\alpha}(\boldsymbol{r}_{0b})| = |\boldsymbol{r}_{0b}| \cdot |\boldsymbol{C}_0| \sin\varphi = R_b|\boldsymbol{C}_0|\,, \\ &4.\ \boldsymbol{C}_0, \boldsymbol{r}_{0b}, \boldsymbol{\alpha}(\boldsymbol{r}_{0b})\text{: Rechtssystem.} \end{aligned} \tag{4.31}$$

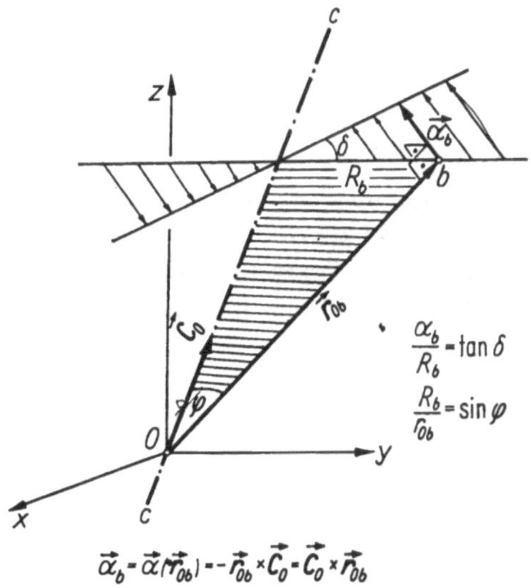

Bild 4.7. **Zur Berechnung der Feldelemente $\boldsymbol{\alpha}_b$ eines zylindrischen Vektorfeldes mit der durch den Ursprung gehenden Zentrallinie $\overline{cc}$ und dem Zentralvektor $\boldsymbol{C}_0 = C_0 \cdot \boldsymbol{c}$**

Dieses vektorielle Produkt läßt sich — wie die nachfolgenden Umformungen zeigen — in Matrizenform angeben. Mit

$$\boldsymbol{C}_0 = \begin{pmatrix} C_{0x} \\ C_{0y} \\ C_{0z} \end{pmatrix} = C_0\,\boldsymbol{c} = C_0 \begin{pmatrix} \cos\alpha_C \\ \cos\beta_C \\ \cos\gamma_C \end{pmatrix} \quad \text{und} \quad \boldsymbol{r}_{0b} = \begin{pmatrix} x_{0b} \\ y_{0b} \\ z_{0b} \end{pmatrix} = \begin{pmatrix} x_b \\ y_b \\ z_b \end{pmatrix}$$

erhalten wir

$$\boldsymbol{\alpha}_b^Z = - \begin{vmatrix} \boldsymbol{i} & \boldsymbol{j} & \boldsymbol{k} \\ x_b & y_b & z_b \\ C_{0x} & C_{0y} & C_{0z} \end{vmatrix}, \tag{4.32}$$

$$\begin{pmatrix} \alpha_{bx} \\ \alpha_{by} \\ \alpha_{bz} \end{pmatrix} = - \begin{pmatrix} C_{0z}\cdot y_b - C_{0y}\cdot z_b \\ C_{0x}\cdot z_b - C_{0z}\cdot x_b \\ C_{0y}\cdot x_b - C_{0x}\cdot y_b \end{pmatrix} = - \begin{pmatrix} +C_{0x}\cdot 0 - C_{0y}\cdot z_b + C_{0z}\cdot y_b \\ +C_{0x}\cdot z_b + C_{0y}\cdot 0 - C_{0z}\cdot x_b \\ -C_{0x}\cdot y_b + C_{0y}\cdot x_b + C_{0z}\cdot 0 \end{pmatrix},$$

$$\begin{pmatrix} \alpha_{bx} \\ \alpha_{by} \\ \alpha_{bz} \end{pmatrix} = - \begin{pmatrix} 0 & -z_b & +y_b \\ +z_b & 0 & -x_b \\ -y_b & +x_b & 0 \end{pmatrix} \begin{pmatrix} C_{0x} \\ C_{0y} \\ C_{0z} \end{pmatrix} = -C_0 \begin{pmatrix} 0 & -z_b & +y_b \\ +z_b & 0 & -x_b \\ -y_b & +x_b & 0 \end{pmatrix} \begin{pmatrix} \cos\alpha_C \\ \cos\beta_C \\ \cos\gamma_C \end{pmatrix}.$$

Führen wir für die das zylindrische Vektorfeld beherrschende Matrix das Symbol M ein

$$\mathsf{M}_{0b} := \begin{pmatrix} 0 & -z_b & +y_b \\ +z_b & 0 & -x_b \\ -y_b & +x_b & 0 \end{pmatrix}, \tag{4.33}$$

so erhalten wir das Element $\boldsymbol{\alpha}_b^Z$ in symbolischer Darstellung

$$\boldsymbol{\alpha}_b^Z = -\,C_0\,\mathsf{M}_{0b}\,\boldsymbol{c}\,. \tag{4.34}$$

Mit der transponierten Matrix

$$\mathsf{M}'_{0b} = -\mathsf{M}_{0b} \tag{4.35}$$

ergibt sich

$$\boldsymbol{\alpha}_b^Z = C_0\,\mathsf{M}'_{0b}\,\boldsymbol{c} = \mathsf{M}'_0\boldsymbol{C}_{b\,0}\,. \tag{4.36}$$

Ist das Feldelement nicht für einen beliebigen aber festen Punkt b, sondern für jeden denkbaren Punkt in einem beschränkten Bereich anzugeben, so müssen die Raumkoordinaten x, y, z, bzw. der Ortsvektor $\boldsymbol{r}$ als Variable eingeführt werden. Für den variablen, durch den Ortsvektor $\boldsymbol{r}$ markierten Punkt erhalten wir

$$\mathsf{M} := \begin{pmatrix} 0 & -z & +y \\ +z & 0 & -x \\ -y & +x & 0 \end{pmatrix} = -\mathsf{M}' \tag{4.37}$$

und damit

$$\boldsymbol{\alpha}(\boldsymbol{r}) = C_0\,\mathsf{M}'\,\boldsymbol{c} = \mathsf{M}'\,\boldsymbol{C}_0 = \boldsymbol{\alpha}^Z(\boldsymbol{r})\,. \tag{4.38}$$

Das in B vorliegende zylindrische Vektorfeld beschreiben wir dann symbolisch

$$\Phi_{\alpha}^Z := \{\boldsymbol{\alpha}^Z(\boldsymbol{r}) = C_0\,\mathsf{M}'\,\boldsymbol{c} = \mathsf{M}'\,\boldsymbol{C}_0 \mid \boldsymbol{r} \in B\}\,. \tag{4.39}$$

Addieren wir nun ein konstantes und ein zylindrisches Vektorfeld (indem wir jeweils die beiden, demselben Punkt b zugeordneten Elemente der beiden Felder addieren), so erhalten wir das *schraubenförmige Vektorfeld* mit der Gleichung

$$\begin{aligned} \boldsymbol{\alpha}^S(\boldsymbol{r}) &= \boldsymbol{\alpha}^K(\boldsymbol{r}) + \boldsymbol{\alpha}^Z(\boldsymbol{r}) \\ &= K_0 \, \mathsf{P} \, \boldsymbol{e} + C_0 \, \mathsf{M}' \, \boldsymbol{c} \\ &= \mathsf{P} \, \boldsymbol{K}_0 + \mathsf{M}' \, \boldsymbol{C}_0 \,, \end{aligned} \tag{4.40a}$$

$$\boldsymbol{\alpha}^S(\boldsymbol{r}) = (\mathsf{P} \; \mathsf{M}') \begin{pmatrix} \boldsymbol{K}_0 \\ \boldsymbol{C}_0 \end{pmatrix}$$

oder auch

$$\boldsymbol{\alpha}^S(\boldsymbol{r}) = (\mathsf{M}' \; \mathsf{P}) \begin{pmatrix} \boldsymbol{C}_0 \\ \boldsymbol{K}_0 \end{pmatrix} \tag{4.40b}$$

und der symbolischen Darstellung

$$\Phi_{\alpha}^S := \left\{ \boldsymbol{\alpha}^S(\boldsymbol{r}) = (\mathsf{M}' \; \mathsf{P}) \begin{pmatrix} \boldsymbol{C}_0 \\ \boldsymbol{K}_0 \end{pmatrix} \middle| \, \boldsymbol{r} \in B \right\}. \tag{4.41}$$

Ein Vergleich der Vektorfeldgleichungen zeigt, daß das zylindrische und konstante Vektorfeld ebenso wie das Nullvektorfeld Sonderfälle des schraubenförmigen Vektorfeldes sind und aus diesem mit $C_0 = 0$ oder bzw. und $K_0 = 0$ erhalten werden.

Anwendung. Eine beliebige infinitesimale Bewegung eines starren Körpers ist nach den Ausführungen in Abschnitt 4.3.2.4. eine infinitesimale Schraubung. Das Feld der infinitesimalen Verschiebungen hat demnach die Gleichung

$$\mathrm{d}\boldsymbol{s}(\boldsymbol{r}) = \mathrm{d}\boldsymbol{s}^T(\boldsymbol{r}) + \mathrm{d}\boldsymbol{s}^R(\boldsymbol{r}) \,. \tag{4.42}$$

$\mathrm{d}\boldsymbol{s}^T(\boldsymbol{r})$: Translationsanteil

$\mathrm{d}\boldsymbol{s}^R(\boldsymbol{r})$: Rotationsanteil

Translationsanteil + Rotationsanteil: Motion (Schraubung)

Geht die Zentrallinie – wie in Bild 4.8 – durch den Ursprung, so erfährt der beliebige Punkt b die infinitesimale Verschiebung

$$\mathrm{d}\boldsymbol{s}_b = \mathrm{d}\boldsymbol{s}_b^T + \mathrm{d}\boldsymbol{s}_b^R \,, \tag{4.43}$$

$\mathrm{d}\boldsymbol{s}_b^R$ → Verschiebung des beliebigen Punktes b infolge einer Rotation um die Zentrallinie $\overline{cc}$ um den Winkel $\mathrm{d}\varphi_0$

$\mathrm{d}\boldsymbol{s}_b^T$ → Verschiebung des beliebigen Punktes b infolge einer Translation in Richtung der Zentrallinie $\overline{cc}$ um den Betrag $\mathrm{d}s_0$

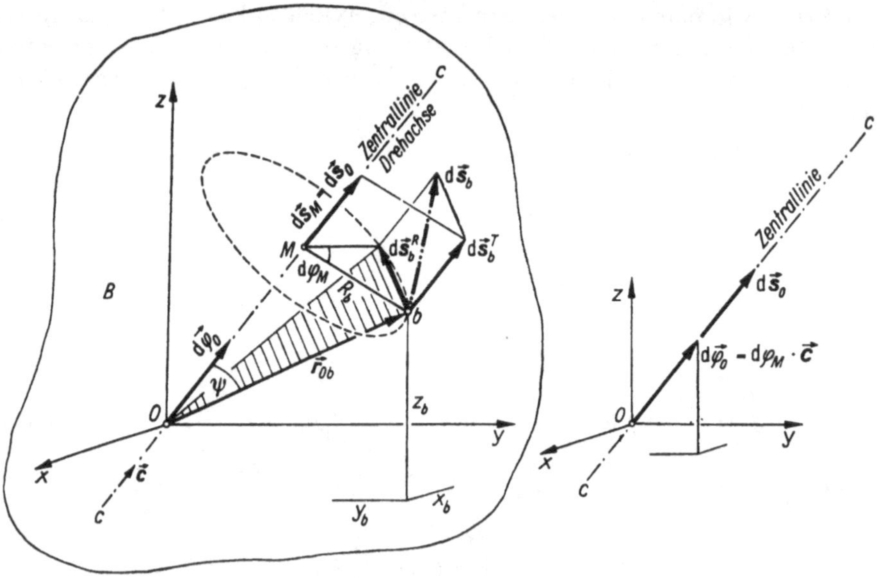

Bild 4.8. Zur Schraubenbewegung mit einer durch den Ursprung gehenden Zentrallinie

Führen wir den Verschiebungsvektor $\mathbf{ds}_0$ ein, so gilt mit

$$|\mathbf{ds}_b^T| = \mathrm{d}s_M = \mathrm{d}s_0 \,, \tag{4.44}$$

$$\mathbf{ds}_b^T = \mathbf{ds}_0 = \mathsf{P}\,\mathbf{ds}_0 \,. \tag{4.45}$$

Führen wir weiterhin den Drehvektor $\mathbf{d\varphi}_0$ ein, so gilt mit

$$|\mathbf{d\varphi}_0| = \mathrm{d}\varphi_M = \mathrm{d}\varphi_0 \tag{4.46}$$

und

$$|\mathbf{ds}_b^R| = \mathrm{d}\varphi_0 \cdot R_b = \mathrm{d}\varphi_0 \cdot |\mathbf{r}_{0b}| \cdot \sin\psi \,, \tag{4.47}$$

$$\mathbf{ds}_b^R = -\mathbf{r}_{0b} \times \mathbf{d\varphi}_0 = \mathsf{M}_{0b}'\,\mathbf{d\varphi}_0 \,. \tag{4.48}$$

Für die Gesamtverschiebung folgt damit

$$\mathbf{ds}_b = \mathsf{P}\,\mathbf{ds}_0 + \mathsf{M}_{0b}'\,\mathbf{d\varphi}_0 \tag{4.49}$$

oder als Matrizenprodukt

$$\mathbf{ds}_b = (\mathsf{P}\ \mathsf{M}_{0b}') \begin{pmatrix} \mathbf{ds}_0 \\ \mathbf{d\varphi}_0 \end{pmatrix} \tag{4.50}$$

und in Koordinaten

$$\begin{pmatrix} \mathrm{d}s_{bx} \\ \mathrm{d}s_{by} \\ \mathrm{d}s_{bz} \end{pmatrix} = \begin{pmatrix} 1 & 0 & 0 & 0 & +z_b & -y_b \\ 0 & 1 & 0 & -z_b & 0 & +x_b \\ 0 & 0 & 1 & +y_b & -x_b & 0 \end{pmatrix} \begin{pmatrix} \mathrm{d}s_{0x} \\ \mathrm{d}s_{0y} \\ \mathrm{d}s_{0z} \\ \mathrm{d}\varphi_{0x} \\ \mathrm{d}\varphi_{0y} \\ \mathrm{d}\varphi_{0z} \end{pmatrix} . \tag{4.51}$$

Da die Bewegung in der Zeit erfolgt, hat jeder Punkt des Körpers eine Geschwindigkeit. In dem vom Körper eingenommenen Raumteil liegt also ein Geschwindigkeitsfeld vor, das die Gleichung

$$\boldsymbol{v}(\boldsymbol{r}) = \frac{\mathrm{d}\boldsymbol{s}^T(\boldsymbol{r})}{\mathrm{d}t} + \frac{\mathrm{d}\boldsymbol{s}^R(\boldsymbol{r})}{\mathrm{d}t} = \mathsf{P}\,\boldsymbol{v}_0 + \mathsf{M}'\,\boldsymbol{\omega}_0 = (\mathsf{P}\ \mathsf{M}')\begin{pmatrix}\boldsymbol{v}_0\\ \boldsymbol{\omega}_0\end{pmatrix} \tag{4.52}$$

hat, worin $v_0 = \frac{\mathrm{d}s_0}{\mathrm{d}t}$ die *Translationsgeschwindigkeit* und $\omega_0 = \frac{\mathrm{d}\varphi_0}{\mathrm{d}t}$ die *Winkelgeschwindigkeit* des starren Körpers genannt wird. Stellen wir die Gleichung wieder in Koordinaten dar, so erhalten wir für den Punkt b

$$\begin{pmatrix}v_{bx}\\ v_{by}\\ v_{bz}\end{pmatrix} = \begin{pmatrix}1 & 0 & 0 & 0 & +z_b & -y_b\\ 0 & 1 & 0 & -z_b & 0 & +x_b\\ 0 & 0 & 1 & +y_b & -x_b & 0\end{pmatrix}\begin{pmatrix}v_{0x}\\ v_{0y}\\ v_{0z}\\ \omega_{0x}\\ \omega_{0y}\\ \omega_{0z}\end{pmatrix}. \tag{4.53}$$

4.3.2.7. Die Vektor-Einsfelder

Unter der Vielzahl der konstanten und zylindrischen Vektorfelder haben diejenigen mit $K_0 = 1$ und $C_0 = 1$ eine besondere Bedeutung. Sie werden künftig *Vektor-Einsfelder* genannt.

Mit $K_0 = 1$ repräsentiert die Gleichung

$$\boldsymbol{\alpha}^K(\boldsymbol{r}) = K_0\,\mathsf{P}\,\boldsymbol{e} \xrightarrow{K_0=1} \boldsymbol{\alpha}^{K1}(\boldsymbol{r}) = \mathsf{P}\,\boldsymbol{e} \tag{4.54}$$

ein Feld paralleler Einheitsvektoren $\boldsymbol{e}$, ein sog. *konstantes Vektor-Einsfeld.*

Ist der Zentralvektor $\boldsymbol{C}_0 = C_0\,\boldsymbol{c}$ eines zylindrischen Vektorfeldes ein Einheitsvektor ($C_0 = 1$), so haben alle Feldelemente im Abstand $R = 1$ von der Zentrallinie (Bild 4.7) den Betrag $\alpha\,(R = 1) = 1$, und der das Feld charakterisierende Tangens des Winkels δ ist ebenfalls gleich 1, da in diesem Fall $\delta = \pi/4 = 45°$ ist. Dieses durch die Feldgleichung

$$\boldsymbol{\alpha}^Z(\boldsymbol{r}) = C_0\,\mathsf{M}'\,\boldsymbol{c} \xrightarrow{C_0=1} \boldsymbol{\alpha}^{Z1}(\boldsymbol{r}) = \mathsf{M}'\,\boldsymbol{c} \tag{4.55}$$

repräsentierte Feld stellt ein sog. *zylindrisches Vektor-Einsfeld* dar.

4.3.3. Spezielle Vektorfelder

Ebenso wie bei den Vektorsystemen kann man hinsichtlich der Anordnung der Wirkungslinien spatiale, komplanare und kollineare Vektorfelder, hinsichtlich der Richtung beliebige, zentrale und parallele Vektorfelder unterscheiden. Damit ergeben sich ganz analog zu Abschnitt 4.2.4. aus dem beliebigen Spatialfeld die folgenden *speziellen Vektorfelder* als Sonderfälle:

1. Zentrales Spatialfeld,
2. Paralleles Spatialfeld,
3. Beliebiges Komplanarfeld,
4. Zentrales Komplanarfeld,
5. Paralleles Komplanarfeld,
6. Kollinearfeld.

Betrachten wir zur Erläuterung dieser Begriffe einige Beispiele. Die beliebigen Vektorfelder werden für die Anwendung in der Praxis in parallele Vektorfelder zerlegt. Spatiale Vektorfelder, die die Rotation eines starren Körpers beschreiben, können, da sie in allen Ebenen die gleiche Verteilung haben, durch komplanare Vektorfelder ersetzt werden.

Alle Vektoren der gleichen Art eines transferierenden Starrkörpers, also alle Verschiebungs-, Geschwindigkeits- bzw. Beschleunigungsvektoren, sind gleich. Translationsfelder ergeben deshalb nach der Abbildung konstante Spatialfelder.

Die Verschiebungs-, Geschwindigkeits-, Dehnungs- und Spannungsfelder in Achsrichtung eines geraden Stababschnittes sind während der Dehnung parallele Spatialfelder. Da die Vektorverteilung über jedem Querschnitt senkrecht zur Stabachse konstant ist, genügt für die Beschreibung in einigen Aufgaben der Vektor im Querschnittsmittelpunkt, so daß das jeweilige parallele Spatialfeld durch ein Kollinearfeld ersetzt werden darf. Das Gravitationsfeld der Erde ist ein zentrales Spatialfeld. Ein hinreichend kleiner Ausschnitt z. B. von der Größe eines Tragwerkes oder einer Maschine wird als paralleles Spatialfeld idealisiert.

Das Eigengewicht eines Bauwerkes, die Zentrifugalkraft infolge der Rotation eines Maschinenteiles um eine feste Achse, der Impuls und dessen Ableitung nach der Zeit infolge einer beliebigen Bewegung (Motion) eines Körpers oder aber auch infolge einer Translation bzw. Rotation eines Tragwerkes (z. B. einer Hub- oder Drehbrücke) wirken verteilt über das Volumen und lassen sich als Volumenvektordichtefelder darstellen.

Ebenso läßt sich die Belastung einer ebenen, einfach oder auch doppelt gekrümmten Dachfläche (z. B. Flachdach, Tonnen- oder Kugelschale, Hängedach) infolge Eigengewicht, Schnee, Wind usw. als Flächenkraftdichtefeld abbilden.

Die längs einer Linie übertragenen Eigengewichts-, Schnee- oder Wasserlasten, das Eigengewicht von Seilen oder die Umlenkkräfte, die in Spannbetontragwerken durch die Richtungsänderung der Vorspannkraft des Kabels über die konvexe Leibung des Spannkanales verteilt werden (Bild 4.9), können als Linienkraftdichtefelder idealisiert werden.

Eine besondere Aufmerksamkeit verdient die für die Bemessung der Tragwerke (Festigkeitslehre) sehr wichtige Verteilung der Spannungen über einer Schnittfläche durch das Tragwerk, die im Folgenden betrachtet werden soll. Ist das Verhalten eines Körpers (z. B. einer Brücke) im Sinne der Mechanik zu beschreiben, so bilden wir zunächst das spezielle Modell, d. h., wir schälen den Körper mit Hilfe des Befreiungsprozesses aus seiner Umgebung heraus und

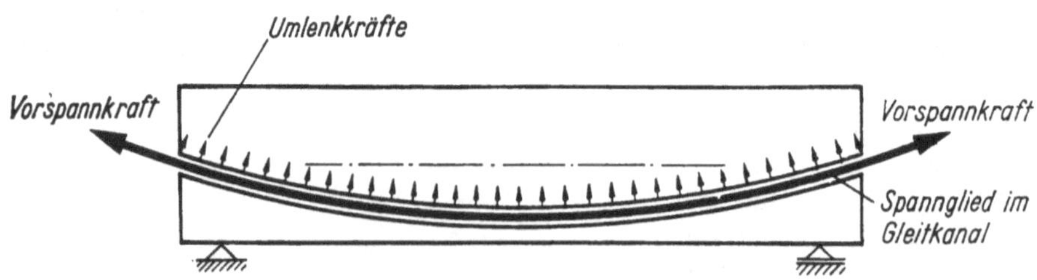

Bild 4.9. Verteilung der Umlenkkräfte

repräsentieren den Einfluß der Umgebung auf sein mechanisches Verhalten (also z. B. den Einfluß des Menschengedränges auf die Brücke) durch Oberflächenkräfte und (infolge der Massenanziehung der Erde) durch sein Eigengewicht.

Neben dieser Belastung des Körpers durch seine Umgebung (also von außen) interessiert den Ingenieur die Beanspruchung des Materials, aus dem der Körper besteht, interessieren also die Kräfte im Inneren des Körpers. Um diese sichtbar zu machen, wird der Körper durch einen (i.a.) ebenen Schnitt in zwei Teile I und II zerlegt. Betrachten wir nun den Teil I, so ist dieser durch diese Schnittführung, durch diesen erneuten Befreiungsprozeß vom Teil II befreit worden, weshalb der Einfluß des Teiles II auf den betrachteten Teil I als selbständig vorgestellte Größe, also als Kraft, verteilt über die Schnittfläche A, aufgetragen werden muß. (Die Massenanziehung zwischen den Teilen I und II ist klein gegenüber der Massenanziehung durch die Erde und wird deshalb vernachlässigt.) Über der Schnittfläche entsteht damit ein Vektorfeld, das auch als *Spannungsfeld* bezeichnet wird. Jedem Punkt der Schnittfläche ist ein *Spannungsvektor* zugeordnet. Die beiden in der Schnittfläche liegenden Komponenten des Spannungsvektors werden *Schubspannungen* genannt, während die normal zur Fläche orientierte Spannungskomponente *Normalspannung* heißt. Die Verteilung der Normalspannungen über dem Querschnitt eines Stabes wird im Rahmen der technischen Biegetheorie als *ebenes Vektorfeld* idealisiert (Bild 4.10).

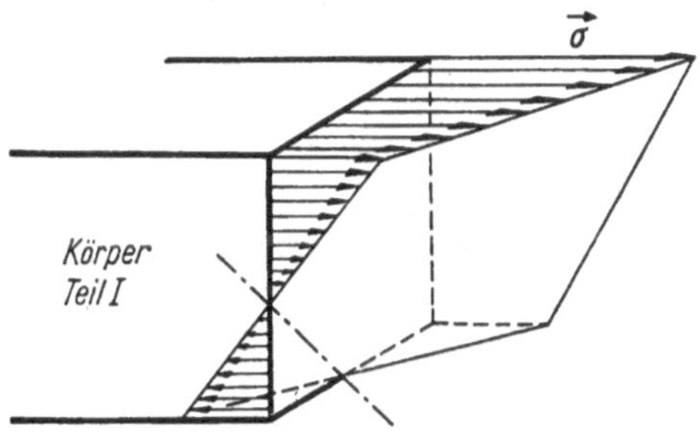

Bild 4.10. Verteilung der Normalspannungen $\boldsymbol{\sigma}$ als ebenes Vektorfeld

4.3.4. Felder bereichsabhängiger und bereichsunabhängiger Vektoren

4.3.4.1. Bereichsabhängige Vektoren und Diskretisierung

Mit dem Befreiungsprozeß werden in das Modell Kräfte eingeführt, die auf das Objekt einwirken. Ist das Objekt ein Kontinuum, so verteilt sich der Einfluß dieser Kräfte über dessen Volumen und über dessen Oberfläche. In Abschnitt 1.6.1.2. wurde gezeigt, daß auf ein infinitesimales Volumenelement dV die *Volumenkraft*

$$\mathrm{d}\boldsymbol{F}^V = \boldsymbol{q} \cdot \mathrm{d}V \tag{4.56}$$

einwirkt, während sich die *Flächenkraft*

$$\mathrm{d}\boldsymbol{F}^A = \boldsymbol{\sigma} \cdot \mathrm{d}A \tag{4.57}$$

über das infinitesimale Flächenelement $\mathrm{d}A$ verteilt. Die Vektoren

$$\boldsymbol{q} = \frac{\mathrm{d}\boldsymbol{F}^V}{\mathrm{d}V}, \tag{4.58}$$

$$\boldsymbol{\sigma} = \frac{\mathrm{d}\boldsymbol{F}^A}{\mathrm{d}A} \tag{4.59}$$

sind für alle Punkte des Elementes $\mathrm{d}V$ bzw. $\mathrm{d}A$ gleich und können durch den Anstieg der Ursprungstangente (Bild 1.14) veranschaulicht werden. Ihr Betrag ist um so größer, je „dichter" die Krafteinwirkung in der unmittelbaren Umgebung des Mittelpunktes von $\mathrm{d}V$ bzw. $\mathrm{d}A$ ist. Deshalb werden die Vektoren $\boldsymbol{q}$ *Volumenkraftdichte* und die Vektoren $\boldsymbol{\sigma}$ *Flächenkraftdichte* (technische Bezeichnung: Spannung, Pressung, Flächenlast) genannt.

Nach dem Befreiungsprozeß liegen also

- das Volumenkraftdichtefeld

$$\Phi_q := \left\{\boldsymbol{q}(\boldsymbol{r}) = \frac{\mathrm{d}\boldsymbol{F}^V}{\mathrm{d}V}\,\middle|\,\boldsymbol{r} \in V\right\} \tag{4.60}$$

und

- das Flächenkraftdichtefeld

$$\Phi_\sigma := \left\{\boldsymbol{\sigma}(\boldsymbol{r}) = \frac{\mathrm{d}\boldsymbol{F}^A}{\mathrm{d}A}\,\middle|\,\boldsymbol{r} \in A\right\} \tag{4.61}$$

vor. Beide Felder repräsentieren den Einfluß der Umgebung auf das gesamte Kontinuum.

Der Einfluß der Umgebung auf ein *infinitesimales* Bereichselement $\mathrm{d}V$ bzw. $\mathrm{d}A$ kann demnach sowohl durch die Volumenkraft $\mathrm{d}\boldsymbol{F}^V$ bzw. die Flächenkraft $\mathrm{d}\boldsymbol{F}^A$ als auch durch

- den infinitesimalen Teil des Volumenkraftdichtefeldes

$$\mathrm{d}\Phi_q^K := \{\boldsymbol{q}(\boldsymbol{r}) \mid q = \mathrm{const} \wedge \boldsymbol{r} \in \mathrm{d}V\} \tag{4.62}$$

bzw.

- den infinitesimalen Teil des Flächenkraftdichtefeldes

$$\mathrm{d}\Phi_\sigma^K := \{\boldsymbol{\sigma}(\boldsymbol{r}) \mid \sigma = \mathrm{const} \wedge \boldsymbol{r} \in \mathrm{d}A\} \tag{4.63}$$

repräsentiert werden, der in $\mathrm{d}V$ bzw. $\mathrm{d}A$ vorliegt.

Bewegt sich das Kontinuum im Raum, so ist jedem seiner Punkte neben der Dichte ϱ eine Geschwindigkeit $\boldsymbol{v}$ zugeordnet. Das Volumenelement $\mathrm{d}V$ hat den *Impuls*

$$\mathrm{d}\boldsymbol{I} = \varrho \cdot \boldsymbol{v} \cdot \mathrm{d}V = \boldsymbol{i}\,\mathrm{d}V\,. \tag{4.64}$$

Wird $\mathrm{d}\boldsymbol{I}$ über $\mathrm{d}V$ verteilt, so entsteht in jedem Punkt von $\mathrm{d}V$ die *Impulsdichte*

$$\boldsymbol{i} = \frac{\mathrm{d}\boldsymbol{I}}{\mathrm{d}V} = \varrho \cdot \boldsymbol{v} = \frac{\mathrm{d}m}{\mathrm{d}V} \cdot \boldsymbol{v}\,. \tag{4.65}$$

Im Falle einer Bewegung liegt also in dem vom Kontinuum eingenommenen Raumteil ein Impulsdichtefeld

$$\Phi_i := \left\{\boldsymbol{i}(\boldsymbol{r}) = \frac{\mathrm{d}\boldsymbol{I}}{\mathrm{d}V}\,\middle|\,\boldsymbol{r} \in V\right\} \tag{4.66}$$

vor, das die Wirkungsfähigkeit des gesamten Kontinuums, also dessen potentiellen Einfluß auf die Umgebung repräsentiert.

Die Wirkungsfähigkeit des Volumenelementes $\mathrm{d}V$ kann demnach sowohl durch den infinitesimalen Impuls $\mathrm{d}\boldsymbol{I}$ als auch durch den infinitesimalen Teil des Impulsdichtefeldes

$$\mathrm{d}\Phi_{\boldsymbol{i}}^K = \{\boldsymbol{i}(\boldsymbol{r}) \mid \boldsymbol{i} = \mathrm{const} \wedge \boldsymbol{r} \in \mathrm{d}V\} \tag{4.67}$$

repräsentiert werden, der in $\mathrm{d}V$ vorliegt.

Die Beispiele lassen erkennen, daß derselbe vektorielle Einfluß einmal „kontinuierlich verteilt" über $\mathrm{d}B$ (z. B. $\mathrm{d}V$, $\mathrm{d}A$) durch den infinitesimalen Teil $\mathrm{d}\Phi_{\boldsymbol{\alpha}}^K$ des *Bereichsvektordichtefeldes* (z. B. $\mathrm{d}\Phi_{\boldsymbol{q}}^K$, $\mathrm{d}\Phi_{\boldsymbol{\sigma}}^K$, $\mathrm{d}\Phi_{\boldsymbol{i}}^K$) und das andere Mal „konzentriert" im Mittelpunkt von $\mathrm{d}B$ durch den infinitesimalen Bereichsvektor $\mathrm{d}\boldsymbol{A}$ (z. B. $\mathrm{d}\boldsymbol{F}^V$, $\mathrm{d}\boldsymbol{F}^A$, $\mathrm{d}\boldsymbol{I}$) repräsentiert wird. Da derselbe Einfluß natürlich auch dieselbe Wirkung erzeugen muß

$$\begin{array}{ccc} \mathrm{d}\Phi_{\boldsymbol{\alpha}}^K & \Leftrightarrow & \mathrm{d}\boldsymbol{A} \\ \downarrow & & \downarrow \\ W(\mathrm{d}\Phi_{\boldsymbol{\alpha}}^K) & \equiv & W(\mathrm{d}\boldsymbol{A}) \, , \end{array} \tag{4.68}$$

darf nach den Ausführungen in Abscnnitt 2.4.3.5. der in $\mathrm{d}B$ vorliegende Teil des Bereichsvektordichtefeldes $\mathrm{d}\Phi_{\boldsymbol{\alpha}}^K$ durch den Bereichsvektor $\mathrm{d}\boldsymbol{A}$ äquivalent ersetzt werden.

$$\begin{aligned} \mathrm{d}\Phi_{\boldsymbol{q}}^K &\Leftrightarrow \mathrm{d}\boldsymbol{F}^V = \boldsymbol{q} \cdot \mathrm{d}V \, , \\ \mathrm{d}\Phi_{\boldsymbol{\sigma}}^K &\Leftrightarrow \mathrm{d}\boldsymbol{F}^A = \boldsymbol{\sigma} \cdot \mathrm{d}A \, , \\ \mathrm{d}\Phi_{\boldsymbol{i}}^K &\Leftrightarrow \mathrm{d}\boldsymbol{I} = \boldsymbol{i} \cdot \mathrm{d}V \, . \end{aligned} \tag{4.69}$$

Allgemein gilt also

$$\mathrm{d}\Phi_{\boldsymbol{\alpha}}^K \Leftrightarrow \mathrm{d}\boldsymbol{A} = \boldsymbol{\alpha} \cdot \mathrm{d}B \, . \tag{4.70}$$

Durch die Unterteilung von B in die infinitesimalen Bereichselemente $\mathrm{d}B$ entsteht also eine Menge von Bereichsvektoren $\mathrm{d}\boldsymbol{A}$, die wir als Feld Ψ bezeichnen

$$\Psi_{\mathrm{d}\boldsymbol{A}} = \Psi_{\boldsymbol{\alpha} \cdot \mathrm{d}B} = \{\mathrm{d}\boldsymbol{A} = \boldsymbol{\alpha} \cdot \mathrm{d}B \mid \mathrm{d}B \in B\} \, , \tag{4.71}$$

und durch die wir das Vektorfeld äquivalent ersetzen dürfen

$$\Phi_{\boldsymbol{\alpha}} \Leftrightarrow \Psi_{\mathrm{d}\boldsymbol{A}} \, . \tag{4.72}$$

Läßt sich der Bereich in größere Teile $\Delta B_i \mid i = 1, \ldots, n$ zerlegen, in denen die Vektoren $\boldsymbol{\alpha}(\boldsymbol{r})$ jeweils gleich sind, so entsteht ein äquivalentes Vektorsystem

$$\Phi_{\boldsymbol{\alpha}} \Leftrightarrow \mathrm{S}_{\Delta \boldsymbol{A}} := \{\Delta \boldsymbol{A}_i = \boldsymbol{\alpha}_i \cdot \Delta B_i \mid i = 1, \ldots, n\} \, . \tag{4.73}$$

Ist das Vektorfeld konstant und das Volumen des Bereiches bekannt, so darf schließlich das ganze Feld durch den Vektor $\boldsymbol{A}_M$ im Mittelpunkt M des gesamten Bereiches äquivalent ersetzt werden

$$\Phi_{\boldsymbol{\alpha}} \Leftrightarrow \boldsymbol{A}_M = \boldsymbol{\alpha}_M \cdot V \, . \tag{4.74}$$

Die Vektoren

$\boldsymbol{\alpha}$, also die Bereichsvektordichte (z. B. die Volumenkraftdichte $\boldsymbol{q}$, die Flächenkraftdichte $\boldsymbol{\sigma}$, die (Volumen-)Impulsdichte $\boldsymbol{i}$) und

$\mathrm{d}\boldsymbol{A}, \Delta\boldsymbol{A}, \boldsymbol{A}$, also die Bereichsvektoren (z. B. die Volumenkraft (Gewicht) $\mathrm{d}\boldsymbol{F}^V$, $\Delta\boldsymbol{A}^V$, $\boldsymbol{F}^V$, die Flächenkraft (Flächenbelastung) $\mathrm{d}\boldsymbol{F}^A$, $\Delta\boldsymbol{F}^A$, $\boldsymbol{F}^A$ oder der Impuls $\mathrm{d}\boldsymbol{I}$, $\Delta\boldsymbol{I}$, $\boldsymbol{I}$)

werden auch *bereichsabhängige* Vektoren genannt, da

- die Bereichsvektoren $\mathrm{d}\boldsymbol{A}$, $\Delta\boldsymbol{A}$, $\boldsymbol{A}$ um so größer sind, je größer der Bereich $\mathrm{d}B$, ΔB, B ist, auf den sie einwirken und
- die Bereichsvektordichte $\boldsymbol{\alpha}$ um so größer ist, je größer der Bereichsvektor $\mathrm{d}\boldsymbol{A}$ ist, der auf den Bereich $\mathrm{d}B$ einwirkt und auf diesen verteilt wird.

Es darf also eine kontinuierliche Verteilung gleicher bereichsabhängiger Vektoren über einem Bereich stets durch einen einzelnen, im Mittelpunkt des Bereiches angreifenden Einzelvektor äquivalent ersetzt werden.

Diesen Vorgang nennt man *Diskretisierung.* Die Erkenntnis fassen wir zusammen im Diskretisierungstheorem:

Ein Bereichsvektordichtefeld läßt sich stets durch eine Menge diskret verteilter Bereichsvektoren äquivalent ersetzen.

4.3.4.2. Bereichsunabhängige Vektoren

Wollen wir die Verschiebung eines transferierenden Starrkörpers beschreiben, so werden wir jedem seiner Punkte p den Verschiebungsvektor $\mathbf{s}(r_{0p}) = \mathbf{s}_b$ zuordnen, wobei b ein beliebiger aber fester Punkt des Starrkörpers sein soll. Wir erhalten das in dem vom Starrkörper eingenommenen Raum V vorliegende konstante Vektorfeld

$$\Phi_s^K := \{\mathbf{s}(\boldsymbol{r}_{0p}) = \mathbf{s}_b \mid p, b \in V\}\,. \tag{4.75}$$

Zerlegen wir nun den Bereich $B = V$ in n Teile ΔV_i $(i = 1, \ldots, n)$, so wird in jedem dieser Teile ΔV_i wiederum ein konstantes Vektorfeld $\Delta\Phi^K_{s,i}$ vorliegen, dessen Vektoren alle dem Verschiebungsvektor $\mathbf{s}_i$ des jeweiligen Mittelpunktes i von ΔV_i gleich sind, die natürlich ihrerseits wegen der Konstanz des gesamten Verschiebungsfeldes alle gleich $\mathbf{s}_b$ sein müssen $(\mathbf{s}_i = \mathbf{s}_b)$.

$$\Delta\Phi^K_{s,i} := \{\mathbf{s}(\boldsymbol{r}_{0p}) = \mathbf{s}_i = \mathbf{s}_b \mid p, i, b \in \Delta V_i\}\,. \tag{4.76}$$

Die Bildung der Bereichsvektoren

$$\Delta\boldsymbol{A}_i = \boldsymbol{\alpha}_i \cdot \Delta B_i = \mathbf{s}_i \cdot \Delta V_i \tag{4.77}$$

ist zwar möglich, hat aber keinen physikalischen Sinn, da die Gesamtverschiebung $\mathbf{s}_M$ des Starrkörpermittelpunktes M *nicht* als Summe über den Bereichsvektoren

$$\begin{aligned} \mathbf{s}_M \neq \sum_{i=1}^{n} \Delta\boldsymbol{A}_i &= \sum_{i=1}^{n} \mathbf{s}_i \cdot \Delta V; \\ &= \mathbf{s}_b \cdot \sum_{i=1}^{n} \Delta V\,, \\ &= \mathbf{s}_b \cdot V \end{aligned} \tag{4.78}$$

ermittelt werden kann, sondern sich *völlig unabhängig* vom Volumen zu

$$\mathbf{s}_M = \mathbf{s}_b \tag{4.79}$$

ergibt.

Eine äquivalente Zuordnung analog Gleichung (4.73) ist damit ebenfalls *nicht* möglich

$$\Phi_s \not\Leftrightarrow \mathrm{S}_{\Delta A} := \{\Delta \boldsymbol{A}_i = \mathbf{s}_i \cdot \Delta V_i \mid i = 1, \ldots, n\} . \tag{4.80}$$

Derartige von der Größe des Bereiches völlig unabhängige Vektoren werden *bereichsunabhängige* Vektoren genannt. Für bereichsunabhängige Vektoren gilt allgemein

$$\mathrm{d}\Phi_\alpha^K \not\Leftrightarrow \mathrm{d}\boldsymbol{A} = \boldsymbol{\alpha} \cdot \mathrm{d}B . \tag{4.81}$$

4.4. Zusammenfassung

Durch den Mathematisierungsprozeß entstehen im mathematischen Modell neben den Skalaren und Dyaden Vektoren. Die Gesamheit dieser Vektoren bildet die Vektormenge Γ. Alle Vektoren der gleichen Art, die im Modell diskret verteilt sind, fassen wir zu einem System S und alle kontinuierlich verteilten Vektoren der gleichen Art zu einem Feld Φ zusammen. Lassen sich n derartige Systeme und m derartiger Felder unterscheiden, so steht zur Beschreibung des mechanischen Problems die Vektormenge

$$\Gamma := \{\mathrm{S}^{(i)}, \Phi^{(j)} \mid i = 1, \ldots, n \wedge j = 1, \ldots, m\} \tag{4.82}$$

zur Verfügung.

Für theoretische Betrachtungen sind diejenigen „elementaren Vektormengen" von Bedeutung, mit denen sich die vier Grundfälle der Starrkörperbewegung beschreiben und begründen lassen (Tafel 4.5).

Für die technische Anwendung wird die Aufbereitung der Algorithmen für diejenigen Sonderfälle gefordert, die in der Praxis als Regelfälle auftreten.

Häufig schneiden sich z. B. Kräfte in einem Punkt, sind parallel, liegen in einer Ebene oder haben eine gemeinsame Wirkungslinie. Wir unterscheiden deshalb hinsichtlich der Anordnung der Vektorwirkungslinien spatiale, kom-

Tafel 4.5. **Elementare Vektormengen**

Grundfälle der Starrkörperbewegung	elementare Vektorsysteme	elementare Vektorfelder
Ruhe	Aufhebungspaar (Nullvektor)	Nullvektorfeld
Translation	Komplanarpaar (Zentralvektor)	konstantes Vektorfeld
Rotation	Vektorpaar	zylindrisches Vektorfeld
Motion	Vektorkreuz	schraubenförmiges Vektorfeld

planare und kollineare, hinsichtlich der Richtung der Vektorwirkungslinien beliebige, zentrale und parallele Vektormengen, fassen diese jeweils als Sonderfall des beliebigen Spatialsystems bzw. -feldes auf und bezeichnen diese praktisch wichtigen Sonderfälle als „spezielle Vektormengen“. Die Eigenschaften dieser speziellen Vektormengen ergeben im Modifizierungsprozeß Vereinfachungen, die die Anwendung erleichtern.

Schließlich ist die Unterscheidung bereichsabhängiger und bereichsunabhängiger Vektoren erforderlich, da eine vereinfachte Darstellung der Vektormenge mittels äquivalenter Umformungen nur für Mengen bereichsabhängiger Vektoren möglich ist (z. B. Reduktion).

5. Projektionen von Vektormengen

Zur Ermittlung der Arbeit einer Kraft längs eines Weges, für die Formulierung von Äquivalenzaussagen oder bei der Aufstellung von Gleichgewichtsbedingungen müssen häufig mechanische Größen (Kräfte, Momente), die sich mathematisch als Vektoren abbilden lassen, projiziert werden

Alle diese verschiedenartigen Probleme lassen sich auf die Lösung von nur zwei Grundaufgaben zurückführen: auf die Bildung der polaren und axialen Projektion von Vektoren.

Die Felder der polaren Projektion können wir zur Deutung des Geschwindigkeitsfeldes eines transferierenden Starrkörpers, zur Beschreibung konstanter Belastungen oder zur Ermittlung einiger Bereichswerte (Volumen, Flächeninhalt, Linienlänge) benutzen.

Deshalb werden in diesem Abschnitt die polare und axiale Projektion sowie das Projektionsfeld eines Vektors, eines Vektorsystems und eines Vektorfeldes behandelt.

5.1. Projektion und Projektionsfeld eines Vektors

Bei der Projektion einer gerichteten physikalischen Größe (wie z. B. einer Kraft) bleibt die Maßeinheit erhalten. Deshalb werden im allgemeinen der Projektionsvektor und der die Projektion erzeugende Vektor mit demselben Symbol bezeichnet (z. B. Projektionsvektor $\boldsymbol{P}_b$ und erzeugender Vektor $\boldsymbol{P}_a$). Der besseren Unterscheidung wegen benutzen wir für den erzeugenden Vektor in diesem Abschnitt das Symbol $\boldsymbol{K}$ (z. B. $\boldsymbol{K}_a$ anstelle von $\boldsymbol{P}_a$).

5.1.1. Die polare Projektion eines Vektors

Fallen parallele Lichtstrahlen auf einen Vektor, so entsteht auf einer Ebene ein Schatten. Dieser Vorgang heißt schiefe Parallelprojektion, wenn der Winkel, den die Lichtstrahlen mit dem Vektor einschließen, beliebig ist. Die Projektion des Angriffspunktes des erzeugenden Vektors auf dieser Ebene nennen wir Pol. Errichten wir in diesem Pol eine zum erzeugenden Vektor parallele Gerade, so entsteht auf dieser Geraden ebenfalls ein Schattenbild, das aber die gleiche Gestalt wie der erzeugende Vektor selbst hat. Dieses spezielle Bild der schiefen Parallelprojektion nennen wir *polare Projektion.*

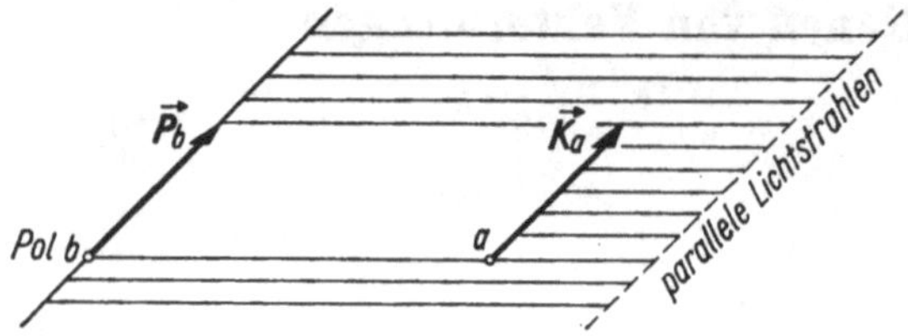

Bild 5.1. Die polare Projektion

5.1.1.1. Mathematische Beschreibung

Für die mathematische Beschreibung der polaren Projektion stehen der Angriffspunkt a, der Vektor $\boldsymbol{K}_a$ und der beliebige Pol b zur Verfügung (Bild 5.1). Die polare Projektion $\boldsymbol{P}_b$ und der erzeugende Vektor $\boldsymbol{K}_a$ sind stets gleiche Vektoren. Demnach gilt

$$\boldsymbol{P}_b = \boldsymbol{K}_a \,, \tag{5.1}$$

oder in Koordinaten

$$\begin{pmatrix} P_{bx} \\ P_{by} \\ P_{bz} \end{pmatrix} = \begin{pmatrix} K_{ax} \\ K_{ay} \\ K_{az} \end{pmatrix}. \tag{5.2}$$

Diese Bedingung läßt sich mit der Einheitsmatrix P (Abschnitt 4.3.2.6.) auch als Matrizenprodukt formulieren

$$\begin{pmatrix} P_{bx} \\ P_{by} \\ P_{bz} \end{pmatrix} = \begin{pmatrix} 1 & 0 & 0 \\ 0 & 1 & 0 \\ 0 & 0 & 1 \end{pmatrix} \begin{pmatrix} K_{ax} \\ K_{ay} \\ K_{az} \end{pmatrix}. \tag{5.3}$$

Die Einheitsmatrix P überführt den erzeugenden Vektor mit dem Angriffspunkt a in die polare Projektion mit dem Pol b und wird deshalb auch polare Projektionsmatrix oder kurz *Projektionsmatrix* genannt.

Will man die Projektionsrichtung in den Indizes festhalten, so kann man schreiben

$$\mathsf{P}_{ba} := \begin{pmatrix} 1 & 0 & 0 \\ 0 & 1 & 0 \\ 0 & 0 & 1 \end{pmatrix}. \tag{5.4}$$

Damit erhalten wir die Definitionsgleichung in der folgenden symbolischen Form

$$\boldsymbol{P}_b := \mathsf{P}_{ba} \boldsymbol{K}_a \,. \tag{5.5}$$

Soll der erzeugende Vektor $\boldsymbol{K}_a$ als Ursache ersichtlich sein, so gibt man ihn als 1. Index nach dem Komma in der folgenden Form an

$$\boldsymbol{P}_{b,\boldsymbol{K}_a} = \mathsf{P}_{ba} \boldsymbol{K}_a \tag{5.6}$$

oder

$$\boldsymbol{P}_{b,a} = \mathsf{P}_{ba} \boldsymbol{K}_a \,. \tag{5.7}$$

Die Gleichungen (5.1) und (5.2) lassen erkennen, daß die Lage des Poles b ebenso wie die Lage des Angriffspunktes a auf die Ermittlung der polaren Projektion ohne jeden Einfluß ist. Diese Erkenntnis formulieren wir im

1. Projektionstheorem. *Betrag, Richtung und Richtungssinn der polaren Projektion $\boldsymbol{P}_b$ eines Vektors $\boldsymbol{K}_a$ sind unabhängig von der Lage des Poles b und der Lage des Angriffspunktes a des erzeugenden Vektors $\boldsymbol{K}_a$.*

Die Indizierung der Projektionsmatrix kann deshalb entfallen. Ist also die Projektionsrichtung für die Beschreibung einer polaren Projektion unwesentlich, so wird man die einfachere Formulierung

$$\boldsymbol{P}_b = \mathsf{P}\,\boldsymbol{K}_a \tag{5.8}$$

verwenden.

5.1.1.2. Definition

Die polare Projektion $\boldsymbol{P}_b$ eines Vektors $\boldsymbol{K}_a$ in bezug auf den Pol b ist ein Vektor,

- der als schiefe Parallelprojektion von $\boldsymbol{K}_a$ in Richtung $\overline{ab}$ auf eine parallel zu seiner Wirkungslinie durch b verlaufende Gerade dargestellt werden kann,
- der gleich dem erzeugenden Vektor $\boldsymbol{K}_a$ ist

$$\boldsymbol{P}_b = \boldsymbol{K}_a\,,$$

- der sich durch Multiplikation des erzeugenden Vektors $\boldsymbol{K}_a$ mit der Projektionsmatrix P_{ba} ermitteln läßt

$$\boldsymbol{P}_b = \mathsf{P}_{ba}\,\boldsymbol{K}_a\,.$$

5.1.1.3. Die polare Projektion linienflüchtiger und freier Vektoren

Da unabhängig von der Lage des Angriffspunktes a der erzeugende Vektor $\boldsymbol{K}_a$ und die polare Projektion $\boldsymbol{P}_b$ stets einander gleich sind, haben gleiche gebundene, linienflüchtige oder freie Vektoren für jeden beliebigen Pol b auch die gleiche polare Projektion.

5.1.2. Die Komponente der polaren Projektion

Ein Vektor und eine durch seinen Angriffspunkt verlaufende Gerade spannen eine Ebene auf. Fallen auf diesen Vektor parallele Lichtstrahlen, die senkrecht zu der Geraden gerichtet sind und in der Ebene liegen, so entsteht auf der Geraden ein Schatten. Dieser Vorgang heißt orthogonale Parallelprojektion. Die Gerade nennen wir Projektionsgerade oder Projektionsachse und das Schattenbild *Komponente* des Vektors.

5.1.2.1. Mathematische Beschreibung

Da die Komponente $\hat{\boldsymbol{P}}_g$ der polaren Projektion $\boldsymbol{P}_g$ durch orthogonale Paralellprojektion entsteht (Bild 5.2), ist ihre Vektorkoordinate $\hat{P}_g$ gleich dem skalaren

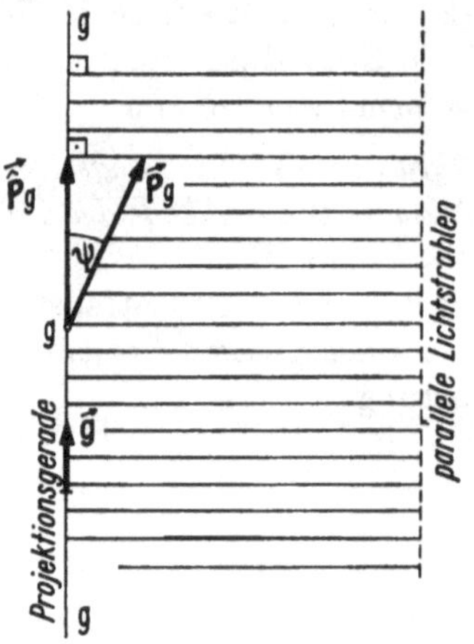

Bild 5.2. Die Komponente der polaren Projektion

Produkt des Einheitsvektors $\boldsymbol{g}$ der Projektionsgeraden $\overline{gg}$ mit der polaren Projektion $\boldsymbol{P}_g$

$$\hat{P}_g = \boldsymbol{g} \cdot \boldsymbol{P}_g = |\boldsymbol{P}_g| \cos \psi . \tag{5.9}$$

Für die Komponente erhalten wir

$$\hat{\boldsymbol{P}}_g = \hat{P}_g \cdot \boldsymbol{g} = (\boldsymbol{g} \cdot \boldsymbol{P}_g)\, \boldsymbol{g} . \tag{5.10}$$

Für die mathematische Beschreibung benötigen wir demnach den Einheitsvektor $\boldsymbol{g}$ der Projektionsgeraden $\overline{gg}$ und die polare Projektion $\boldsymbol{P}_g$

$$\boldsymbol{g} = \begin{pmatrix} g_x \\ g_y \\ g_z \end{pmatrix} = \begin{pmatrix} \cos \alpha_g \\ \cos \beta_g \\ \cos \gamma_g \end{pmatrix}, \qquad \boldsymbol{P}_g = \begin{pmatrix} P_{gx} \\ P_{gy} \\ P_{gz} \end{pmatrix}.$$

Bei den Einheitsvektoren erscheint als erster Index nicht der Angriffspunkt, sondern die Richtung.

Die Gleichung (5.10) lautet in Koordinaten

$$\begin{pmatrix} \hat{P}_{gx} \\ \hat{P}_{gy} \\ \hat{P}_{gz} \end{pmatrix} = \left[\begin{pmatrix} g_x \\ g_y \\ g_z \end{pmatrix} \cdot \begin{pmatrix} P_{gx} \\ P_{gy} \\ P_{gz} \end{pmatrix} \right] \begin{pmatrix} g_x \\ g_y \\ g_z \end{pmatrix} = [g_x \cdot P_{gx} + g_y \cdot P_{gy} + g_z \cdot P_{gz}] \begin{pmatrix} g_x \\ g_y \\ g_z \end{pmatrix}$$

$$= \begin{pmatrix} g_x \cdot g_x \cdot P_{gx} + g_y \cdot g_x \cdot P_{gy} + g_z \cdot g_x \cdot P_{gz} \\ g_x \cdot g_y \cdot P_{gx} + g_y \cdot g_y \cdot P_{gy} + g_z \cdot g_y \cdot P_{gz} \\ g_x \cdot g_z \cdot P_{gx} + g_y \cdot g_z \cdot P_{gy} + g_z \cdot g_z \cdot P_{gz} \end{pmatrix}. \tag{5.11}$$

Mit der Matrix

$$\mathsf{K}_{gg} := \begin{pmatrix} g_x \cdot g_x & g_y \cdot g_x & g_z \cdot g_x \\ g_x \cdot g_y & g_y \cdot g_y & g_z \cdot g_y \\ g_x \cdot g_z & g_y \cdot g_z & g_z \cdot g_z \end{pmatrix} \tag{5.12}$$

läßt sich Gleichung (5.11) als Matrizenprodukt formulieren

$$\begin{pmatrix} \hat{P}_{gx} \\ \hat{P}_{gy} \\ \hat{P}_{gz} \end{pmatrix} = \begin{pmatrix} g_x \cdot g_x & g_y \cdot g_x & g_z \cdot g_x \\ g_x \cdot g_y & g_y \cdot g_y & g_z \cdot g_y \\ g_x \cdot g_z & g_y \cdot g_z & g_z \cdot g_z \end{pmatrix} \begin{pmatrix} P_{gx} \\ P_{gy} \\ P_{gz} \end{pmatrix}. \tag{5.13}$$

In symbolischer Schreibweise lautet schließlich diese Gleichung

$$\hat{\boldsymbol{P}}_g = \mathsf{K}_{gg} \boldsymbol{P}_g . \tag{5.14}$$

Bei praktischen Aufgaben wird man sich im allgemeinen auf die Ermittlung der Koordinaten beschränken, die man aus Gleichung (5.9) erhält

$$\hat{P}_g = g_x \cdot P_{gx} + g_y \cdot P_{gy} + g_z \cdot P_{gz} \tag{5.15}$$

und häufig als Matrizenprodukt angibt

$$\hat{P}_g = (g_x \;\, g_y \;\, g_z) \begin{pmatrix} P_{gx} \\ P_{gy} \\ P_{gz} \end{pmatrix}. \tag{5.16}$$

Fassen wir den transponierten Einheitsvektor der Projektionsgeraden als Matrix auf, die wir durch das Symbol X_{gg} repräsentieren

$$\mathsf{X}_{gg} := (g_x \;\, g_y \;\, g_z) , \tag{5.17}$$

so nimmt Gleichung (5.16) folgende Form an

$$\hat{P}_g = \mathsf{X}_{gg} \boldsymbol{P}_g . \tag{5.18}$$

Setzen wir Gleichung (5.18) in Gleichung (5.10) ein, so erhalten wir

$$\hat{\boldsymbol{P}}_g = (\mathsf{X}_{gg} \boldsymbol{P}_g) \, \boldsymbol{g} , \tag{5.19}$$

also eine weitere Gleichung für die Komponente $\hat{\boldsymbol{P}}_g$ der polaren Projektion $\boldsymbol{P}_g$.

5.1.2.2. Definition

Die Komponente $\hat{\boldsymbol{P}}_g$ der polaren Projektion $\boldsymbol{P}_g$ in Richtung der durch g verlaufenden Geraden $\overline{gg}$ ist ein Vektor,

- der als orthogonale Parallelprojektion von $\boldsymbol{P}_g$ auf $\overline{gg}$ dargestellt werden kann,
- dessen Koordinate gleich dem skalaren Produkt aus dem Einheitsvektor $\boldsymbol{g}$ und der polaren Projektion $\boldsymbol{P}_g$ ist

  $$\hat{P}_g = \boldsymbol{g} \cdot \boldsymbol{P}_g ,$$

- dessen Koordinate sich durch Multiplikation der polaren Projektion $\boldsymbol{P}_g$ mit der Matrix X_{gg} berechnen läßt

  $$\hat{\boldsymbol{P}}_g = \mathsf{X}_{gg} \boldsymbol{P}_g ,$$

- der sich durch Multiplikation der polaren Projektion $\boldsymbol{P}_g$ mit der Matrix K_{gg} ergibt

  $$\hat{\boldsymbol{P}}_g = \mathsf{K}_{gg} \boldsymbol{P}_g .$$

5.1.2.3. Anwendung: Ermittlung der Komponente in der 1,2-Ebene

Da die polare Projektion und ihre Komponente stets eine Ebene aufspannen, läßt sich diese Abbildung in einer 1,2-Ebene darstellen (Bild 5.3).

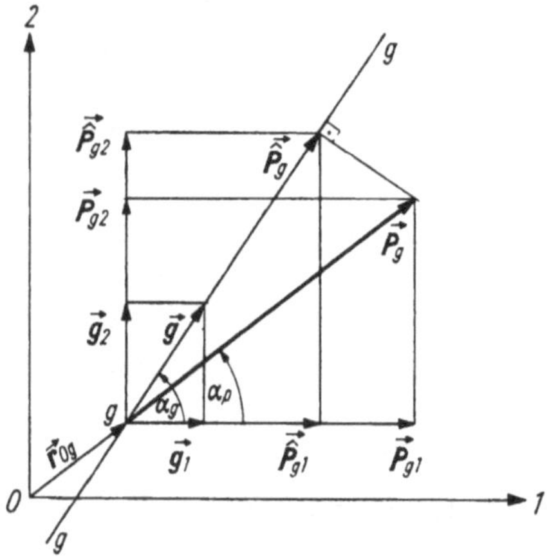

Bild 5.3. Bildung der Komponente in der 1, 2-Ebene

Die Koordinate der Komponente (bezüglich des Einheitsvektors $\boldsymbol{g}$ als Basisvektor) ergibt sich zu

$$\hat{P}_g = |\boldsymbol{P}_g| \cos(\alpha_g - \alpha_p)$$

$$= |\boldsymbol{P}_g| \cos\alpha_p \cdot \cos\alpha_g + |\boldsymbol{P}_g| \sin\alpha_p \cdot \sin\alpha_g .$$

Mit

$$P_{g1} = |\boldsymbol{P}_g| \cos\alpha_p; \qquad g_1 = \cos\alpha_g;$$

$$P_{g2} = |\boldsymbol{P}_g| \sin\alpha_p; \qquad g_2 = \sin\alpha_g$$

erhalten wir die Gleichung

$$\hat{P}_g = P_{g1} \cdot g_1 + P_{g2} \cdot g_2 ,$$

die sich als Matrizenprodukt angeben läßt

$$\hat{P}_g = (g_1 \quad g_2) \begin{pmatrix} P_{g1} \\ P_{g2} \end{pmatrix}.$$

5.1.3. Die axiale Projektion eines Vektors

Bilden wir von einem Vektor die polare Projektion in bezug auf einen beliebigen Punkt einer Geraden und anschließend die Komponente in Richtung dieser Geraden, so heißt diese Komponente *axiale Projektion* des Vektors.

5.1.3.1. Mathematische Beschreibung

Da die axiale Projektion gleich der Komponente der polaren Projektion ist, erfolgt ihre Ermittlung in zwei Schritten (Bild 5.4):

1. Bildung der polaren Projektion $\boldsymbol{P}_g$ von $\boldsymbol{K}_a$ in bezug auf einen beliebigen Punkt g der Geraden $\overline{gg}$ nach Gleichung (5.5)

$$\boldsymbol{P}_g = \mathsf{P}_{ga}\,\boldsymbol{K}_a;$$

2. Bildung der Komponente $\hat{\boldsymbol{P}}_g$ der polaren Projektion $\boldsymbol{P}_g$ in Richtung von $\boldsymbol{g}$ nach Gleichung (5.14)

$$\hat{\boldsymbol{P}}_g = \mathsf{K}_{gg}\,\boldsymbol{P}_g\,.$$

Die Komponente erhalten wir also aus

$$\hat{\boldsymbol{P}}_g = \mathsf{K}_{gg}\,\mathsf{P}_{ga}\,\boldsymbol{K}_a\,. \tag{5.20}$$

Da die polaren Projektionen $\boldsymbol{P}_g$ für alle Punkte g der Geraden $\overline{gg}$ gleich sind, müssen auch die axialen Projektionen $\hat{\boldsymbol{P}}_g$ für alle g auf $\overline{gg}$ gleich sein. Diese Überlegung führt zum

2. Projektionstheorem. *Die axiale Projektion ist ein auf der Projektionsgeraden linienflüchtiger Vektor.*

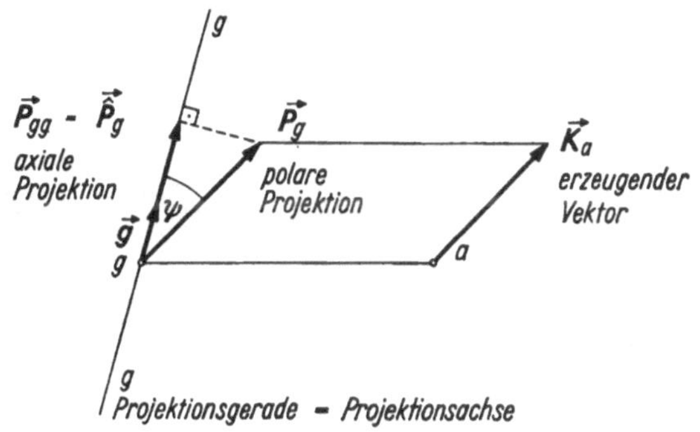

Bild 5.4. Axiale Projektion
(Die axiale Projektion des erzeugenden Vektors ist die Komponente der polaren Projektion.)

5.1.3.2. Definition

Bezeichnen wir die axiale Projektion von $\boldsymbol{K}_a$ mit $\boldsymbol{P}_{gg}$, so erhalten wir die folgende Definition.

Die axiale Projektion $\boldsymbol{P}_{gg}$ eines Vektors $\boldsymbol{K}_a$ auf die Gerade $\overline{gg}$ mit dem beliebigen Punkt g und dem Einheitsvektor $\boldsymbol{g}$ ist der auf dieser Geraden linienflüchtige Vektor,

- der gleich der Komponente $\hat{\boldsymbol{P}}_g$ der polaren Projektion $\boldsymbol{P}_g$ des Vektors $\boldsymbol{K}_a$

$$\boldsymbol{P}_{gg} = \mathsf{K}_{gg}\,\boldsymbol{P}_g \tag{5.21}$$

mit der Koordinate

$$P_{gg} = X_{gg} \, P_g \tag{5.21a}$$

ist,

- der sich durch Multiplikation des erzeugenden Vektors mit den Matrizen P_{ga} und K_{gg} ergibt

$$\boldsymbol{P}_{gg} = \mathsf{K}_{gg} \, \mathsf{P}_{ga} \, \boldsymbol{K}_a = \mathsf{K}_{gg} \, \mathsf{P} \, \boldsymbol{K}_a \,, \tag{5.22}$$

- dessen Koordinate sich durch Multiplikation des erzeugenden Vektors $\boldsymbol{K}_a$ mit den Matrizen P_{ga} und X_{gg} berechnen läßt

$$P_{gg} = X_{gg} \, \mathsf{P}_{ga} \, \boldsymbol{K}_a = X_{gg} \, \mathsf{P} \, \boldsymbol{K}_a \,. \tag{5.23}$$

Da P eine Einheitsmatrix ist, folgt für die numerische Auswertung

$$\boldsymbol{P}_{gg} = \mathsf{K}_{gg} \, \boldsymbol{K}_a \,, \tag{5.24}$$

$$P_{gg} = X_{gg} \, \boldsymbol{K}_a \tag{5.25}$$

und mit den Gleichungen (5.18) und (5.9)

$$P_{gg} = |\boldsymbol{P}_g| \cos \psi \,. \tag{5.26}$$

5.1.3.3. Sonderfälle

Die axiale Projektion eines Vektors ist Null, wenn ihr Betrag

$$|\boldsymbol{P}_{gg}| = |\boldsymbol{P}_g| \cdot |\cos \psi| = 0$$

ist, d. h. für

1. $|\boldsymbol{P}_g| = 0 \,,$
2. $\cos \psi = 0$ mit

$$\psi = \nu \cdot \frac{\pi}{2} \,\Big|\, \nu = 1, 3, 5 \ldots .$$

Der erste Fall ist trivial, da die axiale Projektion eines Nullvektors selbstverständlich wiederum ein Nullvektor ist. Der zweite Fall ist für die Anwendung von Bedeutung. Wir formulieren ihn deshalb im

3. Projektionstheorem. *Die axiale Projektion ist ein Nullvektor, wenn die Wirkungslinie des erzeugenden Vektors und die Projektionsgerade orthogonal sind.*

5.1.3.4. Die axiale Projektion linienflüchtiger und freier Vektoren

Da der Vektor $\boldsymbol{K}_a$ unabhängig von der Lage seines Angriffspunktes a auf jeden Punkt g der Projektionsgeraden $\overline{gg}$ die gleiche polare Projektion und damit die gleiche axiale Projektion $\boldsymbol{P}_{gg}$ erzeugt, haben alle gebundenen, linienflüchtigen und freien Vektoren dann, wenn sie gleich sind, auf der gleichen Projektionsgeraden stets die gleiche axiale Projektion.

5.1.4. Das Projektionsfeld eines Vektors

5.1.4.1. Definition

Ermittelt man für jeden Punkt b eines beschränkten Bereiches Δ die polare Projektion $\boldsymbol{P}_{b,a}$ des erzeugenden Vektors $\boldsymbol{K}_a$, so bildet die gleichzeitig vorgestellte Gesamtheit aller dieser polaren Projektionen das Feld Φ der polaren Projektionen $\boldsymbol{P}_{b,a}$ infolge des Vektors $\boldsymbol{K}_a$

$$\Phi_{\boldsymbol{P}_{b,a}} = \Phi_{\mathsf{P}\boldsymbol{K}} := \{\boldsymbol{P}_{b,a} = \mathsf{P}\,\boldsymbol{K}_a \mid b \in \Delta\} . \tag{5.27}$$

Dieses Feld nennt man auch kurz das *Projektionsfeld* des Vektors $\boldsymbol{K}_a$.

Da die polare Projektion eines Vektors $\boldsymbol{K}_a$ nach dem 1.Projektionstheorem unabhängig von dessen Angriffspunkt a im Anschauungsraum ist, ändert sich das Projektionsfeld bei einer linienflüchtigen oder parallelen Verschiebung des erzeugenden Vektors nicht. Das Projektionsfeld eines gebundenen Vektors ist also dann gleich dem Projektionsfeld eines linienflüchtigen oder freien Vektors, wenn der (erzeugende) gebundene Vektor gleich dem (erzeugenden) linienflüchtigen oder dem (erzeugenden) freien Vektor ist.

5.1.4.2. Darstellung

Nach dem 1. Projektionstheorem ist die polare Projetionk $\boldsymbol{P}_b$ eines Vektors $\boldsymbol{K}_a$ unabhängig von der Lage des Poles b. Wir erhalten demnach für jeden Punkt b des beschränkten Bereiches Δ den gleichen Projektionsvektor. Das Projektionsfeld ist demnach ein konstantes Vektorfeld, das grafisch nach Tafel 4.4 zweckmäßigerweise als konstante Vektorverteilung über einer Geraden dargestellt wird, die senkrecht zu den Vektoren das Feld durchstößt. Aus diesen Überlegungen folgt das

4. Projektionstheorem. *Das Projektionsfeld eines gebundenen, linienflüchtigen oder freien Vektors ist ein konstantes Vektorfeld.*

5.1.4.3. Anwendung: Auffassung konstanter Vektorfelder als Projektionsfelder

Das Geschwindigkeitsfeld eines transferierenden Starrkörpers besteht im beliebigen festen Zeitpunkt t ausschließlich aus parallelen, gleichgerichteten Vektoren mit gleichem Betrag. Es ist, wenn wir z. B. einen Aufzug mit all seinem Inhalt als Starrkörper idealisieren, völlig unabhängig von der Masseverteilung in diesem Aufzug. Jeder Punkt, gleichgültig ob er einem Lastelement (z. B. einem Holzelement beim Transport von Möbeln) oder einem Luftelement zugehört, trägt den gleichen Geschwindigkeitsvektor. Das Geschwindigkeitsfeld ist vom Ortsvektor unabhängig

$$\Phi_{\boldsymbol{v}}(\boldsymbol{r}, t) \xrightarrow{\text{TRANSLATION}} \Phi_{\boldsymbol{v}}(t) .$$

Alle Elemente des Feldes sind im jeweiligen Zeitpunkt gleich.

$$\boldsymbol{v}(\boldsymbol{r}, t) = \boldsymbol{v}_r(t) \xrightarrow{\text{TRANSLATION}} \boldsymbol{v}_r(t) = \boldsymbol{v}(t) .$$

Es liegt also in dem vom Aufzug eingenommenen Raumteil Δ ein konstantes Vektorfeld vor, das sich als Projektionsfeld eines erzeugenden Geschwindigkeitsvektors $\boldsymbol{v}$ deuten läßt. Da es für die Beschreibung zweckmäßig ist, wird man den erzeugenden Geschwindigkeitsvektor nach dem 1. Projektionstheorem z. B. im Ursprung eines lokalen Koordinatensystems binden: $\boldsymbol{v} = \boldsymbol{v}_0$. Symbolisch schreibt man dann

$$\Phi_v = \Phi_{\mathsf{P}v_0} := \{\boldsymbol{v}_r(t) = \mathsf{P}\,\boldsymbol{v}_0(t) \mid \boldsymbol{r} \in \Delta\}\,.$$

In völliger Analogie hierzu lassen sich auch die übrigen kinematischen Felder der Translation (Verschiebungs- und Beschleunigungsfelder) ebenso wie alle konstanten Kraftdichtefelder (Eigengewichtsverteilung in homogenen Bauteilen, Wasserdruck auf horizontalem Behälterboden) als Projektionsfelder auffassen und beschreiben.

5.2. Projektion und Projektionsfeld eines Vektorsystems

5.2.1. Die polare Projektion eines Vektorsystems

5.2.1.1. Definition

Die polare Projektion eines Vektorsystems in bezug auf den Pol b ist ein Vektor, der gleich der Summe aller polaren Projektionen der Vektoren des Vektorsystems in bezug auf den gleichen Pol b ist.

Liegt also beispielsweise nachfolgendes Vektorsystem im Anschauungsraum vor

$$\mathrm{S}_{K} := \{\boldsymbol{K}_a \mid a = 1, \ldots, n\}\,, \tag{5.28}$$

so ergibt sich definitionsgemäß die polare Projektion dieses Vektorsytems zu

$$\boldsymbol{P}_{b,\mathrm{S}} := \sum_{a=1}^{n} \boldsymbol{P}_{b,a} = \sum_{a=1}^{n} \mathsf{P}_{ba}\,\boldsymbol{K}_a = \sum_{a=1}^{n} \mathsf{P}\,\boldsymbol{K}_a \tag{5.29}$$

oder plakativ mit dem Element $\mathsf{E} := \boldsymbol{K}_a$

$$\mathsf{P\,S} = \sum \mathsf{P\,E}\,.$$

Die polare Projektion eines Systems ist gleich der Summe der polaren Projektionen der Elemente.

Die Bildung der polaren Projektion eines Vektorsystems setzt natürlich die Zulässigkeit der Summenbildung und damit die Gültigkeit des Unabhängigkeits- und Superpositionsaxioms (Abschnitt 2.4.3.3.) voraus.

5.2.1.2. Darstellung im Koordinatensystem

Die Definitionsgleichung (5.29) für die polare Projektion des Vektorsystems nimmt im cartesischen Koordinatensystem die folgende Form an

$$\begin{pmatrix} P_{bx,\mathrm{S}} \\ P_{by,\mathrm{S}} \\ P_{bz,\mathrm{S}} \end{pmatrix} = \sum_{a=1}^{n} \begin{pmatrix} 1 & 0 & 0 \\ 0 & 1 & 0 \\ 0 & 0 & 1 \end{pmatrix} \begin{pmatrix} K_{ax} \\ K_{ay} \\ K_{az} \end{pmatrix} = \begin{pmatrix} \sum K_{ax} \\ \sum K_{ay} \\ \sum K_{az} \end{pmatrix}. \tag{5.31}$$

Gleichung (5.31) läßt erkennen, daß die Koordinaten des Projektionsvektors als Summe der entsprechenden Koordinaten der einzelnen Vektoren erhalten werden. Für die Ermittlung der Koordinaten des polaren Projektionsvektors ist also die Projektionsmatrix nicht erforderlich.

Die Angabe des Vektorsystems und die Berechnung seiner polaren Projektion erfolgt zweckmäßig mittels Tabelle (Tafel 5.1).

Tafel 5.1. **Zur Berechnung der polaren Projektion eines Vektorsystems**

a	$\|\boldsymbol{K}_a\|$	$\cos\alpha_a$	$\cos\beta_a$	$\cos\gamma_a$	K_{ax}	K_{ay}	K_{az}
Maß-einheit							
1 ⋮ n							
					ΣK_{ax}	ΣK_{ay}	ΣK_{az}
					Polare Projektion		

5.2.1.3. Anwendung

5.2.1.3.1. Die polare Projektion der elementaren Vektorsysteme

Für ein elementares Vektorsystem

$$\mathrm{S}_{\boldsymbol{K}} = \{\boldsymbol{K}_1, \boldsymbol{K}_2\}$$

ergibt sich die polare Projektion in bezug auf den Pol b zu

$$\begin{pmatrix} P_{bx,\mathrm{S}} \\ P_{by,\mathrm{S}} \\ P_{bz,\mathrm{S}} \end{pmatrix} = \begin{pmatrix} 1 & 0 & 0 \\ 0 & 1 & 0 \\ 0 & 0 & 1 \end{pmatrix} \begin{pmatrix} K_{1x} + K_{2x} \\ K_{1y} + K_{2y} \\ K_{1z} + K_{2z} \end{pmatrix}.$$

Sind die Koordinaten von $\boldsymbol{K}_1$ und $\boldsymbol{K}_2$ entgegengesetzt gleich

$$K_{1\nu} = -K_{2\nu} \mid \nu = x, y, z\,,$$

so liegt ein Aufhebungspaar vor, wenn deren Wirkungslinien kollinear sind oder aber ein Vektorpaar im Falle paralleler Wirkungslinien. Für diese beiden elementaren Vektorsysteme ist die polare Projektion ein Nullvektor.

Sind die Koordinaten von $\boldsymbol{K}_1$ und $\boldsymbol{K}_2$ nicht entgegengesetzt gleich

$$K_{1\nu} \neq -K_{2\nu} \mid \nu = x, y, z\,,$$

so liegt ein Komplanarpaar oder aber ein Vektorkreuz vor. Für diese beiden elementaren Vektorsysteme sind die Koordinaten der polaren Projektion von Null verschieden.

5.2.1.3.2. Der Einfluß des Superpositions- und Ergänzungsprozesses auf die Bildung polarer Projektionen

Greifen mehrere Vektoren an einem Punkt an

$$\mathrm{S}_{K} := \{\boldsymbol{K}_{ai} \mid i = 1, \ldots, m\},$$

so ist — da die Gültigkeit des Superpositionsaxioms vorausgesetzt wird — die Summe der polaren Projektionen der einzelnen Vektoren gleich der polaren Projektion der Summe dieser Vektoren

$$\sum_{i=1}^{m} \boldsymbol{P}_{b, \boldsymbol{K}_{ai}} = \boldsymbol{P}_{b, \sum\limits_{i=1}^{n} \boldsymbol{K}_{ai}}.$$

Diesen Sachverhalt formulieren wir im

5. Projektionstheorem. *Die polare Projektion eines Vektorsystems wird nicht verändert, wenn alle oder einige gleichzeitig am gleichen Punkt angreifende Vektoren des Vektorsystems superponiert werden.*

Da die polare Projektion eines Aufhebungspaares in bezug auf jeden beliebigen Pol b gleich dem Nullvektor ist und demnach einen am gleichen Punkt b bereits angreifenden Projektionsvektor nicht verändern kann, gilt das

6. Projektionstheorem. *Die polare Projektion eines Vektorsystems wird durch die Anwendung des Ergänzungsprozesses nicht verändert.*

5.2.2. Die axiale Projektion eines Vektorsystems

5.2.2.1. Definition

Die axiale Projektion eines Vektorsystems S_K auf die Projektionsgerade $\overline{gg}$ ist der dieser Geraden $\overline{gg}$ linienflüchtig zugeordnete Vektor $\boldsymbol{P}_{gg,\mathrm{S}}$, der gleich der Komponente der polaren Projektion $\boldsymbol{P}_{g,\mathrm{S}}$, des vorgegebenen Vektorsystems S_K ist, wenn als Pol g ein beliebiger Punkt der Geraden $\overline{gg}$ gewählt wird.

Für

$$\mathrm{S}_{K} := \{\boldsymbol{K}_{a} \mid a = 1, \ldots, n\}$$

ist also nach Gleichung (5.21)

$$\boldsymbol{P}_{gg,\mathrm{S}} := \mathsf{K}_{gg} \boldsymbol{P}_{g,\mathrm{S}}. \tag{5.32}$$

Mit Gleichung (5.29) folgt

$$\boldsymbol{P}_{gg,\mathrm{S}} := \mathsf{K}_{gg} \sum_{a=1}^{n} \mathsf{P}_{ga} \boldsymbol{K}_{a}, \tag{5.33}$$

$$= \sum_{a=1}^{n} \mathsf{K}_{gg} \mathsf{P}_{ga} \boldsymbol{K}_{a}. \tag{5.34}$$

Die Vektorkoordinate erhalten wir analog nach Gleichung (5.21a)

$$P_{gg,\mathrm{S}} := \mathsf{X}_{gg} \boldsymbol{P}_{g,\mathrm{S}}, \tag{5.35}$$

$$= \mathsf{X}_{gg} \sum_{a=1}^{n} \mathsf{P}_{ga} \boldsymbol{K}_{a}, \tag{5.36}$$

$$= \sum_{a=1}^{n} \mathsf{X}_{gg} \mathsf{P}_{ga} \boldsymbol{K}_{a}. \tag{5.37}$$

Mit dem Element $\mathsf{E} := \boldsymbol{K}_a$ folgt plakativ

$$\mathsf{KPS} = \mathsf{K} \sum \mathsf{PE} = \sum \mathsf{KPE}\,, \tag{5.38}$$

$$\mathsf{XPS} = \mathsf{X} \sum \mathsf{PE} = \sum \mathsf{XPE} \quad \text{(Koordinate)}. \tag{5.39}$$

Die axiale Projektion eines Vektorsystems (5.38) ist

- gleich der Komponente der Summe über den polaren Projektionen der Elemente bzw.
- gleich der Summe über den Komponenten der polaren Projektionen der Elemente.

5.2.2.2. Darstellung im Koordinatensystem

Die Gleichung (5.33) des axialen Projektionsvektors nimmt im Koordinatensystem die folgende Form an

$$\begin{pmatrix} P_{gx,\mathrm{S}} \\ P_{gy,\mathrm{S}} \\ P_{gz,\mathrm{S}} \end{pmatrix} = \begin{pmatrix} g_x \cdot g_x & g_y \cdot g_x & g_z \cdot g_x \\ g_x \cdot g_y & g_y \cdot g_y & g_z \cdot g_y \\ g_x \cdot g_z & g_y \cdot g_z & g_z \cdot g_z \end{pmatrix} \sum_{a=1}^{n} \begin{pmatrix} 1 & 0 & 0 \\ 0 & 1 & 0 \\ 0 & 0 & 1 \end{pmatrix} \begin{pmatrix} K_{ax} \\ K_{ay} \\ K_{az} \end{pmatrix}. \tag{5.40}$$

Vereinfacht ergibt sich

$$\begin{pmatrix} P_{gx,\mathrm{S}} \\ P_{gy,\mathrm{S}} \\ P_{gz,\mathrm{S}} \end{pmatrix} = \begin{pmatrix} g_x \cdot g_x & g_y \cdot g_x & g_z \cdot g_x \\ g_x \cdot g_y & g_y \cdot g_y & g_z \cdot g_y \\ g_x \cdot g_z & g_y \cdot g_z & g_z \cdot g_z \end{pmatrix} \begin{pmatrix} \sum K_{ax} \\ \sum K_{ay} \\ \sum K_{az} \end{pmatrix}. \tag{5.41}$$

Die Koordinaten der Komponenten in Richtung der Basisvektoren lassen sich jedoch einfacher aus

$$\begin{pmatrix} P_{gx,\mathrm{S}} \\ P_{gy,\mathrm{S}} \\ P_{gz,\mathrm{S}} \end{pmatrix} = P_{gg,\mathrm{S}} \cdot \begin{pmatrix} g_x \\ g_y \\ g_z \end{pmatrix} \tag{5.42}$$

ermitteln.

Die in Gleichung (5.36) symbolisch dargestellte Vektorkoordinate ergibt sich im Koordinatensystem zu

$$P_{gg,\mathrm{S}} = (g_x \quad g_y \quad g_z) \sum_{a=1}^{n} \begin{pmatrix} 1 & 0 & 0 \\ 0 & 1 & 0 \\ 0 & 0 & 1 \end{pmatrix} \begin{pmatrix} K_{ax} \\ K_{ay} \\ K_{az} \end{pmatrix}. \tag{5.43}$$

Vereinfacht ergibt sich

$$P_{gg,\mathrm{S}} = (g_x \; g_y \; g_z) \begin{pmatrix} \sum K_{ax} \\ \sum K_{ay} \\ \sum K_{az} \end{pmatrix}, \tag{5.44}$$

ausmultipliziert

$$P_{gg,\mathrm{S}} = g_x \sum K_{ax} + g_y \sum K_{ay} + g_z \sum K_{az}\,. \tag{5.45}$$

5.2.2.3. Sonderfälle

Die axiale Projektion eines Vektorsystems ist dann ein Nullvektor, wenn

1. sämtliche Vektoren des vorgegebenen Vektorsystems Nullvektoren sind (also ein Nullvektorsystem vorliegt),
2. die Wirkungslinien sämtlicher Vektoren des Systems senkrecht auf der Projektionsgeraden stehen (also in parallelen Ebenen senkrecht zur Projektionsgeraden liegen). Ist nun die axiale Projektion jedes Vektors $\boldsymbol{K}_a \neq \boldsymbol{0}$ eines Vektorsystems S_K auf eine Gerade Null, so heißt diese Projektionsgerade genauer „Projektions-Nullgerade" und wird mit $\overline{p_0 p_0}$ bezeichnet (Bilder 5.5 und 5.6).

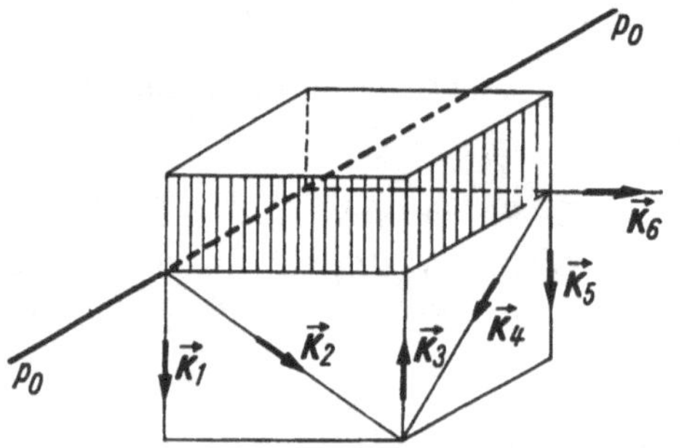

Bild 5.5. Projektions-Nullgerade $\overline{p_0 p_0}$ für das Vektorsystem $S_K := \{\boldsymbol{K}_a \mid a = 1, 2, 3, 5, 6\}$

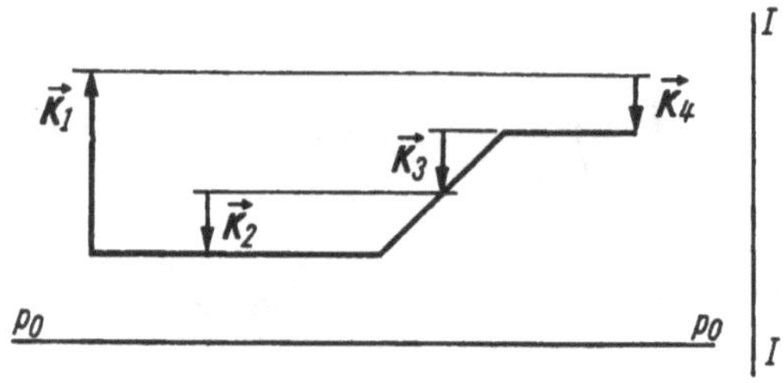

Bild 5.6. Projektions-Nullgerade $\overline{p_0 p_0}$ und Projektionsgerade $\overline{II}$ für das Vektorsystem $S_K := \{\boldsymbol{K}_a \mid a = 1, 2, 3, 4\}$

Daneben ist aber die axiale Projektion eines Vektorsystems auf eine Gerade $\overline{II}$ auch dann gleich dem Nullvektor, wenn

3. die Summe der einzelnen (zumindest teilweise von Null verschiedenen) axialen Projektionen der Systemelemente gleich dem Nullvektor ist (Bild 5.6). (Dieser Fall ist als ein notwendiges — aber keinesfalls hinreichendes — Gleichgewichtskriterium in der Statik von besonderer Bedeutung.)

5.2.3. Das Projektionsfeld eines Vektorsystems

5.2.3.1. Definition

Ermittelt man für jeden beliebigen Punkt b eines beschränkten Bereiches Δ die polare Projektion $\boldsymbol{P}_{b,\mathsf{S}}$ des Vektorsystems $\mathsf{S}_{\boldsymbol{K}}$, so bildet die gleichzeitig vorgestellte Gesamtheit aller dieser polaren Projektionen das Projektionsfeld des Vektorsystems

$$\Phi_{\boldsymbol{P}_{b,\mathsf{S}}} = \Phi_{\mathsf{PS}} := \left\{\boldsymbol{P}_{b,\mathsf{S}} = \sum_{a=1}^{n} \mathsf{P}\boldsymbol{K}_a \mid a = 1, \ldots, n \wedge b \in \Delta\right\}. \qquad (5.46)$$

Da die polare Projektion des Vektorsystems als Summe der polaren Projektionen der Elemente des Systems ermittelt wird, gilt

$$\Phi_{\mathsf{PS}} := \Phi_{\sum\limits_a \mathsf{P}\boldsymbol{K}_a} = \sum_{a=1}^{n} \Phi_{\mathsf{P}\boldsymbol{K}_a} \qquad (5.47)$$

oder plakativ mit dem Element $\dot{\mathsf{E}} := \boldsymbol{K}_a$

$$\Phi\,\mathsf{PS} = \Phi \sum \mathsf{PE} = \sum \Phi\,\mathsf{PE}\,.$$

Das Feld der polaren Projektionen des Systems ist

- gleich dem Feld der Summen der polaren Projektionen der Elemente bzw.
- gleich der Summe über den Feldern der polaren Projektionen der Elemente (also über den Projektionsfeldern der Elemente).

5.2.3.2. Anwendung

5.2.3.2.1. Die Projektionsfelder der elementaren Vektorsysteme

Da die polare Projektion eines Aufhebungspaares ebenso wie die eines Vektorpaares ein Nullvektor ist, nimmt das Projektionsfeld für das Aufhebungspaar ebenso wie für das Vektorpaar die Gestalt eines Nullvektorfeldes an.

Die polare Projektion eines Komplanarpaares hat ebenso wie die eines Vektorkreuzes einen von Null verschiedenen Betrag, weshalb das Projektionsfeld des Komplanarpaares ebenso wie das des Vektorkreuzes ein konstantes Vektorfeld ist.

5.2.3.2.2. Der Einfluß des Superpositions- und Ergänzungsprozesses auf das Projektionsfeld von Vektorsystemen

Da die polare Projektion weder durch einen Superpositionsprozeß (5. Projektionstheorem), noch durch einen Ergänzungsprozeß (6. Projektionstheorem) verändert wird, gilt das

7. Projektionstheorem. *Das Projektionsfeld eines oder mehrerer Vektorsysteme wird durch einen Superpositionsprozeß oder einen Ergänzungsprozeß nicht verändert.*

5.3. Projektion und Projektionsfeld eines Vektorfeldes

5.3.1. Die polare Projektion eines Vektorfeldes

5.3.1.1. Definition

Liegt im beschränkten Bereich B ein Vektorfeld Ω_α vor, dessen Vektoren $\boldsymbol{\alpha}(\boldsymbol{r})$ bereichsabhängig sind, so darf dieses Vektorfeld Ω_α nach Gleichung (4.72) durch ein Feld Ψ_{dA} von Bereichsvektoren $\mathrm{d}\boldsymbol{A} = \boldsymbol{\alpha}(\boldsymbol{r}) \cdot \mathrm{d}B$ äquivalent ersetzt werden.

$$\begin{aligned} \Omega_\alpha &:= \{\boldsymbol{\alpha}(\boldsymbol{r}) \mid \boldsymbol{r} \in B\}, \\ &\Updownarrow \\ \Psi_{dA} &:= \{\mathrm{d}\boldsymbol{A} = \boldsymbol{\alpha}(\boldsymbol{r}) \cdot \mathrm{d}B \mid \boldsymbol{r} \in B\}. \end{aligned} \tag{5.49}$$

Auf einen infinitesimalen Teil $\mathrm{d}B$ von B wirkt in dessen Mittelpunkt der vektorielle Einfluß

$$\mathrm{d}\boldsymbol{A} = \boldsymbol{\alpha}(\boldsymbol{r}) \cdot \mathrm{d}B \tag{5.50}$$

ein. Die polare Projektion von $\mathrm{d}\boldsymbol{A}$ in bezug auf den beliebigen Pol b ist nach Gleichung (5.8)

$$\boldsymbol{P}_{b,\mathrm{d}A} = \mathsf{P}\,\mathrm{d}\boldsymbol{A} = \mathsf{P}\,\boldsymbol{\alpha}(\boldsymbol{r}) \cdot \mathrm{d}B\,. \tag{5.51}$$

Analog zu Gleichung (5.29) definieren wir denjenigen Vektor als polare Projektion $\boldsymbol{P}_{b,\Omega}$ des Vektorfeldes Ω_α, der gleich dem Integral über allen polaren Projektionen der infinitesimalen Bereichsvektoren $\mathrm{d}\boldsymbol{A}$ im beschränkten Bereich B ist

$$\boldsymbol{P}_{b,\Psi} = \boldsymbol{P}_{b,\Omega} := \int_B \mathsf{P}\,\mathrm{d}\boldsymbol{A} = \int_B \mathsf{P}\,\boldsymbol{\alpha}(\boldsymbol{r}) \cdot \mathrm{d}B \tag{5.52}$$

oder plakativ mit dem Element $\mathsf{E} := \boldsymbol{\alpha}(\boldsymbol{r}) \cdot \mathrm{d}B$

$$\mathsf{P}\,\Omega = \int \mathsf{P}\,\mathsf{E}\,. \tag{5.53}$$

Die polare Projektion eines Feldes ist gleich dem Integral über den polaren Projektionen der Elemente.

5.3.1.2. Darstellung im Koordinatensystem

Aus der Definitionsgleichung (5.52) folgt

$$\begin{pmatrix} P_{bx,\Omega} \\ P_{by,\Omega} \\ P_{bz,\Omega} \end{pmatrix} = \int_B \begin{pmatrix} 1 & 0 & 0 \\ 0 & 1 & 0 \\ 0 & 0 & 1 \end{pmatrix} \begin{pmatrix} \alpha_x \\ \alpha_y \\ \alpha_z \end{pmatrix} \mathrm{d}B = \begin{pmatrix} \int_B \alpha_x \cdot \mathrm{d}B \\ \int_B \alpha_y \cdot \mathrm{d}B \\ \int_B \alpha_z \cdot \mathrm{d}B \end{pmatrix}. \tag{5.54}$$

Die Integrale können ausgerechnet werden, wenn die Feldgleichung ($\boldsymbol{\alpha} = \boldsymbol{\alpha}(\boldsymbol{r})$) bekannt ist. Sie sollen im folgenden Abschnitt für die technisch bedeutungsvollen konstanten und zylindrischen Vektor-Einsfelder angegeben werden.

5.3.1.3. Anwendung

5.3.1.3.1. Die polare Projektion eines konstanten Vektorfeldes und die Bereichsmatrix 0. Grades

Die polare Projektion eines konstanten Vektorfeldes mit den Elementen entsprechend Abschnitt 4.3.2.6 mit $\boldsymbol{\alpha}_0 = \boldsymbol{K}_0$

$$\boldsymbol{\alpha}(\boldsymbol{r}) = \mathsf{P}\,\boldsymbol{K}_0$$

ergibt sich nach Gleichung (5.52) zu

$$\boldsymbol{P}_{b,\Omega} = \int_B \mathsf{P}(\mathsf{P}\,\boldsymbol{K}_0)\,\mathrm{d}B = \left(\int_B \mathsf{P}\,\mathsf{P}\,\mathrm{d}B\right)\cdot \boldsymbol{K}_0\,. \tag{5.55}$$

Führt man die Integration durch, so erhält man die folgende Matrix

$$\int_B \mathsf{P}\,\mathsf{P}\,\mathrm{d}B = \int_B \begin{pmatrix}1&0&0\\0&1&0\\0&0&1\end{pmatrix}\begin{pmatrix}1&0&0\\0&1&0\\0&0&1\end{pmatrix}\mathrm{d}B = \begin{pmatrix}\int \mathrm{d}B & 0 & 0\\ 0 & \int \mathrm{d}B & 0\\ 0 & 0 & \int \mathrm{d}B\end{pmatrix}, \tag{5.56}$$

die *Bereichsmatrix* 0. *Grades* genannt wird.

$$\mathsf{B}_b^0 := \int_B \mathsf{P}\,\mathsf{P}\,\mathrm{d}B = \begin{pmatrix}B&0&0\\0&B&0\\0&0&B\end{pmatrix}. \tag{5.57}$$

Die Bezeichnung „Bereichsmatrix" wurde gewählt, weil die Elemente den Bereichsinhalt (Volumen, Flächeninhalt, Linienlänge) angeben. Durch den Kopfindex 0 soll die Matrix von weiteren noch herzuleitenden Bereichsmatrizen unterschieden werden, in denen die Ortskoordinaten in erster oder zweiter Potenz auftreten. Da man sich vorstellen kann, daß in der Matrix (5.57) die Punktkoordinaten in 0. Potenz enthalten sind ($x^0 = 1$, $y^0 = 1$, $z^0 = 1$), wurde die Matrix genauer Bereichsmatrix 0. Grades und ihre Elemente Bereichswerte 0. Grades genannt. Der Fußindex gibt den Pol an.

Die polare Projektion eines konstanten Vektorfeldes nimmt damit die folgende einfache Form an

$$\boldsymbol{P}_{b,\Omega} = \mathsf{B}_b^0\,\boldsymbol{K}_0\,. \tag{5.58a}$$

Der polare Projektionsvektor hat die Koordinaten

$$\begin{pmatrix}P_{bx,\Omega}\\P_{by,\Omega}\\P_{bz,\Omega}\end{pmatrix} = \begin{pmatrix}B&0&0\\0&B&0\\0&0&B\end{pmatrix}\begin{pmatrix}K_{0x}\\K_{0y}\\K_{0z}\end{pmatrix} = B\begin{pmatrix}K_{0x}\\K_{0y}\\K_{0z}\end{pmatrix} \tag{5.58b}$$

und den Betrag

$$|\boldsymbol{P}_{b,\Omega}| = B\sqrt{K_{0x}^2 + K_{0y}^2 + K_{0z}^2} = B\,|\boldsymbol{K}_0|\,. \tag{5.59}$$

Ist der erzeugende Vektor $\boldsymbol{K}_0$ ein Einsvektor, so gilt

$$|\boldsymbol{P}_{b,\Omega}| = B\,. \tag{5.60}$$

Den Inhalt eines beschränkten Bereiches B (Volumen V, Flächeninhalt A, Linienlänge L) kann man also berechnen, indem man B gedanklich ein konstantes Vektor-Einsfeld zuordnet und dessen polare Projektion auf einen beliebigen Pol b ermittelt. Umgekehrt kann man die polare Projektion eines konstanten Vektorfeldes als $|\boldsymbol{K}_0|$-fachen Bereichsinhalt deuten, wenn $|\boldsymbol{K}_0|$ der Betrag des erzeugenden Vektors $\boldsymbol{K}_0$ (und damit der Betrag eines jeden Feldelementes) ist.

5.3.1.3.2. Die polare Projektion eines zylindrischen Vektorfeldes und die Bereichsmatrix 1. Grades

Die polare Projektion eines zylindrischen Vektorfeldes mit den Elementen

$$\boldsymbol{\alpha}(\boldsymbol{r}) = -\mathsf{M}\,\boldsymbol{C}_0$$

(Abschnitt 4.3.2.6) ergibt sich nach Gleichung (5.52) in bezug auf den Ursprung zu

$$\boldsymbol{P}_{0,\Omega} = \int_B \mathsf{P}(-\mathsf{M}\,\boldsymbol{C}_0)\,\mathrm{d}B = -\left(\int_B \mathsf{P}\,\mathsf{M}\,\mathrm{d}B\right)\cdot \boldsymbol{C}_0\,. \tag{5.61}$$

Führt man die Integration durch, so erhält man die folgende Matrix

$$\int_B \mathsf{P}\,\mathsf{M}\,\mathrm{d}B = \int_B \begin{pmatrix} 1 & 0 & 0\\ 0 & 1 & 0\\ 0 & 0 & 1\end{pmatrix}\begin{pmatrix} 0 & -z & +y\\ +z & 0 & -x\\ -y & +x & 0\end{pmatrix}\mathrm{d}B$$

$$= \begin{pmatrix} 0 & -\int z\cdot\mathrm{d}B & +\int y\cdot\mathrm{d}B\\ +\int z\cdot\mathrm{d}B & 0 & -\int x\cdot\mathrm{d}B\\ -\int y\cdot\mathrm{d}B & +\int x\cdot\mathrm{d}B & 0\end{pmatrix}, \tag{5.62}$$

die *Bereichsmatrix* 1. *Grades* genannt wird, da die Punktkoordinaten x, y, z in 1. Potenz auftreten.

$$\mathsf{B}_0^1 := \int_B \mathsf{P}\,\mathsf{M}\,\mathrm{d}B\,. \tag{5.63}$$

Die Elemente dieser Matrix in Gleichung (5.62) heißen Bereichswerte 1. Grades. Der Fußindex gibt den Pol an.

Die polare Projektion eines zylindrischen Vektorfeldes nimmt damit die folgende einfache Form an

$$\boldsymbol{P}_{0,\Omega} = -\mathsf{B}_0^1\,\boldsymbol{C}_0\,. \tag{5.64}$$

5.3.1.3.3. Der Einfluß des Superpositions- und Ergänzungsprozesses auf die Bildung polarer Projektionen

Liegen im beschränkten Bereich B gleichzeitig mehrere Vektorfelder Ω_α, Ω_β, $\Omega_\gamma, \ldots$ vor, so sind auch jedem Punkt $a \in B$ mehrere Vektoren $\boldsymbol{\alpha}_a, \boldsymbol{\beta}_a, \boldsymbol{\gamma}_a, \ldots$ zugeordnet. Da die Gültigkeit des Superpositionsaxioms vorausgesetzt wird, ist die Summe der polaren Projektionen der einzelnen vektoriellen Einflüsse $\boldsymbol{\alpha}_a\cdot\mathrm{d}B$, $\boldsymbol{\beta}_a\cdot\mathrm{d}B$, $\boldsymbol{\gamma}_a\cdot\mathrm{d}B, \ldots$ gleich der polaren Projektion der Summe dieser infinitesimalen Vektoren

$$\boldsymbol{P}_{b,\boldsymbol{\alpha}_a\cdot\mathrm{d}B} + \boldsymbol{P}_{b,\boldsymbol{\beta}_a\cdot\mathrm{d}B} + \cdots = \boldsymbol{P}_{b,(\boldsymbol{\alpha}_a+\boldsymbol{\beta}_a+\cdots)\,\mathrm{d}B}\,. \tag{5.65}$$

Diesen Sachverhalt formulieren wir im

8. Projektionstheorem. *Die polare Projektion mehrerer Vektorfelder wird durch die Anwendung des Superpositionsprozesses auf jeweils in einem Punkt angreifende Vektoren nicht verändert.*

Da die polare Projektion eines Aufhebungspaares in bezug auf jedem beliebigen Pol b gleich dem Nullvektor ist und demnach einen am gleichen Punkt b bereits angreifenden Projektionsvektor nicht verändern kann, gilt das

9. Projektionstheorem. *Die polare Projektion eines Vektorfeldes wird durch die Anwendung des Ergänzungsprozesses nicht verändert.*

5.3.2. Die axiale Projektion eines Vektorfeldes

5.3.2.1. Definition

Die axiale Projektion eines Vektorfeldes Ω_α auf die Projektionsgerade $\overline{gg}$ ist der dieser Geraden $\overline{gg}$ linienflüchtig zugeordnete Vektor $\boldsymbol{P}_{gg,\Omega}$ der gleich der Komponente der polaren Projektion $\boldsymbol{P}_{g,\Omega}$ des vorgegebenen Vektorfeldes Ω_α ist, wenn als Pol g ein beliebiger Punkt der Geraden gg gewählt wird.

Für

$$\Omega_\alpha := \{\boldsymbol{\alpha}(\boldsymbol{r}) \mid \boldsymbol{r} \in B\}$$

ist also nach Gleichung (5.21)

$$\boldsymbol{P}_{gg,\Omega} := \mathsf{K}_{gg}\, \boldsymbol{P}_{g,\Omega}\,. \tag{5.66}$$

Mit Gleichung (5.52) folgt

$$\boldsymbol{P}_{gg,\Omega} = \mathsf{K}_{gg} \int_B \mathsf{P}\, \boldsymbol{\alpha}(\boldsymbol{r}) \cdot \mathrm{d}B\,, \tag{5.67}$$

$$= \int_B \mathsf{K}_{gg}\, \mathsf{P}\, \boldsymbol{\alpha}(\boldsymbol{r}) \cdot \mathrm{d}B\,. \tag{5.68}$$

Die Vektorkoordinate erhalten wir analog nach Gleichung (5.21a)

$$P_{gg,\Omega} = \mathsf{X}_{gg}\, \boldsymbol{P}_{g,\Omega}\,, \tag{5.69}$$

$$= \mathsf{X}_{gg} \int_B \mathsf{P}\, \boldsymbol{\alpha}(\boldsymbol{r}) \cdot \mathrm{d}B\,, \tag{5.70}$$

$$= \int_B \mathsf{X}_{gg}\, \mathsf{P}\, \boldsymbol{\alpha}(\boldsymbol{r}) \cdot \mathrm{d}B \tag{5.71}$$

oder plaktativ mit dem Element $\mathsf{E} := \boldsymbol{\alpha}(\boldsymbol{r})\, \mathrm{d}B$

$$\mathsf{K}\,\mathsf{P}\,\Omega = \mathsf{K} \int \mathsf{P}\,\mathsf{E} = \int \mathsf{K}\,\mathsf{P}\,\mathsf{E}\,, \tag{5.72}$$

$$\mathsf{X}\,\mathsf{P}\,\Omega = \mathsf{X} \int \mathsf{P}\,\mathsf{E} = \int \mathsf{X}\,\mathsf{P}\,\mathsf{E} \quad \text{(Koordinate)}. \tag{5.73}$$

Die axiale Projektion eines Vektorfeldes (5.72) ist

- gleich der Komponente des Integrales über den polaren Projektionen der Elemente, bzw.
- gleich dem Integral über den Komponenten der polaren Projektionen der Elemente.

5.3.2.2. Darstellung im Koordinatensystem

Die Gleichung (5.67) des axialen Projektionsvektors nimmt im Koordinatensystem die folgende Form an

$$\begin{pmatrix} P_{gx,\Omega} \\ P_{gy,\Omega} \\ P_{gz,\Omega} \end{pmatrix} = \begin{pmatrix} g_x \cdot g_x & g_y \cdot g_x & g_z \cdot g_x \\ g_x \cdot g_y & g_y \cdot g_y & g_z \cdot g_y \\ g_x \cdot g_z & g_y \cdot g_z & g_z \cdot g_z \end{pmatrix} \int \begin{pmatrix} 1 & 0 & 0 \\ 0 & 1 & 0 \\ 0 & 0 & 1 \end{pmatrix} \begin{pmatrix} \alpha_x \\ \alpha_y \\ \alpha_z \end{pmatrix} \mathrm{d}B . \tag{5.74}$$

Vereinfacht ergibt sich

$$\begin{pmatrix} P_{gx,\Omega} \\ P_{gy,\Omega} \\ P_{gz,\Omega} \end{pmatrix} = \begin{pmatrix} g_x \cdot g_x & g_y \cdot g_x & g_z \cdot g_x \\ g_x \cdot g_y & g_y \cdot g_y & g_z \cdot g_y \\ g_x \cdot g_z & g_y \cdot g_z & g_z \cdot g_z \end{pmatrix} \begin{pmatrix} \int \alpha_x \cdot \mathrm{d}B \\ \int \alpha_y \cdot \mathrm{d}B \\ \int \alpha_z \cdot \mathrm{d}B \end{pmatrix} \tag{5.75}$$

bzw. (analog (5.40), (5.41) und (5.42))

$$\begin{pmatrix} P_{gx,\Omega} \\ P_{gy,\Omega} \\ P_{gz,\Omega} \end{pmatrix} = P_{gg,\Omega} \begin{pmatrix} g_x \\ g_y \\ g_z \end{pmatrix} . \tag{5.76}$$

Die in Gleichung (5.70) symbolisch darsgestellte Vektorkoordinate ergibt sich im Koordinatensystem zu

$$P_{gg,\Omega} = (g_x \quad g_y \quad g_z) \int \begin{pmatrix} 1 & 0 & 0 \\ 0 & 1 & 0 \\ 0 & 0 & 1 \end{pmatrix} \begin{pmatrix} \alpha_x \\ \alpha_y \\ \alpha_z \end{pmatrix} \mathrm{d}B . \tag{5.77}$$

Vereinfacht ergibt sich

$$P_{gg,\Omega} = (g_x \quad g_y \quad g_z) \begin{pmatrix} \int \alpha_x \cdot \mathrm{d}B \\ \int \alpha_y \cdot \mathrm{d}B \\ \int \alpha_z \cdot \mathrm{d}B \end{pmatrix} , \tag{5.78}$$

ausmultipliziert

$$P_{gg,\Omega} = g_x \cdot \int \alpha_x \cdot \mathrm{d}B + g_y \cdot \int \alpha_y \cdot \mathrm{d}B + g_z \cdot \int \alpha_z \cdot \mathrm{d}B . \tag{5.79}$$

5.3.2.3. Sonderfälle

Die axiale Projektion eines Vektorfeldes ist dann ein Nullvektor, wenn

1. sämtliche Vektoren des vorgegebenen Vektorfeldes Nullvektoren sind (also ein Nullvektorfeld vorliegt),
2. die Wirkungslinien sämtlicher Vektoren des Feldes senkrecht auf der Projektionsgeraden stehen (also in parallelen Ebenen senkrecht zur Projektionsgeraden liegen).
   Ist nun die axiale Projektion jedes Vektors eines Vektorfeldes auf eine Gerade Null, so heißt diese Projektionsgerade genauer „Projektions-Nullgerade" und wird mit $\overline{p_0 p_0}$ bezeichnet (Bild 5.7).

Daneben ist aber die axiale Projektion eines Vektorfeldes auf eine Gerade $\overline{II}$ auch dann gleich dem Nullvektor, wenn

3. das Integral über den axialen Projektionen der infinitesimalen vektoriellen Einflüsse $\mathrm{d}\boldsymbol{A} = \boldsymbol{\alpha} \cdot \mathrm{d}B$ verschwindet (Bild 5.7). (Dieser Fall ist als ein notwendiges — aber keinesfalls hinreichendes — Gleichgewichtskriterium in der Statik von besonderer Bedeutung.)

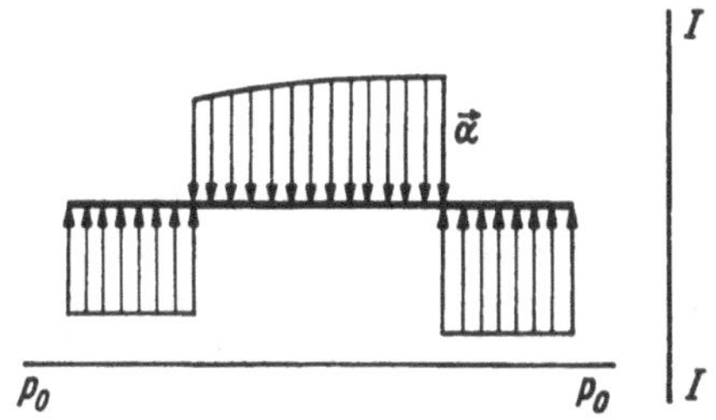

Bild 5.7. Projektions-Nullgerade $\overline{p_0 p_0}$ und Projektionsgerade $\overline{II}$ für das Vektorfeld Φ_α

5.3.3. Das Projektionsfeld eines Vektorfeldes

5.3.3.1. Definition

Ermittelt man für jeden beliebigen Punkt b eines beschränkten Bereiches Δ die polare Projektion $\boldsymbol{P}_{b,\Omega}$ des in B vorliegenden Vektorfeldes (vgl. (5.49) und (5.52))

$$\Omega_\alpha := \{\boldsymbol{\alpha}(\boldsymbol{r}_{0a}) \mid a \in B\}\,,$$

so bildet die gleichzeitig vorgestellte Gesamtheit aller dieser polaren Projektionen in Δ das Projektionsfeld Φ des Vektorfeldes Ω in B

$$\Phi_{\boldsymbol{P}_{b,\Omega}} = \Phi_{\mathsf{P}\Omega} := \left\{\boldsymbol{P}_{b,\Omega} = \int_B \mathsf{P}\,\boldsymbol{\alpha}(\boldsymbol{r}_{0a}) \cdot \mathrm{d}B \mid a \in B \wedge b \in \Delta\right\}. \tag{5.80}$$

Da die polare Projektion in b des Vektorfeldes Ω_α als Integral über den polaren Projektionen der Elemente $\boldsymbol{\alpha} \cdot \mathrm{d}B$ dieses Feldes ermittelt wird, gilt

$$\Phi_{\mathsf{P}\Omega} := \Phi_{\int_B \mathsf{P}\alpha \cdot \mathrm{d}B} = \int_B \Phi_{\mathsf{P}\alpha \cdot \mathrm{d}B} \tag{5.81}$$

oder plakativ mit dem Element $\mathsf{E} := \boldsymbol{\alpha} \cdot \mathrm{d}B$

$$\Phi\,\mathsf{P}\,\Omega = \Phi \int \mathsf{P}\,\mathsf{E} = \int \Phi\,\mathsf{P}\,\mathsf{E}\,. \tag{5.82}$$

Das Feld Φ der polaren Projektionen des Feldes Ω ist

- gleich dem Feld der Integrale über den polaren Projektionen der Elemente bzw.
- gleich dem Integral über denFeldern der polaren Projektionen der Elemente (also über den Projektionsfeldern der Elemente).

5.3.3.2. Anwendung: Der Einfluß des Superpositions- und Ergänzungsprozesses auf das Projektionsfeld von Vektorfeldern

Da die polare Projektion weder durch einen Superpositionsprozeß (8. Projektionstheorem), noch durch einen Ergänzungsprozeß (9. Projektionstheorem) verändert wird, gilt das

10. Projektionstheorem. *Das Projektionsfeld eines oder mehrerer Vektorfelder wird durch einen Superpositionsprozeß oder einen Ergänzungsprozeß nicht verändert.*

5.4. Zusammenfassung

In dem vorliegenden Abschnitt wurden die polare Projektion, die axiale Projektion und das Projektionsfeld eines Vektors erklärt. Die Projektionen und das Projektionsfeld eines Vektorsystems ergaben sich als Summe, die Projektionen und das Projektionsfeld eines Vektorfeldes analog als Integral über die Projektionen bzw. die Projektionsfelder der Elemente. Damit lassen sich die zwölf in Tafel 5.2 angegebenen Problemtypen auf die vier Grundprobleme

$$\mathsf{PE},\quad \mathsf{XPE},\quad \mathsf{KPE},\quad \Phi\mathsf{PE}$$

zurückführen.

Tafel 5.2. **Problemtypen für die Ermittlung von Projektionen**

Vektormenge Γ	Element $\vec{E}$	polare Projektion $P\Gamma$	axiale Projektion: Koordinate $XP\Gamma$	axiale Projektion: Vektor $KP\Gamma$	Projektionsfeld $\Phi P\Gamma$
Vektor $\vec{K}$	$\vec{K}$	$P\vec{K}$ - $P\vec{E}$	$XP\vec{K}$ - $XP\vec{E}$	$KP\vec{K}$ - $KP\vec{E}$	$\Phi P\vec{K}$ - $\Phi P\vec{E}$
Vektorsystem $S_{\vec{K}} := \{\vec{K}_a \mid a = 1, \ldots, n\}$	$\vec{K}_a$	PS - Σ $P\vec{E}$	XPS - Σ $XP\vec{E}$	KPS - Σ $KP\vec{E}$	ΦPS - Σ $\Phi P\vec{E}$
Vektorfeld $\Omega_{\vec{\alpha}} := \{\vec{\alpha}(\vec{r}) \mid \vec{r} \in B\}$	$\vec{\alpha}(\vec{r}) \cdot dB$	$P\Omega$ - $\int$ $P\vec{E}$	$XP\Omega$ - $\int$ $XP\vec{E}$	$KP\Omega$ - $\int$ $KP\vec{E}$	$\Phi P\Omega$ - $\int$ $\Phi P\vec{E}$

Die Ausführungen lassen erkennen,

- daß der Ergänzungs- und der Superpositionsprozeß angewendet auf eine Vektormenge die Projektionen dieser Vektormenge nicht verändert,
- daß sich die kinematischen Felder (Verschiebungs-, Geschwindigkeits-, Beschleunigungsfeld) des transferierenden Starrkörpers als Projektionsfelder auffassen lassen und
- daß die Bereichswerte 0. Grades, also die Bereichsinhalte (Volumen, Flächeninhalt, Linienlänge) als Projektionen konstanter Vektor-Einsfelder, die Bereichswerte 1. Grades dagegen als Projektionen zylindrischer Vektor-Einsfelder erhalten werden können.

6. Momente von Vektormengen

Die infinitesimale Verschiebung, die Bahngeschwindigkeit und die Bahnbeschleunigung eines rotierenden Körpers oder die Rotationskraft (also die mechanische Größe, die nach der Befreiung denjenigen Einfluß von außen repräsentiert, der eine Rotation des Objektes verursacht), der Rotationsimpuls (der die Wirkungsfähigkeit eines rotierenden Körpers kennzeichnet) und auch dessen Ableitungen nach der Zeit sind gerichtete, an einen Punkt gebundene mechanische Größen. Obwohl nun diese mechanischen Größen ganz verschiedenartig sind, haben sie — neben der Tatsache, daß sie infolge ihrer Orientierung als Vektoren abgebildet werden können — ein bemerkenswertes gemeinsames Merkmal: Sie lassen sich als Vektorprodukt darstellen. Und dieses Vektorprodukt hat insofern einen speziellen Aufbau, als einer der Vektoren einen orientierten Abstand und der andere eine mechanische Größe repräsentiert.

Auf Grund dieses gemeinsamen Merkmals bilden diese mechanischen Größen eine Klasse und tragen einen gemeinsamen Namen: Sie heißen Momentenvektoren oder auch kurz Momente.

Das Wort Moment ist lateinischen Ursprungs und kennzeichnet im Sprachgebrauch einen Augenblick, einen Zeitpunkt oder einen entscheidenden Beweggrund bzw. ein charakteristisches Merkmal. Analog zu den Projektionen werden für die Anwendung polare und axiale Momente von Vektormengen unterschieden.

Die Felder der polaren Momente können wir zur Deutung des Geschwindigkeitsfeldes eines rotierenden Starrkörpers, zur Beschreibung ebener Belastungen oder zur Ermittlung einiger Bereichswerte (statische Momente, Trägheitsmomente, Deviationsmomente) benutzen.

Deshalb werden in diesem Abschnitt das polare und axiale Moment eines Vektors, eines Vektorsystems und eines Vektorfeldes behandelt.

6.1. Moment und Momentenfeld eines Vektors

ARCHIMEDES VON SYRAKUS (287—212 v. u. Z.) stellte in seinem Buch „De aequiponderantibus“ den Satz auf: „Zwei Kräfte (Gewichte) sind im Gleichgewicht, wenn ihre Beträge ihrer Entfernung (vom Unterstützungspunkt) umgekehrt proportional sind“ (Bild 6.1).

Nach Anlage der Figur herrscht demnach Gleichgewicht für

$$\frac{|\boldsymbol{P}_1|}{|\boldsymbol{P}_2|} = \frac{|\boldsymbol{r}_{02}|}{|\boldsymbol{r}_{01}|} \quad \text{oder} \quad |\boldsymbol{P}_1| \cdot |\boldsymbol{r}_{01}| = |\boldsymbol{P}_2| \cdot |\boldsymbol{r}_{02}| \,. \tag{6.1}$$

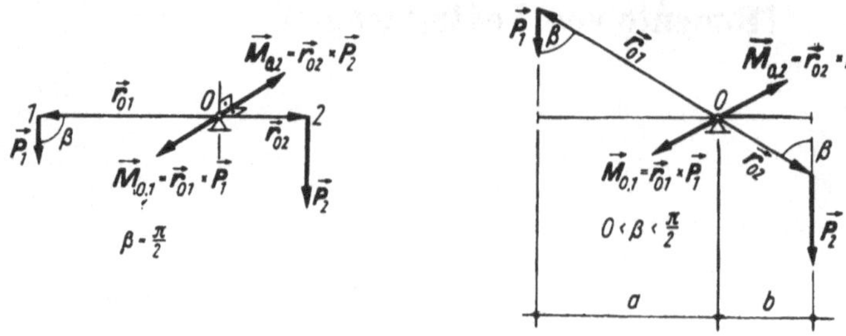

Bild 6.1. Das Moment einer Kraft (Gleichgewicht an der Waage)

Bilden wir von den Kräften $\boldsymbol{P}_a$ ($a = 1, 2$) nach Gleichung (5.7) die polare Projektion in bezug auf den Punkt 0 als Pol,

$$\boldsymbol{P}_{0,a} = \mathsf{P}_{0a} \boldsymbol{P}_a \,, \tag{6.2}$$

so dürfen wir in der Bedingung (6.1) die Produkte als die Beträge

$$|\boldsymbol{P}_a| \cdot |\boldsymbol{r}_{0a}| = |\boldsymbol{r}_{0a} \times \mathsf{P}_{0a} \boldsymbol{P}_a| \tag{6.3}$$

der Vektorprodukte

$$\boldsymbol{r}_{0a} \times \boldsymbol{P}_{0,a} = \boldsymbol{r}_{0a} \times \mathsf{P}_{0a} \boldsymbol{P}_a \tag{6.4}$$

auffassen, da die Vektoren $\boldsymbol{r}_{0a}$ und $\boldsymbol{P}_{0,a}$ einen gemeinsamen Fußpunkt haben (Bild 6.2). Das numerische Ergebnis ändert sich natürlich nicht, wenn wir die Projektionsmatrix weglassen, da das von den Vektoren $\boldsymbol{r}_{0a}$ und $\boldsymbol{P}_{0,a}$ aufgespannte Parallelogramm dem von den Vektoren $\boldsymbol{r}_{0a}$ und $\boldsymbol{P}_a$ aufgespannten Parallelogramm kongruent ist.

$$|\boldsymbol{r}_{0a} \times \mathsf{P}_{0a} \boldsymbol{P}_a| = |\boldsymbol{r}_{0a} \times \boldsymbol{P}_a| \tag{6.5}$$

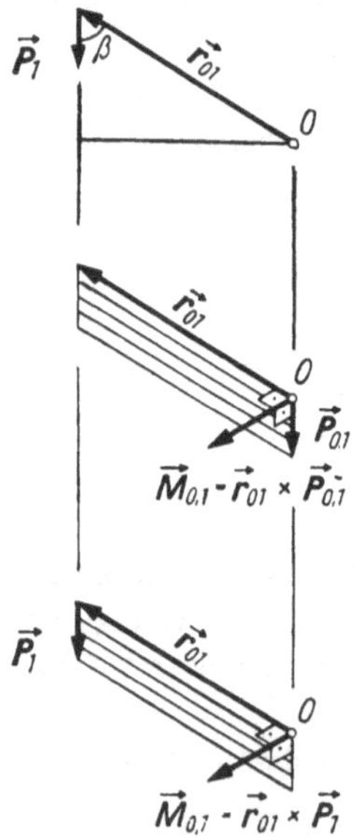

Bild 6.2. Das polare Moment $\boldsymbol{M}_{0,1}$ als Vektorprodukt

Die Vektoren

$$M_{0,a} := r_{0a} \times P_a \mid a = 1, 2 \tag{6.6}$$

werden polare Momente der „erzeugenden" Vektoren P_a in bezug auf den Pol 0 genannt und als Vektorprodukt bezeichnet, obwohl das Vektorprodukt zweier Vektoren mit verschiedenen Fußpunkten in der Vektoralgebra gar nicht erklärt ist. Diese Schreibweise in Gleichung (6.6) läßt aber den Vektor P_a als „den das polare Momente $M_{0,a}$ erzeugenden Vektor" sehr gut erkennen und spiegelt damit den mechanischen Sachverhalt besser wider als Gleichung (6.3).

Benutzen wir diese Vektorschreibweise, so nimmt mit Gleichung (6.6) die Bedingung (6.1) nunmehr die folgende Form an

$$M_{0,1} = r_{01} \times P_1 = -r_{02} \times P_2 = -M_{0,2}\,. \tag{6.7}$$

Es herrscht also Gleichgewicht, wenn die polaren Momente der Kräfte P_1 und P_2 in bezug auf den Punkt 0 entgegengesetzt gleich sind. Die Summe der Momentenvektoren der einzelnen Kräfte ist dann Null:

$$M_{0,1} + M_{0,2} = 0\,. \tag{6.8}$$

Man erkennt sofort, daß die Vektorgleichung aussagekräftiger als die Skalargleichung ist, da die erstere auch den Drehsinn der Momente angibt. Aus der Skalargleichung allein kann man noch nicht erkennen, ob sie einen Gleichgewichtsfall beschreibt, denn sie verändert sich nicht, wenn beide Kräfte P_1 und P_2 links oder rechts vom Drehpunkt wirken, die Vektorgleichung jedoch würde in diesem Fall die Form

$$M_{0,1} = r_{01} \times P_1 = +r_{02} \times P_2 = +M_{0,2}$$

annehmen. Außerdem beschreibt die Skalargleichung nur den Sonderfall $\beta = 90°$, d. h., der Waagebalken 1 — 0 — 2 muß waagerecht liegen. Nun ist natürlich Gleichgewicht für beliebige Winkel β denkbar. Für den allgemeinen Fall $0 < \beta < \pi/2$ gilt ebenfalls die Vektorgleichung

$$M_{0,1} = r_{01} \times P_1 = -r_{02} \times P_2 = -M_{0,2}$$

mit

$$|M_{0,1}| = |r_{01}| \cdot |P_1| \cdot \sin\beta = a \cdot |P_1|\,,$$

$$|M_{0,2}| = |r_{02}| \cdot |P_2| \cdot \sin\beta = b \cdot |P_2|\,,$$

während die Skalargleichung die Form

$$|M_{0,1}| = |r_{01}| \cdot \sin\beta \cdot |P_1| = |r_{02}| \cdot \sin\beta \cdot |P_2| = |M_{0,2}|$$

$$|M_{0,1}| = a \cdot |P_1| = b \cdot |P_2| = |M_{0,2}|$$

annehmen muß, da a und b sich mit β ändern.

Das polare Moment $M_{0,a}$ ist also streng genommen das Vektorprodukt aus dem orientierten Abstand r_{0a} und der polaren Projektion P_{0a} des erzeugenden Vektors P_a. Deshalb werden wir in diesem Abschnitt auch für die das Moment erzeugenden Vektoren das in Abschnitt 5 für die Projektionsvektoren benutzte Symbol P verwenden.

6.1.1. Das polare Moment eines Vektors

6.1.1.1. Das polare Moment eines gebundenen Vektors

6.1.1.1.1. Definition

Das polare Moment eines Vektors P_a mit dem Angriffspunkt a in bezug auf einen Pol b ist ein Vektor, der gleich dem vektoriellen Produkt aus dem orientierten $(\overrightarrow{b\,a})$ Abstand $\boldsymbol{r}_{ba}$ (des Bezugspunktes b vom Angriffspunkt a) und dem Vektor $\boldsymbol{P}_a$ (als Ursache) ist (Bild 6.3):

$$\begin{aligned}
&\boldsymbol{M}_{b,\boldsymbol{P}} = \boldsymbol{M}_{b,P} = \boldsymbol{M}_{b,a} := \boldsymbol{r}_{ba} \times \boldsymbol{P}_a = \boldsymbol{r}_{ba} \times \mathsf{P}_{ba}\boldsymbol{P}_a = \boldsymbol{r}_{ba} \times \boldsymbol{P}_{b,a}, \\
&|\boldsymbol{M}_{b,\boldsymbol{P}}| = |\boldsymbol{M}_{b,P}| = |\boldsymbol{M}_{b,a}| = |\boldsymbol{r}_{ba}| \cdot |\boldsymbol{P}_a| \cdot \sin\varphi, \\
&\varphi := \sphericalangle(\boldsymbol{r}_{ba}, \boldsymbol{P}_b), \qquad (6.9)\\
&\boldsymbol{M}_{b,\boldsymbol{P}} \perp \text{Ebene, die von } \boldsymbol{r}_{ba} \text{ und } \boldsymbol{P}_a \text{ aufgespannt wird,} \\
&\boldsymbol{r}_{ba}, \boldsymbol{P}_a, \boldsymbol{M}_{b,a}\text{: Rechtssystem.}
\end{aligned}$$

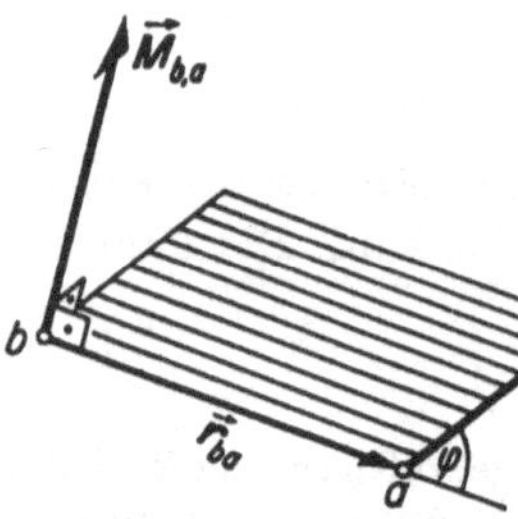

Bild 6.3. Moment $\boldsymbol{M}_{b,a}$ eines Vektors $\boldsymbol{P}_a$ in bezug auf den Punkt b

6.1.1.1.2. Darstellung im Koordinatensystem

Für die numerische Rechnung wird die Einführung eines Koordinatensystems und die Koordinatendarstellung der einzelnen Vektoren erforderlich (Bild 6.4).

Es seien gegeben

$$\boldsymbol{r}_{0a} = \begin{pmatrix} x_a \\ y_a \\ z_a \end{pmatrix}, \quad \boldsymbol{r}_{0b} = \begin{pmatrix} x_b \\ y_b \\ z_b \end{pmatrix}, \quad \boldsymbol{r}_{ba} = \begin{pmatrix} x_a - x_b \\ y_a - y_b \\ z_a - z_b \end{pmatrix}, \quad \boldsymbol{P}_a = \begin{pmatrix} P_{ax} \\ P_{ay} \\ P_{az} \end{pmatrix}.$$

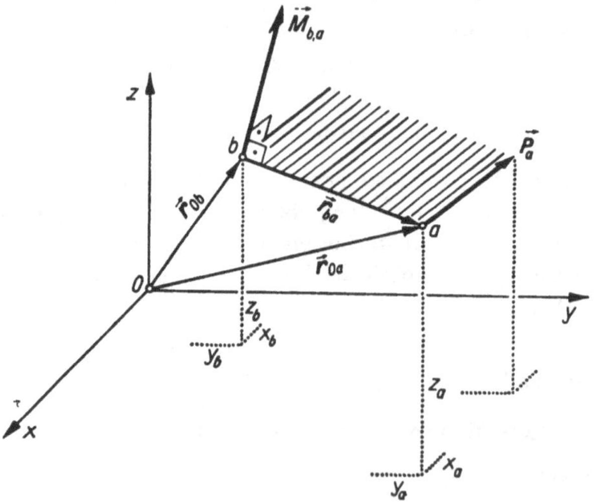

Bild 6.4. Moment eines Vektors $\boldsymbol{P}_a$ in bezug auf den Punkt b im kartesischen Koordinatensystem

Dann ist die Determinantendarstellung des Momentenvektors von der Form

$$\boldsymbol{M}_{b,a} = \boldsymbol{r}_{ba} \times \boldsymbol{P}_a = \begin{vmatrix} \boldsymbol{i} & \boldsymbol{j} & \boldsymbol{k} \\ x_a - x_b & y_a - y_b & z_a - z_b \\ P_{ax} & P_{ay} & P_{az} \end{vmatrix}. \tag{6.10}$$

Entwickeln wir die Determinante nach den Elementen der ersten Zeile,

$$\boldsymbol{M}_{b,a} = \boldsymbol{i} \begin{vmatrix} y_a - y_b & z_a - z_b \\ P_{ay} & P_{az} \end{vmatrix} - \boldsymbol{j} \begin{vmatrix} x_a - x_b & z_a - z_b \\ P_{ax} & P_{az} \end{vmatrix} + \boldsymbol{k} \begin{vmatrix} x_a - x_b & y_a - y_b \\ P_{ax} & P_{ay} \end{vmatrix},$$

so erhalten wir die Komponentendarstellung:

$$\boldsymbol{M}_{b,a} = \begin{cases} +\,\boldsymbol{i}\,[(y_a - y_b) \cdot P_{az} - (z_a - z_b) \cdot P_{ay}] + \\ +\,\boldsymbol{j}\,[(z_a - z_b) \cdot P_{ax} - (x_a - x_b) \cdot P_{az}] + \\ +\,\boldsymbol{k}\,[(x_a - x_b) \cdot P_{ay} - (y_a - y_b) \cdot P_{ax}] \end{cases} = \begin{cases} \boldsymbol{i} \cdot M_{bx,a} + \\ +\,\boldsymbol{j} \cdot M_{by,a} + \\ +\,\boldsymbol{k} \cdot M_{bz,a} \end{cases} \tag{6.11}$$

und damit auch die Koordinatendarstellung

$$\boldsymbol{M}_{b,a} = \begin{pmatrix} (y_a - y_b) \cdot P_{az} - (z_a - z_b) \cdot P_{ay} \\ (z_a - z_b) \cdot P_{ax} - (x_a - x_b) \cdot P_{az} \\ (x_a - x_b) \cdot P_{ay} - (y_a - y_b) \cdot P_{ax} \end{pmatrix} = \begin{pmatrix} M_{bx,a} \\ M_{by,a} \\ M_{bz,a} \end{pmatrix} \tag{6.12}$$

des Momentenvektors. Die Ergänzung der einzelnen Koordinaten durch Nullelemente,

$$\begin{aligned} M_{bx,a} &= \quad 0 \quad \cdot P_{ax} - (z_a - z_b) \cdot P_{ay} + (y_a - y_b) \cdot P_{az}, \\ M_{by,a} &= (z_a - z_b) \cdot P_{ax} + \quad 0 \quad \cdot P_{ay} - (x_a - x_b) \cdot P_{az}, \\ M_{bz,a} &= -(y_a - y_b) \cdot P_{ax} + (x_a - x_b) \cdot P_{ay} + \quad 0 \quad \cdot P_{az}, \end{aligned}$$

führt zu der Darstellung des Momentenvektors als Matrizenprodukt:

$$\begin{pmatrix} M_{bx,a} \\ M_{by,a} \\ M_{bz,a} \end{pmatrix} = \begin{pmatrix} 0 & -(z_a - z_b) & +(y_a - y_b) \\ +(z_a - z_b) & 0 & -(x_a - x_b) \\ -(y_a - y_b) & +(x_a - x_b) & 0 \end{pmatrix} \begin{pmatrix} P_{ax} \\ P_{ay} \\ P_{az} \end{pmatrix} \tag{6.13}$$

und schließlich mit der schiefsymmetrischen Matrix

$$\mathsf{M}_{ba} := \begin{pmatrix} 0 & -(z_a - z_b) & +(y_a - y_b) \\ +(z_a - z_b) & 0 & -(x_a - x_b) \\ -(y_a - y_b) & +(x_a - x_b) & 0 \end{pmatrix} \tag{6.14}$$

zu der Darstellung des polaren Momentes als Matrizenprodukt

$$\boldsymbol{M}_{b,a} = \mathsf{M}_{ba} \boldsymbol{P}_a. \tag{6.15}$$

Die Matrix M_{ba} heißt *Momentenmatrix.*

Für die Momentenmatrix können aus Gleichung (6.14) die folgenden Beziehungen hergeleitet werden.

$$\mathsf{M}_{ba} = \begin{pmatrix} 0 & -z_a & +y_a \\ +z_a & 0 & -x_a \\ -y_a & +x_a & 0 \end{pmatrix} - \begin{pmatrix} 0 & -z_b & +y_b \\ +z_b & 0 & -x_b \\ -y_b & +x_b & 0 \end{pmatrix} \tag{6.16}$$

$$\mathsf{M}_{ba} = \mathsf{M}(\boldsymbol{r}_{0a}) - \mathsf{M}(\boldsymbol{r}_{0b}) = \mathsf{M}_{0a} - \mathsf{M}_{0b}\,, \tag{6.17}$$

$$\mathsf{M}_{ba} = \mathsf{M}(\boldsymbol{r}_{0a} - \boldsymbol{r}_{0b}) = \mathsf{M}(\boldsymbol{r}_{ba})\,. \tag{6.18}$$

Die Richtungskosinus des Momentenvektors ergeben sich in bekannter Weise zu

$$\cos\alpha_M = \frac{M_{bx,a}}{|\boldsymbol{M}_{b,a}|}\,,\quad \cos\beta_M = \frac{M_{by,a}}{|\boldsymbol{M}_{b,a}|}\,,\quad \cos\gamma_M = \frac{M_{bz,a}}{|\boldsymbol{M}_{b,a}|}\,. \tag{6.19}$$

6.1.1.1.3. Sonderfälle

Das polare Moment eines Vektors wird Null, wenn

$$|\boldsymbol{M}_{b,a}| = |\boldsymbol{r}_{ba}| \cdot |\boldsymbol{P}_a| \sin\varphi = 0 \tag{6.20}$$

ist, d. h. für

$$1.\ |\boldsymbol{r}_{ba}| = 0\,,\quad 2.\ |\boldsymbol{P}_a| = 0\,,\quad 3.\ \sin\varphi = 0\,. \tag{6.21}$$

Wie wir sehen, verschwindet das Vektorprodukt nicht nur dann, wenn einer der beiden Vektoren der Nullvektor ist, sondern auch wenn $\sin\varphi = 0$, d. h. wenn die Vektoren $\boldsymbol{r}_{ba}$ und $\boldsymbol{P}_a$ eine gemeinsame Wirkungslinie haben ($\boldsymbol{r}_{ba} \mathbin{|||} \boldsymbol{P}_a$). Die von ihnen aufgespannte Fläche entartet dann in eine Gerade, der Flächeninhalt wird Null, und der Bezugspunkt b liegt auf der Wirkungslinie des Vektors $\boldsymbol{P}_a$. Wir formulieren diese Erkenntnis im

1. Momententheorem. *Das polare Moment eines Vektors ist Null, wenn der Pol auf der Wirkungslinie des erzeugenden Vektors liegt.*

Anmerkung. Sind mehrere Vektoren $\boldsymbol{P}_1, \ldots, \boldsymbol{P}_n$ gegeben, deren Wirkungslinien einen gemeinsamen Schnittpunkt haben, so nennt man die Gesamtheit ein *zentrales Vektorsystem*, den gemeinsamen Schnittpunkt *Zentralpunkt* und die einzelnen Vektoren *Zentralvektoren* (Tafel 4.3).

Da der Zentralpunkt definitionsgemäß auf der Wirkungslinie der Zentralvektoren liegt, gilt nach dem 1. Momententheorem:

Das polare Moment eines Zentralvektors ist in bezug auf den Zentralpunkt als Pol gleich dem Nullvektor.

Hinsichtlich der Punkte b und a sind prinzipiell folgende zwei Sonderfälle möglich:

1. Sonderfall $\boldsymbol{r}_{0b} = \boldsymbol{0}$
   Der Pol b fällt mit dem Ursprung zusammen.

$$\boldsymbol{M}_{0,a} = \boldsymbol{r}_{0a} \times \boldsymbol{P}_a = \mathsf{M}_{0a}\, \boldsymbol{P}_a\,,$$

$$\mathsf{M}_{0a} = \begin{pmatrix} 0 & -z_a & +y_a \\ +z_a & 0 & -x_a \\ -y_a & +x_a & 0 \end{pmatrix}. \tag{6.22}$$

Ist a variabel, kann also jeder beliebige Punkt eines beschränkten Bereiches Angriffspunkt des Vektors $\boldsymbol{P}_a$ sein, so ersetzt man $\boldsymbol{P}_a$ durch $\boldsymbol{P}_r$ oder $\boldsymbol{P}$ und $\boldsymbol{r}_{0a}$ durch $\boldsymbol{r}$

$$\boldsymbol{r}_{0a} = \begin{pmatrix} x_a \\ y_a \\ z_a \end{pmatrix} \to \boldsymbol{r} = \begin{pmatrix} x \\ y \\ z \end{pmatrix}$$

und schreibt

$$\boldsymbol{M}_{0,r} = \boldsymbol{r} \times \boldsymbol{P}_r = \mathsf{M}_{0r}\, \boldsymbol{P}_r = \mathsf{M}\, \boldsymbol{P}_r \tag{6.23}$$

mit

$$\mathsf{M} := \begin{pmatrix} 0 & -z & +y \\ +z & 0 & -x \\ -y & +x & 0 \end{pmatrix} = \mathsf{M}_{0r}\,. \tag{6.24}$$

Diese Form der Darstellung wird bei der Ermittlung des polaren Momentes eines Vektorfeldes (z. B. einer Flächenbelastung) gewählt.

2. Sonderfall $\boldsymbol{r}_{0a} = \boldsymbol{0}$
   Der Angriffspunkt a des erzeugenden Vektors fällt mit dem Ursprung zusammen.

$$\boldsymbol{M}_{b,0} = \boldsymbol{r}_{b0} \times \boldsymbol{P}_0 = -\boldsymbol{r}_{0b} \times \boldsymbol{P}_0 = -\mathsf{M}_{0b}\, \boldsymbol{P}_0 = \mathsf{M}'_{0b}\, \boldsymbol{P}_0\,,$$

$$-\mathsf{M}_{0b} = -\begin{pmatrix} 0 & -z_b & +y_b \\ +z_b & 0 & -x_b \\ -y_b & +x_b & 0 \end{pmatrix} = \begin{pmatrix} 0 & +z_b & -y_b \\ -z_b & 0 & +x_b \\ +y_b & -x_b & 0 \end{pmatrix} \tag{6.25}$$

$$= \mathsf{M}'_{0b}\,.$$

Ist b variabel, soll also jeder beliebige Punkt eines beschränkten Bereiches Pol und damit Fußpunkt des polaren Momentes sein, so sersetzt man $\boldsymbol{r}_{0b}$ durch $\boldsymbol{r}$

$$\boldsymbol{r}_{0b} = \begin{pmatrix} x_b \\ y_b \\ z_b \end{pmatrix} \to \boldsymbol{r} = \begin{pmatrix} x \\ y \\ z \end{pmatrix}$$

und schreibt

$$\boldsymbol{M}_{r,0} = -\boldsymbol{r} \times \boldsymbol{P}_0 = -\mathsf{M}\, \boldsymbol{P}_0 = \mathsf{M}'\, \boldsymbol{P}_0 \tag{6.26}$$

mit

$$\mathsf{M}' := \begin{pmatrix} 0 & +z & -y \\ -z & 0 & +x \\ +y & -x & 0 \end{pmatrix} = \mathsf{M}'_{0r} . \tag{6.27}$$

Diese Form der Darstellung wird bei der Ermittlung der Gleichung für das zylindrische Momentenfeld benutzt.

6.1.1.1.4. Bilinearität des Momentenvektors

Wir bezeichneten bei der Beschreibung der Rotation und Deformation des Quadrates in Bild 3.3 den Ausgangszustand als Original, den Endzustand als Bild und demzufolge die das Original beschreibenden Vektoren $\boldsymbol{e}_1, \boldsymbol{e}_2, \boldsymbol{m}, \boldsymbol{d}$ usw. als Originalvektoren sowie die das Bild beschreibenden Vektoren $\boldsymbol{b}_1, \boldsymbol{b}_2, \boldsymbol{b}_m, \boldsymbol{b}_d$ als Bildvektoren.

Den Rotations- und Deformationsvorgang selbst faßten wir als Abbildung auf, die jedem Originalvektor genau einen Bildvektor eineindeutig zuordnet. Diese Abbildung — so erkannten wir — hat zwei bemerkenswerte Eigenschaften: Sie ist additiv,

$$B\,(\boldsymbol{e}_1 + \boldsymbol{e}_2) = B(\boldsymbol{e}_1) + B(\boldsymbol{e}_2)\,,$$

und homogen,

$$B\,(\lambda\,\boldsymbol{e}) = \lambda\,B(\boldsymbol{e})\,.$$

Dieser beiden Eigenschaften wegen nannten wir den dortigen Abbildungsoperator B, den Affinor, *linear*.

Daneben gibt es natürlich auch noch andere lineare Operatoren und Funktionen. So ist beispielsweise das Integral ein linearer Operator, denn es ist additiv wegen

$$\int [f_1(x) + f_2(x)]\,\mathrm{d}x = \int f_1(x)\,\mathrm{d}x + \int f_2(x)\,\mathrm{d}x$$

und homogen wegen

$$\int \lambda f(x)\,\mathrm{d}x = \lambda \int f(x)\,\mathrm{d}x\,.$$

Eine Funktion heißt ganz analog dann linear, wenn Additivität,

$$f\,(x_1 + x_2) = f(x_1) + f(x_2)\,,$$

und Homogenität,

$$f\,(\lambda\,x) = \lambda\,f(x)\,,$$

vorliegen.

Fassen wir nun das Moment als Funktion der beiden Vektoren $\boldsymbol{r}$ und $\boldsymbol{P}$ auf, also

$$\boldsymbol{M} = \boldsymbol{r} \times \boldsymbol{P} = \boldsymbol{M}(\boldsymbol{r}, \boldsymbol{P})\,,$$

so können wir zeigen, daß dieses Moment sowohl hinsichtlich $\boldsymbol{r}$ als auch hinsichtlich $\boldsymbol{P}$ linear ist, daß also

Homogenität bezüglich $\boldsymbol{r}$ $\quad \boldsymbol{M}(\lambda\,\boldsymbol{r}, \boldsymbol{P}) = \lambda\,\boldsymbol{M}(\boldsymbol{r}, \boldsymbol{P})\,,$ (6.28)
Additivität bezüglich $\boldsymbol{r}$ $\quad \boldsymbol{M}\,(\boldsymbol{r}_1 + \boldsymbol{r}_2, \boldsymbol{P}) = \boldsymbol{M}(\boldsymbol{r}_1, \boldsymbol{P}) + \boldsymbol{M}(\boldsymbol{r}_2, \boldsymbol{P})\,,$ (6.29)

Homogenität bezüglich $\boldsymbol{P}$ $\quad \boldsymbol{M}(\boldsymbol{r}, \lambda\,\boldsymbol{P}) = \lambda\,\boldsymbol{M}(\boldsymbol{r}, \boldsymbol{P})\,,$ (6.30)
Additivität bezüglich $\boldsymbol{P}$ $\quad \boldsymbol{M}(\boldsymbol{r}, \boldsymbol{P}_1 + \boldsymbol{P}_2) = \boldsymbol{M}(\boldsymbol{r}, \boldsymbol{P}_1) + \boldsymbol{M}(\boldsymbol{r}, \boldsymbol{P}_2)$ (6.31)

vorliegen. Dieser „zweifachen Linearität“ wegen heißt der Momentenvektor *bilinear* bezüglich $\boldsymbol{r}$ und $\boldsymbol{P}$.

Um dies zu erkennen, betrachten wir die beiden *verschiedenen* Vektoranordnungen A und B der Tafel 6.1.

Tafel 6.1. **Zur Bilinearität des Momentenvektors**

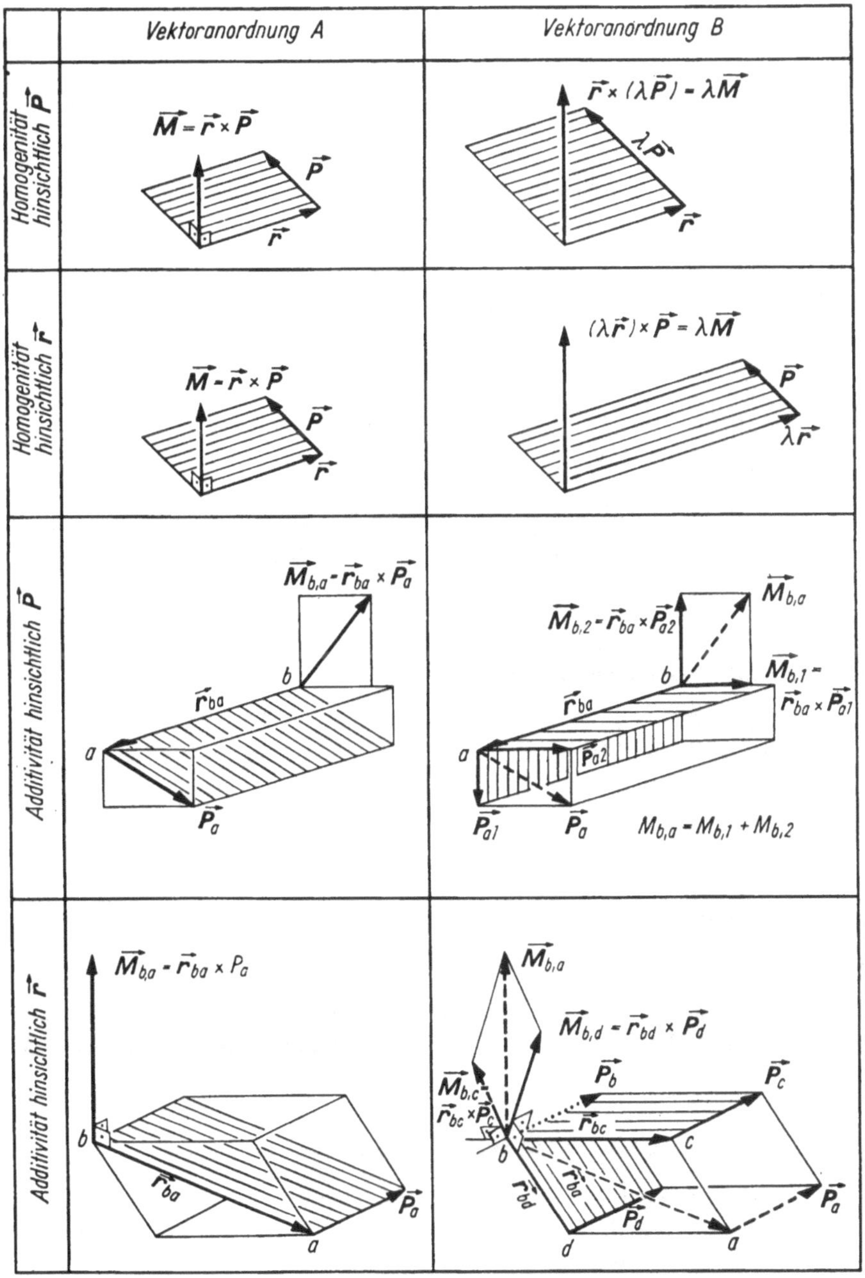

Die Homogenität ist unmittelbar zu erkennen, denn es ist offensichtlich

$$M(\boldsymbol{r}, \lambda \boldsymbol{P}) = \boldsymbol{r} \times (\lambda \boldsymbol{P}) = \lambda(\boldsymbol{r} \times \boldsymbol{P}) = \lambda M(\boldsymbol{r}, \boldsymbol{P}) \,, \tag{6.32}$$

$$M(\lambda \boldsymbol{r}, \boldsymbol{P}) = (\lambda \boldsymbol{r}) \times \boldsymbol{P} = \lambda(\boldsymbol{r} \times \boldsymbol{P}) = \lambda M(\boldsymbol{r}, \boldsymbol{P}) \,. \tag{6.33}$$

Auch die Additivität hinsichtlich $\boldsymbol{P}$ erkennen wir mit $\boldsymbol{P}_a = \boldsymbol{P}_{a1} + \boldsymbol{P}_{a2}$ sofort aus

$$\begin{aligned} M(\boldsymbol{r}_{ba}, \boldsymbol{P}_a) &= \boldsymbol{r}_{ba} \times \boldsymbol{P}_a \\ &= \boldsymbol{r}_{ba} \times (\boldsymbol{P}_{a1} + \boldsymbol{P}_{a2}) &&= \boxed{M(\boldsymbol{r}_{ba}, \boldsymbol{P}_{a1} + \boldsymbol{P}_{a2})} \\ &= (\boldsymbol{r}_{ba} \times \boldsymbol{P}_{a1}) + (\boldsymbol{r}_{ba} \times \boldsymbol{P}_{a2}) &&= \boxed{M(\boldsymbol{r}_{ba}, \boldsymbol{P}_{a1}) + M(\boldsymbol{r}_{ba}, \boldsymbol{P}_{a2})} \end{aligned} \tag{6.34}$$

Die beiden Vektoranordnungen A und B liefern also in bezug auf den gleichen Punkt b das gleiche Moment (Zeile 3)

$$M_{b,a} = M_{b,1} + M_{b,2}$$

genau dann, wenn $\boldsymbol{P}_a = \boldsymbol{P}_{a1} + \boldsymbol{P}_{a2}$ ist. Die Additivität hinsichtlich $\boldsymbol{r}$ folgt schließlich mit $\boldsymbol{r}_{ba} = \boldsymbol{r}_{bc} + \boldsymbol{r}_{bd}$ nach Bildung der polaren Projektion

$$\boldsymbol{P}_b = \mathsf{P}_{ba} \boldsymbol{P}_a$$

aus dem Vektorprodukt im Sinne der Vektoralgebra

$$M(\boldsymbol{r}_{ba}, \boldsymbol{P}_a) = M(\boldsymbol{r}_{ba}, \mathsf{P}_{ba} \boldsymbol{P}_a) = M(\boldsymbol{r}_{ba}, \boldsymbol{P}_b) \,.$$

$$\begin{aligned} M(\boldsymbol{r}_{ba}, \boldsymbol{P}_b) &= \boldsymbol{r}_{ba} \times \boldsymbol{P}_b \\ &= (\boldsymbol{r}_{bc} + \boldsymbol{r}_{bd}) \times \boldsymbol{P}_b &&= \boxed{M(\boldsymbol{r}_{bc} + \boldsymbol{r}_{bd}, \boldsymbol{P}_b)} \\ &= (\boldsymbol{r}_{bc} \times \boldsymbol{P}_b) + (\boldsymbol{r}_{bd} \times \boldsymbol{P}_b) &&= \boxed{M(\boldsymbol{r}_{bc}, \boldsymbol{P}_b) + M(\boldsymbol{r}_{bd}, \boldsymbol{P}_b)} \end{aligned} \tag{6.35}$$

Aus der Gleichheit der polaren Projektionen

$$\left.\begin{aligned} \boldsymbol{P}_b &= \mathsf{P}_{ba} \boldsymbol{P}_a \\ \boldsymbol{P}_c &= \mathsf{P}_{ca} \boldsymbol{P}_a \\ \boldsymbol{P}_d &= \mathsf{P}_{da} \boldsymbol{P}_a \end{aligned}\right\} \boldsymbol{P}_b = \boldsymbol{P}_c = \boldsymbol{P}_d = \boldsymbol{P}_a$$

folgt schließlich auch

$$\boldsymbol{r}_{ba} \times \boldsymbol{P}_a = \boldsymbol{r}_{bc} \times \boldsymbol{P}_c + \boldsymbol{r}_{bd} \times \boldsymbol{P}_d \,,$$

$$M_{b,a} = M_{b,c} + M_{b,d} \,.$$

Diese obigen Eigenschaften des Momentes fassen wir zusammen im

2. Momententheorem. *Das Moment $\boldsymbol{M} = \boldsymbol{r} \times \boldsymbol{P}$ ist als Funktion der beiden Veränderlichen $\boldsymbol{r}$ und $\boldsymbol{P}$ bilinear, d. h. sowohl hinsichtlich $\boldsymbol{r}$ als auch hinsichtlich $\boldsymbol{P}$ linear.*

6.1.1.2. Das polare Moment eines linienflüchtigen Vektors

Wie die nachfolgenden Betrachtungen zeigen werden, ändert sich das polare Moment eines linienflüchtigen Vektors bei einer beliebigen Verschiebung desselben auf seiner Wirkungslinie nicht. In Bild 6.5 sei $\boldsymbol{r}_{ba} = \boldsymbol{r}_{bc} + \boldsymbol{r}_{bd}$ und

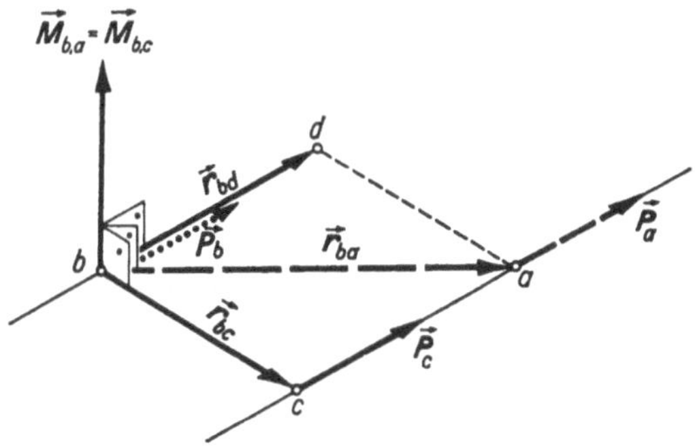

Bild 6.5. Zum 3. Momententheorem

$\boldsymbol{P}_a = \boldsymbol{P}_c$. Dann ist nach Bildung der polaren Projektion $\boldsymbol{P}_b = \mathsf{P}_{ba}\,\boldsymbol{P}_a$ auf Grund der Linearität hinsichtlich $\boldsymbol{r}$ nach Gleichung (6.29)

$$\boldsymbol{r}_{ba} \times \boldsymbol{P}_a = \boldsymbol{r}_{ba} \times \boldsymbol{P}_b = \boldsymbol{r}_{bc} \times \boldsymbol{P}_b + \underbrace{\boldsymbol{r}_{bd} \times \boldsymbol{P}_b}_{=\boldsymbol{0}}.$$

Auf Grund des ersten Momententheorems ($\boldsymbol{r}_{bd} \parallel\!| \boldsymbol{P}_b$) ist der zweite Term Null, und man erkennt mit $P_b = P_c$

$$\boldsymbol{r}_{ba} \times \boldsymbol{P}_a = \boldsymbol{r}_{bc} \times \boldsymbol{P}_b = \boldsymbol{r}_{bc} \times \boldsymbol{P}_c$$

bzw.

$$\boldsymbol{M}_{b,a} = \boldsymbol{M}_{b,c}.$$

Diese Aussage formulieren wir als

3. Momententheorem. *Das polare Moment eines Vektors ist unabhängig vom Angriffspunkt desselben auf seiner Wirkungslinie.*

Anmerkung. Liegt der Pol b auf der Wirkungslinie des Vektors $\boldsymbol{P}_a$ (ist also $\sin\varphi = 0$), so kann der Vektor so verschoben werden, daß der Punkt b Angriffspunkt desselben wird ($\boldsymbol{r}_{ba} \to \boldsymbol{r}_{bb} = \boldsymbol{0}$). Damit ist das 1. Momententheorem als Sonderfall im 3. Momententheorem enthalten.

6.1.1.3. Das polare Moment eines freien Vektors

Das polare Moment eines freien Vektors in bezug auf einen Punkt b läßt sich nicht ermitteln, da der Angriffspunkt des freien Vektors nicht festliegt und $\boldsymbol{r}_{ba}$ demnach nicht eindeutig angegeben werden kann.

Es ist also sinnlos, vom Moment eines freien Vektors in bezug auf einen festen Punkt b zu sprechen.

6.1.1.4. Anwendung: Das polare Moment der infinitesimalen Verdrehung und das polare Moment der Winkelgeschwindigkeit

Beobachten wir nach Bild 6.6 die Drehbewegung eines Körpers um die feste Achse $\overline{cc}$ mit dem Einheitsvektor $\boldsymbol{c}$, so erkennen wir, daß jeder Punkt b des Körpers eine Kreisbahn mit dem Radius $|\boldsymbol{r}_{b0}|$ in einer Ebene orthogonal

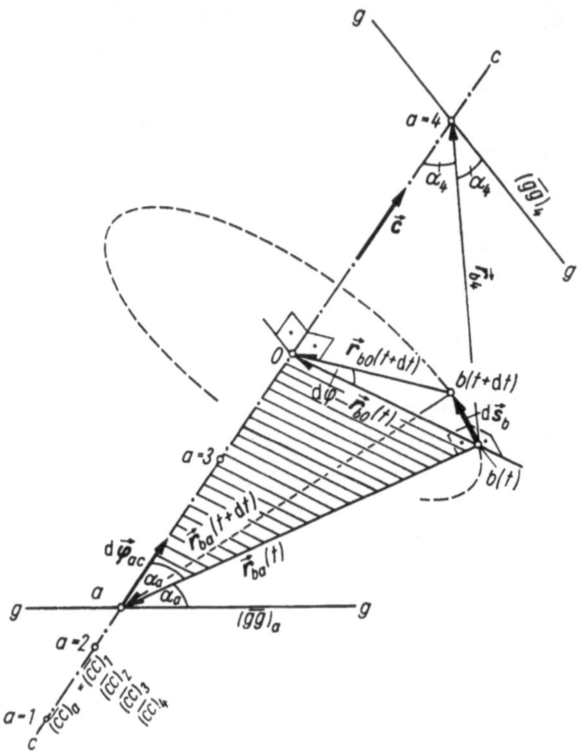

Bild 6.6. Das Moment der infinitesimalen Verdrehung (Rotation des starren Körpers um die Achse $\overline{cc}$)

zur Drehachse beschreibt. In einem infinitesimalen Zeitintervall dt wird dieser Punkt b den Weg $d\boldsymbol{s}_b$ zurücklegen. Der Radius $|\boldsymbol{r}_{b0}|$ überstreicht in der gleichen Zeit den Winkel $d\varphi$.

Die Trigonometrie lehrt, daß für hinreichend kleine Winkel $d\varphi$ der Tangens dieses Winkels gleich dem Bogenabschnitt auf dem Einheitskreis, also

$$\tan d\varphi = d\varphi$$

ist. In unserem Fall hat demnach der Weg $|d\boldsymbol{s}_b|$ die Länge

$$|d\boldsymbol{s}_b| = |\boldsymbol{r}_{b0}| \cdot d\varphi ,$$

denn es ist

$$\tan d\varphi = \frac{|d\boldsymbol{s}_b|}{|\boldsymbol{r}_{b0}|} = d\varphi .$$

Soll nun die infinitesimale Verschiebung $d\boldsymbol{s}_b$ verschiedener Punkte b ermittelt werden, die nicht in derselben Ebene orthogonal zur Drehachse liegen, so muß man nach den bisherigen Betrachtungen für jeden einzelnen Punkt zunächst den senkrechten Abstand $|\boldsymbol{r}_{b0}|$ von der Drehachse bestimmen. Die Berechnung dieser Verschiebungen wird jedoch einfacher, wenn man diesen Schritt umgeht und alle infinitesimalen Verschiebungen bereits nach der Festlegung eines einzigen Punktes a der Drehachse bestimmt. In diesem Fall muß mit den Bezeichnungen in Bild 6.6

$$|\boldsymbol{r}_{b0}| = |\boldsymbol{r}_{ba}| \cdot \sin\alpha_a$$

gesetzt werden, so daß die infinitesimale Verschiebung in der Form

$$|\mathrm{d}\boldsymbol{s}_b| = |\boldsymbol{r}_{b0}|\,\mathrm{d}\varphi = |\boldsymbol{r}_{ba}| \cdot \sin\alpha_a \cdot \mathrm{d}\varphi = |\boldsymbol{r}_{ba}|\,\mathrm{d}\varphi \cdot \sin\alpha_a$$

angeschrieben werden kann.

Dies führt zu einem Ausdruck, der formal wie der Betrag des Vektorproduktes $\boldsymbol{r}_{ba} \times \mathrm{d}\boldsymbol{\varphi}$ aussieht, aber natürlich nur dann als solcher aufgefaßt werden darf, wenn

1. $\mathrm{d}\varphi$ als Vektor dargestellt wird: $\mathrm{d}\boldsymbol{\varphi}$,
2. die Vektoren $\boldsymbol{r}_{ba}$ und $\mathrm{d}\boldsymbol{\varphi}$ den Winkel α_a einschließen und in einer Ebene senkrecht zu $\mathrm{d}\boldsymbol{s}_b$ liegen ($\mathrm{d}\boldsymbol{\varphi} \perp \mathrm{d}\boldsymbol{s}_b$),
3. die Vektoren $\boldsymbol{r}_{ba}$, $\mathrm{d}\boldsymbol{\varphi}$ und $\mathrm{d}\boldsymbol{s}_b$ ein Rechtssystem bilden (womit der Richtungssinn von $\mathrm{d}\boldsymbol{\varphi}$ fixiert wird).

Alle Geraden in Bild 6.6, die mit $\boldsymbol{r}_{ba}$ den Winkel α_a einschließen, liegen auf dem Mantel eines geraden Kreiskegels, dessen Achse mit der Richtung von $\boldsymbol{r}_{ba}$ zusammenfällt und der natürlich die Drehachse $\overline{cc}$ tangiert, da ja $\boldsymbol{c}$ und $\boldsymbol{r}_{ba}$ den Winkel α_a festlegen.

Aus der Vielzahl dieser Mantellinien interessieren jedoch nur diejenigen, die mit $\boldsymbol{r}_{ba}$ in einer Ebene orthogonal zu $\mathrm{d}\boldsymbol{s}_b$ liegen. Dies sind die Drehachse $(\overline{cc})_a$ und die ihr gegenüberliegende, mit ihr den Winkel $2\,\alpha_a$ einschließende Gerade $(\overline{gg})_a$. Lassen wir nun den Punkt a auf der Drehachse variieren, d. h. verbinden wir b gedanklich mit jedem Punkt a der Drehachse $\overline{cc}$, so erhalten wir als mögliche Wirkungslinien für den Vektor $\mathrm{d}\boldsymbol{\varphi}$ die durch den Punkt a hindurchgehenden Geraden $(\overline{cc})_a$ und $(\overline{gg})_a$. Die Geraden $(\overline{cc})_a$ liegen alle aufeinander, haben den gleichen Einheitsvektor $\boldsymbol{c}$, sind demnach kollinear. Die Geraden $(\overline{gg})_a$ schließen in jedem Punkt a mit der Drehachse den Winkel $2\,\alpha_a$ ein, haben also für jeden Punkt a eine andere Richtung. Nun ist die zu beschreibende Verschiebung $\mathrm{d}\boldsymbol{s}_b$ des Punktes b, ist die Verdrehung um den Winkel $\mathrm{d}\varphi$ eine eindeutig gerichtete Größe und demnach ihre Richtung völlig unabhängig von dem zufällig herausgegriffenen Punkt a auf der Drehachse. Soll also $\mathrm{d}\varphi$ als Vektor dargestellt werden, so muß seine Richtung unabhängig von a sein, weshalb nicht die Geraden $(\overline{gg})_a$, sondern lediglich $(\overline{cc})_a$, also die Drehachse als Wirkungslinie des „Vektors $\mathrm{d}\boldsymbol{\varphi}$" zulässig ist. Damit ist die Richtung des Vektors $\mathrm{d}\boldsymbol{\varphi}$ gefunden. Seinen Richtungssinn erhalten wir aus der Bedingung, daß die Vektoren $\boldsymbol{r}_{ba}$, $\mathrm{d}\boldsymbol{\varphi}$ und $\mathrm{d}\boldsymbol{s}_t$ ein Rechtssystem bilden sollen.

Stellen wir also $\mathrm{d}\varphi$ in der Drehachse entsprechend Bild 6.6 als Vektor dar, so darf die infinitesimale Verschiebung $\mathrm{d}\boldsymbol{s}_b$ auch vektoriell zu

$$\mathrm{d}\boldsymbol{s}_b = \boldsymbol{r}_{ba} \times \mathrm{d}\boldsymbol{\varphi}_{ac} = \mathsf{M}_{ba}\,\mathrm{d}\boldsymbol{\varphi}_{ac}$$

angegeben und demnach im Sinne der Mechanik als Moment der infinitesimalen Verdrehung aufgefaßt werden:

$$\mathrm{d}\boldsymbol{s}_b = \boldsymbol{M}_{b,\,\mathrm{d}\varphi}\,.$$

Fassen wir nun auf Grund dieser Überlegung z. B. die sehr anschauliche infinitesimale Verschiebung als das zunächst noch sehr unanschauliche Moment einer infinitesimalen Verdrehung auf, so können wir alle Aussagen über die Momente auch auf infinitesimale Verschiebungen ausdehnen.

In völliger Analogie hierzu lassen sich die Bahngeschwindigkeit als Moment der Winkelgeschwindigkeit, die Bahnbeschleunigung als Moment der Winkelbeschleunigung und der Rotationsimpuls als Moment des Translationsimpulses (Impulsmoment) auffassen (Tafel 6.2).

Tafel 6.2. **Beispiele für polare Momente**

Erzeugender Vektor		Polares Moment	
Translationskraft	$\boldsymbol{P}_a$	Rotationskraft	$\boldsymbol{M}_l = \boldsymbol{r}_{ba} \times \boldsymbol{P}_a$
Infinitesimale Verdrehung	$\mathrm{d}\boldsymbol{\varphi}_a$	Infinitesimale Verschiebung	$\mathrm{d}\boldsymbol{s}_b = \boldsymbol{r}_{ba} \times \mathrm{d}\boldsymbol{\varphi}_a$
Winkelgeschwindigkeit	$\boldsymbol{\omega}_l$	Bahngeschwindigkeit	$\boldsymbol{v}_b = \boldsymbol{r}_{ba} \times \boldsymbol{\omega}_a$
Winkelbeschleunigung	$\boldsymbol{\varepsilon}_b$	Bahnbeschleunigung	$\boldsymbol{a}_b = \boldsymbol{r}_{ba} \times \boldsymbol{\varepsilon}_b$
Translationsimpuls	$\boldsymbol{J}_a$	Rotationsimpuls	$\boldsymbol{L}_b = \boldsymbol{r}_{ba} \times \boldsymbol{J}_a$

Anmerkung: Das Moment einer Kraft (z. B. $\boldsymbol{M}_{0,1}$ in Bild 6.1) erzeugt eine Drehung (Rotation), während das Moment der infinitesimalen Verdrehung gleich einer infinitesimalen Verschiebung (Translation) ist. Der Momentenvektor kann also sowohl ein Rotations- als auch ein Translationsvektor) sein.

6.1.2. Das axiale Moment eines Vektors

Bilden wir von einem Vektor das polare Moment in bezug auf einen beliebigen Punkt einer Geraden und anschließend die Komponente in Richtung dieser Geraden, so heißt diese Komponente *axiales Moment* des Vektors.

6.1.2.1. Das axiale Moment eines gebundenen oder linienflüchtigen Vektors

6.1.2.1.1. Definition

Projiziert man in Bild 6.7 das polare Moment $\boldsymbol{M}_{b,a} = \boldsymbol{r}_{ba} \times \boldsymbol{P}_a$ eines Vektors $\boldsymbol{P}_a$ in bezug auf einen beliebigen Punkt b auf eine beliebige durch diesen Punkt b gehende Gerade $\overline{gg}$ mit dem Einheitsvektor $\boldsymbol{g}$, so entsteht nach Gleichung (5.10) die Komponente

$$\hat{\boldsymbol{M}}_{b,a} = \boldsymbol{M}_{bg,a} = (\boldsymbol{M}_{b,a} \cdot \boldsymbol{g})\, \boldsymbol{g} = [(\boldsymbol{r}_{ba} \times \boldsymbol{P}_a)\, \boldsymbol{g}]\, \boldsymbol{g}\,. \tag{6.36}$$

Projiziert man danach das polare Moment $\boldsymbol{M}_{d,a} = \boldsymbol{r}_{da} \times \boldsymbol{P}_a$ desselben Vektors in bezug auf einen beliebigen anderen Punkt der gleichen Geraden $\overline{gg}$ ebenfalls auf diese Gerade $\overline{gg}$, so erhält man analog

$$\boldsymbol{M}_{dg,a} = (\boldsymbol{M}_{d,a} \cdot \boldsymbol{g})\, \boldsymbol{g} = [(\boldsymbol{r}_{da} \times \boldsymbol{P}_a)\, \boldsymbol{g}]\, \boldsymbol{g}\,. \tag{6.37}$$

Ergänzt man schließlich das Dreieck bda zum Parallelogramm $bdac$ und bildet danach die polare Projektion $\boldsymbol{P}_b = \mathsf{P}_{ba} \boldsymbol{P}_a$, so gilt auf Grund der Bilinearität des Momentenvektors hinsichtlich $\boldsymbol{r}$ (Abschnitt 6.1.1.1.4)

$$\begin{aligned} \boldsymbol{M}_{b,a} &= \boldsymbol{r}_{ba} \times \boldsymbol{P}_a = \boldsymbol{r}_{ba} \times \boldsymbol{P}_b \\ &= (\boldsymbol{r}_{bc} + \boldsymbol{r}_{bd}) \times \boldsymbol{P}_b = \boldsymbol{r}_{bc} \times \boldsymbol{P}_b + \boldsymbol{r}_{bd} \times \boldsymbol{P}_b\,. \end{aligned}$$

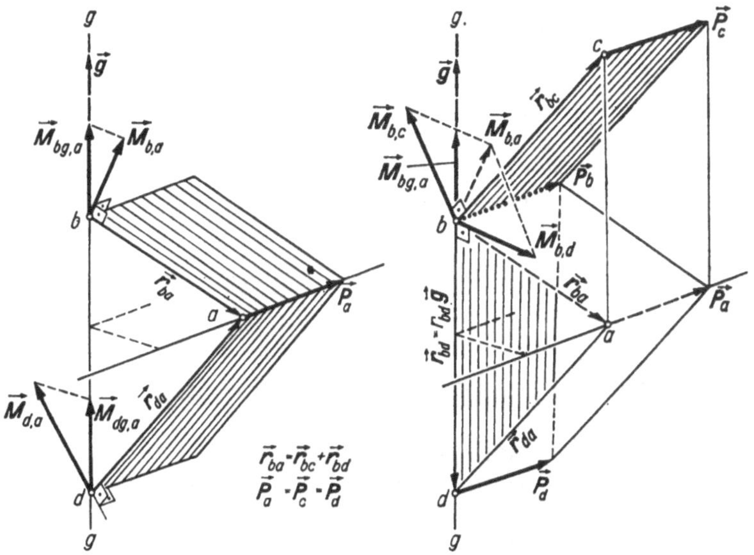

Bild 6.7. Zum Nachweis der Linienflüchtigkeit des auf die Gerade $\overline{gg}$ projizierten Momentes

Gleichung (6.36) darf man demnach wie folgt umformen

$$\boldsymbol{M}_{bg,a} = [(\boldsymbol{r}_{bc} \times \boldsymbol{P}_b + \boldsymbol{r}_{bd} \times \boldsymbol{P}_b)\,\boldsymbol{g}]\,\boldsymbol{g}\,,$$

$$\boldsymbol{M}_{bg,a} = [(\boldsymbol{r}_{bc} \times \boldsymbol{P}_b)\,\boldsymbol{g} + r_{bd}\underbrace{(\boldsymbol{g} \times \boldsymbol{P}_b)\,\boldsymbol{g}}_{=0}]\,\boldsymbol{g}\,.$$

(Da der Vektor $\boldsymbol{g} \times \boldsymbol{P}_b$ senkrecht auf $\boldsymbol{g}$ steht, ist das Skalarprodukt der Vektoren $\boldsymbol{g} \times \boldsymbol{P}_b$ und $\boldsymbol{g}$ und damit der ganze zweite Term Null.) Damit folgt

$$\boldsymbol{M}_{bg,a} = [(\boldsymbol{r}_{bc} \times \boldsymbol{P}_b)\,\boldsymbol{g}]\,\boldsymbol{g}\,. \tag{6.38}$$

Aus der Gleichheit der Ortsvektoren $\boldsymbol{r}_{bc} = \boldsymbol{r}_{da}$ und der Gleichheit der polaren Projektionen $\boldsymbol{P}_b = \boldsymbol{P}_c = \boldsymbol{P}_d = \boldsymbol{P}_a$ folgt die Gleichheit der Vektorprodukte

$$\boldsymbol{r}_{bc} \times \boldsymbol{P}_b = \boldsymbol{r}_{da} \times \boldsymbol{P}_d = \boldsymbol{r}_{da} \times \boldsymbol{P}_a$$

und damit die Gleichheit der axialen Momente

$$[(\boldsymbol{r}_{bc} \times \boldsymbol{P}_b)\,\boldsymbol{g}]\,\boldsymbol{g} = [(\boldsymbol{r}_{da} \times \boldsymbol{P}_a)\,\boldsymbol{g}]\,\boldsymbol{g}$$

oder

$$\boldsymbol{M}_{bg,a} = \boldsymbol{M}_{dg,a}\,. \tag{6.39}$$

Der Momentenvektor $\boldsymbol{M}_{bg,a}$, der entsteht, wenn das polare Moment $\boldsymbol{M}_{b,a}$ des Vektors $\boldsymbol{P}_a$ in bezug auf den Punkt b senkrecht auf eine beliebige durch b gehende Gerade $\overline{gg}$ projiziert wird, ist also völlig unabhängig von dem Punkt b auf dieser Geraden $\overline{gg}$. Deshalb binden wir diesen nicht an einen speziellen Punkt der Geraden $\overline{gg}$, sondern lediglich an die Gerade $\overline{gg}$ selbst, ordnen ihn also der Geraden $\overline{gg}$ linienflüchtig zu. Um dies auch symbolisch auszudrücken, bezeichnen wir jeden beliebigen Punkt $b, d, \ldots$ der Geraden $\overline{gg}$ mit dem Buchstaben g und schreiben

$$\boldsymbol{M}_{bg,a} = \boldsymbol{M}_{dg,a} = \boldsymbol{M}_{gg,a}\,. \tag{6.40}$$

Die Ergebnisse dieser Überlegung fügen wir in die nachfolgende Definition mit ein, indem wir sagen (Bild 6.8):

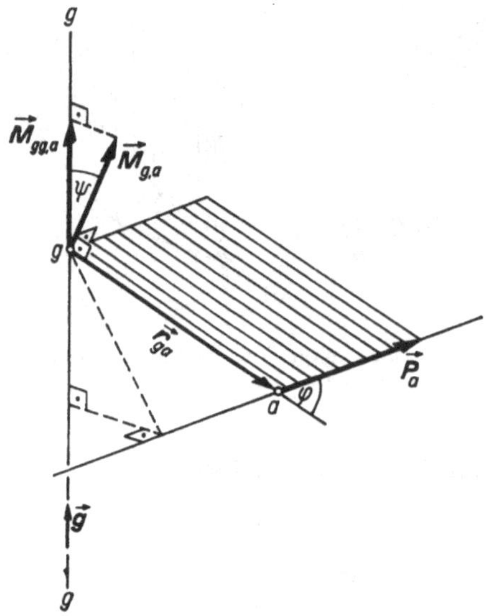

Bild 6.8. Moment $\boldsymbol{M}_{gg,a}$ des Vektors $\boldsymbol{P}_a$ in bezug auf die Gerade $\overline{gg}$

Das *axiale Moment eines Vektors* $\boldsymbol{P}_a$ *in bezug auf eine beliebige Gerade* $\overline{gg}$ ist der dieser Geraden $\overline{gg}$ linienflüchtig zugeordnete Momentenvektor $\boldsymbol{M}_{gg,a}$, der gleich der Komponente des polaren Momentes des Vektors $\boldsymbol{P}_a$ ist, wenn als Pol ein beliebiger Punkt g der Geraden $\overline{gg}$ gewählt wird.

$$\boldsymbol{M}_{gg,a} := \underbrace{(\boldsymbol{M}_{g,a}\cdot\boldsymbol{g})}\,\overbrace{\boldsymbol{g}} = \underbrace{M_{gg,a}}\cdot\overbrace{\boldsymbol{g}} = \underbrace{[(\boldsymbol{r}_{ga}\times\boldsymbol{P}_a)\,\boldsymbol{g}]}\,\overbrace{\boldsymbol{g}}$$

(obere Klammern: Einheitsvektor der Geraden $\overline{gg}$; untere Klammern: Koordinate von $M_{gg,a}$ bezüglich $\boldsymbol{g}$)

Die Gerade $\overline{gg}$ wird auch *Momentengerade* genannt.

Ist $\psi := \sphericalangle\,(\boldsymbol{M}_{g,a}, \boldsymbol{g})$, so ergibt sich der Betrag zu

$$|\boldsymbol{M}_{gg,a}| = |\boldsymbol{M}_{g,a}|\cdot|\boldsymbol{g}|\cdot|\cos\psi| = |\boldsymbol{M}_{g,a}|\cdot|\cos\psi|\,.$$

Wegen $-1 \leqq \cos\psi \leqq +1$ kann die Koordinate $M_{gg,a}$ positiv oder negativ sein.

Analog zu den Gleichungen (5.14), (5.21) und (5.22) bzw. (5.18), (5.21 a) und (5.23) erhalten wir mit Gleichung (6.15) und den zu Abschnitt 5.1.3.2. analogen Bezeichungen den axialen Momentenvektor in der Form

$$\hat{\boldsymbol{M}}_{g,a} = \boldsymbol{M}_{gg,a} = \mathsf{K}_{gg}\,\boldsymbol{M}_{g,a} = \mathsf{K}_{gg}\,\mathsf{M}_{ga}\,\boldsymbol{P}_a\,, \tag{6.43}$$

und für dessen Koordinate die Gleichung

$$\hat{M}_{g,a} = M_{gg,a} = \mathsf{X}_{gg}\,\boldsymbol{M}_{g,a} = \mathsf{X}_{gg}\,\mathsf{M}_{ga}\,\boldsymbol{P}_a\,. \tag{6.44}$$

6.1.2.1.2. Darstellung im Koordinatensystem

Mit den Definitionen (5.12), (5.17) und (6.14) erhält man aus Gleichung (6.43) für den axialen Momentenvektor

$$\begin{pmatrix} M_{gx,a} \\ M_{gy,a} \\ M_{gz,a} \end{pmatrix} =$$

$$\begin{pmatrix} g_x \cdot g_x & g_y \cdot g_x & g_z \cdot g_x \\ g_x \cdot g_y & g_y \cdot g_y & g_z \cdot g_y \\ g_x \cdot g_z & g_y \cdot g_z & g_z \cdot g_z \end{pmatrix} \begin{pmatrix} 0 & -(z_a - z_b) & +(y_a - y_b) \\ +(z_a - z_b) & 0 & -(x_a - x_b) \\ -(y_a - y_b) & +(x_a - x_b) & 0 \end{pmatrix} \begin{pmatrix} P_{ax} \\ P_{ay} \\ P_{az} \end{pmatrix} \tag{6.45}$$

und für dessen Koordinate

$$M_{gg,a} = (g_x \; g_y \; g_z) \begin{pmatrix} 0 & -(z_a - z_b) & +(y_g - y_b) \\ +(z_a - z_b) & 0 & -(x_a - x_b) \\ -(y_a - y_b) & +(x_a - x_b) & 0 \end{pmatrix} \begin{pmatrix} P_{ax} \\ P_{ay} \\ P_{az} \end{pmatrix}. \tag{6.46}$$

Bei praktischen Aufgaben wird man sich im allgemeinen auf die Ermittlung der Koordinate beschränken.

6.1.2.1.3. Sonderfälle

Das axiale Moment eines Vektors in bezug auf eine Gerade wird Null,

$$|\boldsymbol{M}_{gg,a}| = |\boldsymbol{M}_{g,a}| \cdot |\cos\psi| = 0 \quad \text{für} \quad \begin{cases} 1. \; |\boldsymbol{M}_{g,a}| = 0\,, \\ 2. \; \cos\psi \;\; = 0\,. \end{cases} \tag{6.47}$$

Der erste Fall ist trivial, da die Projektion des Nullvektors selbstverständlich Null sein muß, der zweite hingegen,

$$\cos\psi = 0 \Rightarrow \psi = \nu \cdot \frac{\pi}{2} \qquad \text{für} \quad \nu = 1, 3, 5, \ldots,$$

sagt aus, daß die Vektoren $\boldsymbol{M}_{g,a}$ und $\boldsymbol{g}$ aufeinander senkrecht stehen. Aus $\boldsymbol{M}_{g,a} \perp \boldsymbol{g}$ folgt weiter, daß $\boldsymbol{M}_{gg,a}$ dann Null ist, wenn die Vektoren $\boldsymbol{g}$ und $\boldsymbol{P}_a$ in einer Ebene liegen, d. h. komplanar sind, und daraus schließlich das

4. Momententheorem. *Das axiale Moment eines Vektors in bezug auf eine beliebige Gerade ist Null, wenn die Wirkungslinie des Vektors und diese Gerade komplanar sind, wenn sich diese also im Endlichen oder Unendlichen schneiden.*

Anmerkung. Fassen wir in Analogie zu Abschnitt 6.1.1.1.3. den Vektor $\boldsymbol{P}_a$ als Zentralvektor und den Schnittpunkt der Wirkungslinie dieses Zentralvektors mit der Geraden $\overline{gg}$ als Zentralpunkt auf, so muß nach dem 1. Momententheorem das Moment des Zentralvektors in bezug auf den Zentralpunkt gleich dem Nullvektor sein. Demnach hat auch die Projektion dieses Momentennullvektors auf die Gerade $\overline{gg}$ den Betrag Null.

6.1.2.2. Das axiale Moment eines freien Vektors

Da nach Abschnitt 6.1.1.3. das polare Moment eines freien Vektors nicht ermittelt werden kann, ist es nicht möglich, das axiale Moment eines freien Vektors zu erklären.

6.1.2.3. Anwendung: Das axiale Moment einer Kraft

Die Berechnung des Momentes einer Kraft $\boldsymbol{P}_a$ in bezug auf eine beliebige zur Wirkungslinie der Kraft $\boldsymbol{P}_a$ verlaufende Gerade $\overline{gg}$ wird mit Hilfe des 4. Momententheorems wie folgt vereinfacht. Nach Anlage des Bildes 6.9 zerlegt man $\boldsymbol{P}_a$

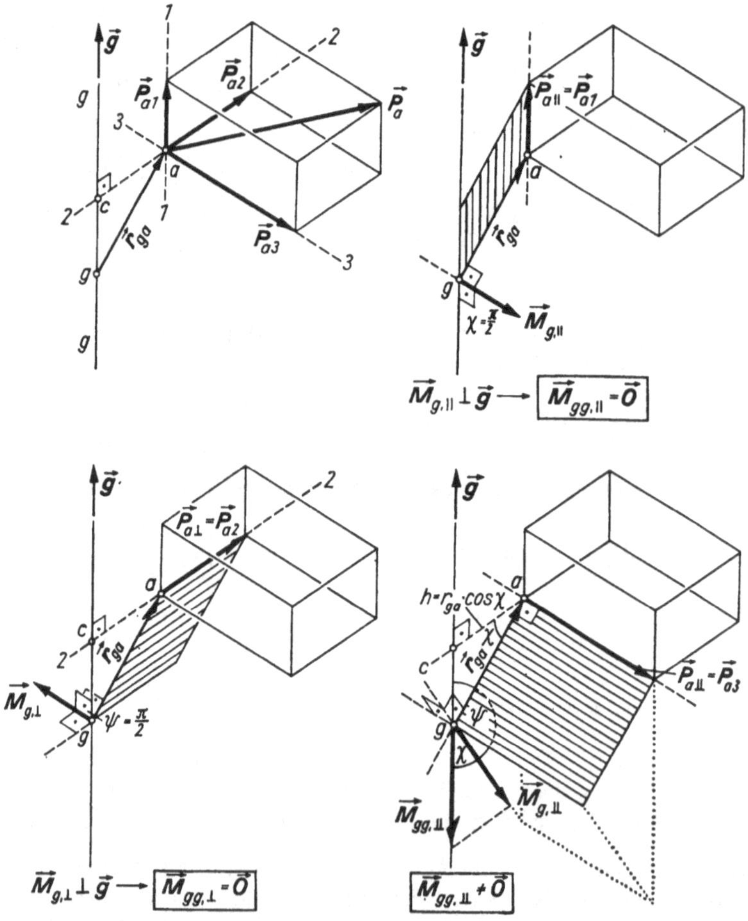

Bild 6.9. Moment der Komponenten eines Vektors in bezug auf eine Gerade

in die drei Komponenten

$$\boldsymbol{P}_a = \boldsymbol{P}_{a1} + \boldsymbol{P}_{a2} + \boldsymbol{P}_{a3}\,.$$

Die Richtungen sind so ausgewählt worden, daß

$\overline{11}$ parallel zu $\overline{gg}$ durch a (Symbol: $||$) verläuft,

$\overline{22}$ senkrecht zu $\overline{gg}$ durch a (Symbol: $\perp$) $\overline{gg}$ in c schneidet,

$\overline{33}$ senkrecht zu der durch die beiden Parallelen $\overline{11}$ und $\overline{gg}$ aufgespannten Ebene durch den Punkt a verläuft (Symbol: $\perp\!\!\perp$).

Werden anstelle der Richtungsziffern 1, 2 bzw. 3 die anschaulicheren Symbole $||$, $\perp$ bzw. $\perp\!\!\perp$ verwendet, so kann man den Vektor $\boldsymbol{P}_a$ wie folgt schreiben:

$$\boldsymbol{P}_a = \begin{pmatrix} P_{a1} \\ P_{a2} \\ P_{a3} \end{pmatrix} = \begin{pmatrix} P_{a||} \\ P_{a\perp} \\ P_{a\perp\!\!\perp} \end{pmatrix}. \tag{6.48}$$

Berechnet man nun getrennt für jede dieser drei Komponenten das Moment in bezug auf die Gerade $\overline{gg}$, so ergibt sich – wie Bild 6.9 sehr anschaulich zeigt – $\boldsymbol{M}_{gg,||} = \boldsymbol{0}$ und $\boldsymbol{M}_{gg,\perp} = \boldsymbol{0}$, da die Momentenvektoren $\boldsymbol{M}_{g,||}$ und $\boldsymbol{M}_{g,\perp}$ senkrecht auf der Geraden $\overline{gg}$ stehen und demnach deren Projektion auf die Gerade $\overline{gg}$ Null sein muß. Lediglich $\boldsymbol{M}_{gg,\perp\!\!\perp}$ ist von Null verschieden. Das Moment der Kraft $\boldsymbol{P}_a$ in bezug auf die Gerade $\overline{gg}$ ist also lediglich gleich dem Moment der Komponente $\boldsymbol{P}_{a\perp\!\!\perp}$.

Das Ergebnis war zu erwarten, da die Richtungen $||$ und $\perp$ so gewählt worden sind, daß sie sich mit der Geraden $\overline{gg}$ im Unendlichen oder Endlichen schneiden. Mit Hilfe des 4. Momententheorems kann also

$$\boldsymbol{M}_{gg,\perp} = \boldsymbol{0} \qquad \text{und} \qquad \boldsymbol{M}_{gg,||} = \boldsymbol{0}$$

vorausgesagt werden, wovon bei praktischen Aufgaben oft Gebrauch gemacht wird.

Anmerkung: Da in Bild 6.8 speziell $\boldsymbol{g} \uparrow\downarrow \boldsymbol{M}_{gg,\perp\!\!\perp}$ ist, ist dort $\psi = \pi - \chi$ und

$$M_{gg,\perp\!\!\perp} = |\boldsymbol{M}_{g,\perp\!\!\perp}| \cos\psi = |\boldsymbol{r}_{ga}| \cdot |\boldsymbol{P}_{a\perp\!\!\perp}| \cdot \sin\frac{\pi}{2}\,(-\cos\chi)\,.$$

Mit

$$h := |\boldsymbol{r}_{ga}| \cos\chi$$

folgt

$$M_{gg,\perp\!\!\perp} = -h \cdot |P_{a\perp\!\!\perp}|\,. \tag{6.50a}$$

Für $\boldsymbol{g} \uparrow\uparrow \boldsymbol{M}_{gg,\perp\!\!\perp}$ ist

$$M_{gg,\perp\!\!\perp} = +h \cdot |P_{a\perp\!\!\perp}|\,. \tag{6.50b}$$

6.1.3. Das Momentenfeld eines Vektors

6.1.3.1. Definition

Ermittelt man für jeden Punkt b eines Raumteils Δ das polare Moment $\boldsymbol{M}_{b,a}$ des erzeugenden Vektors $\boldsymbol{P}_a$, so bildet die gleichzeitig vorgestellte Gesamtheit aller dieser polaren Momente des Feld Φ der Momentenvektoren $\boldsymbol{M}_{b,a}$ infolge des Vektors $\boldsymbol{P}_a$

$$\Phi_{M_{b,a}} := \Phi_{\mathsf{MP}} := \{\boldsymbol{M}_{b,a} = \mathsf{M}_{ba}\,\boldsymbol{P}_a \mid b \in \Delta\} \tag{6.51 a}$$

oder kurz: das Momentenfeld des Vektors $\boldsymbol{P}_a$.
Ist $a = 0$, so wird

$$\Phi_{M_{b,0}} := \{\boldsymbol{M}_{b,0} = \mathsf{M}_{b0}\,\boldsymbol{P}_0 = \mathsf{M}'_{0b}\,\boldsymbol{P}_0 \mid b \in \Delta\}\,. \tag{6.51 b}$$

Da nach dem 3. Momententheorem das Moment eines Vektors in bezug auf einen Punkt b unabhängig ist von dem Angriffspunkt a des Vektors auf seiner Wirkungslinie (vgl. Abschnitt 6.1.1.2.), ändert sich das Momentenfeld eines gebundenen Vektors bei einer linienflüchtigen Verschiebung desselben auf seiner Wirkungslinie nicht. Das Momentenfeld eines gebundenen Vektors ist also dann gleich dem Momentenfeld eines linienflüchtigen Vektors, wenn beide Vektoren gleich sind und dieselbe Wirkungslinie haben.

Sonderfall: Ist der Vektor $\boldsymbol{P}_a$ gleich dem Nullvektor, so ist auch das polare Moment in bezug auf jeden beliebigen Punkt gleich dem Nullvektor, und es entsteht eine Gesamtheit von Nullvektoren, ein sog. *Momenten-Nullfeld*.

6.1.3.2. Darstellung

Zunächst ermitteln wir die Momentenvektoren $\boldsymbol{M}_{b,a} = \boldsymbol{r}_{ba} \times \boldsymbol{P}_a$ in der Ebene E_a, auf der der Vektor $\boldsymbol{P}_a$ senkrecht steht (Bild 6.10).

Für alle Punkte b (z. B. c, d, e und f), die auf einem Kreis mit dem Radius $|\boldsymbol{r}_{ba}| = r$ um a als Mittelpunkt liegen, folgt aus der Konstanz der Radien (z. B. $|\boldsymbol{r}_{ca}| = |\boldsymbol{r}_{da}| = |\boldsymbol{r}_{ea}| = |\boldsymbol{r}_{fa}| = r$) die Konstanz der Momentenbeträge (z. B. $|\boldsymbol{M}_{c,a}| = |\boldsymbol{M}_{d,a}| = |\boldsymbol{M}_{e,a}| = |\boldsymbol{M}_{f,a}| = r \cdot |\boldsymbol{P}_a|$). Die entsprechenden Momentenvektoren stehen definitionsgemäß senkrecht auf ihren Radien, tangieren demnach den Kreis und bilden mit den Vektoren $\boldsymbol{r}_{ba}$ und $\boldsymbol{P}_a$ ein Rechtssystem.

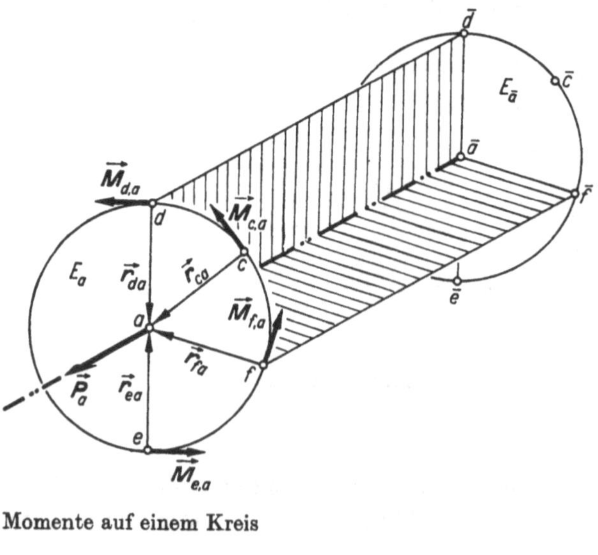

Bild 6.10. Momente auf einem Kreis

Variiert man darauf die Länge des beliebigen Radius r, so werden sich die Momente in radialer Richtung linear ändern (Bild 6.11).

Die Darstellung der Momentenverteilung über zwei oder mehreren beliebigen Durchmessern[1]) zeigt schließlich, daß diese bei einer Rotation um die Zentrallinie ineinander übergehen.

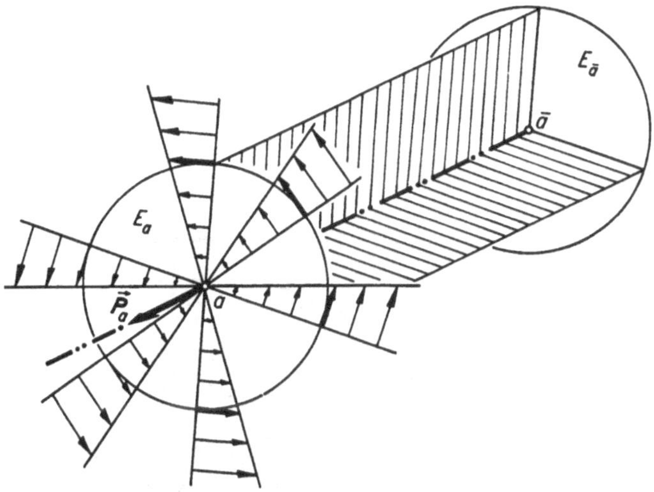

Bild 6.11. Momente über dem Radius

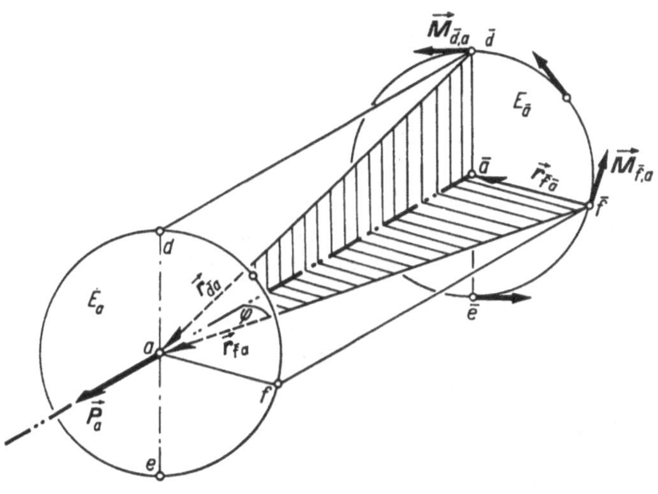

Bild 6.12. Momente in parallelen Ebenen

[1]) Durchmesser ist die Gerade, die die Wirkungslinie von P (also die Zentrallinie) senkrecht schneidet.

Ermittelt man nun diejenigen Momente, die in einer parallel zu E_a angeordneten Ebene $E_{\bar{a}}$ liegen (Bild 6.12), so erkennt man, daß wegen $|\boldsymbol{r}_{\bar{b}a}| \sin \varphi = r$ (für $\bar{b} = \bar{c}, \bar{d}, \bar{e}, \bar{f}$)

$$|\boldsymbol{M}_{\bar{b},a}| = |\boldsymbol{r}_{\bar{b}a}| \cdot |\boldsymbol{P}_a| \sin \varphi = r\,|\boldsymbol{P}_a| = |\boldsymbol{M}_{b,a}|$$

gilt und damit die Momentenverteilung in parallelen Ebenen identisch ist. Dies war zu erwarten, da nach dem 3. Momententheorem das polare Moment und damit das Momentenfeld eines Vektors unabhängig von dessen Angriffspunkt (z. B. a oder $\bar{a}$) auf seiner Wirkungslinie ist.

Es haben also alle diejenigen Momente gleiche Beträge, deren Bezugspunkt b auf der Mantelfläche eines Kreiszylinders mit der Wirkungslinie der Kraft $\boldsymbol{P}_a$ als Achse liegen (Bild 6.13).

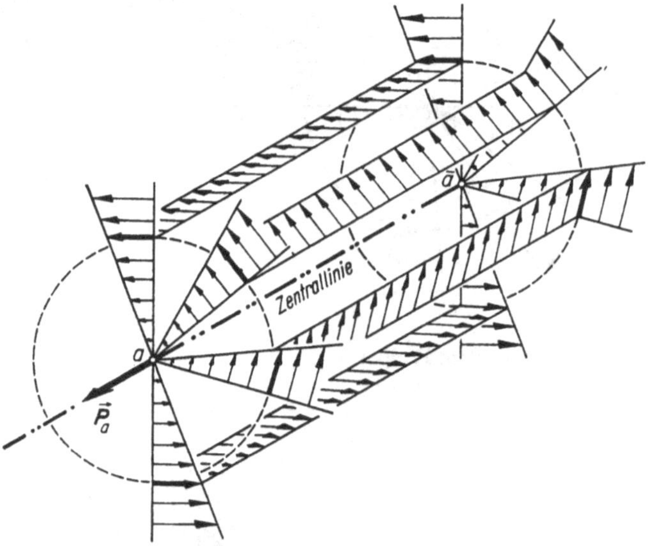

Bild 6.13. Momentenfeld eins Vektors

Variiert man die Radiuslänge r, so erhält man eine Vielzahl derartiger konzentrischer Kreiszylinder, die auf ihrer Mantelfläche tangentiale senkrecht zur Wirkungslinie von $\boldsymbol{P}_a$ orientierte Momentenvektoren mit jeweils gleichen Beträgen tragen. Die Gesamtheit der Momente bildet ein zylindrisches Momentenfeld.

Die Wirkungslinie des Vektors $\boldsymbol{P}_a$ (die Achse der konzentrischen Zylinder) heißt *Zentrallinie* des zylindrischen Momentenfeldes. Sie ist der geometrische Ort aller derjenigen Punkte b, deren polare Momente Nullvektoren sind. Der in der Zentrallinie wirkende Vektor $\boldsymbol{P}_a$ wird *Zentralvektor* genannt.

Aus diesen Betrachtungen ergibt sich das

5. Momententheorem. *Das Momentenfeld eines gebundenen oder linienflüchtigen Vektors ist ein zylindrisches Vektorfeld. Es geht bei einer beliebigen Rotation um die Zentrallinie oder einer beliebigen Translation in Richtung derselben in sich selbst über.*

Auf Grund dieser Eigenschaften genügt es, die Momentenverteilung über einen beliebigen Durchmesser anzugeben, da damit bereits das gesamte Feld eindeutig bestimmt ist (Bild 6.14).

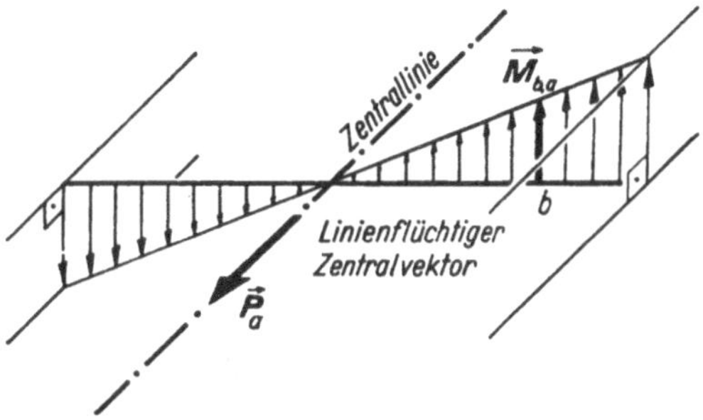

Bild 6.14. Vereinfachte Darstellung des Momentenfeldes eines linienflüchtigen Vektors

6.1.3.3. Die fundamentale Eigenschaft eines Momentenfeldes

Liegt eine beliebige Gerade $\overline{gg}$ mit dem Einheitsvektor $\boldsymbol{g}$ in einem Momentenfeld, so ist jeder Punkt g der Geraden $\overline{gg}$ zugleich Fußpunkt eines polaren Momentes $\boldsymbol{M}_{g,P}$ des vorliegenden Momentenfeldes, und jedes dieser polaren Momente $\boldsymbol{M}_{g,P}$ ist das Moment des Zentralvektors $\boldsymbol{P}$ in bezug auf den Punkt g.

Da alle diese Momente durch den gleichen linienflüchtigen Zentralvektor erzeugt werden (wie z. B. $\boldsymbol{M}_{b,a} = \boldsymbol{r}_{ba} \times \boldsymbol{P}_a$, $\boldsymbol{M}_{d,a} = \boldsymbol{r}_{da} \times \boldsymbol{P}_a$ in Bild 6.7), haben sie alle die gleiche Komponente in Richtung der Verbindungsgeraden $\overline{gg}$ ihrer Fußpunkte $g = b, d, \ldots$

Diese bereits in Abschnitt 6.1.2.1.1. nachgewiesene Tatsache fassen wir zusammen im

6. Momententheorem. *Diejenigen Momente eines Momentenfeldes, deren Angriffspunkte auf einer beliebigen Geraden liegen, haben die gleiche Komponente in Richtung dieser Geraden.*

Diese Eigenschaft des Momentenfeldes ist von so grundlegender Bedeutung, daß wir sie künftig die *fundamentale Eigenschaft* des Momentenfeldes nennen wollen. Daraus folgt natürlich, daß jedes Vektorfeld, in dem je zwei Vektoren die gleiche Komponente in Richtung der Verbindungsgeraden ihrer Fußpunkte haben, als Momentenfeld aufgefaßt werden darf.

6.1.3.4. Anwendung

6.1.3.4.1. Auffassung des Geschwindigkeitsfeldes eines Starrkörpers als Momentenfeld

Bewegt sich ein starrer Körper im Anschauungsraum, so ist jedem Punkt b desselben eine Geschwindigkeit zugeordnet, die als gebundener Vektor mit diesem Punkt b als Angriffspunkt aufgefaßt werden kann. Die Gesamtheit aller dieser Vektoren bildet das Geschwindigkeitsfeld Φ_v, das – wie man sagt – in dem vom Körper eingenommenen Raumteil Δ vorliegt.

Ein Körper heißt *starr*, wenn die Entfernung jeweils zweier beliebiger Punkte a und b desselben während jeder Bewegung konstant bleibt, d. h., es gilt für starre Körper

$$\boldsymbol{r}_{ab}^2(t) = \left(\boldsymbol{r}_{0b}(t) - \boldsymbol{r}_{0a}(t)\right)^2 = l^2 = \text{const.}$$

Die Differentiation nach der Zeit führt zu

$$\frac{\mathrm{d}}{\mathrm{d}t}\left(\boldsymbol{r}_{0b}(t) - \boldsymbol{r}_{0a}(t)\right)^2 = 2\left(\boldsymbol{r}_{0b}(t) - \boldsymbol{r}_{0a}(t)\right)\left(\frac{\mathrm{d}\boldsymbol{r}_{0b}(t)}{\mathrm{d}t} - \frac{\mathrm{d}\boldsymbol{r}_{0a}(t)}{\mathrm{d}t}\right) = 0$$

oder umgeformt mit

$$\frac{\mathrm{d}}{\mathrm{d}t}\boldsymbol{r}_{0i}(t) = \boldsymbol{v}_i(t) \qquad (i = a, b)$$

$$\left(\boldsymbol{r}_{0b}(t) - \boldsymbol{r}_{0a}(t)\right)\boldsymbol{v}_b(t) = \left(\boldsymbol{r}_{0b}(t) - \boldsymbol{r}_{0a}(t)\right)\boldsymbol{v}_a(t)$$

also

$$\boldsymbol{r}_{ab}(t)\cdot\boldsymbol{v}_b(t) = \boldsymbol{r}_{ab}(t)\cdot\boldsymbol{v}_a(t)\,.$$

Ist $\boldsymbol{r}_{ab}(t) = |\boldsymbol{r}_{ab}(t)|\cdot\boldsymbol{g}(t)$ und dividieren wir beide Seiten durch $|\boldsymbol{r}_{ab}(t)|$, so erhalten wir

$$\boldsymbol{v}_b(t)\cdot\boldsymbol{g}(t) = \boldsymbol{v}_a(t)\cdot\boldsymbol{g}(t)\,.$$

Die Komponenten ergeben sich damit zu

$$\hat{\boldsymbol{v}}_b(t) = \left(\boldsymbol{v}_b(t)\cdot\boldsymbol{g}(t)\cdot\boldsymbol{g}(t)\right) = \left(\boldsymbol{v}_a(t)\cdot\boldsymbol{g}(t)\right)\cdot\boldsymbol{g}(t) = \hat{\boldsymbol{v}}_a(t)\,.$$

Die Projektionen (skalares Produkt!) von $\boldsymbol{v}_a(t)$ und $\boldsymbol{v}_b(t)$ auf $\overline{gg}$ sind demnach gleich (Bild 6.15). Da die Punkte a und b ganz beliebig waren, haben die Geschwindigkeitsvektoren je zweier Punkte eines starren Körpers bei dessen

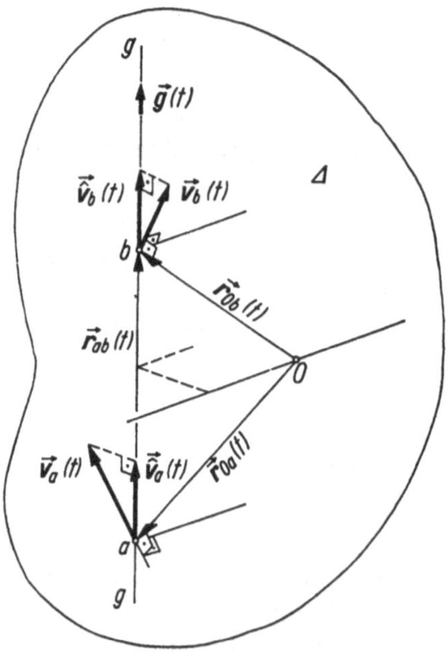

Bild 6.15. Zum Geschwindigkeitsfeld eines Körpers

Bewegung gleiche Komponenten auf ihre Verbindungsgerade. Daraus folgt aber auf Grund des 6. Momententheorems: *Das Geschwindigkeitsfeld eines starren Körpers ist ein Momentenfeld.*

6.1.3.4.2. Auffassung zylindrischer Vektorfelder als Momentenfelder

Im Fall einer Rotation um die feste Achse $\overline{cc}$ darf das zylindrische Geschwindigkeitsfeld als Momentenfeld des Winkelgeschwindigkeitsvektors $\boldsymbol{\omega}_{ac}$ aufgefaßt werden (Bild 6.16). Demnach kann man für diesen Geschwindigkeitszustand zu einem festen Zeitpunkt schreiben

$$\begin{aligned}\Phi_v &:= \{\boldsymbol{v}(\boldsymbol{r}_{ba}) = \boldsymbol{r}_{ba} \times \boldsymbol{\omega}_{ac} = \mathsf{M}_{ba}\, \boldsymbol{\omega}_{ac} \mid b \in \Delta\}\\ &= \{\boldsymbol{M}_{b,\omega} \mid b \in \Delta\}\\ &= \Phi_{\mathsf{M},\omega}\,.\end{aligned}$$

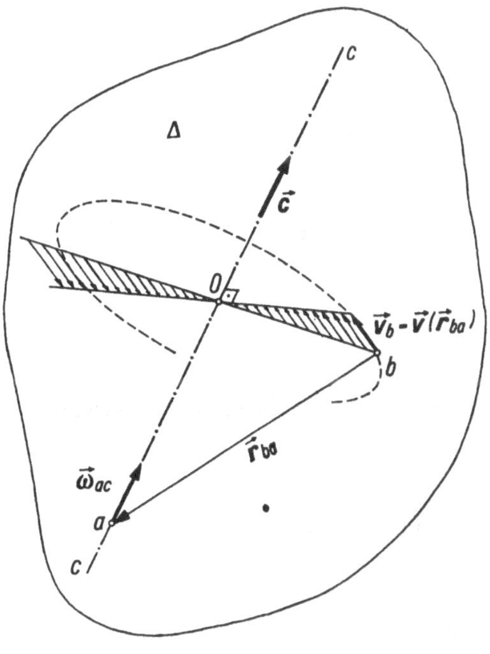

Bild 6.16. Geschwindigkeitsfeld eines rotierenden Starrkörpers

Diese Überlegung hat eine sehr wichtige praktische Folgerung. Um die Rotation eines Körpers um eine feste Achse grafisch darzustellen, müßte man eigentlich das Geschwindigkeitsfeld zeichnen, d. h. an jedem Punkt des Körpers den ihm zugeordneten Geschwindigkeitsvektor als Pfeil antragen. Die Pfeile würden sich jedoch teilweise überdecken, und man könnte gar nichts erkennen, weshalb diese Form unmöglich ist. Sinnvoll wäre die Beschränkung auf die Darstellung der Vektoren über einem Durchmesser, also die Angabe des zylindrischen Feldes entsprechend Abschnitt 6.1.3.2. Da aber alle diese Geschwindigkeitsvektoren als Moment des Winkelgeschwindigkeitsvektors eindeutig erhalten werden können, ist das Geschwindigkeitsfeld der Rotation bekannt, wenn der Winkelgeschwindigkeitsvektor in der Drehachse eindeutig vorgegeben ist.

Hat man also das vorliegende zylindrische Geschwindigkeitsfeld eines rotierenden Starrkörpers als Momentenfeld des Winkelgeschwindigkeitsvektors erkannt, so ist es zulässig, das gesamte Feld durch den (das Feld erzeugenden) Winkelgeschwindigkeitsvektor in der Drehachse darzustellen.

In völliger Analogie hierzu lassen sich auch die übrigen kinematischen Felder der Rotation (Feld der infinitesimalen Verschiebungen, Bahnbeschleunigungsfeld) ebenso wie ebene Kraftdichtefelder (ebene Schüttgutbelastung, Spannungsfelder (Bild 6.17), Wasserdruck auf geneigte Behälterwände) als Momentenfelder auffassen und beschreiben.

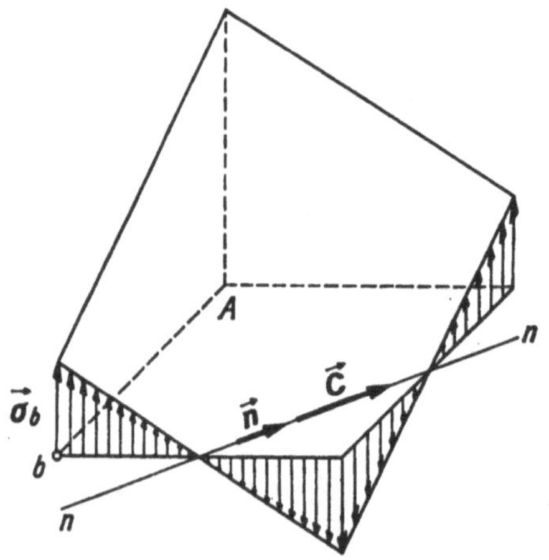

Bild 6.17. Verteilung der Normalspannungen über einem Querschnitt A

6.2. Moment und Momentenfeld eines Vektorsystems

6.2.1. Das polare Moment eines Vektorsystems

6.2.1.1. Definition

Das polare Moment eines Vektorsystems in bezug auf den Pol b ist ein Vektor, der gleich der Summe aller polaren Momente der Vektoren des Vektorsystems in bezug auf den gleichen Pol ist.

Liegt also beispielsweise nachfolgendes Vektorsystem im Anschauungsraum vor

$$S_P := \{\boldsymbol{P}_a \mid a = 1, \ldots, n\},$$

so ergibt sich definitionsgemäß das polare Moment dieses Vektorsystems zu

$$\boldsymbol{M}_{b,S} := \sum_{a=1}^{n} \boldsymbol{M}_{b,a} = \sum_{a=1}^{n} \mathsf{M}_{ba} \boldsymbol{P}_a \tag{6.52}$$

oder plakativ mit dem Element $E := \boldsymbol{P}_a$

$$\mathsf{M\,S} = \sum \mathsf{M\,E}\,. \tag{6.53}$$

Das polare Moment eines Systems ist gleich der Summe der polaren Momente der Elemente.

Die Bildung des polaren Momentes eines Vektorsystems setzt natürlich die Gültigkeit des Unabhängigkeits- und Superpositionsaxiomes (Abschnitt 2.4.3.3.) voraus.

6.2.1.2. Darstellung im Koordinatensystem

Die Definitionsgleichung (6.52) für das polare Moment des Vektorsystems nimmt im cartesischen Koordinatensystem die folgende Form an

$$\begin{pmatrix} M_{bx,\mathrm{S}} \\ M_{by,\mathrm{S}} \\ M_{bz,\mathrm{S}} \end{pmatrix} = \sum_{a=1}^{n} \begin{pmatrix} 0 & -(z_a - z_b) & +(y_a - y_b) \\ +(z_a - z_b) & 0 & -(x_a - x_b) \\ -(y_a - y_b) & +(x_a - x_b) & 0 \end{pmatrix} \begin{pmatrix} P_{ax} \\ P_{ay} \\ P_{az} \end{pmatrix}.$$

Mit

$$\Delta x_a = x_a - x_b\,,$$

$$\Delta y_a = y_a - y_b\,,$$

$$\Delta z_a = z_a - z_b$$

folgt

$$\begin{pmatrix} M_{bx,\mathrm{S}} \\ M_{by,\mathrm{S}} \\ M_{bz,\mathrm{S}} \end{pmatrix} = \begin{pmatrix} \sum P_{az} \cdot \Delta y_a - \sum P_{ay} \cdot \Delta z_a \\ \sum P_{ax} \cdot \Delta z_a - \sum P_{az} \cdot \Delta x_a \\ \sum P_{ay} \cdot \Delta x_a - \sum P_{ax} \cdot \Delta y_a \end{pmatrix}. \tag{6.54}$$

Die Angabe des Vektorsystems und die Berechnung seines polaren Momentes erfolgt zweckmäßig mittels Tabelle (Tafel 6.3).

6.2.1.3. Sonderfälle

Das polare Moment eines Vektorsystems ist dann ein Nullvektor, wenn

1. sämtliche Vektoren des vorgegebenen Systems Nullvektoren sind (also ein Nullvektorsystem vorliegt),
2. sich die Wirkungslinien sämtlicher Vektoren des Systems im Pol schneiden (also ein zentrales Vektorsystem vorliegt und der Pol mit dem Zentralpunkt zusammenfällt).

In diesen beiden Fällen haben die Momentenvektoren der einzelnen Vektoren sämtlich den Betrag Null (vgl. Abschnitt 6.1.1.1.3.).

Daneben ist aber das polare Moment eines Vektorsystems in bezug auf einen Pol b auch dann gleich dem Nullvektor, wenn die Summe der einzelnen (zumindest teilweise von Null verschiedenen) Momentenvektoren in bezug auf den Pol b gleich dem Nullvektor ist.

Tafel 6.3. **Ermittlung des polaren Momentes eines Vektorsystems**

Vektoren				Abstände			Polare Momente					
Angriffspunkt	Koordinaten						Koordinaten					
a	P_{ax}	P_{ay}	P_{az}	Δx_a	Δy_a	Δz_a	$P_{az} \cdot \Delta y_a$	$P_{ay} \cdot \Delta z_a$	$P_{ax} \cdot \Delta z_a$	$P_{az} \cdot \Delta x_a$	$P_{ay} \cdot \Delta x_a$	$P_{ax} \cdot \Delta y_a$
				Maßeinheiten								
						Σ	–		–		–	
							$M_{bx,S}$		$M_{by,S}$		$M_{bz,S}$	

6.2.1.4. Anwendung

6.2.1.4.1. Das polare Moment eines Aufhebungspaares

Da das polare Moment eines Vektors unabhängig vom Angriffspunkt desselben auf seiner Wirkungslinie ist (3. Momententheorem), dürfen dann, wenn das polare Moment eines Aufhebungspaares

$$\mathrm{S}_A := \{\boldsymbol{A}_m, \boldsymbol{A}_n \mid \boldsymbol{A}_m \rightleftharpoons \boldsymbol{A}_n\} \tag{6.55a}$$

in bezug auf einen beliebigen Pol b ermittelt werden soll (Bild 6.18), die beiden gegengleichen Vektoren des Aufhebungspaares linienflüchtig verschoben und einem gemeinsamen Angriffspunkt (z. B. m) auf ihrer Wirkungslinie zugeordnet werden.

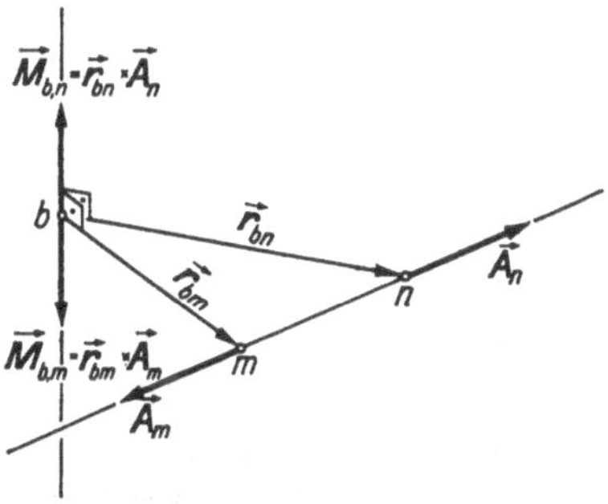

Bild 6.18. Moment eines Aufhebungspaares

Die Momentenvektoren dieser beiden an einem gemeinsamen Punkt angreifenden gegengleichen Vektoren sind notwendigerweise in bezug auf jeden beliebigen Punkt ebenfalls gegengleich, und ihre vektorielle Summe ist gleich dem Nullvektor.

Das polare Moment eines Aufhebungspaares ist also in bezug auf jeden beliebigen Pol gleich dem Nullvektor

$$\boldsymbol{M}_{b,\mathrm{S}_A} = \boldsymbol{0}\,. \tag{6.55b}$$

6.2.1.4.2. Das polare Moment eines Vektorpaares

Das polare Moment eines Vektorpaares

$$\mathrm{S}_K := \{\boldsymbol{K}_m, \boldsymbol{K}_n \mid \boldsymbol{K}_m = -\boldsymbol{K}_n\}$$

errechnet sich in bezug auf den beliebigen Pol b nach Gleichung (6.52) zu

$$\boldsymbol{M}_{b,\mathrm{S}} = \boldsymbol{M}_{b,m} + \boldsymbol{M}_{b,n}\,,$$

$$\boldsymbol{M}_{b,\mathrm{S}} = \mathsf{M}_{bm}\,\boldsymbol{K}_m + \mathsf{M}_{bn}\,\boldsymbol{K}_n\,.$$

Beachtet man die Gleichungen (6.55) und (6.17), so ergibt sich

$$\begin{aligned}\boldsymbol{M}_{b,\mathrm{S}} &= \mathsf{M}_{bm}\,\boldsymbol{K}_m + \mathsf{M}_{bn}(-\boldsymbol{K}_m) = \mathsf{M}_{bm}(-\boldsymbol{K}_n) + \mathsf{M}_{bn}\,\boldsymbol{K}_n\\ &= (\mathsf{M}_{bm} - \mathsf{M}_{bn})\,\boldsymbol{K}_m \qquad = (-\mathsf{M}_{bm} + \mathsf{M}_{bn})\,\boldsymbol{K}_n\\ &= \mathsf{M}_{nm}\,\boldsymbol{K}_m = \mathsf{M}_{mn}\,\boldsymbol{K}_n\,,\\ \boldsymbol{M}_{b,\mathrm{S}} &= \boldsymbol{M}_{n,m} \qquad = \boldsymbol{M}_{m,n}\,.\end{aligned}$$

Da nach dem 1. Momententheorem die Momente

$$\boldsymbol{M}_{n,n} = \boldsymbol{M}_{m,m} = \boldsymbol{0}$$

sind, darf man schreiben

$$\boldsymbol{M}_{b,\mathrm{S}} = \boldsymbol{M}_{n,m} + \boldsymbol{M}_{n,n} = \boldsymbol{M}_{m,n} + \boldsymbol{M}_{m,m} .$$

Demnach gilt

$$\boldsymbol{M}_{b,\mathrm{S}} = \boldsymbol{M}_{n,\mathrm{S}} = \boldsymbol{M}_{m,\mathrm{S}} .$$

Das polare Moment eines Vektorpaares ist unabhängig von der Lage des Poles. Für jeden Pol b, n, m ergibt sich der gleiche polare Mometenvektor.

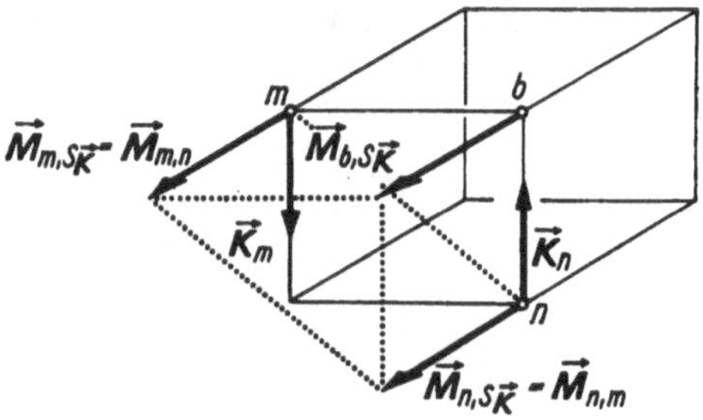

Bild 6.19. Polare Momente eines Vektorpaares

Ist also das polare Moment eines Vektorpaares in einem Pol bekannt, so darf man dieses polare Moment als „erzeugenden Vektor" auffassen und die polaren Momente des Vektorpaares in bezug auf andere Pole als polare Projektionen desselben ermitteln (Bild 6.19).

$$\boldsymbol{M}_{b,\mathrm{S}} = \mathsf{P}_{bn}\, \boldsymbol{M}_{n,\mathrm{S}} \tag{6.57a}$$

bzw.

$$\boldsymbol{M}_{n,\mathrm{S}} = \mathsf{P}_{nb}\, \boldsymbol{M}_{b,\mathrm{S}} . \tag{6.57b}$$

6.2.1.4.3. Das polare Moment eines Komplanarpaares

Das polare Moment eines Komplanarpaares

$$\mathrm{S}_{\boldsymbol{P}} := \{\boldsymbol{P}_{m1}, \boldsymbol{P}_{n2} \mid \boldsymbol{P}_{m1} \square \boldsymbol{P}_{n2}\} \tag{6.58}$$

in bezug auf den beliebigen Pol b ergibt sich nach Gleichung (6.52) zu

$$\boldsymbol{M}_{b,\mathrm{S}} = \mathsf{M}_{bm}\, \boldsymbol{P}_{m1} + \mathsf{M}_{bn}\, \boldsymbol{P}_{n2} . \tag{6.58a}$$

Bilden die beiden komplanaren Vektoren (Bild 6.20) ein zentrales Komplanarpaar, so haben ihre Wirkungslinien $\overline{11}$, $\overline{22}$ einen gemeinsamen Schnittpunkt c.

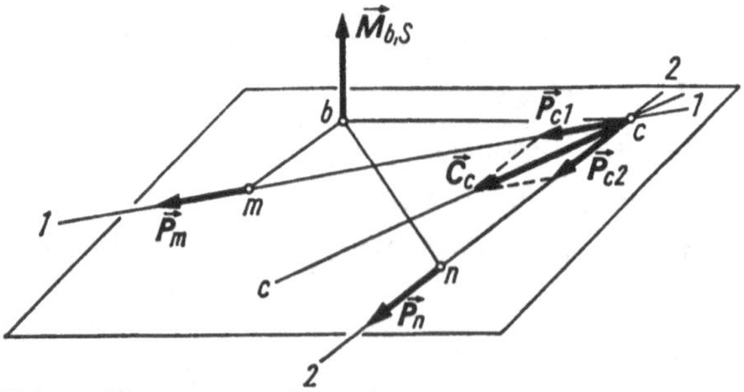

Bild 6.20. Polares Moment eines Komplanarpaares

Nach dem 3. Momententheorem ist das polare Moment eines Vektors unabhängig vom Angriffspunkt (m, n) desselben auf seiner Wirkungslinie. Das polare Moment der beiden Vektoren — und damit des Komplanarpaares — ändert sich nicht, wenn diese linienflüchtig nach c verschoben werden

$$\boldsymbol{P}_{m1} \Rightarrow \boldsymbol{P}_{c1}; \qquad \boldsymbol{P}_{n2} \Rightarrow \boldsymbol{P}_{c2}\,.$$

Demnach gilt für $\boldsymbol{M}_{b,\mathrm{S}}$ auch

$$\begin{aligned}\boldsymbol{M}_{b,\mathrm{S}} &= \mathsf{M}_{bc}\boldsymbol{P}_{c1} + \mathsf{M}_{bc}\boldsymbol{P}_{c2}\\ &= \mathsf{M}_{bc}(\boldsymbol{P}_{c1} + \boldsymbol{P}_{c2})\,, \qquad (6.59\,\mathrm{a})\\ \boldsymbol{M}_{b,\mathrm{S}} &= \mathsf{M}_{bc}\boldsymbol{C}_c\,.\end{aligned}$$

Der Schnittpunkt c heißt *Zentralpunkt*, der Vektor $\boldsymbol{C}$ *Zentralvektor* und die Wirkungslinie $\overline{cc}$ des Zentralvektors wird *Zentrallinie* genannt.

Das polare Moment eines komplanaren Zentralpaares ist also gleich dem polaren Moment des Zentralvektors.

Offensichtlich ist der Zentralvektor gleich der polaren Projektion des Komplanarsystems in bezug auf den Pol c

$$\begin{aligned}\boldsymbol{P}_{c,\mathrm{S}} &= \mathsf{P}_{cm}\boldsymbol{P}_{m1} + \mathsf{P}_{cn}\boldsymbol{P}_{n2}\\ &= \boldsymbol{P}_{c1} + \boldsymbol{P}_{c2}\,,\\ \boldsymbol{P}_{c,\mathrm{S}} &= \boldsymbol{C}_c = \boldsymbol{P}_c\,.\end{aligned}$$

Demnach gilt auch

$$\boldsymbol{M}_{b,\mathrm{S}} = \mathsf{M}_{bc}\boldsymbol{P}_c\,. \qquad (6.59\,\mathrm{b})$$

6.2.1.4.4. Das polare Moment eines Vektorkreuzes

Ergänzt man das Vektorkreuz (Bild 6.21)

$$\mathrm{S}_V := \{\boldsymbol{V}_m, \boldsymbol{V}_n \mid \boldsymbol{V}_m \nparallel \boldsymbol{V}_n\}$$

im Punkt n durch das Aufhebungspaar

$$\mathrm{S}_A := \{\boldsymbol{A}_n, \boldsymbol{A}_n^* \mid \boldsymbol{A}_n = -\boldsymbol{V}_m \wedge \boldsymbol{A}_n^* \equiv -\boldsymbol{A}_n\}$$

und superponiert

$$\boldsymbol{C}_n \equiv \boldsymbol{A}_n^* + \boldsymbol{V}_n\,,$$

so erhält man ein aus dem Vektor $\boldsymbol{C}_n$ und dem Vektorpaar

$$\mathrm{S}_K := \{\boldsymbol{K}_m := \boldsymbol{V}_m, \boldsymbol{K}_n := \boldsymbol{A}_n \mid \boldsymbol{K}_m = -\boldsymbol{K}_n\}$$

bestehendes Vektorsystem. Das polare Moment eines Vektorkreuzes ist also gleich der Summe aus dem polaren Moment des Vektors $\boldsymbol{C}$ und dem polaren Moment des Vektorpaares S_K

$$\begin{aligned}\boldsymbol{M}_{n,\mathrm{S}_V} &= \boldsymbol{M}_{n,\boldsymbol{C}_n} + \boldsymbol{M}_{n,\mathrm{S}_K} =: \boldsymbol{M}_n\,,\\ \boldsymbol{M}_{b,\mathrm{S}_V} &= \boldsymbol{M}_{b,\boldsymbol{C}_n} + \boldsymbol{M}_{b,\mathrm{S}_K} \qquad (6.60\,\mathrm{a})\\ &= \mathsf{M}_{bn}\boldsymbol{C}_n + \mathsf{P}_{bn}\boldsymbol{M}_n\,.\end{aligned}$$

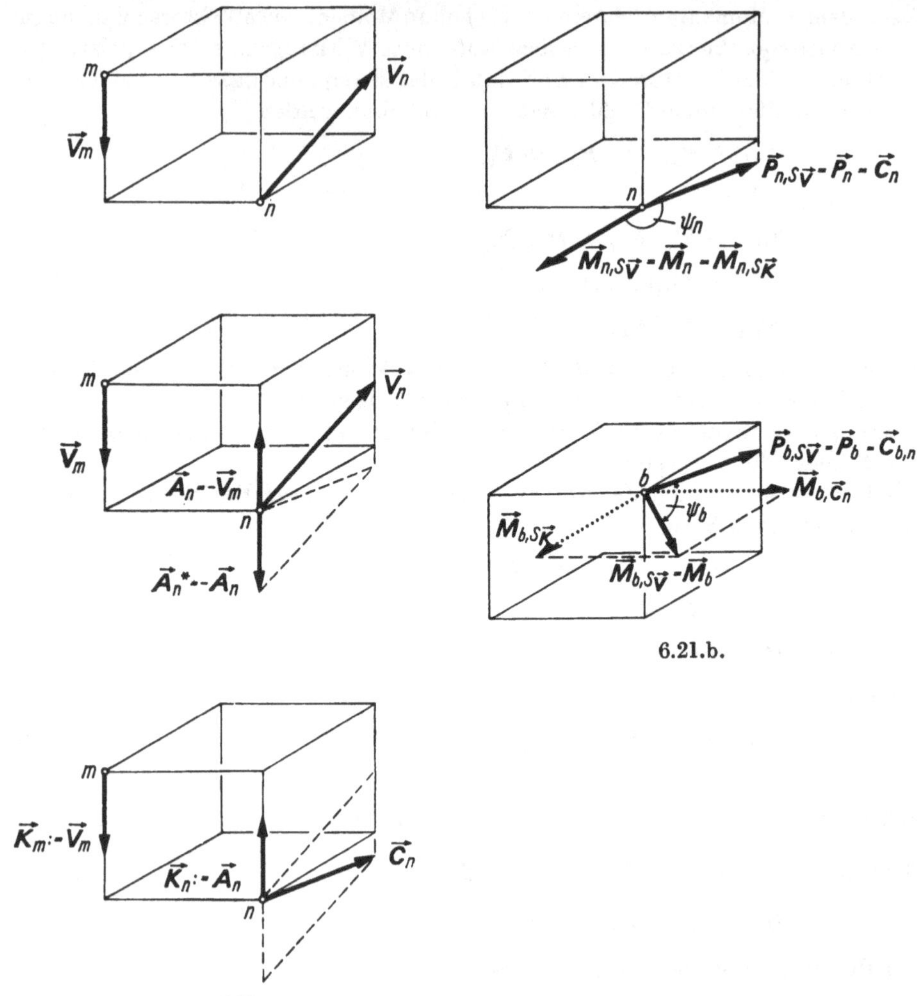

6.21.b.

6.21.a.

Bild 6.21. Polare Projektionen und polare Momente eines Vektorkreuzes

Da $\boldsymbol{C}_n$ gleich der polaren Projektion des Vektorkreuzes S_V in bezug auf den Pol n ist

$$\boldsymbol{P}_{n,\mathrm{S}_V} := \boldsymbol{P}_n = \mathsf{P}_{nm}\,\boldsymbol{K}_m + \mathsf{P}_{nn}\,\boldsymbol{K}_n + \mathsf{P}_{nn}\,\boldsymbol{C}_n = \boldsymbol{C}_n\,, \tag{6.60b}$$

darf man auch schreiben

$$\boldsymbol{M}_{b,\mathrm{S}_V} = \boldsymbol{M}_b = \mathsf{M}_{bn}\,\boldsymbol{P}_n + \mathsf{P}_{bn}\,\boldsymbol{M}_n \tag{6.60c}$$

oder als Matrizenprodukt

$$\boldsymbol{M}_{b,\mathrm{S}_V} = \boldsymbol{M}_b = (\mathsf{M}_{bn}\quad \mathsf{P}_{bn})\begin{pmatrix}\boldsymbol{P}_n\\ \boldsymbol{M}_n\end{pmatrix}. \tag{6.60d}$$

6.2.1.4.5. Der Einfluß des Superpositions- und Ergänzungsprozesses auf die Bildung polarer Momente

Für das Vektorsystem

$$\mathrm{S}_{\boldsymbol{P}} := \{\boldsymbol{P}_{a1}, \boldsymbol{P}_{a2}, \boldsymbol{P}_c\}$$

in Bild 6.22 ergibt sich das polare Moment in bezug auf den Pol b nach Gleichung (6.52) zu

$$\boldsymbol{M}_{b,\mathrm{S}} \equiv \boldsymbol{M}_{b,\boldsymbol{P}_{a1}} + \boldsymbol{M}_{b,\boldsymbol{P}_{a2}} + \boldsymbol{M}_{b,\boldsymbol{P}_c}$$

oder ausführlicher

$$\boldsymbol{M}_{b,\mathrm{S}} \equiv \mathsf{M}_{ba}\,\boldsymbol{P}_{a1} + \mathsf{M}_{ba}\,\boldsymbol{P}_{a2} + \mathsf{M}_{bc}\,\boldsymbol{P}_c\,.$$

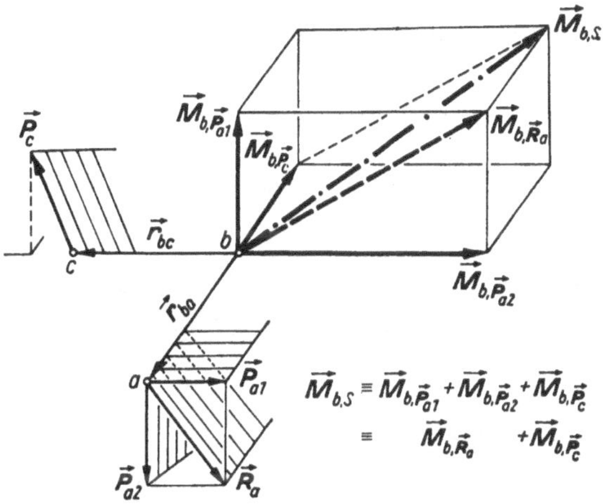

Bild 6.22. **Einfluß des Superpositionsprozesses auf die Momentenbildung**

Die Linearität des Momentenvektors hinsichtlich $\boldsymbol{P}$ gestattet mit Gleichung (6.34) die Anwendung des Superpositionsprozesses

$$\boldsymbol{M}_{b,\mathrm{S}}' \equiv \mathsf{M}_{ba}(\boldsymbol{P}_{a1} + \boldsymbol{P}_{a2}) + \mathsf{M}_{bc}\,\boldsymbol{P}_c$$

$$\equiv \mathsf{M}_{ba}\,\boldsymbol{R}_a + \mathsf{M}_{bc}\,\boldsymbol{P}_c\,,$$

$$\boldsymbol{M}_{b,\mathrm{S}} \equiv \boldsymbol{M}_{b,\boldsymbol{R}_a} + \boldsymbol{M}_{b,\boldsymbol{P}_c}\,.$$

7. Momententheorem. *Das Moment eines Vektorsystems* $\mathrm{S}_{\boldsymbol{P}}$ *in bezug auf einen beliebigen Pol* b *wird durch die Anwendung des Superpositionsprozesses auf jeweils in einem Punkt angreifende Vektoren des Systems nicht verändert.*

Da das Moment eines Aufhebungspaares in bezug auf jeden beliebigen Punkt gleich dem Nullvektor ist und demnach einen am gleichen Punkt b bereits angreifenden Momentenvektor nicht verändern kann, gilt das

8. Momententheorem. *Das Moment eines Vektorsystems* $\mathrm{S}_{\boldsymbol{P}}$ *wird durch das Ergänzen (Hinzufügen oder Wegnehmen) von Aufhebungspaaren, also durch die Anwendung des Ergänzungsprozesses nicht verändert.*

6.2.2. Das axiale Moment eines Vektorsystems

6.2.2.1. Definition

Das axiale Moment eines Vektorsystems S_P in bezug auf eine beliebige Gerade $\overline{gg}$ ist der dieser Geraden $\overline{gg}$ linienflüchtig zugeordnete Momentenvektor $\boldsymbol{M}_{gg,S}$, der gleich der Komponente des polaren Momentes des Vektorsystems S_P ist, wenn als Pol ein beliebiger Punkt g der Geraden $\overline{gg}$ gewählt wird.

Für

$$S_P := \{\boldsymbol{P}_a \mid a = 1, \ldots, n\}$$

ergibt sich also mit den Gleichungen (6.43) und (6.52) das axiale Moment des Vektorsystems S_P zu

$$\boldsymbol{M}_{gg,S} = \mathsf{K}_{gg}\, \boldsymbol{M}_{g,S}, \tag{6.61}$$

$$= \mathsf{K}_{gg} \sum_{a=1}^{n} \mathsf{M}_{ga}\, \boldsymbol{P}_a, \tag{6.62}$$

$$= \sum_{a=1}^{n} \mathsf{K}_{gg}\, \mathsf{M}_{ga}\, \boldsymbol{P}_a. \tag{6.63}$$

Die Vektorkoordinate erhalten wir mit den Gleichungen (6.44) und (6.52) zu

$$M_{gg,S} = \mathsf{X}_{gg}\, \boldsymbol{M}_{g,S}, \tag{6.64}$$

$$= \mathsf{X}_{gg} \sum_{a=1}^{n} \mathsf{M}_{ga}\, \boldsymbol{P}_a, \tag{6.65}$$

$$= \sum_{a=1}^{n} \mathsf{X}_{gg}\, \mathsf{M}_{ga}\, \boldsymbol{P}_a \tag{6.66}$$

oder plakativ mit dem Element $\mathsf{E} := \boldsymbol{P}_a$

$$\mathsf{K\,M\,S} = \mathsf{K} \textstyle\sum \mathsf{M\,E} = \textstyle\sum \mathsf{K\,M\,E} \quad \text{(axiales Moment)}, \tag{6.67}$$

$$\mathsf{X\,M\,S} = \mathsf{X} \textstyle\sum \mathsf{M\,E} = \textstyle\sum \mathsf{X\,M\,E} \quad \text{(Koordinate)}. \tag{6.68}$$

Das axiale Moment eines Vektorsystems ist

- gleich der Komponente der Summe über den polaren Momenten der Elemente bzw.
- gleich der Summe über den Komponenten der polaren Momente der Elemente.

6.2.2.2. Darstellung im Koordinatensystem

Die Gleichung (6.62) des axialen Momentenvektors nimmt im Koordinatensystem die folgende Form an

$$\begin{pmatrix} M_{gx,S} \\ M_{gy,S} \\ M_{gz,S} \end{pmatrix} =$$

$$\begin{pmatrix} g_x \cdot g_x & g_y \cdot g_x & g_z \cdot g_x \\ g_x \cdot g_y & g_y \cdot g_y & g_z \cdot g_y \\ g_x \cdot g_z & g_y \cdot g_z & g_z \cdot g_z \end{pmatrix} \sum_{a=1}^{n} \begin{pmatrix} 0 & -(z_a - z_b) & +(y_a - y_b) \\ +(z_a - z_b) & 0 & -(x_a - x_b) \\ -(y_a - y_b) & +(x_a - x_b) & 0 \end{pmatrix} \begin{pmatrix} P_{ax} \\ P_{ay} \\ P_{az} \end{pmatrix}. \tag{6.69}$$

Vereinfacht ergibt sich

$$\begin{pmatrix} M_{gx,\mathrm{S}} \\ M_{gy,\mathrm{S}} \\ M_{gz,\mathrm{S}} \end{pmatrix} =$$

$$\begin{pmatrix} g_x \cdot g_x & g_y \cdot g_x & g_z \cdot g_x \\ g_x \cdot g_y & g_y \cdot g_y & g_z \cdot g_y \\ g_x \cdot g_z & g_y \cdot g_z & g_z \cdot g_z \end{pmatrix} \begin{pmatrix} \sum (y_a - y_b) P_{az} - \sum (z_a - z_b) P_{ay} \\ \sum (z_a - z_b) P_{ax} - \sum (x_a - x_b) P_{az} \\ \sum (x_a - x_b) P_{ay} - \sum (y_a - y_b) P_{ax} \end{pmatrix}. \quad (6.70)$$

Die Koordinaten der Komponenten in Richtung der Basisvektoren lassen sich jedoch einfacher aus

$$\begin{pmatrix} M_{gx,\mathrm{S}} \\ M_{gy,\mathrm{S}} \\ M_{gz,\mathrm{S}} \end{pmatrix} = M_{gg,\mathrm{S}} \begin{pmatrix} g_x \\ g_y \\ g_z \end{pmatrix} \quad (6.71)$$

ermitteln.

Die in Gleichung (6.65) symbolisch dargestellte Vektorkoordinate ergibt sich im Koordinatensystem zu

$$M_{gg,\mathrm{S}} = (g_x \; g_y \; g_z) \sum_{a=1}^{n} \begin{pmatrix} 0 & -(z_a - z_b) & +(y_a - y_b) \\ +(z_a - z_b) & 0 & -(x_a - x_b) \\ -(y_a - y_b) & +(x_a - x_b) & 0 \end{pmatrix} \begin{pmatrix} P_{ax} \\ P_{ay} \\ P_{az} \end{pmatrix}. \quad (6.72)$$

Ausmultipliziert folgt daraus mit Gleichung (6.54)

$$\begin{aligned} M_{gg,\mathrm{S}} = {} & g_x \cdot [\sum P_{az} \cdot \Delta y_a - \sum P_{ay} \cdot \Delta z_a] + \\ & + g_y \cdot [\sum P_{ax} \cdot \Delta z_a - \sum P_{az} \cdot \Delta x_a] + \\ & + g_z \cdot [\sum P_{ay} \cdot \Delta x_a - \sum P_{ax} \cdot \Delta y_a] \,. \end{aligned} \quad (6.73)$$

Die numerische Auswertung erfolgt zweckmäßig mittels Tabelle (Tafel 6.3).

6.2.2.3. Sonderfälle

Das axiale Moment eines Vektorsystems ist dann ein Nullvektor, wenn

1. sämtliche Vektoren des vorgegebenen Vektorsystems Nullvektoren sind (also ein Nullvektorsystem vorliegt),
2. die Wirkungslinien sämtlicher Vektoren des Systems die vorgegebene Gerade im Unendlichen oder Endlichen schneiden.

Ist nun das axiale Moment jedes Vektors $\boldsymbol{K}_a \neq \boldsymbol{0}$ eines Vektorsystems S_K auf eine Gerade Null, so heißt diese Momentengerade genauer „Momenten-Nullgerade" und wird mit $\overline{m_0 m_0}$ bezeichnet (Bild 6.23).

Im ersten Fall haben die Momentenvektoren der einzelnen Vektoren des Systems sämtlich den Betrag Null, im zweiten Fall stehen sie alle auf der Geraden senkrecht, und ihre Projektion auf diese Gerade ist Null. Daneben ist aber

3. das axiale Moment eines Vektorsystems auch dann gleich dem Nullvektor, wenn die Summe der einzelnen (zumindest teilweise von Null verschiedenen) axialen Momentenvektoren der Systemelemente gleich dem Nullvektor ist.

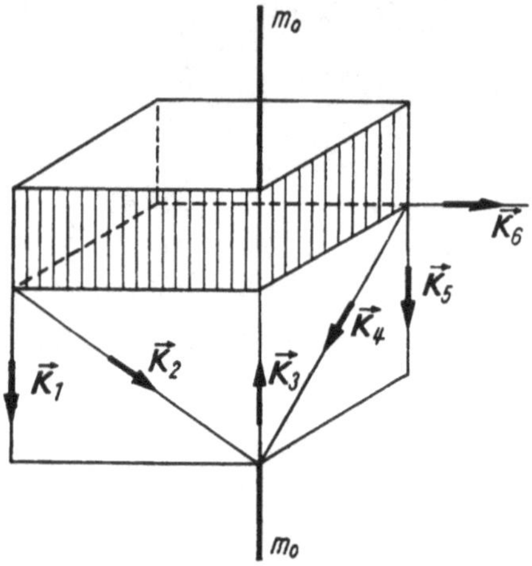

Bild 6.23. Momenten-Nullgerade $\overline{m_0 m_0}$ für das Vektorsystem $S_K := \{K_a \mid a = 1, 2, 3, 4, 5\}$

6.2.3. Das Momentenfeld eines Vektorsystems

6.2.3.1. Definition

Ermittelt man für jeden beliebigen Punkt b eines Raumteiles Δ das polare Moment $M_{b,S}$ eines gegebenen Vektorsystems S_P, so bildet die gleichzeitig vorgestellte Gesamtheit aller dieser polaren Momente das Momentenfeld des Vektorsystems:

$$\Phi_{M_{b,S}} := \Phi_{MS} := \left\{ M_{b,S} = \sum_{a=1}^{n} M_{ba} P_a \mid a = 1, \ldots, n \wedge b \in \Delta \right\}. \quad (6.74)$$

Da das polare Moment eines Vektorsystems als Summe der polaren Momente der einzelnen Vektoren in Bezug auf den gleichen Pol b ermittelt wird, gilt

$$\Phi_{MS} = \Phi_{\sum_a MP_a} = \sum_{a=1}^{n} \Phi_{MP_a} \quad (6.75)$$

oder plakativ mit dem Element $E := P_a$

$$\Phi MS = \Phi \sum ME = \sum \Phi ME . \quad (6.76)$$

Das Feld der polaren Momente des Systems ist

- gleich dem Feld der Summen der polaren Momente der Elemente bzw.
- gleich der Summe über den Feldern der polaren Momente der Elemente (also über den Momentenfeldern der Elemente).

6.2.3.2. Anwendung

6.2.3.2.1. Die Momentenfelder der elementaren Vektorsysteme

Für jeden beliebigen Punkt b ist — wie in Abschnitt 6.2.1.4.1. gezeigt wurde — das polare Moment eines *Aufhebungspaares* S_A gleich dem Nullvektor. Das

Momentenfeld eines Aufhebungspaares ist demnach eine Gesamtheit von Nullvektoren, ein sog. *Momenten-Nullfeld*.

$$\Phi^0_{\mathrm{M}\,\mathrm{S}_A} := \{M_{b,\mathrm{S}_A} = 0 \mid b \in \Delta\} \tag{6.77a}$$

In Abschnitt 6.2.1.4.2. wurde nachgewiesen, daß das Moment eines *Vektorpaares* S_K in bezug auf jeden beliebigen Punkt b gleich ist, also gleiche Richtung, gleichen Richtungssinn und gleichen Betrag hat. Das Momentenfeld eines Vektorpaares ist demnach eine Gesamtheit gleicher Momentenvektoren, ein sog. *konstantes Momentenfeld*.

Wie Bild 6.24 sehr anschaulich zeigt, kann man dieses konstante Momentenfeld grafisch sehr einfach durch Überlagerung der Momentenfelder der Einzel-

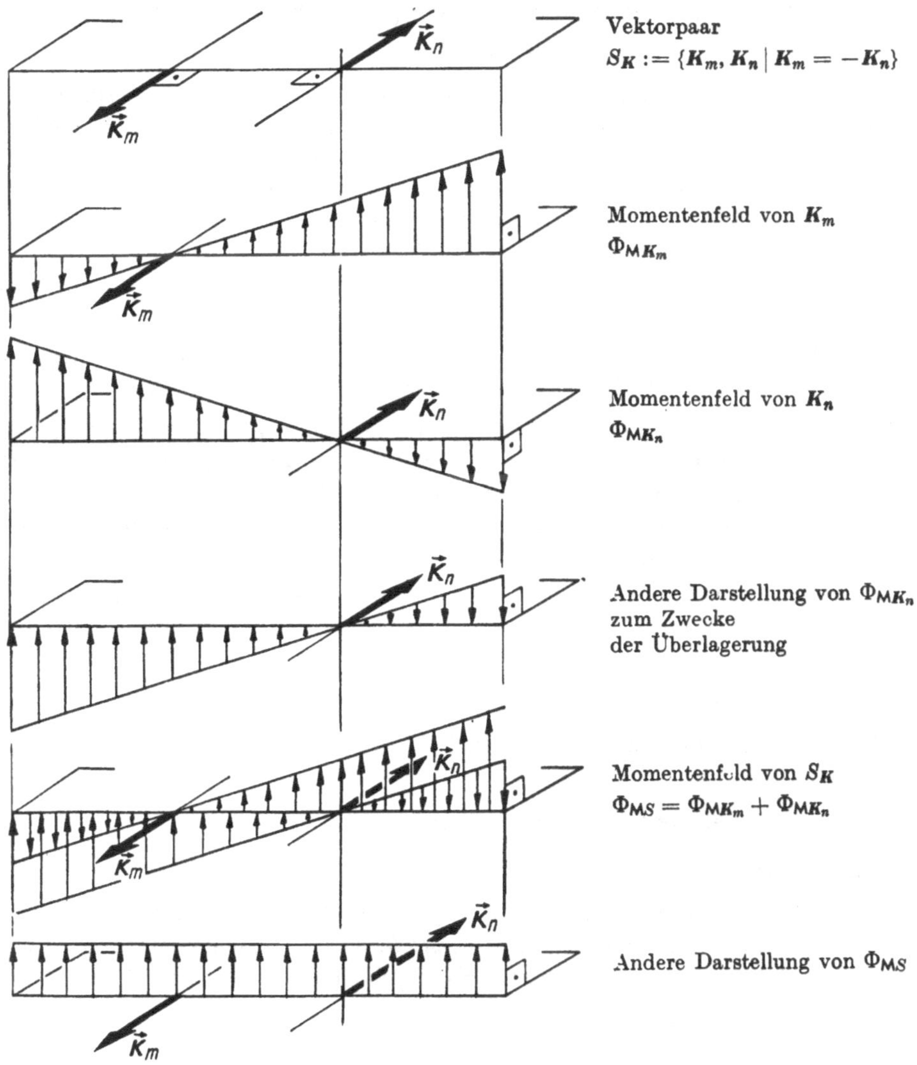

Bild 6.24. Das Momentenfeld eines Vektorpaares

vektoren konstruieren, wenn man sich auf die Felddarstellung über einem Durchmesser entsprechend Bild 6.14 beschränkt. Man erhält auch hier die Darstellung konstanter Momentenvektoren über einem Durchmesser entsprechend Tafel 4.4. Ermittelt man zunächst das polare Moment des Vektorpaares im Ursprung eines Koordinatensystems — also $\boldsymbol{M}_0$ —, so kann man das konstante Momentenfeld des Vektorpaares S_K auch als Projektionsfeld des Momentenvektors $\boldsymbol{M}_{0,S_K}$ erzeugen. Mit Gleichung (6.57) folgt

$$\Phi^K_{\mathsf{M}\,S_K} := \{\boldsymbol{M}_{b,S_K} = \mathsf{P}_{b0}\,\boldsymbol{M}_0 \mid b \in \Delta\} = \Phi_{\mathsf{P}\boldsymbol{M}_0}\,. \qquad (6.77\,\text{b})$$

Da nach Abschnitt 6.2.1.4.3. das polare Moment eines *Komplanarpaares* gleich dem polaren Moment eines Zentralvektors ist, ist auch das Momentenfeld des Komplanarpaares gleich dem Momentenfeld eines Zentralvektors — also ein zylindrisches Momentenfeld. Mit Gleichung (6.59b) dürfen wir schreiben

$$\Phi^Z_{\mathsf{M}\,S_P} := \{\boldsymbol{M}_{b,S_P} = \mathsf{M}_{bc}\,\boldsymbol{P}_c \mid b \in \Delta\}\,. \qquad (6.77\,\text{c})$$

Jedes *Vektorkreuz* darf analog Abschnitt 6.2.1.4.4. in ein Vektorpaar und einen Zentralvektor umgeformt werden. Das Momentenfeld eines Vektorkreuzes entsteht demnach durch Überlagerung des konstanten Momentenfeldes eines Vektorpaares und des zylindrischen Momentenfeldes eines Zentralvektors. Es ergibt sich ein sogenanntes *schraubenförmiges Momentenfeld.*

Mit Gleichung (6.60c) erhalten wir

$$\Phi_{\mathsf{M}\,S_V} := \{\boldsymbol{M}_{b,S_V} = \mathsf{M}_{bn}\,\boldsymbol{P}_n + \mathsf{P}_{bn}\,\boldsymbol{M}_n \mid b \in \Delta\}\,. \qquad (6.77\,\text{d})$$

6.2.3.2.2. Der Einfluß des Superpositions- und Ergänzungsprozesses auf das Momentenfeld von Vektorsystemen

Da das polare Moment eines Vektorsystems weder durch die Anwendung des Superpositionsprozesses noch durch die Anwendung des Ergänzungsprozesses auf das vorliegende Vektorsystem verändert wird, läßt sich das nachfolgende Momententheorem, das für die äquivalente Zuordnung von Vektormengen von Bedeutung ist, formulieren:

9. Momententheorem. *Das Momentenfeld eines oder mehrerer Vektorsysteme wird durch einen Superpositionsprozeß oder einen Ergänzungsprozeß nicht verändert.*

6.3. Moment und Momentenfeld eines Vektorfeldes

6.3.1. Das polare Moment eines Vektorfeldes

6.3.1.1. Definition

Liegt im beschränkten Bereich B ein Vektorfeld Ω_α vor, dessen Vektoren $\boldsymbol{\alpha}(\boldsymbol{r})$ bereichsabhängig sind, so darf dieses Vektorfeld Ω_α nach Gleichung (4.72) durch ein Feld von Bereichsvektoren $\Psi_{\mathrm{d}A}$ äquivalent ersetzt werden

$$\Omega_\alpha := \{\boldsymbol{\alpha}(\boldsymbol{r}) \mid \boldsymbol{r} \in B\}\,, \qquad (6.78)$$

$$\Updownarrow$$

$$\Psi_{\mathrm{d}A} := \{\mathrm{d}\boldsymbol{A}(\boldsymbol{r}) = \boldsymbol{\alpha}(\boldsymbol{r}) \cdot \mathrm{d}B \mid \boldsymbol{r} \in B\}\,.$$

Auf den infinitesimalen Teil dB von B wirkt in dessen Mittelpunkt r der vektorielle Einfluß

$$\mathrm{d}\boldsymbol{A}(\boldsymbol{r}) = \boldsymbol{\alpha}(\boldsymbol{r}) \cdot \mathrm{d}B \tag{6.79}$$

oder

$$\mathrm{d}\boldsymbol{A}_r = \boldsymbol{\alpha}_r \cdot \mathrm{d}B \tag{6.80}$$

ein. Das polare Moment von d$\boldsymbol{A}_r$ in bezug auf den beliebigen Pol b ist nach Gleichung (6.15)

$$\boldsymbol{M}_{b,\mathrm{d}A} = \mathsf{M}_{br}\, \mathrm{d}\boldsymbol{A}_r = \mathsf{M}_{br}\, \boldsymbol{\alpha}(\boldsymbol{r}) \cdot \mathrm{d}B\,. \tag{6.81}$$

Analog der Gleichung (6.52) definieren wir denjenigen Vektor als polares Moment $\boldsymbol{M}_{b,\Omega}$ des Vektorfeldes Ω_α, der gleich dem Integral über allen polaren Momenten der infinitesimalen Bereichsvektoren d$\boldsymbol{A}$ im beschränkten Bereich B ist

$$\boldsymbol{M}_{b,\Omega} := \int_B \mathsf{M}_{br}\, \mathrm{d}\boldsymbol{A}_r = \int_B \mathsf{M}_{br}\, \boldsymbol{\alpha}(\boldsymbol{r}) \cdot \mathrm{d}B \tag{6.82}$$

oder plakativ mit dem Element $\mathsf{E} := \boldsymbol{\alpha}(\boldsymbol{r}) \cdot \mathrm{d}B$

$$\mathsf{M}\,\Omega = \int \mathsf{M}\,\mathsf{E}\,.$$

Das polare Moment eines Feldes ist gleich dem Integral über den polaren Momenten der Elemente.

Die Integrale können ausgerechnet werden, wenn die Feldgleichung $\boldsymbol{\alpha} = \boldsymbol{\alpha}(\boldsymbol{r})$ bekannt ist. Sie sollen in Abschnitt 6.3.2.4 für die elementaren Vektorfelder angegeben werden.

6.3.1.2. Darstellung im Koordinatensystem

Aus der Definitionsgleichung (6.82) folgt

$$\begin{pmatrix} M_{bx,\Omega} \\ M_{by,\Omega} \\ M_{bz,\Omega} \end{pmatrix} = \int_B \begin{pmatrix} 0 & -(z - z_b) & +(y - y_b) \\ +(z - z_b) & 0 & -(x - x_b) \\ -(y - y_b) & +(x - x_b) & 0 \end{pmatrix} \begin{pmatrix} \alpha_x(x. y, z) \\ \alpha_y(x, y, z) \\ \alpha_z(x, y, z) \end{pmatrix} \mathrm{d}B \tag{6.84}$$

oder ausgerechnet

$$\begin{pmatrix} M_{bx,\Omega} \\ M_{by,\Omega} \\ M_{bz,\Omega} \end{pmatrix} = \begin{pmatrix} \int_B \{[y - y_b]\, \alpha_z(x, y, z) - [z - z_b]\, \alpha_y(x, y, z)\}\, \mathrm{d}B \\ \int_B \{[z - z_b]\, \alpha_x(x, y, z) - [x - x_b]\, \alpha_z(x, y, z)\}\, \mathrm{d}B \\ \int_B \{[x - x_b]\, \alpha_y(x, y, z) - [y - y_b]\, \alpha_x(x, y, z)\}\, \mathrm{d}B \end{pmatrix}. \tag{6.85}$$

6.3.1.3. Sonderfälle

Das polare Moment eines Vektorfeldes ist dann gleich dem Nullvektor, wenn das Vektorfeld ein Nullvektorfeld ist oder wenn ein zentrales Vektorfeld vorliegt und als Pol b der Zentralpunkt desselben gewählt wird. In diesen beiden Fällen haben die Momentenvektoren der einzelnen infinitesimalen Vektoren $\boldsymbol{\alpha} \cdot \mathrm{d}B$ sämtlich den Betrag Null.

Daneben ist aber das polare Moment eines Vektorfeldes auch dann gleich dem Nullvektor, wenn das Integral über die von Null verschiedenen infinitesimalen Momentenvektoren gleich dem Nullvektor ist.

6.3.1.4. Anwendung

Bei technischen Aufgaben ist der beschränkte Bereich B häufig ein ebenes Flächenstück ($B = A$) oder ein gerader Linienabschnitt ($B = L$). Die bereichsabhängigen Vektoren $\boldsymbol{\alpha}$ repräsentieren dann z. B. Spannungen $\boldsymbol{\sigma}$ oder Linienlasten $\boldsymbol{\lambda}$. Ordnet man das Flächenstück parallel zur y; z-Ebene und den geraden Linienabschnitt auf der x-Achse an, so hat das polare Moment in bezug auf den innerhalb des Bereiches A bzw. L liegenden Pol b die in Tafel 6.4 angegebene Form.

Spannungen indiziert man wie folgt: Der erste Index gibt die Fläche an (also $x = \bar{x} = \text{const}$, $y = \bar{y} = \text{const}$ oder $z = \bar{z} = \text{const}$, wobei im allgemeinen der Querstrich weggelassen wird), während der zweite Index die Richtung beschreibt (also $\sigma_{\bar{x}x}$: Flächenvektor (Spannung) σ an der Fläche $x = \bar{x} = \text{const}$ in Richtung x). Auch den Ort auf der Fläche (also y, z) läßt man meist weg, da man die Ortsabhängigkeit im allgemeinen aus dem Problem erkennt.

6.3.2. Das axiale Moment eine Vektorfeldes

6.3.2.1. Definition

Das axiale Moment des Vektorfeldes Ω_α in bezug auf die Gerade $\overline{gg}$ ist der dieser Geraden $\overline{gg}$ linienflüchtig zugeordnete Momentenvektor $\boldsymbol{M}_{gg,\Omega}$, der gleich der Komponente des polaren Momentes $\boldsymbol{M}_{g,\Omega}$ des Vektorfeldes Ω_α ist, wenn als Pol ein beliebiger Punkt g der Geraden $\overline{gg}$ gewählt wird.

Für $\Omega_\alpha := \{\boldsymbol{\alpha}(\boldsymbol{r}) \mid \boldsymbol{r} \in B\}$ ist analog Gleichung (6.43)

$$\boldsymbol{M}_{gg,\Omega} := \mathsf{K}_{gg}\, \boldsymbol{M}_{g,\Omega} \,. \tag{6.86}$$

Mit Gleichung (6.82) folgt

$$\boldsymbol{M}_{gg,\Omega} = \mathsf{K}_{gg} \int_B \mathsf{M}_{gr}\, \boldsymbol{\alpha}(\boldsymbol{r}) \cdot \mathrm{d}B \,, \tag{6.87}$$

$$= \int_B \mathsf{K}_{gg}\, \mathsf{M}_{gr}\, \boldsymbol{\alpha}(\boldsymbol{r}) \cdot \mathrm{d}B \,. \tag{6.88}$$

Die Vektorkoordinate erhalten wir analog nach Gleichung (6.44) mit Gleichung (6.82)

$$\mathsf{M}_{gg,\Omega} = \mathsf{X}_{gg}\, \boldsymbol{M}_{g,\Omega} \,, \tag{6.89}$$

$$= \mathsf{X}_{gg} \int_B \mathsf{M}_{gr}\, \boldsymbol{\alpha}(\boldsymbol{r}) \cdot \mathrm{d}B \,, \tag{6.90}$$

$$= \int_B \mathsf{X}_{gg}\, \mathsf{M}_{gr}\, \boldsymbol{\alpha}(\boldsymbol{r}) \cdot \mathrm{d}B \tag{6.91}$$

oder plakativ mit dem Element $\mathsf{E} := \boldsymbol{\alpha}(\boldsymbol{r}) \cdot \mathrm{d}B$

$$\mathsf{K}\,\mathsf{M}\,\Omega = \mathsf{K} \int \mathsf{M}\,\mathsf{E} = \int \mathsf{K}\,\mathsf{M}\,\mathsf{E} \quad \text{(axiales Moment)}, \tag{6.92}$$

$$\mathsf{X}\,\mathsf{M}\,\Omega = \mathsf{X} \int \mathsf{M}\,\mathsf{E} = \int \mathsf{X}\,\mathsf{M}\,\mathsf{E} \quad \text{(Koordinate)}. \tag{6.93}$$

Tafel 6.4. Das polare Moment eines Spannungsfeldes und einer Linienlast

	Feldelement	Grafische Darstellung	Polares Moment
Spannungsfeld (Flächenvektordichtefeld)	$\boldsymbol{\sigma}(y, z) = \begin{pmatrix} \sigma_{xx}(y, z) \\ \tau_{xy}(y, z) \\ \tau_{xz}(y, z) \end{pmatrix}$	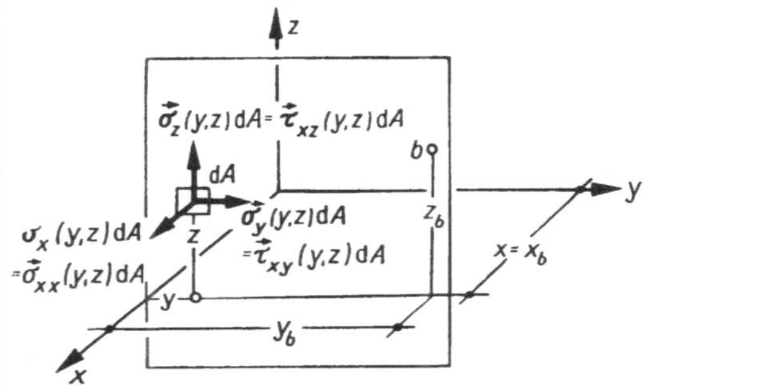	$\boldsymbol{M}_{b,\sigma} = \begin{pmatrix} \int_A \{[y-y_b]\,\tau_{xz}(y, z) - [z-z_b] \cdot \tau_{xy}(y, z)\}\, dA \\ \int_A \{[z-z_b]\,\sigma_{xx}(y, z)\}\, dA \\ -\int_A \{[y-y_b]\,\sigma_{xx}(y, z)\}\, dA \end{pmatrix}$
Linienlast (Linienvektordichtefeld)	$\boldsymbol{\lambda}(x) = \begin{pmatrix} \lambda_x(x) \\ \lambda_y(x) \\ \lambda_z(x) \end{pmatrix}$	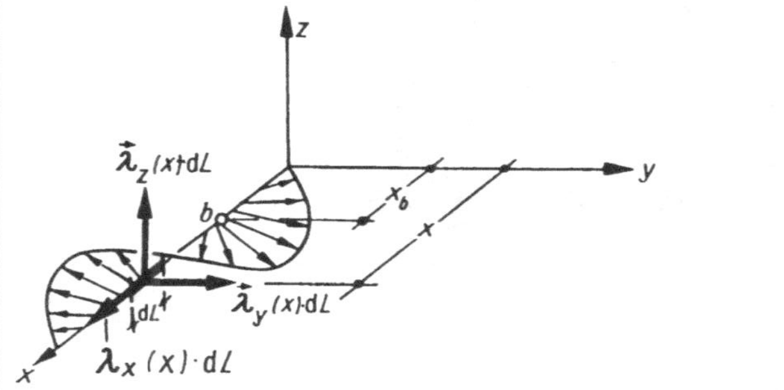	$\boldsymbol{M}_{b,\lambda} = \begin{pmatrix} 0 \\ -\int_L [x-x_b]\,\lambda_z(x) \cdot dL \\ +\int_L [x-x_b]\,\lambda_y(x) \cdot dL \end{pmatrix}$

Das axiale Moment eines Vektorfeldes ist

- gleich der Komponente des Integrales über den polaren Momenten der Elemente bzw.
- gleich dem Integral über den Komponenten der polaren Momente der Elemente.

6.3.2.2. Darstellung im Koordinatensystem

Die Gleichung (6.87) des axialen Momentenvektors nimmt im Koordinatensystem die folgende Form an

$$\begin{pmatrix} M_{gx,\Omega} \\ M_{gy,\Omega} \\ M_{gz,\Omega} \end{pmatrix} = \begin{pmatrix} g_x \cdot g_x & g_y \cdot g_x & g_z \cdot g_x \\ g_x \cdot g_y & g_y \cdot g_y & g_z \cdot g_y \\ g_x \cdot g_z & g_y \cdot g_z & g_z \cdot g_z \end{pmatrix} \int\limits_B \begin{pmatrix} 0 & -[z-z_b] & +[y-y_b] \\ +[z-z_b] & 0 & -[x-x_b] \\ -[y-y_b] & +[x-x_b] & 0 \end{pmatrix} \begin{pmatrix} \alpha_x(x,y,z) \\ \alpha_y(x,y,z) \\ \alpha_z(x,y,z) \end{pmatrix} \mathrm{d}B.$$

Vereinfacht ergibt sich

$$\begin{pmatrix} M_{gx,\Omega} \\ M_{gy,\Omega} \\ M_{gz,\Omega} \end{pmatrix} = \begin{pmatrix} g_x \cdot g_x & g_y \cdot g_x & g_z \cdot g_x \\ g_x \cdot g_y & g_y \cdot g_y & g_z \cdot g_y \\ g_x \cdot g_z & g_y \cdot g_z & g_z \cdot g_z \end{pmatrix} \begin{pmatrix} \int \{[y-y_b]\,\alpha_z(x,y,z) - [z-z_b]\,\alpha_y(x,y,z)\}\,\mathrm{d}B \\ \int \{[z-z_b]\,\alpha_x(x,y,z) - [x-x_b]\,\alpha_z(x,y,z)\}\,\mathrm{d}B \\ \int \{[x-x_b]\,\alpha_y(x,y,z) - [y-y_b]\,\alpha_x(x,y,z)\}\,\mathrm{d}B \end{pmatrix} \tag{6.95}$$

bzw. (analog (5.76))

$$\begin{pmatrix} M_{gx,\Omega} \\ M_{gy,\Omega} \\ M_{gz,\Omega} \end{pmatrix} = M_{gg,\Omega} \begin{pmatrix} g_x \\ g_y \\ g_z \end{pmatrix}. \tag{6.96}$$

Die in Gleichung (6.90) symbolisch dargestellte Vektorkoordinate ergibt sich im Koordinatensystem zu

$$M_{gg,\Omega} = (g_x \; g_y \; g_z) \int\limits_B \begin{pmatrix} 0 & -[z-z_b] & +[y-y_b] \\ +[z-z_b] & 0 & -[x-x_b] \\ -[y-y_b] & +[x-x_b] & 0 \end{pmatrix} \begin{pmatrix} \alpha_x(y,x,z) \\ \alpha_y(x,y,z) \\ \alpha_z(x,y,z) \end{pmatrix} \mathrm{d}B. \tag{6.97}$$

Ausgerechnet folgt daraus

$$\begin{aligned} M_{gg,\Omega} = {} & g_x \cdot \int\limits_B \{[y-y_b]\,\alpha_z(x,y,z) - [z-z_b]\,\alpha_y(x,y,z)\}\,\mathrm{d}B + \\ & + g_y \cdot \int\limits_B \{[z-z_b]\,\alpha_x(x,y,z) - [x-x_b]\,\alpha_z(x,y,z)\}\,\mathrm{d}B + \\ & + g_z \cdot \int\limits_B \{[x-x_b]\,\alpha_y(x,y,z) - [y-y_b]\,\alpha_x(x,y,z)\}\,\mathrm{d}B. \end{aligned} \tag{6.98}$$

6.3.2.3. Sonderfälle

Das axiale Moment eines Vektorfeldes ist dann gleich dem Nullvektor, wenn das Vektorfeld

1. ein Nullvektorfeld,
2. ein zentrales Vektorfeld mit dem Zentralpunkt auf der Geraden $\overline{gg}$,
3. ein paralleles Vektorfeld parallel zur Geraden $\overline{gg}$,
4. ein komplanares oder kollineares Vektorfeld ist, das mit der Geraden $\overline{gg}$ in derselben Ebene liegt.

Im ersten Fall haben alle infinitesimalen polaren Momentenvektoren den Betrag Null. Im zweiten, dritten und vierten Fall stehen alle infinitesimalen polaren Momentenvektoren auf dieser Geraden senkrecht, so daß deren Komponente in Richtung $\overline{gg}$ Null ist.

Daneben ist aber das axiale Moment eines Vektorfeldes auch dann gleich dem Nullvektor, wenn

5. das Integral über die einzelnen infinitesimalen axialen Momentenvektoren der Feldelemente den Betrag Null hat.

6.3.2.4. Anwendung

6.3.2.4.1. Momente eines konstanten Vektorfeldes und die Bereichsmatrix 1. Grades

6.3.2.4.1.1. Das polare Moment in bezug auf den Ursprung eines beliebigen cartesischen Koordinatensystems

Das polare Moment eines konstanten Vektorfeldes Ω_α^K mit den Elementen entsprechend Abschnitt 4.3.2.6.

$$\boldsymbol{\alpha}^K(\boldsymbol{r}) = \mathsf{P}\,\boldsymbol{K}_0 \tag{6.99}$$

ergibt sich nach Gleichung (6.82) in bezug auf den Ursprung zu

$$\boldsymbol{M}_{0,\Omega} = \int_B \mathsf{M}(\mathsf{P}\,\boldsymbol{K}_0)\,\mathrm{d}B = \left(\int_B \mathsf{M}\,\mathsf{P}\,\mathrm{d}B\right)\boldsymbol{K}_0\,. \tag{6.100}$$

Im folgenden geben wir als Ursache (Index nach dem Komma) ein Feldelement $\boldsymbol{\alpha}$ als Repräsentant des ganzen Feldes Ω_α an.

Das Integral wurde bereits in den Gleichungen (5.62) und (5.63) als Bereichsmatrix 1. Grades erklärt. Das polare Moment eines konstanten Vektorfeldes nimmt damit die folgende einfache Form an

$$\boldsymbol{M}_{0,\alpha} = \mathsf{B}_0^1\,\boldsymbol{K}_0\,. \tag{6.101}$$

Deutung der Matrixelemente:

Zerlegen wir jeden Vektor $\boldsymbol{\alpha}(\boldsymbol{r})$ des vorliegenden konstanten Vektorfeldes Ω_α in drei achsenparallele Komponenten

$$\begin{aligned}\boldsymbol{\alpha}(\boldsymbol{r}) &= \boldsymbol{\alpha}_r = \boldsymbol{\alpha}_{rx} + \boldsymbol{\alpha}_{ry} + \boldsymbol{\alpha}_{rz}\,,\\ \boldsymbol{\alpha}(\boldsymbol{r}) &= \mathsf{P}\,\boldsymbol{K}_0 = \mathsf{P}\,\boldsymbol{K}_{0x} + \mathsf{P}\,\boldsymbol{K}_{0y} + \mathsf{P}\,\boldsymbol{K}_{0z}\\ &= K_{0x}\,\mathsf{P}\,\boldsymbol{i} + K_{0y}\,\mathsf{P}\,\boldsymbol{j} + K_{0z}\,\mathsf{P}\,\boldsymbol{k}\,,\end{aligned} \tag{6.102}$$

so ergibt sich das Vektorfeld als Summe dieser achsenparallelen konstanten Vektorfelder

Konstante Vektor-Einsfelder (Projektionsfelder) erzeugt durch		
$\boldsymbol{i}$	$\boldsymbol{j}$	$\boldsymbol{k}$

$$\Downarrow \qquad \Downarrow \qquad \Downarrow$$

$$\Omega_\alpha^K = \Omega_{PK_0} := K_{0x}\,\Omega_{Pi} + K_{0y}\,\Omega_{Pj} + K_{0z}\,\Omega_{Pk}\,. \tag{6.103}$$

Das polare Moment in bezug auf 0 ist

$$M_{0x,\alpha} = M_{0x,PK_0} = K_{0x}\,M_{0x,Pi} + K_{0y}\,M_{0x,Pj} + K_{0z}\,M_{0x,Pk}\,,$$

$$M_{0y,\alpha} = M_{0x,PK_0} = K_{0x}\,M_{0y,Pi} + K_{0y}\,M_{0y,Pj} + K_{0z}\,M_{0y,Pk}\,,$$

$$M_{0z,\alpha} = M_{0z,PK_0} = K_{0x}\,M_{0z,Pi} + K_{0y}\,M_{0z,Pj} + K_{0z}\,M_{0z,Pk}\,.$$

Beachten wir, daß nach Abschnitt 6.3.2.3. das axiale Moment eines parallelen Vektorfeldes dann Null ist, wenn die Achse parallel zu den Feldvektoren orientiert ist, daß also wegen

$$\overline{0x} \parallel \boldsymbol{i} \qquad M_{0x,Pi} = 0\,,$$

wegen

$$\overline{0y} \parallel \boldsymbol{j} \qquad M_{0y,Pj} = 0$$

und wegen

$$\overline{0z} \parallel \boldsymbol{k} \qquad M_{0z,Pk} = 0$$

wird, so können wir das polare Moment als Matrizenprodukt in der folgenden Form angeben

$$\begin{pmatrix} M_{0x,\alpha} \\ M_{0y,\alpha} \\ M_{0z,\alpha} \end{pmatrix} = \begin{pmatrix} 0 & M_{0x,Pj} & M_{0x,Pk} \\ M_{0y,Pi} & 0 & M_{0y,Pk} \\ M_{0z,Pi} & M_{0z,Pj} & 0 \end{pmatrix} \begin{pmatrix} K_{0x} \\ K_{0y} \\ K_{0z} \end{pmatrix}. \tag{6.104}$$

Wir schreiben nun das gleiche Moment noch einmal unter Benutzung der Bereichsmatrix 1. Grades an.

Axiale Momente der konstanten Vektor-Einsfelder

Φ_{Pi} $\qquad \Phi_{Pj}$ $\qquad \Phi_{Pk}$

mit den erzeugenden Vektoren $\boldsymbol{i}$, $\boldsymbol{j}$, $\boldsymbol{k}$ — in bezug auf die

$$\Downarrow \qquad \Downarrow \qquad \Downarrow$$

$$\begin{pmatrix} M_{0x,\alpha} \\ M_{0y,\alpha} \\ M_{0z,\alpha} \end{pmatrix} = \begin{pmatrix} 0 & -\int z\,\mathrm{d}B & +\int y\,\mathrm{d}B \\ +\int z\,\mathrm{d}B & 0 & -\int x\,\mathrm{d}B \\ -\int y\,\mathrm{d}B & +\int x\,\mathrm{d}B & 0 \end{pmatrix} \begin{pmatrix} K_{0x} \\ K_{0y} \\ K_{0z} \end{pmatrix}. \qquad \begin{matrix} x\text{-Achse} \\ y\text{-Achse} \\ z\text{-Achse} \end{matrix}$$

(6.105)

Vergleichen wir die Elemente der beiden Matrizen, so erkennen wir:

Die Elemente der Bereichsmatrix 1. Grades sind axiale Momente (genauer die Koordinaten $M_{0\nu,\mathrm{P}e}$ der axialen Momente der konstanten Vektor-Einsfelder $\Omega_{\mathrm{P}e}$ ($\boldsymbol{e} = \boldsymbol{i}, \boldsymbol{j}, \boldsymbol{k}$) in bezug auf die Koordinatenachsen $\overline{0\nu}$ ($\nu = x, y, z$)).

6.3.2.4.1.2. Das polare Moment in bezug auf den beliebigen Pol g in einem beliebigen Koordinatensystem

Im beliebigen x,y,z-Koordinatensystem mit dem Ursprung 0 erhalten wir das polare Moment des vorliegenden konstanten Vektorfeldes Ω_α^K in bezug auf den Punkt g zu

$$\begin{aligned} \boldsymbol{M}_{g,\alpha} &= \int_B \mathsf{M}_{gr}\, \boldsymbol{\alpha}_r^K \cdot \mathrm{d}B \\ &= \int_B \mathsf{M}_{gr}(\mathsf{P}_{r0}\, \boldsymbol{K}_0)\, \mathrm{d}B \\ &= \left(\int_B \mathsf{M}_{gr}\, \mathsf{P}_{r0}\, \mathrm{d}B\right) \boldsymbol{K}_0 \,. \end{aligned}$$

Das Integral ist die Bereichsmatrix 1. Grades in bezug auf g:

$$\begin{aligned} \mathsf{B}_g^1 &= \int_B \mathsf{M}_{gr}\, \mathsf{P}_{r0}\, \mathrm{d}B \\ &= \int_B \begin{pmatrix} 0 & -(z-z_g) & +(y-y_g) \\ +(z-z_g) & 0 & -(x-x_g) \\ -(y-y_g) & +(x-x_g) & 0 \end{pmatrix} \begin{pmatrix} 1 & 0 & 0 \\ 0 & 1 & 0 \\ 0 & 0 & 1 \end{pmatrix} \mathrm{d}B \,, \end{aligned} \tag{6.106}$$

$$\mathsf{B}_g^1 = \begin{pmatrix} 0 & -\int (z-z_g)\,\mathrm{d}B & +\int (y-y_g)\,\mathrm{d}B \\ +\int (z-z_g)\,\mathrm{d}B & 0 & -\int (x-x_g)\,\mathrm{d}B \\ -\int (y-y_g)\,\mathrm{d}B & +\int (x-x_g)\,\mathrm{d}B & 0 \end{pmatrix}, \tag{6.107}$$

$$\mathsf{B}_g^1 = \begin{pmatrix} 0 & -\int z\,\mathrm{d}B & +\int y\,\mathrm{d}B \\ +\int z\,\mathrm{d}B & 0 & -\int x\,\mathrm{d}B \\ -\int y\,\mathrm{d}B & +\int x\,\mathrm{d}B & 0 \end{pmatrix} - \begin{pmatrix} 0 & -z_g & +y_g \\ +z_g & 0 & -x_g \\ -y_g & +x_g & 0 \end{pmatrix} B \,.$$

Mit

$$\mathsf{B}_0^1 = \begin{pmatrix} 0 & -\int z\,\mathrm{d}B & +\int y\,\mathrm{d}B) \\ +\int z\,\mathrm{d}B & 0 & -\int x\,\mathrm{d}B) \\ -\int y\,\mathrm{d}B & +\int x\,\mathrm{d}B & 0 \end{pmatrix}$$

und

$$\mathsf{M}_{0g} = \begin{pmatrix} 0 & -z_g & +y_g \\ +z_g & 0 & -x_g \\ -y_g & +x_g & 0 \end{pmatrix}$$

folgt

$$\mathsf{B}_g^1 = \mathsf{B}_0^1 - \mathsf{M}_{0g}\, B\,. \tag{6.108}$$

Das polare Moment in bezug auf g nimmt damit die folgende Form an

$$\boldsymbol{M}_{g,\alpha} = \mathsf{B}_g^1 \boldsymbol{K}_0 = (\mathsf{B}_0^1 - \mathsf{M}_{0g}\, B)\, \boldsymbol{K}_0\,. \tag{6.109}$$

6.3.2.4.1.3. Der Bereichsmittelpunkt

Die Bereichsmatrix B_g^1 (Gleichung 6.107) läßt erkennen, daß es genau einen Punkt $g = m$ gibt, für den sämtliche Elemente Null werden. Seine Koordinaten erhalten wir aus den Bedingungen

$$\begin{aligned}
\int (x - x_m)\, \mathrm{d}B &= \int x \cdot \mathrm{d}B - x_m \cdot B \overset{!}{=} 0 \Rightarrow & \boxed{x_m = \frac{\int x \cdot \mathrm{d}B}{B}}\,,\\
\int (y - y_m)\, \mathrm{d}B &= \int y \cdot \mathrm{d}B - y_m \cdot B \overset{!}{=} 0 \Rightarrow & \boxed{y_m = \frac{\int y \cdot \mathrm{d}B}{B}}\,,\\
\int (z - z_m)\, \mathrm{d}B &= \int z \cdot \mathrm{d}B - z_m \cdot B \overset{!}{=} 0 \Rightarrow & \boxed{z_m = \frac{\int z \cdot \mathrm{d}B}{B}}\,.
\end{aligned} \tag{6.110}$$

Dieser Punkt m heißt *Mittelpunkt* des beschränkten Bereiches B. Für ihn gelten die folgenden Aussagen:

- Die Bereichsmatrix 1. Grades ist für den Mittelpunkt m eine *Nullmatrix*

$$\mathsf{B}_m^1 = \begin{pmatrix} 0 & 0 & 0 \\ 0 & 0 & 0 \\ 0 & 0 & 0 \end{pmatrix} =: \mathsf{O}\,. \tag{6.111}$$

- Das polare Moment eines konstanten Vektorfeldes ist in bezug auf den Mittelpunkt m ein Nullvektor

$$\boldsymbol{M}_{m,\alpha} = \mathsf{B}_m^1 \boldsymbol{K}_0 = \mathsf{O}\, \boldsymbol{K}_0 = \boldsymbol{0}\,. \tag{6.112}$$

- Die axialen Momente eines konstanten Vektorfeldes sind in bezug auf jede beliebige durch den Mittelpunkt m gehende Achse $\overline{mm}$ Null

$$\boldsymbol{M}_{mm,\alpha} = \boldsymbol{0}\,. \tag{6.113}$$

6.3.2.4.1.4. Die statischen Momente

Ihrer großen praktischen Bedeutung wegen haben die Integrale der Bereichsmatrix 1. Grades einen eigenen Namen bekommen.

Da nämlich

- die Elemente der Bereichsmatrix 1. Grades axiale Momente sind,
- diese axialen Momente zur Ermittlung des Mittelpunktes benötigt werden und
- ein homogener Körper dann im Zustand der Ruhe, in einem sogenannten „statischen" Zustand verharrt, wenn wir ihn in seinem Mittelpunkt unterstützen,

wurden diese Integrale *statische Momente des Bereiches B* genannt.

Um die Integrale dieser axialen Momente auch symbolisch als statische Momente zu kennzeichnen, werden sie im allgemeinen mit S bezeichnet. Die Bereichsmatrix 1. Grades nimmt dann die Form an

$$\mathsf{B}_0^1 = \begin{pmatrix} 0 & -\int z \cdot \mathrm{d}B & +\int y \cdot \mathrm{d}B \\ +\int z \cdot \mathrm{d}B & 0 & -\int x \cdot \mathrm{d}B \\ -\int y \cdot \mathrm{d}B & +\int x \cdot \mathrm{d}B & 0 \end{pmatrix}$$

$$= \begin{pmatrix} 0 & M_{0x,\mathrm{P}j} & M_{0x,\mathrm{P}k} \\ M_{0y,\mathrm{P}i} & 0 & M_{0y,\mathrm{P}k} \\ M_{0z,\mathrm{P}i} & M_{0z,\mathrm{P}j} & 0 \end{pmatrix}$$

$$= \begin{pmatrix} 0 & -S_{0x,\mathrm{P}j} & +S_{0x,\mathrm{P}k} \\ +S_{0y,\mathrm{P}i} & 0 & -S_{0y,\mathrm{P}k} \\ -S_{0z,\mathrm{P}i} & +S_{0z,\mathrm{P}j} & 0 \end{pmatrix}. \tag{6.114}$$

Ein Vergleich der Matrizenelemente zeigt, daß (aus praktischen Gründen) nicht die gesamte vorzeichenbehaftete Größe, sondern nur das Integral als statisches Moment bezeichnet wird:

$$\begin{aligned} \int_B x \cdot \mathrm{d}B &= S_{0y,\mathrm{P}k} = S_{0z,\mathrm{P}j}\,, \\ \int_B y \cdot \mathrm{d}B &= S_{0x,\mathrm{P}k} = S_{0z,\mathrm{P}i}\,, \\ \int_B z \cdot \mathrm{d}B &= S_{0y,\mathrm{P}i} = S_{0x,\mathrm{P}j}\,. \end{aligned} \tag{6.115}$$

In Tafel 6.5 sind die statischen Momente für eine spatiale (räumliche) und planare (flächige) Vektorverteilung als Beispiel angegeben worden.

Die Indizierung darf selbstverständlich in der in Tafel 6.5 angegebenen Form vereinfacht werden, wenn Verwechslungen ausgeschlossen sind.

Zur Beschreibung des statischen Zustandes sind nun die cartesischen Achsen zwar sehr zweckmäßig, aber durchaus nicht notwendig, weshalb die Integrale der axialen Momente konstanter Vektor-Einsfelder auf jede beliebige Achse als statische Momente bezeichnet werden.

Um also das statische Moment eines beschränkten Bereiches B in bezug auf eine beliebige Gerade $\overline{gg}$ mit dem Einsvektor $\boldsymbol{g}$ zu ermitteln, ordnen wir diesem beschränkten Bereich B gedanklich ein konstantes Vektor-Einsfeld

$$\Omega_{\boldsymbol{e}} := \{\boldsymbol{e}(\boldsymbol{r}) \mid \boldsymbol{r} \in B \wedge |\boldsymbol{e}| = 1 \wedge \boldsymbol{e} \perp \boldsymbol{g}\}$$

zu, dessen Elemente orthogonal zu $\overline{gg}$ orientiert sind. Daraufhin bilden wir das axiale Moment dieses konstanten Vektor-Einsfeldes in bezug auf die Gerade und erhalten analog zu Abschnitt 6.1.2.3. und Bild 6.9 ($\boldsymbol{e} = \boldsymbol{P}_{a\perp\!\!\perp}$ für $|\boldsymbol{P}_{a\perp\!\!\perp}| = 1$ (Bild 6.25))

$$M_{gg,\boldsymbol{e}} = \boldsymbol{M}_{g,\boldsymbol{e}} \cdot \boldsymbol{g}\,, \qquad M_{gg,\boldsymbol{e}} = \pm \int_B h(\boldsymbol{r}) \cdot |\boldsymbol{e}(\boldsymbol{r})| \,\mathrm{d}B\,. \tag{6.116}$$

Mit $|\boldsymbol{e}| = 1$ folgt

$$M_{gg,\boldsymbol{e}} = \begin{cases} +\int_B h(\boldsymbol{r}) \cdot \mathrm{d}B = +S_{gg,\boldsymbol{e}} & \text{für} \quad \boldsymbol{M}_{gg,\boldsymbol{e}} \upuparrows \boldsymbol{g}\,, \quad (6.117) \\ -\int_B h(\boldsymbol{r}) \cdot \mathrm{d}B = -S_{gg,\boldsymbol{e}} & \text{für} \quad \boldsymbol{M}_{gg,\boldsymbol{e}} \updownarrow \boldsymbol{g}\,. \quad (6.118) \end{cases}$$

Tafel 6.5. **Statische Momente**

	Spatiales konstantes Vektor-Einsfeld Erzeugender Vektor $\boldsymbol{k}$; Bereich $B = V$	Planares konstantes Vektor-Einsfeld Erzeugender Vektor $\boldsymbol{i}$; Bereich $B = A$
Grafische Darstellung	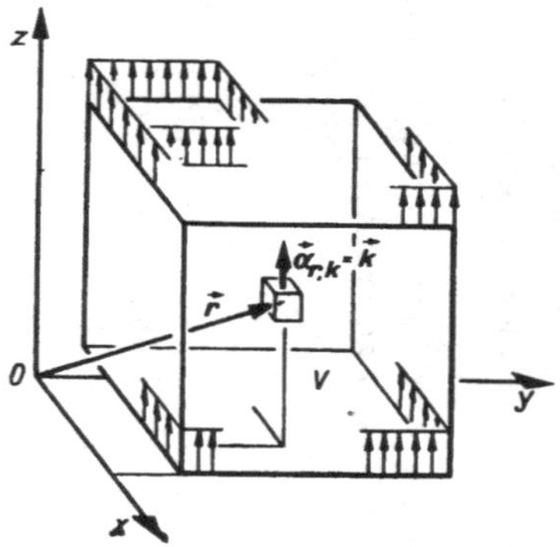	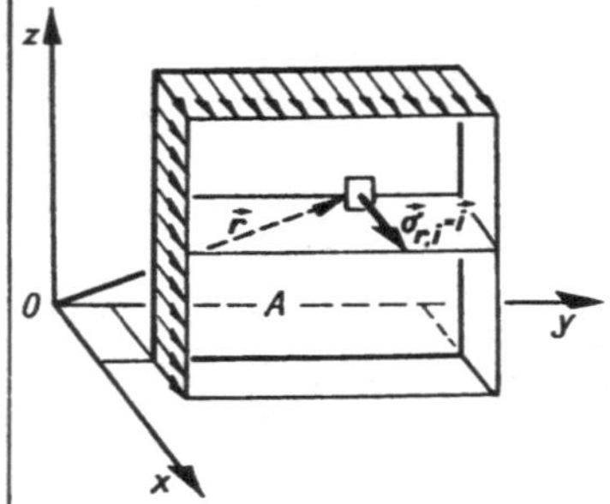
Feldelement	$\boldsymbol{\alpha}^1(\boldsymbol{r}) = \mathsf{P}\boldsymbol{k}$	$\boldsymbol{\sigma}^1(\boldsymbol{r}) = \mathsf{P}\boldsymbol{i}$
Polares Moment	$\boldsymbol{M}_{0,\alpha^1} = \boldsymbol{M}_{0,\mathsf{P}k} = \mathsf{B}_0^1\boldsymbol{k}$	$\boldsymbol{M}_{0,\sigma^1} = \boldsymbol{M}_{0,\mathsf{P}i} = \mathsf{B}_0^1\boldsymbol{i}$
Koordinatendarstellung des polaren Momentes	$\begin{pmatrix} M_{0x,\mathsf{P}k} \\ M_{0y,\mathsf{P}k} \\ M_{0z,\mathsf{P}k} \end{pmatrix} = \begin{pmatrix} 0 & -\int z\,\mathrm{d}V & +\int y\,\mathrm{d}V \\ +\int z\,\mathrm{d}V & 0 & -\int x\,\mathrm{d}V \\ -\int y\,\mathrm{d}V & +\int x\,\mathrm{d}V & 0 \end{pmatrix} \begin{pmatrix} 0 \\ 0 \\ 1 \end{pmatrix}$ $= \begin{pmatrix} +\int y\,\mathrm{d}V \\ -\int x\,\mathrm{d}V \\ 0 \end{pmatrix} = \begin{pmatrix} +S_{0x,\mathsf{P}k} \\ -S_{0y,\mathsf{P}k} \\ 0 \end{pmatrix} =: \begin{pmatrix} +S_x \\ -S_y \\ 0 \end{pmatrix}$	$\begin{pmatrix} M_{0x,\mathsf{P}i} \\ M_{0y,\mathsf{P}i} \\ M_{0z,\mathsf{P}i} \end{pmatrix} = \begin{pmatrix} 0 & -\int z\,\mathrm{d}A & +\int y\,\mathrm{d}A \\ +\int z\,\mathrm{d}A & 0 & -\int x\,\mathrm{d}A \\ -\int y\,\mathrm{d}A & +\int x\,\mathrm{d}A & 0 \end{pmatrix} \begin{pmatrix} 1 \\ 0 \\ 0 \end{pmatrix}$ $= \begin{pmatrix} 0 \\ +\int z\,\mathrm{d}A \\ -\int y\,\mathrm{d}A \end{pmatrix} = \begin{pmatrix} 0 \\ +S_{0y,\mathsf{P}i} \\ -S_{0z,\mathsf{P}i} \end{pmatrix} =: \begin{pmatrix} 0 \\ +S_y \\ -S_z \end{pmatrix}$

Tafel 6.6. Statische Momente des beschränkten Bereiches B in bezug auf die Achsen $\overline{\tilde{x}\tilde{x}}$, $\overline{\tilde{y}\tilde{y}}$, $\overline{\tilde{z}\tilde{z}}$

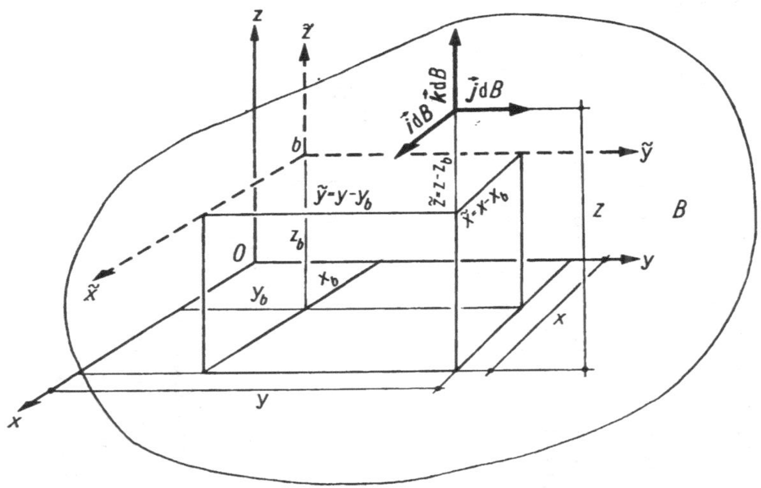

e	gg	$h(\boldsymbol{r})$	$S_{gg,\,e} = \int_B h(\boldsymbol{r})\,\mathrm{d}B$
$\boldsymbol{i}$	$\overline{\tilde{y}\tilde{y}}$	$z - z_b$	$S_{\tilde{y}\tilde{y},\,\boldsymbol{i}} = \int_B (z - z_b)\,\mathrm{d}B$
	$\overline{\tilde{z}\tilde{z}}$	$y - y_b$	$S_{\tilde{z}\tilde{z},\,\boldsymbol{i}} = \int_B (y - y_b)\,\mathrm{d}B$
$\boldsymbol{j}$	$\overline{\tilde{x}\tilde{x}}$	$z - z_b$	$S_{\tilde{x}\tilde{x},\,\boldsymbol{j}} = \int_B (z - z_b)\,\mathrm{d}B$
	$\overline{\tilde{z}\tilde{z}}$	$x - x_b$	$S_{\tilde{z}\tilde{z},\,\boldsymbol{j}} = \int_B (x - x_b)\,\mathrm{d}B$
$\boldsymbol{k}$	$\overline{\tilde{x}\tilde{x}}$	$y - y_b$	$S_{\tilde{x}\tilde{x},\,\boldsymbol{k}} = \int_B (y - y_b)\,\mathrm{d}B$
	$\overline{\tilde{y}\tilde{y}}$	$x - x_b$	$S_{\tilde{y}\tilde{y},\,\boldsymbol{k}} = \int_B (x - x_b)\,\mathrm{d}B$

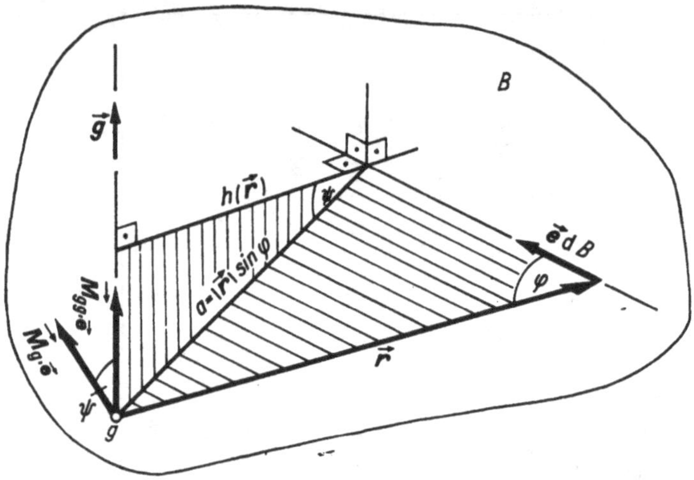

Bild 6.25. Zur Herleitung des statischen Momentes

Das entstehende Integral ist laut Definition das statische Moment des beschränkten Bereiches B in bezug auf die Gerade $\overline{gg}$. Da das Vorzeichen des Integrales vor dem des statischen Momentes stehen bleibt, gilt:

Das statische Moment ist vom Richtungssinn der Einsvektoren des konstanten Feldes unabhängig.

Sind beispielsweise die Feldvektoren $\boldsymbol{e}$ parallel zur x-Achse angeordnet ($\boldsymbol{e} = \boldsymbol{i}$), so interessieren vor allem die statischen Momente in bezug auf die (zur x-Achse senkrechten) y-Achse und z-Achse bzw. die statischen Momente in bezug auf eine dazu parallele, durch den Punkt b gehende $\tilde{y}$-Achse und $\tilde{z}$-Achse (Tafel 6.6).

6.3.2.4.1.5. Das polare Moment in bezug auf den beliebigen Pol g im Mittelpunktachsensystem

Wir verschieben nun das x,y,z-Koordinatensystem parallel zu sich selbst bis sein Ursprung 0 mit dem Bereichsmittelpunkt m zusammenfällt Die Achsen dieses sog. *Mittelpunktachsensystems* werden ebenso wie alle Matrizen dieses Koordinatensystems einmal überstrichen

$$0 \to m\,, \qquad \boldsymbol{r} = \begin{pmatrix} x \\ y \\ z \end{pmatrix} \to \bar{\boldsymbol{r}} = \begin{pmatrix} \bar{x} = x - x_m \\ \bar{y} = y - y_m \\ \bar{z} = z - z_m \end{pmatrix}. \tag{6.119}$$

Das im Bereich vorliegende konstante Vektorfeld können wir im Mittelpunktachsensystem wie folgt beschreiben

$$\Omega_\alpha := \{\boldsymbol{\alpha}(\bar{\boldsymbol{r}}) = \overline{\mathsf{P}}\,\boldsymbol{K}_m \mid \bar{\boldsymbol{r}} \in B\}\,. \tag{6.120}$$

Das polare Moment dieses Feldes in bezug auf g erhalten wir dann mit den Bezeichnungen in Bild 6.26 und den Gleichungen (6.109) und (6.111) zu

$$\boldsymbol{M}_{g,\alpha} = \overline{\mathsf{B}}{}_g^1\,\boldsymbol{K}_m = (\overline{\mathsf{B}}{}_m^1 - \overline{\mathsf{M}}_{mg}\,B)\,\boldsymbol{K}_m = (\overline{\mathsf{O}} - \overline{\mathsf{M}}_{mg}\,B)\,\boldsymbol{K}_m\,, \tag{6.121}$$

$$\boldsymbol{M}_{g,\alpha} = \overline{\mathsf{M}}{}'_{mg}\,B \cdot \boldsymbol{K}_m \tag{6.122}$$

und in Koordinaten (mit $u_g - u_m = \bar{u}_g \mid u = x, y, z$)

$$\begin{pmatrix} M_{g\bar{x},\alpha} \\ M_{g\bar{y},\alpha} \\ M_{g\bar{z},\alpha} \end{pmatrix} = \begin{pmatrix} 0 & +\bar{z}_g \cdot B & -\bar{y}_g \cdot B \\ -\bar{z}_g \cdot B & 0 & +\bar{x}_g \cdot B \\ +\bar{y}_g \cdot B & -\bar{x}_g \cdot B & 0 \end{pmatrix} \begin{pmatrix} K_{m\bar{x}} \\ K_{m\bar{y}} \\ K_{m\bar{z}} \end{pmatrix}. \tag{6.123}$$

Die Matrizenelemente sind wieder die axialen Momente der im Bereich B vorliegenden konstanten Vektor-Einsfelder infolge $K_{m\bar{x}} = 1$, $K_{m\bar{y}} = 1$, $K_{m\bar{z}} = 1$ oder kurz: die axialen Momente des Bereiches B um die zu den Mittelpunktachsen $\bar{x}$, $\bar{y}$, $\bar{z}$ parallelen Achsen durch g. Die vorzeichenfreien Ausdrücke

$$\bar{x}_g \cdot B\,, \qquad \bar{y}_g \cdot B\,, \qquad \bar{z}_g \cdot B$$

sind die statischen Momente des Bereiches um die gleichen Achsen.

Im Mittelpunktachsensystem erhalten wir also die statischen Momente des Bereiches als „vorzeichenfreie" axiale Momente der im Mittelpunkt gebundenen Vektoren

$$\begin{aligned} B \cdot \boldsymbol{i} &\to S_{g\bar{y}} = \bar{z}_g \cdot B; & S_{g\bar{z}} &= \bar{y}_g \cdot B\,, \\ B \cdot \boldsymbol{j} &\to S_{g\bar{x}} = \bar{z}_g \cdot B; & S_{g\bar{z}} &= \bar{x}_g \cdot B\,, \\ B \cdot \boldsymbol{k} &\to S_{g\bar{x}} = \bar{y}_g \cdot B; & S_{g\bar{y}} &= \bar{x}_g \cdot B\,. \end{aligned} \tag{6.124}$$

Von dieser Vorstellung wird bei der Lösung von Aufgaben Gebrauch gemacht.

6.3.2.4.2. Momente eines zylindrischen Vektorfeldes und die Bereichsmatrix 2. Grades

Das polare Moment eines zylindrischen Vektorfeldes Ω_α^Z mit den Elementen

$$\boldsymbol{\alpha}^Z(\boldsymbol{r}) = -\mathsf{M}\,\boldsymbol{C}_0 = \mathsf{M}'\,\boldsymbol{C}_0 \tag{6.125}$$

(Abschnitt 4.3.2.6.) ergibt sich nach Gleichung (6.82) in bezug auf den Ursprung zu

$$\boldsymbol{M}_{0,\Omega} = \int_B \mathsf{M}(\mathsf{M}'\,\boldsymbol{C}_0)\,\mathrm{d}B = \left(\int_B \mathsf{M}\,\mathsf{M}'\,\mathrm{d}B\right)\boldsymbol{C}_0\,. \tag{6.126}$$

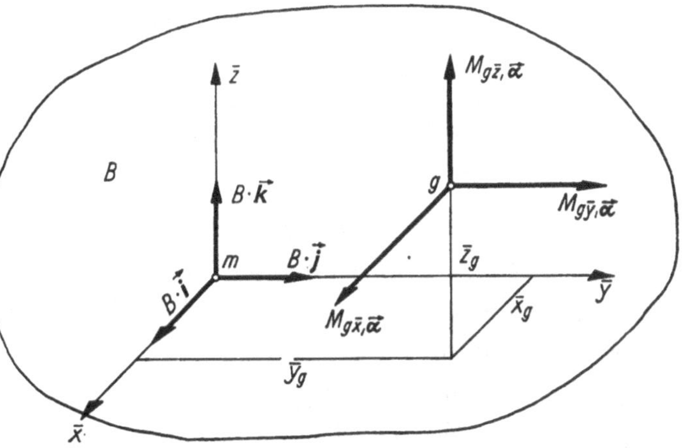

Bild 6.26. Axiale Momente im Mittelpunktachsensystem

Im folgenden geben wir wieder als Ursache (Index nach dem Komma) ein Feldelement α als Repräsentant des ganzen Feldes Ω_α an.

Führt man die Integration durch, so erhält man die folgende Matrix

$$\int_B \mathsf{M}\,\mathsf{M}'\,\mathrm{d}B = \int_B \begin{pmatrix} 0 & -z & +y \\ +z & 0 & -x \\ -y & +x & 0 \end{pmatrix} \begin{pmatrix} 0 & +z & -y \\ -z & 0 & +x \\ +y & -x & 0 \end{pmatrix} \mathrm{d}B$$

$$= \begin{pmatrix} +\int (y^2+z^2)\,\mathrm{d}B & -\int y\,x\,\mathrm{d}B & -\int z\,x\,\mathrm{d}B \\ -\int x\,y\,\mathrm{d}B & +\int (z^2+x^2)\,\mathrm{d}B & -\int z\,y\,\mathrm{d}B \\ -\int x\,z\,\mathrm{d}B & -\int y\,z\,\mathrm{d}B & +\int (x^2+y^2)\,\mathrm{d}B \end{pmatrix}, \tag{6.127}$$

die *Bereichsmatrix* 2. *Grades* genannt wird, da die Punktkoordinaten x, y, z in 2. Potenz auftreten

$$\mathsf{B}_0^2 = \int_B \mathsf{M}\,\mathsf{M}'\,\mathrm{d}B\,. \tag{6.128}$$

Die Elemente der Matrix (6.127) heißen Bereichswerte 2. Grades. Der Fußindex am Bereichsmatrixsymbol kennzeichnet den Pol.

Das polare Moment des vorliegenden zylindrischen Vektorfeldes nimmt damit die folgende Form an

$$\boldsymbol{M}_{0,\alpha} = \mathsf{B}_0^2\,\boldsymbol{C}_0\,. \tag{6.129}$$

Deutung der Matrixelemente:

Zerlegen wir den erzeugenden Vektor $\boldsymbol{C}_0$ des vorliegenden zylindrischen Vektorfeldes in die drei cartesischen Komponenten

$$\boldsymbol{C}_0 = \boldsymbol{i}\cdot C_{0x} + \boldsymbol{j}\cdot C_{0y} + \boldsymbol{k}\cdot C_{0z}\,, \tag{6.130}$$

so ergibt sich das Vektorfeld als Summe dreier zylindrischer Vektorfelder, deren erzeugende Vektoren auf den Koordinatenachsen liegen:

Zylindrische Vektor-Einsfelder (Momentenfelder) erzeugt durch		
$\boldsymbol{i}$	$\boldsymbol{j}$	$\boldsymbol{k}$
$\Downarrow$	$\Downarrow$	$\Downarrow$

$$\Omega_\alpha = \Omega_{\mathsf{M}'\boldsymbol{C}_0} := C_{0x}\,\Omega_{\mathsf{M}'\boldsymbol{i}} + C_{0y}\,\Omega_{\mathsf{M}'\boldsymbol{j}} + C_{0z}\,\Omega_{\mathsf{M}'\boldsymbol{k}}\,. \tag{6.131}$$

Das polare Moment in bezug auf 0 ist

$$M_{0x,\alpha} = M_{0x,\mathsf{M}'\boldsymbol{C}_0} = C_{0x}\cdot M_{0x,\mathsf{M}'\boldsymbol{i}} + C_{0y}\cdot M_{0x,\mathsf{M}'\boldsymbol{j}} + C_{0z}\cdot M_{0x,\mathsf{M}'\boldsymbol{k}}\,,$$
$$M_{0y,\alpha} = M_{0y,\mathsf{M}'\boldsymbol{C}_0} = C_{0x}\cdot M_{0y,\mathsf{M}'\boldsymbol{i}} + C_{0y}\cdot M_{0y,\mathsf{M}'\boldsymbol{j}} + C_{0z}\cdot M_{0y,\mathsf{M}'\boldsymbol{k}}\,,$$
$$M_{0z,\alpha} = M_{0z,\mathsf{M}'\boldsymbol{C}_0} = C_{0x}\cdot M_{0z,\mathsf{M}'\boldsymbol{i}} + C_{0y}\cdot M_{0z,\mathsf{M}'\boldsymbol{j}} + C_{0z}\cdot M_{0z,\mathsf{M}'\boldsymbol{k}}$$

oder als Matrizenprodukt formuliert

$$\begin{pmatrix} M_{0x,\alpha} \\ M_{0y,\alpha} \\ M_{0z,\alpha} \end{pmatrix} = \begin{pmatrix} M_{0x,\mathsf{M}'\boldsymbol{i}} & M_{0x,\mathsf{M}'\boldsymbol{j}} & M_{0x,\mathsf{M}'\boldsymbol{k}} \\ M_{0y,\mathsf{M}'\boldsymbol{i}} & M_{0y,\mathsf{M}'\boldsymbol{j}} & M_{0y,\mathsf{M}'\boldsymbol{k}} \\ M_{0z,\mathsf{M}'\boldsymbol{i}} & M_{0z,\mathsf{M}'\boldsymbol{j}} & M_{0z,\mathsf{M}'\boldsymbol{k}} \end{pmatrix} \begin{pmatrix} C_{0x} \\ C_{0y} \\ C_{0z} \end{pmatrix}. \tag{6.132}$$

Wir schreiben nun das gleiche Moment noch einmal unter Benutzung der Bereichsmatrix 2. Grades an

Axiale Momente der zylindrischen Vektor-Einsfelder $\Omega_{M'i}$, $\Omega_{M'j}$, $\Omega_{M'k}$ mit dem erzeugenden Vektor $\boldsymbol{i}$, $\boldsymbol{j}$, $\boldsymbol{k}$ in bezug auf die x-Achse, y-Achse, z-Achse

$$\begin{pmatrix} M_{0x,\alpha} \\ M_{0y,\alpha} \\ M_{0z,\alpha} \end{pmatrix} = \begin{pmatrix} +\int (y^2+z^2)\,\mathrm{d}B & -\int y\,x\,\mathrm{d}B & -\int z\,x\,\mathrm{d}B \\ -\int x\,y\,\mathrm{d}B & +\int (x^2+z^2)\,\mathrm{d}B & -\int z\,y\,\mathrm{d}B \\ -\int x\,z\,\mathrm{d}B & -\int y\,z\,\mathrm{d}B & +\int (x^2+y^2)\,\mathrm{d}B \end{pmatrix} \begin{pmatrix} C_{0x} \\ C_{0y} \\ C_{0z} \end{pmatrix}. \tag{6.133}$$

Vergleichen wir die Elemente der beiden Matrizen, so erkennen wir:

Die Elemente der Bereichsmatrix 2. Grades sind axiale Momente (genauer die Koordinaten $M_{0\nu,M'e}$ der axialen Momente der zylindrischen Vektor-Einsfelder $\Omega_{M'e}$ ($e = \boldsymbol{i}, \boldsymbol{j}, \boldsymbol{k}$) in bezug auf die Koordinatenachsen $\overline{0\nu}$ ($\nu = x, y, z$)).

Diese Bereichsmatrix 2. Grades wurde das erste Mal in der Kinetik zur Begründung der Rotation eines starren Körpers benutzt. Man erkannte: Das die Rotation erzeugende polare Moment $\boldsymbol{M}_s$ aller Kräfte in bezug auf den Schwerpunkt des starren Körpers ist gleich der Rotationsträgheit multipiziert mit der Winkelbeschleunigung $\boldsymbol{\varepsilon}_s$, wobei sich die Rotationsträgheit mathematisch eben als jene Bereichsmatrix 2. Grades (mit dem Schwerpunkt s als Pol) abbildet.

Diese Bereichsmatrix 2. Grades ordnet in der Kinetik der Winkelbeschleunigung $\boldsymbol{\varepsilon}_s$ das Moment $\boldsymbol{M}_s$ zu, ist mathematisch gesehen eine Dyade und wurde deshalb „Trägheitsdyade" genannt, eine Bezeichnung, die man später auf alle Bereichsmatrizen 2. Grades ausdehnte, weshalb wir im folgenden B^2 durch T ersetzen wollen.

$$\boldsymbol{M}_s = \mathsf{B}_s^2\,\boldsymbol{\varepsilon}_s = \mathrm{T}_s\,\boldsymbol{\varepsilon}_s\,. \tag{6.134}$$

Wir schreiben deshalb für das polare Moment des vorgegebenen Vektorfeldes in bezug auf 0 mit $\boldsymbol{n}$ als Einheitsvektor von C

$$\boldsymbol{M}_{0,\alpha} = C_0\,\mathsf{B}_0^2\,\boldsymbol{n} = C_0\,\mathrm{T}_0\,\boldsymbol{n} = \mathrm{T}_0\,\boldsymbol{C}_0\,. \tag{6.135}$$

Mit $C_0 = 1$ ergibt sich für das zylindrische Vektor-Einsfeld

$$\Omega_{\alpha^1} := \{\boldsymbol{\alpha}^1(\boldsymbol{r}) = \mathsf{M}'\,\boldsymbol{n} \mid \boldsymbol{r} \in B\} \tag{6.136}$$

das polare Moment in bezug auf 0 zu

$$\boldsymbol{M}_{0,\alpha^1} = \mathrm{T}_0\,\boldsymbol{n}\,. \tag{6.137}$$

Die symmetrische Bereichsmatrix 2. Grades kann man in der folgenden Form anschreiben

$$\mathrm{T}_0 = \begin{pmatrix} +T_{xx} & -T_{yx} & -T_{zx} \\ -T_{xy} & +T_{yy} & -T_{zy} \\ -T_{xz} & -T_{yz} & +T_{zz} \end{pmatrix} = \begin{pmatrix} +T_{xx} & -T_{xy} & -T_{xz} \\ -T_{yx} & +T_{yy} & -T_{yz} \\ -T_{zx} & -T_{zy} & +T_{zz} \end{pmatrix} = \mathrm{T}_0' \tag{6.138}$$

und erhält das polare Moment in bezug auf 0

$$\begin{pmatrix} M_{0x,\alpha^1} \\ M_{0y,\alpha^1} \\ M_{0z,\alpha^1} \end{pmatrix} = \begin{pmatrix} +T_{xx} & -T_{yx} & -T_{zx} \\ -T_{xy} & +T_{yy} & -T_{zy} \\ -T_{xz} & -T_{yz} & +T_{zz} \end{pmatrix} \begin{pmatrix} n_x \\ n_y \\ n_z \end{pmatrix}. \tag{6.139}$$

Projiziert man nun dieses polare Moment auf die Zentrallinie $\overline{nn}$ selbst, so erhält man das axiale Moment

$$M_{0n,\alpha^1} = \mathsf{K}_{nn}\, \mathrm{T}_0\, \boldsymbol{n} = \boldsymbol{T}_{nn}\,. \tag{6.140}$$

Die Koordinate ergibt sich zu

$$M_{0n,\alpha^1} = \mathsf{X}_{nn}\, \mathrm{T}_0\, \boldsymbol{n} = T_{nn} \tag{6.141}$$

oder mit

$$\mathsf{X}_{nn} = \boldsymbol{n}' \tag{6.142}$$

zu

$$M_{0n,\alpha^1} = \boldsymbol{n}'\, \mathrm{T}_0\, \boldsymbol{n} = T_{nn}\,. \tag{6.143}$$

Die Koordinate T_{nn} dieses axialen Momentes heißt *Trägheitsmoment des zylindrischen Vektor-Einsfeldes in bezug auf die Zentrallinie* oder — da das Vektorfeld in der Endformel gar nicht mehr sichtbar ist — *Trägheitsmoment des beschränkten Bereiches B in bezug auf die Gerade $\overline{nn}$*. T_0 nennt man — wie bereits erwähnt — *Trägheitsdyade*[1]) des beschränkten Bereiches B in bezug auf den Punkt 0, die symmetrische Matrix von T_0 *Matrix der Trägheitsdyade* und die Koordinaten T_{xx}, T_{yy}, T_{zz} der Trägheitsdyade (also die Elemente in der Hauptdiagonalen der Dyaden-Matrix) ganz analog zu T_{nn} *Trägheitsmomente* (bezüglich der x-, y- bzw. z-Achse). Die Dyadenkoordinaten

$$T_{xy} = T_{yx}, \quad T_{xz} = T_{zx}, \quad T_{yz} = T_{zy}$$

heißen dagegen *Deviationsmomente* oder auch *Zentrifugalmomente*, da sie die Abweichung (deviare: abweichen, ⟨lat.⟩) des erzeugenden Vektors $\boldsymbol{C}_0$ bzw. $\boldsymbol{n}$ vom polaren Moment $\boldsymbol{M}_{0,\alpha}$ bedingen. Die Koordinaten der Dyade sind vollkommen unabhängig von der Richtung der durch 0 gehenden Zentrallinie.

Schlußfolgerungen

1. Ist die einem Punkt 0 des beschränkten Bereiches B zugeordnete Trägheitsdyade T_0 bekannt, so ist auch das Trägheitsmoment T_{nn} bezüglich jeder durch den Punkt 0 gehenden Geraden (Zentrallinie), deren Einheitsvektor $\boldsymbol{n}$ genannt wird, bekannt. Es ist nämlich durch die der Trägheitsdyade zugeordnete quadratische Form, also durch

$$T_{nn} = \boldsymbol{n}' \cdot \mathrm{T}_0 \cdot \boldsymbol{n} \tag{6.144}$$

bestimmt und ergibt sich zu

$$T_{nn} = (n_x \quad n_y \quad n_z) \begin{pmatrix} +T_{xx} & -T_{yx} & -T_{zx} \\ -T_{xy} & +T_{yy} & -T_{zy} \\ -T_{xz} & -T_{yz} & +T_{zz} \end{pmatrix} \begin{pmatrix} n_x \\ n_y \\ n_z \end{pmatrix},$$

$$T_{nn} = (n_x \quad n_y \quad n_z) \begin{pmatrix} +T_{xx} n_x - T_{yx} n_y - T_{zx} n_z \\ -T_{xy} n_x + T_{yy} n_y - T_{zy} n_z \\ -T_{xz} n_x - T_{yz} n_y + T_{zz} n_z \end{pmatrix},$$

[1]) In der Literatur ist die Bezeichnung *Trägheitstensor* geläufiger.

$$\begin{aligned} T_{nn} &= + T_{xx}\, n_x\, n_x - T_{yx}\, n_x\, n_y - T_{zx}\, n_x\, n_z \\ &\quad - T_{xy}\, n_y\, n_x + T_{yy}\, n_y\, n_y - T_{zy}\, n_y\, n_z \\ &\quad - T_{xz}\, n_z\, n_x - T_{yz}\, n_z\, n_y + T_{zz}\, n_z\, n_z\,, \\ T_{nn} &= T_{xx}\, n_x^2 + T_{yy}\, n_y^2 + T_{zz}\, n_z^2 - 2\, T_{xy}\, n_x\, n_y - 2\, T_{xz}\, n_x\, n_z \\ &\qquad - 2\, T_{yz}\, n_y\, n_z \end{aligned} \tag{6.145}$$

oder wegen

$$\boldsymbol{n} = \begin{pmatrix} n_x \\ n_y \\ n_z \end{pmatrix} = \begin{pmatrix} \cos\alpha \\ \cos\beta \\ \cos\gamma \end{pmatrix}$$

$$\begin{aligned} T_{nn} &= T_{xx}\cos^2\alpha + T_{yy}\cos^2\beta + T_{zz}\cos^2\gamma - 2\, T_{xy}\cos\alpha\,\cos\beta \\ &\quad - 2\, T_{xz}\cos\alpha\,\cos\gamma - 2\, T_{yz}\cos\beta\,\cos\gamma\,. \end{aligned} \tag{6.146}$$

2. Ist die einem Punkt 0 eines beschränkten Bereiches B zugeordnete Trägheitsdyade T_0 bekannt und ein zylindrisches Vektor-Einsfeld mit der durch 0 gehenden Zentrallinie $\overline{nn}$ vorgegeben, so ist auch das Moment dieses zylindrischen Vektor-Einsfeldes in bezug auf den Punkt 0 bekannt. Es ist nämlich durch

$$\boldsymbol{M}_{0,\alpha^1} = \mathsf{T}_0 \cdot \boldsymbol{n} \tag{6.147}$$

bestimmt. Die Trägheitsdyade T_0 ordnet jeder durch 0 gehenden Geraden $\overline{nn}$ das Moment des zylindrischen Vektor-Einsfeldes mit $\overline{nn}$ als Zentrallinie in bezug auf den Punkt 0 zu.

3. Ist die einem Punkt 0 eines beschränkten Bereiches B zugeordnete Trägheitsdyade T_0 bekannt und das Moment $\boldsymbol{M}_{0,\alpha^1}$ eines zylindrischen Vektor-Einsfeldes in bezug auf diesen Punkt 0 vorgegeben, so ist auch der Vektor $\boldsymbol{n}$ der Zentrallinie bekannt. Er ergibt sich nach Multiplikation mit der invertierten Matrix T_0^{-1} von links zu

$$\mathsf{T}_0^{-1}\, \boldsymbol{M}_{0,\alpha^1} = \mathsf{T}_0^{-1} \cdot \mathsf{T}_0\, \boldsymbol{n} = \boldsymbol{n}\,. \tag{6.148}$$

4. Ist die einem Punkt 0 eines beschränkten Bereiches B zugeordnete Trägheitsdyade T_0 bekannt und das Moment $\boldsymbol{M}_{0,\alpha} = \alpha\, \boldsymbol{M}_{0,\alpha^1}$ eines zylindrischen Vektorfeldes in bezug auf diesen Punkt vorgegeben, so ist auch der Zentralvektor $\boldsymbol{C}_0 = C_0\, \boldsymbol{n}$ und mit diesem die Gleichung des Vektorfeldes bekannt. Mit

$$\mathsf{T}_0^{-1}\, \boldsymbol{M}_{0,\alpha} = C_0\, \boldsymbol{n} = \boldsymbol{C}_0 \tag{6.149}$$

und

$$\boldsymbol{\alpha}(\boldsymbol{r}) = C_0 \cdot \mathsf{M}_0' \cdot \boldsymbol{n} = \mathsf{M}_0' \boldsymbol{C}_0$$

(vgl. Abschnitt 4.3.2.6) ergibt sich nämlich

$$\boldsymbol{\alpha}(\boldsymbol{r}) = \mathsf{M}_0'\, \mathsf{T}_0^{-1}\, \boldsymbol{M}_{0,\alpha}\,. \tag{6.150}$$

Ist also die einem Punkt 0 eines beschränkten Bereiches B zugeordnete Trägheitsdyade bekannt, so kann je nach den übrigen Angaben das Trägheitsmoment T_{nn}, das Moment $\boldsymbol{M}_{0,\alpha^1}$, der Einheitsvektor $\boldsymbol{n}$ der Zentrallinie (Nulllinie, Drehachse) oder die Gleichung des Vektorfeldes errechnet werden. Diese Aufgabenstellungen führen uns die Bedeutung der Trägheitsdyade für die gesamte Ingenieurpraxis unmittelbar vor Augen.

6.3.2.4.2.1. Trägheits- und Deviationsmomente eines Flächenstückes

Der beschränkte Bereich B sei ein ebenes Flächenstück A, und der Zentralvektor $\boldsymbol{C} = C \cdot \boldsymbol{n}$ mit der Zentrallinie $\overline{nn}$ als Wirkungslinie liege in der Ebene der vorgegebenen Fläche (Bild 6.17). Die Vektoren $\boldsymbol{\sigma}$ des zylindrischen Vektorfeldes Φ_σ stehen senkrecht auf der Fläche A und sind parallel zur Flächen-„Normalen" gerichtet. Die Vektorspitzen markieren eine Ebene E, die die Fläche A längs der Zentrallinie durchdringt. Da die Zentrallinie der geometrische Ort aller der Punkte des Flächenstückes ist, für die die Normalspannungen den Betrag Null haben, wird sie auch *Nullinie* genannt.

Wenn wir nun das Koordinatensystem so anordnen, daß das Flächenstück A in der y, z-Ebene liegt ($A = A^{(y,z)}$) und der Ursprung ein Punkt der Zentrallinie (Nullinie) ist (Bild 6.27), kann man die zwei in Tafel 6.7 dargestellten Sonder-

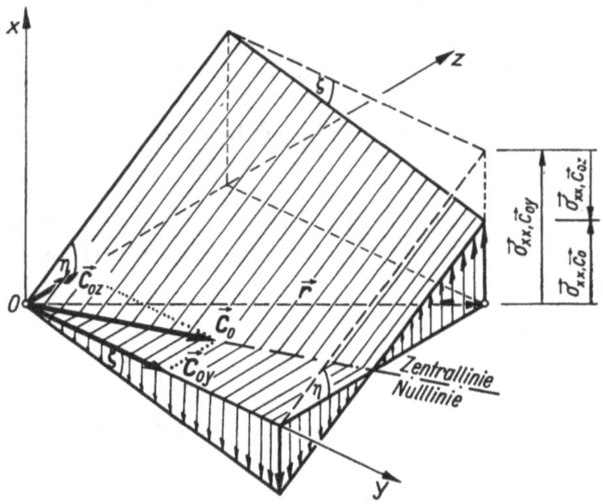

Bild 6.27. Darstellung des Spannungsfeldes als zylindrisches Flächenvektorfeld

fälle betrachten. Wegen $\eta = 45°$ bzw. $\zeta = -45°$ lassen sich die Feldgleichungen unmittelbar aus der Anschauung gewinnen: *Die Beträge der Feldvektoren sind gleich dem senkrechten Abstand ihrer Fußpunkte von der Zentrallinie.* Auf Grund der Ausführungen in Abschnitt 6.1.3. dürfen wir aber diese Vektor-Einsfelder auch als Ausschnitte der Momentenfelder mit den linienflüchtigen Zentralvektoren $\boldsymbol{j}$ und $\boldsymbol{k}$ (die einer eindeutigen Bezeichnung wegen vorübergehend im Ursprung 0 angeheftet und deshalb mit $\boldsymbol{j}_0$ und $\boldsymbol{k}_0$ bezeichnet werden) auffassen. Als Ausschnitte deshalb, weil aus dem ganzen räumlich-unendlichen Momentenfeld nur diejenigen Momentenvektoren betrachtet werden, deren Fußpunkte (die durch den Radiusvektor $\boldsymbol{r}$ fixiert werden) zugleich Punkte des Flächenstückes $A^{(y,z)}$ sind:

$$\Omega_{\sigma_{r,j_0}} = \Omega_{\mathsf{M} j_0} = \{\boldsymbol{\sigma}_{r,j_0} = \mathsf{M}' \boldsymbol{j}_0 \mid \boldsymbol{r} \in A^{(y,z)}\} ,$$

$$\Omega_{\sigma_{r,k_0}} = \Omega_{\mathsf{M} k_0} = \{\boldsymbol{\sigma}_{r,k_0} = \mathsf{M}' \boldsymbol{k}_0 \mid \boldsymbol{r} \in A^{(y,z)}\} .$$

Tafel 6.7. **Trägheits- und Deviationsmomente eines Flächenstückes**

	Zentralvektor $C_0 = j_0$	Zentralvektor $C_0 = k_0$
Darstellung des zylindrischen Vektor-Einsfeldes	$\eta = 45°$ (I. Quadrant) 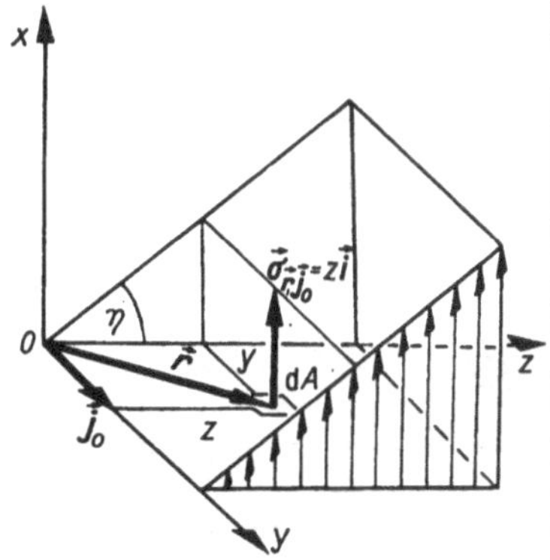	$\zeta = -45°$ (IV. Quadrant) 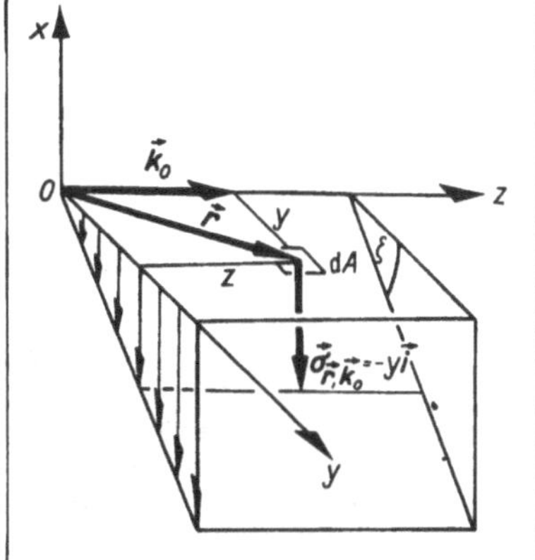
Gleichung des zylindrischen Vektor-Einsfeldes	$\sigma_{r,j_0} = M_{r,j_0} = M' j_0 = \begin{pmatrix} 0 & +z & -y \\ -z & 0 & 0 \\ +y & 0 & 0 \end{pmatrix} \begin{pmatrix} 0 \\ 1 \\ 0 \end{pmatrix} = \begin{pmatrix} z \\ 0 \\ 0 \end{pmatrix}$ $\sigma_{r,j_0} = +z \cdot i$	$\sigma_{r,k_0} = M_{r,k_0} = M' k_0 = \begin{pmatrix} 0 & +z & -y \\ -z & 0 & 0 \\ +y & 0 & 0 \end{pmatrix} \begin{pmatrix} 0 \\ 0 \\ 1 \end{pmatrix} = \begin{pmatrix} -y \\ 0 \\ 0 \end{pmatrix}$ $\sigma_{r,k_0} = -y \cdot i$
Moment des zylindrischen Vektor-Einsfeldes in bezug auf den Ursprung	$M_{0,\sigma} = J_0 j_0 = \begin{pmatrix} J_{xx} & 0 & 0 \\ 0 & J_{yy} & -J_{zy} \\ 0 & -J_{yz} & J_{zz} \end{pmatrix} \begin{pmatrix} 0 \\ 1 \\ 0 \end{pmatrix}$ $\begin{pmatrix} M_{0x,\sigma} \\ M_{0y,\sigma} \\ M_{0z,\sigma} \end{pmatrix} = \begin{pmatrix} 0 \\ J_{yy} \\ -J_{yz} \end{pmatrix} = \begin{pmatrix} 0 \\ \int z^2\,dA \\ -\int yz\,dA \end{pmatrix}$	$M_{0,\sigma} = J_0 \cdot k_0 = \begin{pmatrix} J_{xx} & 0 & 0 \\ 0 & J_{yy} & -J_{zy} \\ 0 & -J_{yz} & J_{zz} \end{pmatrix} \begin{pmatrix} 0 \\ 0 \\ 1 \end{pmatrix}$ $\begin{pmatrix} M_{0x,\sigma} \\ M_{0y,\sigma} \\ M_{0z,\sigma} \end{pmatrix} = \begin{pmatrix} 0 \\ -J_{zy} \\ J_{zz} \end{pmatrix} = \begin{pmatrix} 0 \\ -\int zy\,dA \\ +\int y^2\,dA \end{pmatrix}$

Die einzelnen Elemente der zylindrischen Vektor-Einsfelder erhalten wir damit als Momente der in 0 angehefteten Einheitsvektoren j_0 bzw. k_0.

Für einen beliebigen Zentralvektor

$$C_0 = C_0 n = \begin{pmatrix} 0 \\ C_{0y} \\ C_{0z} \end{pmatrix}$$

nimmt die Gleichung der Feldvektoren (Normalspannungen) die folgende Form an:

$$\sigma_{r,C_0} = M' C_0$$

$$= \begin{pmatrix} 0 & +z & -y \\ -z & 0 & 0 \\ +y & 0 & 0 \end{pmatrix} \begin{pmatrix} 0 \\ C_{0y} \\ C_{0z} \end{pmatrix} = \begin{pmatrix} +C_{0y} \cdot z - C_{0z} \cdot y \\ 0 \\ 0 \end{pmatrix}. \quad (6.151)$$

Die Feldgleichung kann man aber mit Hilfe von Bild 6.27 auch auf folgende Weise herleiten:

$$\begin{aligned}\boldsymbol{\sigma}_{\boldsymbol{r},\boldsymbol{C}_0} &= \boldsymbol{\sigma}_{\boldsymbol{r},(\boldsymbol{C}_{0y}+\boldsymbol{C}_{0z})} \\ &= \boldsymbol{\sigma}_{\boldsymbol{r},\boldsymbol{C}_{0y}} + \boldsymbol{\sigma}_{\boldsymbol{r},\boldsymbol{C}_{0z}} = C_{0y}\cdot\boldsymbol{\sigma}_{\boldsymbol{r},\boldsymbol{j}_0} + C_{0z}\cdot\boldsymbol{\sigma}_{\boldsymbol{r},\boldsymbol{k}_0} \\ &= (C_{0y}\cdot z - C_{0z}\cdot y)\,\boldsymbol{i} \\ &= (\sigma_{xx,C_{0y}} + \sigma_{xx,C_{0z}})\,\boldsymbol{i} = \boldsymbol{\sigma}_{xx,C_0}\,.\end{aligned} \tag{6.152}$$

Mit den Bezeichnungen in Bild 6.26 folgt damit

$$\sigma_{xx,C_{0y}} = +\,C_{0y}\cdot z \Rightarrow C_{0y} = +\frac{\sigma_{xx,C_{0y}}}{z} = +\tan\eta\,, \tag{6.153}$$

$$\sigma_{xx,C_{0z}} = -\,C_{0z}\cdot y \Rightarrow C_{0z} = -\frac{\sigma_{xx,C_{0z}}}{y} = -\tan\zeta\,. \tag{6.154}$$

Sind die Koordinaten y, z, C_{0y} und C_{0z} positiv, so hat $\sigma_{xx,C_{0y}}$ als Moment des Vektors C_{0y} eine positive Koordinate ($\sigma_{xx,C_{0y}} = +\,C_{0y}\cdot z$), und die Spitzen der Vektoren $\sigma_{xx,C_{0y}}$ bilden eine Ebene, die durch Drehung der y,z-Ebene um die y-Achse um den Winkel η entsteht.

Das Moment des Vektors C_{0z}, also $\sigma_{xx,C_{0z}}$, hat in diesem Falle dagegen eine negative Koordinate ($\sigma_{xx,C_{0z}} = -\,C_{0z}\cdot y$), und die Spitzen der Vektoren $\sigma_{xx,C_{0z}}$ bilden eine Ebene, die durch Drehung der y,z-Ebene um die z-Achse um den Winkel ζ in den IV. Quadranten entsteht. Da in diesem Fall $\sigma_{xx,C_{0z}} < 0$ und $y > 0$, ist auch $\tan\zeta < 0$ und C_{0z} positiv. In die Formeln gehen also alle Koordinaten mit ihren Vorzeichen ein.

Das Moment dieses zylindrischen Vektorfeldes (Normalspannungsfeldes) in bezug auf den Ursprung 0 ist mit den Bezeichnungen

$$\mathbf{J}_0 := \mathbf{T}_0 \tag{6.155}$$

und

$$J_{ik} = T_{ik} \tag{6.156}$$

nach Gleichung (6.135)

$$\boldsymbol{M}_{0,\sigma} = \mathbf{J}_0\,\boldsymbol{C}_0\,. \tag{6.157}$$

Für die y, z-Ebene ist $x = 0$ und damit nach den Gleichungen (6.127) und (6.138) auch

$$J_{xy} = J_{xz} = 0\,.$$

Das polare Moment nimmt im Koordinatensystem demnach die folgende Form an

$$\begin{pmatrix} M_{0x,\sigma} \\ M_{0y,\sigma} \\ M_{0z,\sigma}\end{pmatrix} = \begin{pmatrix} J_{xx} & 0 & 0 \\ 0 & J_{yy} & -J_{zy} \\ 0 & -J_{yz} & J_{zz}\end{pmatrix}\begin{pmatrix}0 \\ C_{0y} \\ C_{0z}\end{pmatrix} = \begin{pmatrix} 0 \\ J_{yy}\cdot C_{0y} - J_{zy}\cdot C_{0z} \\ -J_{yz}\cdot C_{0y} + J_{zz}\cdot C_{0z}\end{pmatrix}. \tag{6.158}$$

Da die x-Koordinate des polaren Momentes Null ist, der Momentenvektor $\boldsymbol{M}_{0,\sigma}$ also ebenso wie der Zentralvektor $\boldsymbol{C}_0 = C_0\cdot\boldsymbol{n}$ in der y, z-Ebene liegt, ist eine Beschränkung von Gleichung (6.158) auf die y, z-Ebene zulässig. Mit

$$\mathbf{J}_0^{(y,z)} := \begin{pmatrix} J_{yy} & -J_{zy} \\ -J_{yz} & J_{zz}\end{pmatrix} \tag{6.159}$$

geht Gleichung (6.158) über in

$$\begin{pmatrix} M_{0y,\sigma} \\ M_{0z,\sigma} \end{pmatrix} = \begin{pmatrix} J_{yy} & -J_{zy} \\ -J_{yz} & J_{zz} \end{pmatrix} \cdot \begin{pmatrix} C_{0y} \\ C_{0z} \end{pmatrix} = C_0 \begin{pmatrix} J_{yy} & -J_{zy} \\ -J_{yz} & J_{zz} \end{pmatrix} \cdot \begin{pmatrix} n_y \\ n_z \end{pmatrix}. \tag{6.160}$$

In symbolischer Schreibweise erhalten wir analog zu Gleichung (6.157)

$$\boldsymbol{M}_{0,\sigma} = \mathbf{J}_0^{(y,z)} \boldsymbol{C}_0 = C_0 \mathbf{J}_0^{(y,z)} \cdot \boldsymbol{n}, \tag{6.161}$$

wobei $\mathbf{J}_0^{(y,z)}$ als die dem Punkt 0 des Flächenstückes $A^{(y,z)}$ zugeordnete *Flächenträgheitsdyade* bezeichnet wird. Die Dyadenkoordinaten J_{yy}, J_{zz} werden *Flächenträgheitsmomente* genannt, während die Dyadenkoordinaten $J_{yz} = J_{zy}$ *Zentrifugalmomente* oder *Deviationsmomente des Flächenstückes* heißen.

In Verbindung mit den allgemeinen Betrachtungen stellen wir fest:

1. Ist die einem Punkt 0 des Flächenstückes $A^{(y,z)}$ zugeordnete Flächenträgheitsdyade $\mathbf{J}_0^{(y,z)}$ bekannt, so ist auch das Trägheitsmoment J_{nn} bezüglich jeder in der Fläche liegenden und durch den Punkt 0 gehenden Geraden $\overline{nn}$ bekannt. Es ist nämlich durch die der Flächenträgheitsdyade zugeordneten quadratischen Form, also durch

$$J_{nn} = \boldsymbol{n}' \, \mathbf{J}_0^{(y,z)} \, \boldsymbol{n}, \tag{6.162}$$

bestimmt und ergibt sich zu

$$J_{nn} = (n_y \quad n_z) \begin{pmatrix} +J_{yy} & -J_{zy} \\ -J_{yz} & +J_{zz} \end{pmatrix} \begin{pmatrix} n_y \\ n_z \end{pmatrix},$$

$$J_{nn} = J_{yy} n_y^2 - 2 J_{yz} n_y n_z + J_{zz} n_z^2,$$

und mit

$$\boldsymbol{n} = \begin{pmatrix} n_y \\ n_z \end{pmatrix} = \begin{pmatrix} \cos \beta \\ \cos \gamma \end{pmatrix}$$

folgt

$$J_{nn} = J_{yy} \cos^2 \beta + J_{zz} \cos^2 \gamma - 2 J_{yz} \cos \beta \cos \gamma .$$

Da für die Ebene $\gamma = \pi/2 - \beta$ und damit $\cos \gamma = \sin \beta$ ist, kann man auch schreiben:

$$J_{nn} = J_{yy} \cos^2 \beta + J_{zz} \sin^2 \beta - J_{yz} \cdot \sin 2\beta . \tag{6.163}$$

2. Ist die einem Punkt 0 des Flächenstückes $A^{(y,z)}$ zugeordnete Flächenträgheitsdyade $\mathbf{J}_0^{(y,z)}$ bekannt und ein zylindrisches Normalspannungs-Einsfeld mit der durch 0 gehenden und in der Ebene der Fläche liegenden Nullinie $\overline{nn}$ vorgegeben, so ist auch das Moment $\boldsymbol{M}_{0,\sigma^1}$ dieses zylindrischen Normalspannungs-Einsfeldes in bezug auf den Punkt 0 bekannt. Es ist nämlich durch

$$\boldsymbol{M}_{0,\sigma^1} = \mathbf{J}_0^{(y,z)} \boldsymbol{n} \tag{6.164}$$

bestimmt. Die Flächenträgheitsdyade $\mathbf{J}_0^{(y,z)}$ ordnet jeder in der Fläche liegenden und durch 0 gehenden Geraden $\overline{nn}$ das Moment des zylindrischen Normalspannungs-Einsfeldes in bezug auf den Punkt 0 zu.

3. Ist die einem Punkt 0 eines Flächenstückes zugeordnete Flächenträgheitsdyade $\mathbf{J}_0^{(y,z)}$ bekannt und das Moment $\boldsymbol{M}_{0,\sigma^1}$ eines zylindrischen Normal-

spannungs-Einsfeldes in bezug auf diesen Punkt 0 vorgegeben, so ist auch der Vektor $\boldsymbol{n}$ der Nullinie bekannt:

$$\boldsymbol{n} = (\mathbf{J}_0^{(y,z)})^{-1} \boldsymbol{M}_{0,\sigma^1} = \frac{1}{C_0} (\mathbf{J}_0^{(y,z)})^{-1} \boldsymbol{M}_{0,\sigma} . \tag{6.165}$$

4. Ist die einem Punkt 0 eines Flächenstückes zugeordnete Flächenträgheitsdyade $\mathbf{J}_0^{(y,z)}$ bekannt und das Moment $\boldsymbol{M}_{0,\sigma}$ eines zylindrischen Normalspannungsfeldes in bezug auf diesen Punkt 0 vorgegeben, so ist auch die Gleichung des Spannungsfeldes bekannt:

$$\sigma(\boldsymbol{r}) = \mathsf{M}_0'(\mathsf{J}_0^{(y,z)})^{-1} \boldsymbol{M}_{0,\sigma} . \tag{6.166}$$

Die analogen Überlegungen führen für die beiden anderen Koordinatenebenen zu den in Tafel 6.8 dargestellten Ergebnissen.

Deutung der Matrixelemente:

Neben dieser deduktiven Herleitung ermöglichen die Vektor-Einsfelder einen sehr übersichtlichen und anschaulichen Aufbau der Flächenträgheitsdyade.

Da mit Gleichung (6.152)

$$\sigma_{\boldsymbol{r},C_0} = C_{0y} \cdot \sigma_{\boldsymbol{r},\boldsymbol{j}_0} + C_{0z} \cdot \sigma_{\boldsymbol{r},\boldsymbol{k}_0} \tag{6.167}$$

ist, darf man die folgenden Umformungen durchführen

$$\begin{aligned} \boldsymbol{M}_{0,\sigma} &= \boldsymbol{M}_{0,\sigma_{\boldsymbol{r},C_0}} = \boldsymbol{M}_{0,(C_{0y}\cdot\sigma_{\boldsymbol{r},\boldsymbol{j}_0}+C_{0z}\cdot\sigma_{\boldsymbol{r},\boldsymbol{k}_0})} \\ &= C_{0y} \boldsymbol{M}_{0,\sigma_{\boldsymbol{r},\boldsymbol{j}_0}} + C_{0z} \boldsymbol{M}_{0,\sigma_{\boldsymbol{r},\boldsymbol{k}_0}} . \end{aligned} \tag{6.168}$$

Mit Tafel 6.7 erhalten wir

$$\begin{aligned} \begin{pmatrix} M_{0x,\sigma_{\boldsymbol{r}},C_0} \\ M_{0y,\sigma_{\boldsymbol{r}},C_0} \\ M_{0z,\sigma_{\boldsymbol{r}},C_0} \end{pmatrix} &= C_{0y} \begin{pmatrix} 0 \\ +J_{yy} \\ -J_{yz} \end{pmatrix} + C_{0z} \begin{pmatrix} 0 \\ -J_{zy} \\ +J_{zz} \end{pmatrix} \\ &= \begin{pmatrix} 0 & 0 \\ +J_{yy} & -J_{zy} \\ -J_{yz} & +J_{zz} \end{pmatrix} \begin{pmatrix} C_{0y} \\ C_{0z} \end{pmatrix} \end{aligned}$$

und bei Beschränkung auf die y- und z-Komponente des polaren Momentes

$$\begin{pmatrix} M_{0y,\sigma_{\boldsymbol{r}},C_0} \\ M_{0z,\sigma_{\boldsymbol{r}},C_0} \end{pmatrix} = \begin{pmatrix} J_{yy} & -J_{zy} \\ -J_{yz} & J_{zz} \end{pmatrix} \begin{pmatrix} C_{0y} \\ C_{0z} \end{pmatrix}.$$

6.3.2.4.2.2. Das polare Flächenträgheitsmoment

Der beschränkte Bereich B sei ein ebenes Flächenstück A, und die Zentrallinie durchstoße senkrecht die Ebene dieses Flächenstückes. Das zylindrische Feld ist dann komplanar, weshalb wir die Vektoren (in Anlehnung an die Schubspannungsbezeichnung in der Festigkeitslehre) mit $\boldsymbol{\tau}$ (also $\boldsymbol{\alpha} = \boldsymbol{\tau}$) und das Feld entsprechend mit Φ_τ (also $\Phi_\alpha = \Phi_\tau$) bezeichnen.

Tafel 6.8. **Trägheits- und Deviationsmomente**

	Beschränkter Bereich: B	Beschränkter Bereich: Flächenstück $B = A$ in der x,y-Ebene	x,z-Ebene	y,z-Ebene	Beschränkter Bereich: Massebelegter Raumteil $B = m = \int \varrho \cdot \mathrm{d}V$
Trägheits-momente	$T_{xx} = \int_B (y^2 + z^2)\,\mathrm{d}B$	$J_{xx} = \int_A y^2\,\mathrm{d}A$	$J_{xx} = \int_A z^2\,\mathrm{d}A$	$J_{xx} = \int_A (y^2 + z^2)\,\mathrm{d}A = J_{zz} + J_{yy}$	$\Theta_{xx} = \int_m (y^2 + z^2)\,\mathrm{d}m = \int_V (y^2 + z^2)\,\varrho\,\mathrm{d}V$
	$T_{yy} = \int_B (x^2 + z^2)\,\mathrm{d}B$	$J_{yy} = \int_A x^2\,\mathrm{d}A$	$J_{yy} = \int_A (x^2 + z^2)\,\mathrm{d}A = J_{zz} + J_{xx}$	$J_{yy} = \int_A z^2\,\mathrm{d}A$	$\Theta_{yy} = \int_m (x^2 + z^2)\,\mathrm{d}m = \int_V (x^2 + z^2)\,\varrho\,\mathrm{d}V$
	$T_{zz} = \int_B (x^2 + y^2)\,\mathrm{d}B$	$J_{zz} = \int_A (x^2 + y^2)\,\mathrm{d}A = J_{yy} + J_{xx}$	$J_{zz} = \int_A x^2\,\mathrm{d}A$	$J_{zz} = \int_A y^2\,\mathrm{d}A$	$\Theta_{zz} = \int_m (x^2 + y^2)\,\mathrm{d}m = \int_V (x^2 + y^2)\,\varrho\,\mathrm{d}V$
Deviations-momente	$T_{xy} = \int_B xy\,\mathrm{d}B = T_{yx}$	$J_{xy} = \int_A xy\,\mathrm{d}A$	$J_{xy} = 0$	$J_{xy} = 0$	$\Theta_{xy} = \int_m xy\,\mathrm{d}m = \int_V xy\varrho\,\mathrm{d}V = \Theta_{yx}$
	$T_{xz} = \int_B xz\,\mathrm{d}B = T_{zx}$	$J_{xz} = 0$	$J_{xz} = \int_A xz\,\mathrm{d}A$	$J_{xz} = 0$	$\Theta_{xz} = \int_m xz\,\mathrm{d}m = \int_V xz\varrho\,\mathrm{d}V = \Theta_{zx}$
	$T_{yz} = \int_B yz\,\mathrm{d}B = T_{zy}$	$J_{yz} = 0$	$J_{yz} = 0$	$J_{yz} = \int_A yz\,\mathrm{d}A$	$\Theta_{yz} = \int_m yz\,\mathrm{d}m = \int_V yz\varrho\,\mathrm{d}V = \Theta_{zy}$
Trägheits-tensor **T**	$\begin{pmatrix} T_{xx} & -T_{yx} & -T_{zx} \\ -T_{xy} & T_{yy} & -T_{zy} \\ -T_{xz} & -T_{yz} & T_{zz} \end{pmatrix}$	$\begin{pmatrix} J_{xx} & -J_{yx} & 0 \\ -J_{xy} & J_{yy} & 0 \\ 0 & 0 & J_{zz} \end{pmatrix}$	$\begin{pmatrix} J_{xx} & 0 & -J_{zx} \\ 0 & J_{yy} & 0 \\ -J_{xz} & 0 & J_{zz} \end{pmatrix}$	$\begin{pmatrix} J_{xx} & 0 & 0 \\ 0 & J_{yy} & -J_{zy} \\ 0 & -J_{yz} & J_{zz} \end{pmatrix}$	$\begin{pmatrix} \Theta_{xx} & -\Theta_{yx} & -\Theta_{zx} \\ -\Theta_{xy} & \Theta_{yy} & -\Theta_{zy} \\ -\Theta_{xz} & -\Theta_{yz} & \Theta_{zz} \end{pmatrix}$
Trägheitsmomente bezüglich der Geraden $\overline{nn}$	$T_{nn} = T_{xx} \cdot \cos^2\alpha + T_{yy} \cdot \cos^2\beta + T_{zz} \cdot \cos^2\gamma - 2T_{xy} \cdot \cos\alpha \cdot \cos\beta - 2T_{xz} \cdot \cos\alpha \cdot \cos\gamma - 2T_{yz} \cdot \cos\beta \cdot \cos\gamma$	$J_{nn} = J_{xx} \cdot \cos^2\alpha + J_{yy} \cdot \sin^2\alpha - J_{xy} \cdot \sin 2\alpha$	$J_{nn} = J_{zz} \cdot \cos^2\gamma + J_{xx} \cdot \sin^2\gamma - J_{xz} \cdot \sin 2\gamma$	$J_{nn} = J_{yy} \cdot \cos^2\beta + J_{zz} \cdot \sin^2\beta - J_{yz} \cdot \sin 2\beta$	$\Theta_{nn} = \Theta_{xx} \cdot \cos^2\alpha + \Theta_{yy} \cdot \cos^2\beta + \Theta_{zz}\cos^2\gamma - 2\Theta_{xy} \cdot \cos\alpha \cdot \cos\beta - 2\Theta_{xz} \cdot \cos\alpha \cdot \cos\gamma - 2\,\Theta_{yz} \cdot \cos\beta \cdot \cos\gamma$

Wenn wir nun das Koordinatensystem so anordnen, daß das Flächenstück in der y, z-Ebene liegt und der Ursprung mit dem Durchstoßpunkt der Zentrallinie zusammenfällt, haben die Vektoren $\boldsymbol{\tau}$ und $\boldsymbol{n}$ die Koordinaten[1])

$$\boldsymbol{\tau} = \begin{pmatrix} 0 \\ \tau_{xy} \\ \tau_{xz} \end{pmatrix}, \qquad \boldsymbol{n} = \begin{pmatrix} n_x \\ 0 \\ 0 \end{pmatrix} = \begin{pmatrix} 1 \\ 0 \\ 0 \end{pmatrix}. \tag{6.169}$$

Mit $\mathrm{d}B = \mathrm{d}A$, $\boldsymbol{\alpha} = \boldsymbol{\tau}$ und $x = 0$ nimmt das Moment des zylindrischen Vektor-Einsfeldes $(\Phi_{\alpha^1} = \Phi_{\tau^1})$ in bezug auf den Ursprung folgende einfache Form an:

$$\begin{pmatrix} M_{0x,\tau^1} \\ M_{0y,\tau^1} \\ M_{0z,\tau^1} \end{pmatrix} = \begin{pmatrix} J_{xx} & 0 & 0 \\ 0 & J_{yy} & -J_{zy} \\ 0 & -J_{yz} & J_{zz} \end{pmatrix} \begin{pmatrix} 1 \\ 0 \\ 0 \end{pmatrix} \tag{6.170}$$

oder ausgerechnet

$$\boldsymbol{M}_{0,\tau^1} \doteq \begin{pmatrix} M_{0x,\tau^1} \\ M_{0y,\tau^1} \\ M_{0z,\tau^1} \end{pmatrix} = \begin{pmatrix} J_{xx} \\ 0 \\ 0 \end{pmatrix}; \tag{6.171}$$

also ist in diesem Fall

$$\boldsymbol{M}_{0,\tau^1} = \boldsymbol{M}_{0x,\tau^1} = J_{xx}\boldsymbol{n}\,, \qquad |\boldsymbol{M}_{0,\tau^1}| = J_{xx}\,. \tag{6.172}$$

Das Moment des komplanaren zylindrischen Vektor-Einsfeldes steht also (wie der Momentendefinition entsprechend auch gar nicht anders zu erwarten war) senkrecht auf dem Flächenstück A. Seine Koordinate ist gleich J_{xx}, dem sog. *polaren Trägheitsmoment* des Flächenstückes. Das polare Trägheitsmoment wird vor allem für die Torsion des Stabes in der Festigkeitslehre benötigt.

Für die beiden anderen Koordinatenebenen erhalten wir durch analoge Überlegungen mit den Flächenträgheitsdyaden in Tafel 6.8 die in Richtung der jeweiligen Flächennormalen orientierten Momente $\boldsymbol{M}_{0y,\tau^1}$ bzw. $\boldsymbol{M}_{0z,\tau^1}$.

6.3.2.4.2.3. Die Massenträgheitsmomente

Das betrachtete Objekt sei ein massebelegter Raumteil mit dem Volumen V, der Masse m und der Dichte $\varrho = \frac{\mathrm{d}m}{\mathrm{d}V}$. Wir erklären diesen massebelegten Raumteil ebenfalls als beschränkten Bereich

$$B = m = \int_V \varrho \cdot \mathrm{d}V\,, \qquad \mathrm{d}B = \mathrm{d}m = \varrho \cdot \mathrm{d}V\,. \tag{6.173}$$

Liegt in diesem Bereich ein zylindrisches Vektor-Einsfeld

$$\Omega^Z_{\alpha^1} := \{\boldsymbol{\alpha}^1(\boldsymbol{r}) = \mathsf{M}'\boldsymbol{n} \mid \boldsymbol{r} \in V\}$$

[1]) Die Indizierung der Vektoren $\boldsymbol{\tau}$ entspricht der Indizierung der Spannungen in der Elastizitätstheorie:

1. Index: Fläche $x = \text{const}$,
2. Index: Richtung y oder z,

z. B. τ_{xy}: Vektor $\boldsymbol{\tau}$ an der Fläche $x = \text{const}$ in Richtung y.

vor, so ist der Bereichsvektor nach Gleichung (4.70)

$$\mathrm{d}\boldsymbol{A} = \boldsymbol{\alpha} \cdot \mathrm{d}B = \boldsymbol{\alpha} \cdot \varrho \cdot \mathrm{d}V\,. \tag{6.174}$$

Mit

$$\boldsymbol{\vartheta} := \boldsymbol{\alpha} \cdot \varrho \tag{6.175}$$

folgt aus Gleichung (6.174)

$$\mathrm{d}\boldsymbol{A} = \boldsymbol{\vartheta} \cdot \mathrm{d}V\,. \tag{6.176}$$

Das polare Moment des Vektorfeldes

$$\Omega_\vartheta := \{\boldsymbol{\vartheta}(\boldsymbol{r}) = \boldsymbol{\alpha}^1(\boldsymbol{r}) \cdot \varrho(\boldsymbol{r}) = \mathsf{M}'\,\varrho(\boldsymbol{r}) \cdot \boldsymbol{n} \mid \boldsymbol{r} \in V\} \tag{6.177}$$

in bezug auf den auf der Zentrallinie angeordneten Ursprung des Koordinatensystems ist entsprechend Gleichung (6.82) und (6.126)

$$\boldsymbol{M}_{0,\vartheta} = \left(\int_V \mathsf{M}\,\mathsf{M}'\,\varrho(\boldsymbol{r}) \cdot \mathrm{d}V\right)\boldsymbol{n}\,. \tag{6.178}$$

Führt man die Integration durch, so erhält man die Bereichsmatrix 2. Grades für den massebelegten Raumteil (Gleichung 6.138). Sie nimmt mit

$$\boldsymbol{\Theta} := \int_V \mathsf{M}\,\mathsf{M}'\,\varrho(\boldsymbol{r}) \cdot \mathrm{d}V \tag{6.179}$$

die folgende Form an (vgl. (6.127))

$$\boldsymbol{\Theta}_0 = \begin{pmatrix} +\int (y^2+z^2)\,\varrho\,\mathrm{d}V & -\int x\,y\,\varrho\,\mathrm{d}V & -\int z\,x\,\varrho\,\mathrm{d}V \\ -\int x\,y\,\varrho\,\mathrm{d}V & +\int (z^2+x^2)\,\varrho\,\mathrm{d}V & -\int z\,y\,\varrho\,\mathrm{d}V \\ -\int x\,z\,\varrho\,\mathrm{d}V & -\int y\,z\,\varrho\,\mathrm{d}V & +\int (x^2+y^2)\,\varrho\,\mathrm{d}V \end{pmatrix}. \tag{6.181}$$

Bezeichnen wir die Matrizenelemente wie folgt

$$\boldsymbol{\Theta}_0 = \begin{pmatrix} +\Theta_{xx} & -\Theta_{yx} & -\Theta_{zx} \\ -\Theta_{xy} & +\Theta_{yy} & -\Theta_{zy} \\ -\Theta_{xz} & -\Theta_{yz} & +\Theta_{zz} \end{pmatrix}, \tag{6.180}$$

so ergibt sich das polare Moment (Gleichung 6.178) zu

$$\begin{pmatrix} M_{0\,x,\,\vartheta} \\ M_{0\,y,\,\vartheta} \\ M_{0\,z,\,\vartheta} \end{pmatrix} = \begin{pmatrix} \Theta_{xx} & -\,\Theta_{yx} & -\,\Theta_{zx} \\ -\,\Theta_{xy} & \Theta_{yy} & -\,\Theta_{zy} \\ -\,\Theta_{xz} & -\,\Theta_{yz} & \Theta_{zz} \end{pmatrix} \begin{pmatrix} n_x \\ n_y \\ n_z \end{pmatrix} \tag{6.182}$$

oder symbolisch

$$\boldsymbol{M}_{0,\vartheta} = \boldsymbol{\Theta}_0 \cdot \boldsymbol{n}\,,$$

wobei $\boldsymbol{\Theta}_0$ als die dem Punkt 0 des massebelegten Raumteiles zugeordnete Massenträgheitsdyade bezeichnet wird. Die Dyadenkoordinaten Θ_{xx}, Θ_{yy} und Θ_{zz} heißen *axiale Massenträgheitsmomente*, die Dyadenkoordinaten $\Theta_{xy} = \Theta_{yx}$, $\Theta_{xz} = \Theta_{zx}$, $\Theta_{yz} = \Theta_{zy}$ werden *Deviationsmomente* genannt (Tafel 6.8).

Das Massenträgheitsmoment Θ_{nn} bezüglich einer durch den Punkt 0 gehenden Geraden $\overline{nn}$ wird durch die der Massenträgheitsdyade zugeordneten quadratische Form bestimmt:

$$\Theta_{nn} = \boldsymbol{n}'\,\Theta_0\,\boldsymbol{n}\,,$$

$$\Theta_{nn} = \Theta_{xx} \cdot \cos^2\alpha + \Theta_{yy}\cos^2\beta + \Theta_{zz}\cos^2\gamma$$
$$-\,2\,\Theta_{xy}\cos\alpha\cos\beta - 2\,\Theta_{yz}\cos\beta\cos\gamma - 2\,\Theta_{zx}\cos\gamma\cos\alpha\,.$$

6.3.3. Das Momentenfeld eines Vektorfeldes

6.3.3.1. Definition

Ermittelt man für jeden beliebigen Punkt b eines beschränkten Bereiches Δ das polare Moment $M_{b,\Omega}$ des in B vorliegenden Vektorfeldes (vgl. 6.3.1.1.)

$$\Omega_\alpha := \{\alpha(r_{0a}) \mid a \in B\} ,$$

so bildet die gleichzeitig vorgestellte Gesamtheit aller dieser polaren Momente in Δ das Momentenfeld Φ des Vektorfeldes Ω in B

$$\Phi_{M_{b,\Omega}} = \Phi_{\mathsf{M}\Omega} := \left\{M_{b,\Omega} = \int_B \mathsf{M}_{ba}\, \alpha(r_{0a}) \cdot \mathrm{d}B \mid a \in B \wedge b \in \Delta\right\}. \tag{6.183}$$

Da das polare Moment in b des Vektorfeldes Ω_α als Integral über den polaren Momenten der Elemente $\alpha \cdot \mathrm{d}B$ dieses Feldes ermittelt wird, gilt

$$\Phi_{\mathsf{M}\Omega} := \Phi_{\int_B \mathsf{M}\alpha \mathrm{d}B} = \int_B \Phi_{\mathsf{M}\alpha \mathrm{d}B} \tag{6.184}$$

oder plakativ mit dem Element $\mathsf{E} := \alpha \cdot \mathrm{d}B$

$$\Phi\,\mathsf{M}\,\Omega = \Phi \int \mathsf{M}\,\mathsf{E} = \int \Phi\,\mathsf{M}\,\mathsf{E} .$$

Das Feld Φ der polaren Momente des Feldes Ω ist

- gleich dem Feld der Integrale über den polaren Momenten der Elemente bzw.
- gleich dem Integral über den Feldern der polaren Momente der Elemente (also über den Momentenfeldern der Elemente).

6.3.3.2. Anwendung: Der Einfluß des Superpositions- und Ergänzungsprozesses auf das Momentenfeld von Vektorfeldern

Da das polare Moment weder durch einen Superpositionsprozeß noch durch einen Ergänzungsprozeß verändert wird, formulieren wir das

10. Momententheorem. *Das Momentenfeld eines oder mehrerer Vektorfelder wird durch einen Superpositionsprozeß oder einen Ergänzungsprozeß nicht verändert.*

6.4. Zusammenfassung

In dem vorliegenden Abschnitt wurden das polare Moment, das axiale Moment und das Momentenfeld eines Vektors erklärt. Die Momente und das Momentenfeld eines Vektorsystems ergaben sich als Summe, die Momente und das Momentenfeld eines Vektorfeldes analog als Integral über die Momente bzw. die Momentenfelder der Elemente. Damit lassen sich die zwölf in Tafel 6.9 angegebenen Problemtypen auf die vier Grundprobleme

$$\mathsf{ME},\ \mathsf{XME},\ \mathsf{KME},\ \Phi\mathsf{ME}$$

zurückführen.

Tafel 6.9. **Problemtypen für die Ermittlung von Momenten**

Vektormenge Γ	Element $\vec{E}$	polares Moment $M\Gamma$	axiales Moment: Koordinate $XM\Gamma$	axiales Moment: Vektor $KM\Gamma$	Momentenfeld $\Phi M\Gamma$
Vektor $\vec{P}$	$\vec{P}$	$M\vec{P}$- $M\vec{E}$	$XM\vec{P}$- $XM\vec{E}$	$KM\vec{P}$- $KM\vec{E}$	$\Phi M\vec{P}$- $\Phi M\vec{E}$
Vektorsystem $S_{\vec{P}} := \{\vec{P}_a \mid a = 1, \ldots, n\}$	$\vec{P}_a$	MS-Σ $M\vec{E}$	XMS-Σ $XM\vec{E}$	KMS-Σ $KM\vec{E}$	ΦMS-Σ $\Phi M\vec{E}$
Vektorfeld $\Omega_{\vec{a}} := \{\vec{a}(\vec{r}) \mid \vec{r} \in B\}$	$\vec{a}(\vec{r}) \cdot dB$	$M\Omega$-$\int$ $M\vec{E}$	$XM\Omega$-$\int$ $XM\vec{E}$	$KM\Omega$-$\int$ $KM\vec{E}$	$\Phi M\Omega$-$\int$ $\Phi M\vec{E}$

Die Ausführungen lassen erkennen,

- daß der Ergänzungs- und der Superpositionsprozeß angewendet auf eine Vektormenge die Momente dieser Vektormenge nicht verändert,
- daß sich kinematische Felder (infinitesimales Verschiebungs-, Geschwindigkeits-, Bahnbeschleunigungsfeld) des rotierenden Starrkörpers als Momentenfelder auffassen lassen und
- daß die Bereichswerte 1. Grades, also die statischen Momente, als Momente konstanter Vektor-Einsfelder, die Bereichswerte 2. Grades, also die Trägheitsmomente und Deviationsmomente, als Momente zylindrischer Vektor-Einsfelder erhalten werden können.

7. Zuordnung von Vektormengen

Während des Mathematisierungsprozesses wird jede mechanische Größe in eine mathematische Größe abgebildet.

Die Bewegung eines Objektes können wir beispielsweise durch Verschiebungs- Geschwindigkeits-, Beschleunigungs- und Impulsdichtefelder beschreiben, während die Belegung des Objektes durch Kraftdichtefelder — verteilt über das Volumen oder über die Oberfläche — repräsentiert wird. Durch Diskretisierung lassen sich schließlich die Felder der bereichsabhängigen mechanischen Größen in Systeme überführen.

Im mathematisierten Modell liegen also — neben Skalaren, Dyaden und gegebenenfalls Tensoren noch höherer Stufe — Vektoren vor, die in ihrer Gesamtheit Vektorfelder oder Vektorsysteme bilden. Diese gesamte Vektormenge muß nun für die Lösung der verschiedenartigsten Aufgaben in der Mechanik, beispielsweise für die Begründung der Bewegung eines Objektes, in geeigneter Weise umgeformt (modifiziert) werden.

Für die Modifizierung einer Vektormenge stellt uns die Mathematik die Vektorrechnung zur Verfügung.

Die einzelnen Vektoren der hier vorliegenden Vektormenge sind jedoch an verschiedene Punkte des Anschauungsraumes oder an verschiedene Wirkungslinien gebunden und gehören demnach verschiedenen Vektorräumen an. Die Vektoralgebra ist aber nur auf Vektoren jeweils eines Vektorraumes, also auf gebundene Vektoren mit gemeinsamen Fußpunkt, auf linienflüchtige Vektoren mit sich schneidenden Wirkungslinien oder auf freie Vektoren uneingeschränkt anwendbar.

Diese Tatsache zwingt uns, die gebundenen oder linienflüchtigen Vektoren auf eine andere Weise darzustellen.

Wenn wir grundsätzlich vor jeder weiteren Modifizierung den Erstarrungsprozeß durchführen, werden alle gebundenen Vektoren linienflüchtig, so daß wir lediglich nach einer zweckmäßigen Beschreibung für linienflüchtige Vektoren suchen müssen. Dieses Problem wurde von JULIUS PLÜCKER *gelöst, der den linienflüchtigen Vektor durch seine polare Projektion und sein polares Moment in bezug auf denselben Pol ersetzt. Die Zusammenfassung dieser sogenannten „*PLÜCKER*-Vektoren" zu einer neuen Größe, die wir Elementarpaar nennen, gestattet die Abbildung einer linienflüchtigen Vektormenge in einem einzigen Punkt r durch ein Elementarpaarbündel, indem wir jeden linienflüchtigen Vektor durch sein Elementarpaar in r ersetzen. (Diese Abbildung ist eineindeutig, da jedes Elementarpaar die Angabe des zugehörigen linienflüchtigen Vektors und seiner Wirkungslinie gestattet.) Sowohl die polaren Projektionen als auch die polaren Momente dieses Vektorbündels sind demselben Punkt r zugeordnet und gehören demnach demselben Vektorraum an, so daß nunmehr die Vektorrechnung angewendet werden darf.*

Die Reduktion der Vektormenge, d. h. die Superposition der polaren Projektionen (die zum reduzierten Vektor oder genauer zur reduzierten Projektion führt) und die Superposition der polaren Momente (die das reduzierte Moment ergibt), ist — solange das Superpositionsaxiom gilt — zulässig, das Fundamentalpostulat wird nicht verletzt, die Äquivalenz bleibt erhalten, aber die Eineindeutigkeit geht verloren. Es ist nicht mehr möglich, aus der reduzierten Projektion und dem reduzierten Moment in r die einzelnen linienflüchtigen Vektoren der vorliegenden Vektormenge mit ihren Wirkungslinien eindeutig zu ermitteln. Die Ermittlung einer äquivalenten Vektormenge ist aber mit gewissen Einschränkungen möglich. Diese sogenannte Disduktion hat eine große praktische Bedeutung.

In diesem Abschnitt werden deshalb das Elementarpaar und das Elementarpaarfeld, die Äquivalenz sowie die Reduktion und die Disduktion einer beliebigen Menge räumlich verteilter Vektoren behandelt.

7.1. Zusammenfassung von Projektion und Moment

Um die Vektorrechnung auf die in der Mechanik auftretenden im Raum verteilten, gebundenen und linienflüchtigen Vektoren anwenden zu können, müssen wir alle im Modell verteilten Vektoren der gleich Art in ein Vektorbündel abbilden. Dieses Vektorbündel muß die gleiche mechanische Wirkung erzeugen wie die im mathematisierten Modell vorliegende Menge der gebundenen bzw. linienflüchtigen Vektoren, da sonst das Fundamentalpostulat der Mechanik verletzt würde. Zur Vorbereitung dieser Abbildung werden Projektionen und Momente in geeigneter Weise vereinigt.

7.1.1. Das Elementarpaar

Wir betrachten eine beliebige Menge gleichartiger Vektoren, die wir wie in Gleichung (4.82) mit dem Symbol Γ bezeichnen.

Die polare Projektion $\boldsymbol{P}_{b,\Gamma}$ und das polare Moment $\boldsymbol{M}_{b,\Gamma}$ dieser Vektormenge sind zwei Vektoren nicht-gleicher Art in b, die wir zu einer neuen Größe, dem *Elementarpaar*, zusammenfassen und wie folgt darstellen,

$$[\ ]_b\,\Gamma := \begin{bmatrix} \mathsf{P}\,\Gamma \\ \mathsf{M}\,\Gamma \end{bmatrix}_b^{\psi} := \begin{bmatrix} \boldsymbol{P}_{b,\Gamma} \\ \boldsymbol{M}_{b,\Gamma} \end{bmatrix}^{\psi_b}. \tag{7.1}$$

Die polare Projektion steht über dem polaren Moment. Die Zusammenfassung erfolgt symbolisch durch zwei eckige Klammern. Der Kopfindex ψ gibt den Winkel an, den die beiden Vektoren einschließen und der Fußindex b den gemeinsamen Pol. Ermittelt man für jeden Punkt b eines beschränkten Bereiches Δ das Elementarpaar der (erzeugenden) Vektormenge Γ, so bildet die gleichzeitig vorgestellte Gesamtheit aller dieser Elementarpaare das Elementarpaarfeld der Vektormenge Γ

$$\Phi_{[\ ]\Gamma} = \Phi_{\begin{bmatrix} \mathsf{P}\Gamma \\ \mathsf{M}\Gamma \end{bmatrix}^{\psi}} := \Phi_{\begin{bmatrix} \boldsymbol{P}_{b,\Gamma} \\ \boldsymbol{M}_{b,\Gamma} \end{bmatrix}^{\psi_b}} := \left\{ \begin{bmatrix} \boldsymbol{P}_{b,\Gamma} \\ \boldsymbol{M}_{b,\Gamma} \end{bmatrix}^{\psi_b} \middle|\, b \in \Delta \right\}. \tag{7.2}$$

Das Elementarpaarfeld besteht also aus zwei Feldern und zwar aus

- dem Projektionsfeld und
- dem Momentenfeld

der erzeugenden Vektormenge Γ.

Der eingeschlossene Winkel ψ gestattet die Unterscheidung der folgenden drei Fälle ($0 \leqq \psi \leqq \pi$):

orthogonales Elementarpaar: $\psi = \nu \cdot \frac{\pi}{2} \Big| \nu = 1$,

beliebiges Elementarpaar: $\psi \neq \nu \cdot \frac{\pi}{2} \Big| \nu = 0, 1, 2$,

paralleles Elementarpaar: $\psi = \nu \cdot \pi \mid \nu = 0, 1$.

Diese drei Fälle sollen im folgenden erläutert werden.

7.1.1.1. Das orthogonale Elementarpaar

Besteht die Vektormenge Γ aus einem einzigen Vektor $\boldsymbol{P}_a$, so stehen die polare Projektion $\boldsymbol{P}_{b,a}$ und das polare Moment $\boldsymbol{M}_{b,a}$ aufeinander senkrecht und bilden demnach in b das orthogonale Elementarpaar

$$[\,]_b \boldsymbol{P} := \begin{bmatrix} \mathsf{P}\,\boldsymbol{P} \\ \mathsf{M}\,\boldsymbol{P} \end{bmatrix}_b^{\perp} := \begin{bmatrix} \boldsymbol{P}_{b,a} \\ \boldsymbol{M}_{b,a} \end{bmatrix}^{\perp} \tag{7.3}$$

Da man im mathematisierten Modell — wie in Abschnitt 7.5. gezeigt werden wird — für den erzeugenden Vektor $\boldsymbol{P}_a$ das orthogonale Elementarpaar (7.3) substituieren darf, wird dieses orthogonale Elementarpaar auch *Substitutionspaar*, die polare Projektion *substituierter Vektor* oder genauer *substituierte Projektion* und das polare Moment *substituiertes Moment* genannt (Bild 7.1). Da durch diese Substitution eine scheinbare Versetzung des Vektors von a nach b erfolgt, heißt $\boldsymbol{M}_{b,a}$ auch *Versetzungsmoment*.

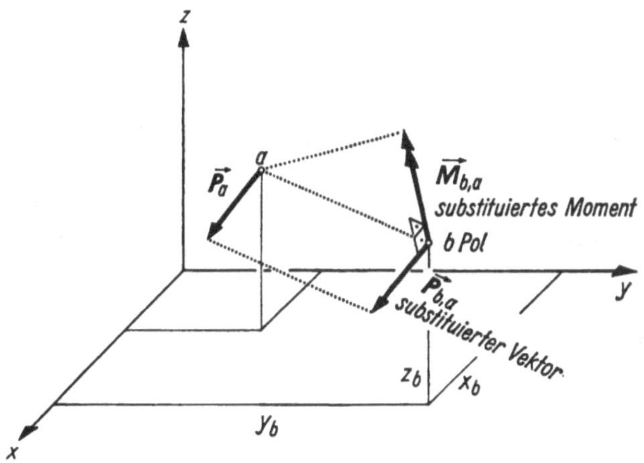

Bild 7.1. Das orthogonale Elementarpaar (Substitutionspaar)

Ermittelt man für jeden Punkt b eines beschränkten Bereiches Δ das (orthogonale) Elementarpaar des erzeugenden Vektors $\boldsymbol{P}_a$ so bildet die gleichzeitig vorgestellte Gesamtheit aller dieser Elementarpaare das ***Elementarpaarfeld*** des Vektors $\boldsymbol{P}_a$

$$\Phi_{[\,]\boldsymbol{P}} := \Phi_{\begin{bmatrix} \mathsf{P}\boldsymbol{P} \\ \mathsf{M}\boldsymbol{P} \end{bmatrix}^{\perp}} := \Phi_{\begin{bmatrix} \boldsymbol{P}_{b,a} \\ \boldsymbol{M}_{b,a} \end{bmatrix}^{\perp}} := \left\{ \begin{bmatrix} \boldsymbol{P}_{b,a} \\ \boldsymbol{M}_{b,a} \end{bmatrix}^{\perp} \middle| \, b \in \Delta \right\}. \tag{7.4}$$

7.1.1.2. Das beliebige Elementarpaar

Besteht die Vektormenge Γ aus zwei nichtkomplanaren Vektoren (Vektorkreuz) oder einer beliebigen Spatialmenge, so schließen die polare Projektion $\boldsymbol{P}_{r,\Gamma}$ und das polare Moment $\boldsymbol{M}_{r,\Gamma}$ im allgemeinen einen beliebigen Winkel ψ_r ein und bilden demnach in r das beliebige Elementarpaar

$$[\,]_r\,\Gamma := \begin{bmatrix} \mathsf{P}\,\Gamma \\ \mathsf{M}\,\Gamma \end{bmatrix}_r^{\psi_r} := \begin{bmatrix} \boldsymbol{P}_{r,\Gamma} \\ \boldsymbol{M}_{r,\Gamma} \end{bmatrix}^{\psi_r}.$$

Da der in Abschnitt 2.4.3.6. beschriebene Reduktionsprozeß — wie in Abschnitt 7.5.2. gezeigt werden wird — eine beliebige spatiale Vektormenge auf ein derartiges beliebiges Elementarpaar zurückführt, wird es auch *Reduktionspaar* genannt. Die polare Projektion $\boldsymbol{P}_{r,\Gamma}$ bezeichnet man dann auch als *reduzierten Vektor* oder genauer *reduzierte Projektion* $\boldsymbol{R}_{r,\Gamma}$, das polare Moment $\boldsymbol{M}_{r,\Gamma}$ als *reduziertes Moment* der Vektormenge Γ und den Pol r als Reduktionszentrum (Bild 7.2).

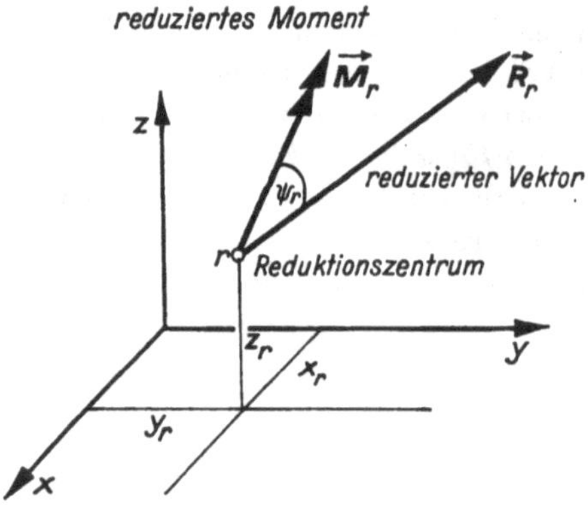

Bild 7.2. Das beliebige Elementarpaar (Reduktionspaar)

(Der Name „Reduktionspaar" soll nur zum Ausdruck bringen, daß das beliebige Elementarpaar durch Reduktion entsteht. Im speziellen Fall kann demnach das Reduktionspaar auch als orthogonales oder paralleles Elementarpaar in Erscheinung treten.)

$$\begin{bmatrix} \boldsymbol{R}_r \\ \boldsymbol{M}_r \end{bmatrix}^{\psi_r} := \begin{bmatrix} \boldsymbol{R}_{r,\Gamma} \\ \boldsymbol{M}_{r,\Gamma} \end{bmatrix}^{\psi_r} := \begin{bmatrix} \boldsymbol{P}_{r,\Gamma} \\ \boldsymbol{M}_{r,\Gamma} \end{bmatrix}^{\psi_r}. \tag{7.5}$$

Da das Reduktionspaar im allgemeinen die gesamte vorliegende Vektormenge Γ repräsentiert, wird, wenn eine Verwechslung ausgeschlossen ist, der Ursachenindex Γ weggelassen.

Ermittelt man für jeden Punkt r eines beschränkten Bereiches Δ das Reduktionspaar der erzeugenden Vektormenge Γ, so bildet die gleichzeitig vorgestellte Gesamtheit aller dieser Reduktionspaare das *Reduktionspaarfeld* der Vektormenge Γ

$$\Phi_{[\,]\Gamma} := \Phi_{\begin{bmatrix} \mathsf{P}\,\Gamma \\ \mathsf{M}\,\Gamma \end{bmatrix}^{\varphi}} := \Phi_{\begin{bmatrix} \boldsymbol{R}_{r,\,\Gamma} \\ \boldsymbol{M}_{r,\,\Gamma} \end{bmatrix}^{\varphi}} := \left\{ \begin{bmatrix} \boldsymbol{R}_{r,\,\Gamma} \\ \boldsymbol{M}_{r,\,\Gamma} \end{bmatrix}^{\varphi_r} \middle|\; r \in \Delta \right\}. \tag{7.6}$$

7.1.1.3. Das parallele Elementarpaar

Innerhalb der Menge aller denkbaren Reduktionszentren r gibt es eine Teilmenge $r = c$, für die die reduzierten Vektoren $\boldsymbol{R}_{c,\,\Gamma}$ und $\boldsymbol{M}_{c,\,\Gamma}$ eine gemeinsame Wirkungslinie haben und demnach parallele Elementarpaare

$$[\,]_c\,\Gamma := \begin{bmatrix} \mathsf{P}\,\Gamma \\ \mathsf{M}\,\Gamma \end{bmatrix}_c^{\|} := \begin{bmatrix} \boldsymbol{P}_{c,\,\Gamma} \\ \boldsymbol{M}_{c,\,\Gamma} \end{bmatrix}^{\|} = \begin{bmatrix} \boldsymbol{R}_{c,\,\Gamma} \\ \boldsymbol{M}_{c,\,\Gamma} \end{bmatrix}^{\|} \tag{7.7}$$

bilden. Der geometrische Ort aller dieser speziellen Reduktionszentren c ist die Gerade $\overline{cc}$, die als *Zentrallinie* bezeichnet wird. Die speziellen reduzierten Vektoren heißen *Zentralvektoren* oder genauer *Zentralprojektionen* $\boldsymbol{R}_{cc}$, die speziellen reduzierten Momente *Zentralmomente* $\boldsymbol{M}_{cc}$ und die speziellen Reduktionspaare, also die parallelen Elementarpaare, werden *Zentralpaare* genannt (Bild 7.3).

$$\begin{bmatrix} \boldsymbol{R}_{cc} \\ \boldsymbol{M}_{cc} \end{bmatrix}^{\|} := \begin{bmatrix} \boldsymbol{R}_{c,\,\Gamma} \\ \boldsymbol{M}_{c,\,\Gamma} \end{bmatrix}^{\|}. \tag{7.8}$$

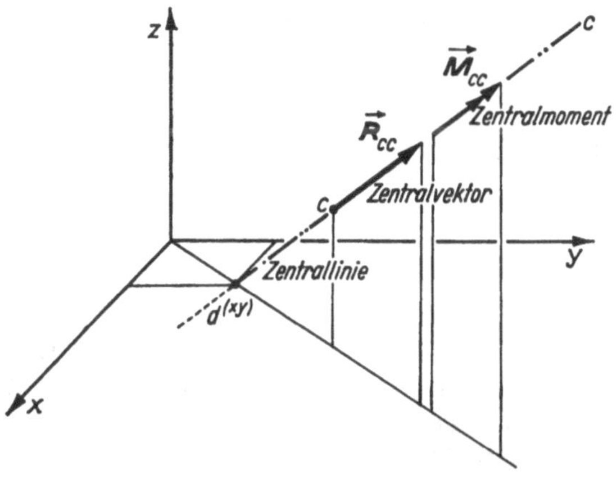

Bild 7.3. Das parallele Elementarpaar (Zentralpaar)

Da das Zentralpaar ein linienflüchtiges Elementarpaar ist, gibt man in den Indizes häufig die Zentrallinie $\overline{cc}$ an. Der Ursachenindex wird wie beim Reduktionspaar immer weggelassen, wenn die symbolische Aussage eindeutig bleibt.

7.1.2. Das Elementarbündel

Legen wir durch den Pol p eines Elementarpaares eine beliebige Gerade $\overline{gg}$ und bilden danach die Komponente sowohl der polaren Projektion $\boldsymbol{P}_{p,\,\Gamma}$ als auch des polaren Momentes $\boldsymbol{M}_{p,\Gamma}$ in Richtung dieser Geraden, so erhalten wir

- die axiale Projektion $\boldsymbol{P}_{pg,\Gamma}$

und

- das axiale Moment $\boldsymbol{M}_{pg,\Gamma}$

der Vektormenge Γ in bezug auf diese Gerade $\overline{gg}$. Wiederholen wir nun gedanklich diesen Vorgang für jede denkbare Richtung durch p, also für alle Geraden $\overline{gg}$ des Geradenbündels G, so entsteht

- ein Bündel axialer Projektionen
  und
- ein Bündel axialer Momente.

Diese beiden Bündel fassen wir zu einem einzigen Bündel zusammen, nennen es *Elementarbündel* und schreiben symbolisch

$$\mathrm{X}_p\,\Gamma := \{\boldsymbol{P}_{pg,\Gamma} \wedge \boldsymbol{M}_{pg,\Gamma} \mid gg \in G\} \,. \tag{7.9}$$

Ermittelt man danach gedanklich für jeden Punkt p eines beschränkten Bereiches Δ das Elementarbündel der Vektormenge Γ, so bildet die gleichzeitig vorgestellte Gesamtheit aller dieser Elementarbündel das *Feld der Elementarbündel* der Vektormenge Γ.

$$\Phi_{\mathrm{X}\Gamma} := \big\{\{\boldsymbol{P}_{pg,\Gamma} \wedge \boldsymbol{M}_{pg,\Gamma} \mid \overline{gg} \in G\} \mid p \in \Delta\big\} \,. \tag{7.10}$$

Das Elementarbündel wird ebenso wie das Feld der Elementarbündel zur Herleitung der allgemeinen Äquivalenzbedingung benötigt.

7.2. Adäquate Zuordnungen

7.2.1. Definition

Bei der Rotation eines starren Körpers um eine feste Achse lassen sich eine infinitesimale Verdrehung oder ein Geschwindigkeits- bzw. Bahnbeschleunigungszustand auf zweierlei Weise beschreiben, nämlich einmal durch das in dem vom Körper eingenommenen Raumteil vorliegende zylindrische Feld der infinitesimalen Verschiebungs-, Bahngeschwindigkeits-, bzw. Bahnbeschleunigungsvektoren und zum anderen durch den linienflüchtigen, an die Drehachse gebundenen infinitesimalen Verdrehungs-, Winkelgeschwindigkeits- bzw. Winkelbeschleunigungsvektor.

In völliger Analogie hierzu kann man bei der Translation eines starren Körpers eine (infinitesimale) Verschiebung oder einen Geschwindigkeits- bzw. Bahnbeschleunigungszustand einmal durch das in dem vom Körper eingenommenen Raumteil vorliegende konstante Feld der Verschiebungs-, Geschwindigkeits- bzw. Bahnbeschleunigungsvektoren und zum anderen durch den Verschiebungs-, Geschwindigkeits- bzw. Bahnbeschleunigungsvektor z. B. des Schwerpunktes beschreiben.

Der gleiche mechanische Sachverhalt läßt sich also mathematisch sowohl durch ein Vektorfeld als auch durch den das Vektorfeld erzeugenden Einzelvektor abbilden.

Vektorfeld und erzeugender Vektor sind also gleichwertige Darstellungen desselben mechanischen Sachverhaltes: Im betrachteten Beispiel repräsentieren sie den Bewegungszustand eines starren Körpers.

Diese Gleichwertigkeit ist vor allem für theoretische Betrachtungen von außerordentlicher Bedeutung, weshalb wir ihr einen eigenen Namen (Adäquanz) und ein eigenes Symbol ($\leftrightarrow$) geben.

Die bisherigen Erkenntnisse fassen wir zusammen in der

1. Definition der adäquaten Zuordnung. *Ein Vektorfeld Φ_e und der dieses Vektorfeld erzeugende Vektor $\boldsymbol{E}_a$ in a sind adäquate Darstellungen desselben Sachverhaltes*

$$\Phi_e \leftrightarrow \boldsymbol{E}_a \,. \tag{7.11}$$

Wir betrachten nun eine beliebige Vektormenge Γ.

Läßt sich mit dieser Vektormenge Γ in jedem Punkt eines beschränkten Bereiches mittels einer Rechenvorschrift genau ein Vektor $\boldsymbol{y}$ erzeugen, so entsteht ein Vektorfeld Φ_y, das der erzeugenden Vektormenge Γ im obigen Sinne gleichwertig ist. Wir formulieren dies in der

2. Definition der adäquaten Zuordnung. *Ein Vektorfeld Φ_y und die dieses Vektorfeld erzeugende Vektormenge Γ sind adäquate Darstellungen desselben Sachverhaltes:*

$$\Phi_y \leftrightarrow \Gamma \tag{7.12}$$

7.2.2. Adäquanztheorem

In den Abschnitten 5 und 6 wurde gezeigt, daß neben dem Einzelvektor auch jedem Vektorsystem und jedem Vektorfeld, also jeder Vektormenge Γ genau ein Projektionsfeld und genau ein Momentenfeld — zusammengefaßt also genau ein Reduktionspaarfeld — zugeordnet werden kann. Diese beiden für die Mechanik so wichtigen Rechenvorschriften,

- die Bildung polarer Projektionen und
- die Bildung polarer Momente,

wollen wir besonders hervorheben, indem wir die 2. Definition spezialisieren und dieser spezialisierten Fassung einen eigenen Namen geben. Wir nennn sie

Adäquanztheorem. *Ein Reduktionspaarfeld $\Phi_{[\,]\Gamma}$ und die dieses Reduktionspaarfeld erzeugende Vektormenge Γ sind adäquate Darstellungen desselben mechanischen Sachverhaltes*

$$\Phi_{[\,]\Gamma} \leftrightarrow \Gamma \,. \tag{7.13}$$

Dieses Adäquanztheorem ist für den Äquivalenznachweis von Bedeutung.

7.2.3. Anwendungen

Bereits in Abschnitt 4.3.2.5. wurde hervorgehoben, daß die grafische Darstellung räumlicher Vektorverteilungen kompliziert ist. Für die elementaren Vektorfelder haben wir deshalb die Verteilung über einer Geraden gewählt (Tafel 4.4). Die adäquate Zuordnung gestattet nun eine weitere Vereinfachung der geometrischen Abbildung: Anstelle des Vektorfeldes wird der erzeugende Vektor (oder die erzeugende Vektormenge) aufgezeichnet bzw. symbolisch angegeben.

7.2.3.1. Adäquate Darstellungen der elementaren Vektorfelder

Für die vier elementaren Vektorfelder wurden sowohl die Felder als auch die adäquaten (erzeugenden) Vektoren grafisch und symbolisch in Tafel 7.1 dargestellt.

Tafel 7.1. **Adäquate Darstellungen elementarer Vektorfelder**

BEZEICHNUNG	GRAPHISCHE DARSTELLUNG	SYMBOLISCHE DARSTELLUNG
SCHRAUBENFÖRMIGES VEKTORFELD	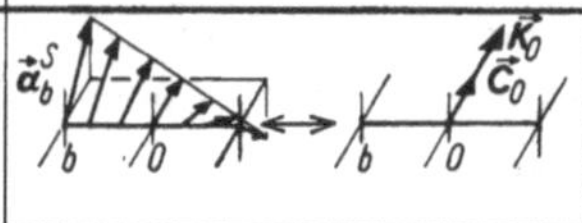	$\Phi_{\vec{a}}^{S} = \left\{\vec{a}^{S}(\vec{r}) = (\mathrm{M'P})\begin{pmatrix}\vec{C}_0\\ \vec{K}_0\end{pmatrix} \middle\vert\, \vec{r}\in B\right\} \leftrightarrow \begin{bmatrix}\vec{C}_0\\ \vec{K}_0\end{bmatrix}^{\mathrm{I}}$
ZYLINDRISCHES VEKTORFELD	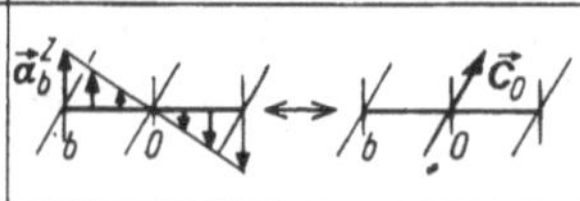	$\Phi_{\vec{a}}^{Z} = \left\{\vec{a}^{Z}(\vec{r}) = (\mathrm{M'P})\begin{pmatrix}\vec{C}_0\\ \vec{0}\end{pmatrix} \middle\vert\, \vec{r}\in B\right\} \leftrightarrow \begin{bmatrix}\vec{C}_0\\ \vec{0}\end{bmatrix} \Leftrightarrow \vec{C}_0$
KONSTANTES VEKTORFELD	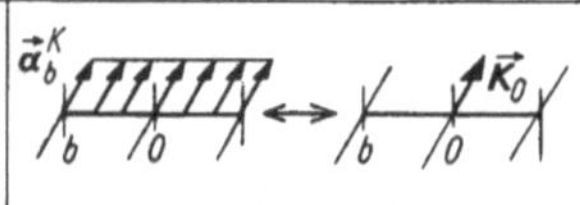	$\Phi_{\vec{a}}^{K} = \left\{\vec{a}^{K}(\vec{r}) = (\mathrm{M'P})\begin{pmatrix}\vec{0}\\ \vec{K}_0\end{pmatrix} \middle\vert\, \vec{r}\in B\right\} \leftrightarrow \begin{bmatrix}\vec{0}\\ \vec{K}_0\end{bmatrix} \Leftrightarrow \vec{K}_0$
NULLVEKTORFELD	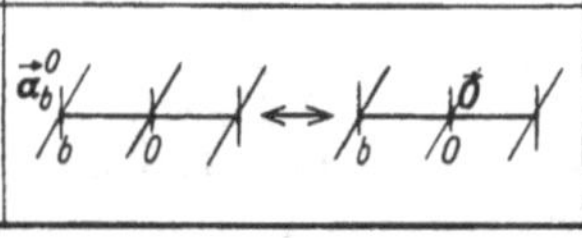	$\Phi_{\vec{a}}^{0} = \left\{\vec{a}^{0}(\vec{r}) = (\mathrm{M'P})\begin{pmatrix}\vec{0}\\ \vec{0}\end{pmatrix} \middle\vert\, \vec{r}\in B\right\} \leftrightarrow \begin{bmatrix}\vec{0}\\ \vec{0}\end{bmatrix} \Leftrightarrow \vec{0}$

7.2.3.2. Adäquate Darstellungen der Translation und der Rotation

In den Abschnitten 5.1.4.3. bzw. 6.1.3.4.2. hatten wir erkannt, daß die konstanten Vektorfelder als Projektionsfelder bzw. die zylindrischen Vektorfelder als Momentenfelder eines erzeugenden Vektors aufgefaßt werden dürfen.

Die Feldelemente ergeben sich also bei einer Translation des Starrkörpers als polare Projektionen, bei einer Rotation dagegen als polare Momente der erzeugenden Vektoren. Demnach sind die in Tafel 7.2 angegebenen adäquaten Darstellungen der Translation und Rotation möglich.

7.2.3.3. Adäquate Elementarpaarfelder der elementaren Vektorsysteme

In Abschnitt 5.2.3.2.1. wurden die Projektionsfelder und in Abschnitt 6.2.3.2.1. die Momentenfelder der elementaren Vektorsysteme betrachtet. In Tafel 7.3

Tafel 7.2. **Adäquate Darstellungen der Translation und Rotation**

BEZEICHNUNG	TRANSLATION	ROTATION
INFINITESIMALE VERSCHIEBUNG	$\Phi^T_{d\vec{s}} := \Phi^K_{Pd\vec{s}_0} \longleftrightarrow d\vec{s}_0$	$\Phi^R_{d\vec{s}} := \Phi^Z_{Md\vec{\varphi}_{cc}} \longleftrightarrow d\vec{\varphi}_{cc}$
BAHN-GESCHWINDIGKEIT	$\Phi^T_{\vec{v}} := \Phi^K_{P\vec{v}_0} \longleftrightarrow \vec{v}_0$	$\Phi^R_{\vec{v}} := \Phi^Z_{M\vec{\omega}_{cc}} \longleftrightarrow \vec{\omega}_{cc}$
BAHN-BESCHLEUNIGUNG	$\Phi^T_{\vec{a}} := \Phi^K_{P\vec{a}_0} \longleftrightarrow \vec{a}_0$	$\Phi^R_{\vec{a}} := \Phi^Z_{M\vec{\varepsilon}_{cc}} \longleftrightarrow \vec{\varepsilon}_{cc}$
	PROJEKTIONS-FELD $\longleftrightarrow$ ERZEUGENDER VEKTOR	MOMENTEN-FELD $\longleftrightarrow$ ERZEUGENDER VEKTOR

Tafel 7.3. **Die adäquaten Elementarpaarfelder der elementaren Vektorsysteme**

ERZEUGENDER VEKTOR	PROJEKTIONSFELD MOMENTENFELD	ELEMENTARPAARFELD $\longleftrightarrow$ ELEMENTARES VEKTORSYSTEM
$\vec{P}_c \neq \vec{0}$ $\vec{M}_c \neq \vec{0}$	$\Phi^K_{PS_{\vec{V}}} := \{\vec{P}_{b,S_{\vec{V}}} = P_{bc}\vec{P}_c \mid b \in \Delta\}$ $\Phi^S_{MS_{\vec{V}}} := \{\vec{M}_{b,S_{\vec{V}}} = M_{bc}\vec{P}_c + P_{bc}\vec{M}_c \mid b \in \Delta\}$	$\Phi_{[\,]S_{\vec{V}}} \longleftrightarrow S_{\vec{V}} := \{\vec{V}_m, \vec{V}_n \mid \vec{V}_m \boxplus \vec{V}_n\}$
$\vec{P}_c \neq \vec{0}$ $\vec{M}_c = \vec{0}$	$\Phi^K_{PS_{\vec{P}}} := \{\vec{P}_{b,S_{\vec{P}}} = P_{bc}\vec{P}_c \mid b \in \Delta\}$ $\Phi^Z_{MS_{\vec{P}}} := \{\vec{M}_{b,S_{\vec{P}}} = M_{bc}\vec{P}_c \mid b \in \Delta\}$	$\Phi_{[\,]S_{\vec{P}}} \longleftrightarrow S_{\vec{P}} := \{\vec{P}_m, \vec{P}_n \mid \vec{P}_m \Box \vec{P}_n\}$
$\vec{P}_c = \vec{0}$ $\vec{M}_c \neq \vec{0}$	$\Phi^0_{PS_{\vec{K}}} := \{\vec{P}_{b,S_{\vec{K}}} = \vec{0} \mid b \in \Delta\}$ $\Phi^K_{MS_{\vec{K}}} := \{\vec{M}_{b,S_{\vec{K}}} = P_{bc}\vec{M}_c \mid b \in \Delta\}$	$\Phi_{[\,]S_{\vec{K}}} \longleftrightarrow S_{\vec{K}} := \{\vec{K}_m, \vec{K}_n \mid \vec{K}_m \Leftrightarrow \vec{K}_n\}$
$\vec{P}_c = \vec{0}$ $\vec{M}_c = \vec{0}$	$\Phi^0_{PS_{\vec{A}}} := \{\vec{P}_{b,S_{\vec{A}}} = \vec{0} \mid b \in \Delta\}$ $\Phi^0_{MS_{\vec{A}}} := \{\vec{M}_{b,S_{\vec{A}}} = \vec{0} \mid b \in \Delta\}$	$\Phi_{[\,]S_{\vec{A}}} \longleftrightarrow S_{\vec{A}} := \{\vec{A}_m, \vec{A}_n \mid \vec{A}_m \rightleftarrows \vec{A}_n\}$

fassen wir das jeweilige Projektions- und Momentenfeld zum Elementarpaarfeld zusammen und geben die adäquate Zuordnung des entsprechenden elementaren Vektorsystems an.

7.3. Äquivalente Zuordnungen

7.3.1. Definition

Sind die Wirkungen zweier verschiedener Vektormengen Γ_1 und Γ_2 identisch, so sind die beiden Mengen Γ_1 und Γ_2 mechanisch völlig gleichwertig. Diese Gleichwertigkeit zweier Vektormengen ist von großer praktischer Bedeutung. Deshalb gaben wir ihr einen eigenen Namen (*Äquivalenz*) und ein eigenes Symbol

($\Leftrightarrow$) und formulierten Äquivalenzaussagen, die wir nun in der *Äquivalenzdefinition* zusammenfassen:

Zwei Vektormengen Γ_1 und Γ_2 sind genau dann äquivalent, wenn ihre mechanischen „Wirkungen" $W(\Gamma_1)$ und $W(\Gamma_2)$ identisch sind, wenn also diese Wirkungen — ohne das Fundamentalpostulat zu verletzen — ausgetauscht werden dürfen.

$$\begin{array}{ccc} \Gamma_1 & \Leftrightarrow & \Gamma_2 \\ \downarrow & & \downarrow \\ W(\Gamma_1) & \equiv & W(\Gamma_2)\,. \end{array} \tag{7.14}$$

7.3.2. Äquivalenztheoreme

Für die Anwendung ist eine Präzisierung der Definition (7.14) erforderlich, die wir in Äquivalenztheoremen formulieren werden.

Da das Fundamentalpostulat durch die Anwendung des Superpositions- und Ergänzungsprozesses nicht verletzt und demnach die zu beschreibende mechanische „Wirkung" nicht verändert wird, konnten wir in Abschnitt 2.4.3.5. bereits das 1. Äquivalenztheorem formulieren:

1. Äquivalenztheorem. *Zwei Vektormengen Γ_1 und Γ_2 sind äquivalent, wenn sie mit Hilfe des Superpositions- oder Ergänzungsprozesses ineinander überführt werden können*

$$\Gamma_1 \xleftrightarrow[\text{Ergänzungsprozeß}]{\text{Superpositionsprozeß}} \Gamma_2\,. \tag{7.15}$$

Da in bezug auf jeden beliebigen Punkt die polare Projektion sowie das polare Moment (also das Reduktionspaar) sowohl der Vektormenge Γ_1 als auch der Vektormenge Γ_2 ermittelt werden kann und die polare Projektion sowie das polare Moment durch die Anwendung des Superpositions- oder Ergänzungsprozesses nicht verändert wird, müssen die Reduktionspaare der beiden Vektormengen identisch sein, wenn beide ausschließlich durch den Superpositions- oder Ergänzungsprozeß ineinander überführt werden können, also äquivalent sind.

Diese Schlußfolgerungen formulieren wir im

2. Äquivalenztheorem. *Zwei Vektormengen Γ_1 und Γ_2 sind äquivalent, wenn ihre Reduktionspaare im gleichen Punkt r identisch sind.*

$$\begin{array}{ccc} \Gamma_1 & \Leftrightarrow & \Gamma_2 \\ \downarrow & & \downarrow \\ [\,]_r\,\Gamma_1 & \equiv & [\,]_r\,\Gamma_2\,. \end{array} \tag{7.16}$$

Sind aber die Reduktionspaare zweier äquivalenter Vektormengen in jedem beliebigen Punkt identisch, so sind auch die den Vektormengen adäquaten Reduktionspaarfelder identisch.

Diese Überlegung führt zum

3. Äquivalenztheorem. *Zwei Vektormengen Γ_1 und Γ_2 sind äquivalent, wenn ihre adäquaten Reduktionspaarfelder identisch sind.*

$$\begin{array}{ccc} \Gamma_1 & \Leftrightarrow & \Gamma_2 \\ \updownarrow & & \updownarrow \\ \Phi_{[\,]\Gamma_1} & \equiv & \Phi_{[\,]\Gamma_2}\,. \end{array} \tag{7.17}$$

Es läßt sich zeigen, daß zum Nachweis der Äquivalenz zweier Vektormengen bereits die Identität ihrer Momentenfelder genügt. Da dieses Theorem im wesentlichen für Schlußfolgerungen erforderlich ist, wollen wir auf diesen Nachweis verzichten.

Wenn aber nach der Beziehung (7.16) die Reduktionspaare zweier äquivalenter Vektormengen im gleichen Punkt identisch sind, so sind auch die axialen Projektionen sowie die axialen Momente in bezug auf die gleiche Gerade jeweils gleich und die Elementarbündel der beiden Vektormengen demnach identisch. Da diese Aussage für jeden beliebigen Punkt gilt, erhalten wir das

4. Äquivalenztheorem. *Zwei Vektormengen Γ_1 und Γ_2 sind äquivalent, wenn die zugeordneten Felder der Elementarbündel identisch sind.*

$$\begin{array}{ccc} \Gamma_1 & \Leftrightarrow & \Gamma_2 \\ \downarrow & & \downarrow \\ \Phi_{X\Gamma_1} & \equiv & \Phi_{X\Gamma_2} \end{array} . \tag{7.18}$$

7.3.3. Äquivalenzbedingungen

Mit Hilfe der Äquivalenztheoreme sind wir nun in der Lage, Bedingungen zu formulieren, die uns die äquivalente Umformung von Vektormengen mit Hilfe skalarer Gleichungen ermöglicht.

7.3.3.1. Die spezielle Äquivalenzbedingung

Unmittelbar aus dem 2. Äquivalenztheorem folgt die

spezielle Äquivalenzbedingung. *Die drei Koordinaten der polaren Projektionsvektoren und die drei Koordinaten der polaren Momentenvektoren zweier äquivalenter Vektormengen Γ_1 und Γ_2 sind in bezug auf den gleichen Pol r gleich.*

Diese sechs Gleichungen fassen wir rein formal zu einem Gleichungssystem zusammen.

$$\begin{pmatrix} P_{rx,\Gamma_1} \\ P_{ry,\Gamma_1} \\ P_{rz,\Gamma_1} \\ M_{rx,\Gamma_1} \\ M_{ry,\Gamma_1} \\ M_{rz,\Gamma_1} \end{pmatrix} = \begin{pmatrix} P_{rx,\Gamma_2} \\ P_{ry,\Gamma_2} \\ P_{rz,\Gamma_2} \\ M_{rx,\Gamma_2} \\ M_{ry,\Gamma_2} \\ M_{rz,\Gamma_2} \end{pmatrix} . \tag{7.19}$$

7.3.3.2. Die allgemeine Äquivalenzbedingung

Das 4. Äquivalenztheorem läßt eine Verallgemeinerung der speziellen Äquivalenzbedingung zu, denn aus der Identität der Elementarbündel in jedem beliebigen Punkt ergibt sich sofort die

allgemeine Äquivalenzbedingung. *Die Vektorkoordinaten der axialen Projektionsvektoren und die Vektorkoordinaten der axialen Momentenvektoren zweier äquivalenter Vektormengen Γ_1 und Γ_2 sind in bezug auf jede beliebige Gerade $\overline{gg}$ im Raum gleich.*

An Stelle der linear unabhängigen, aber speziellen orthogonalen Geraden $\overline{rx}, \overline{ry}, \overline{rz}$ dürfen also die natürlich ebenfalls linear unabhängigen, sonst aber ganz beliebigen Geraden $\overline{11}, \overline{22}, \overline{33}$ für die axialen Projektionen und $\overline{44}, \overline{55}, \overline{66}$ für die axialen Momente der beiden Vektormengen gewählt werden. Da die Geraden $\overline{11}, \overline{22}, \overline{33}$ bzw. $\overline{44}, \overline{55}, \overline{66}$ linear unabhängig sein sollen, dürfen sie nicht in parallelen Ebenen liegen; da sie aber sonst ganz beliebig gewählt werden dürfen, brauchen sie keinen gemeinsamen Schnittpunkt zu haben.

Diese Überlegungen führen zum Gleichungstyp I der allgemeinen Äquivalenzbedingung

$$\begin{pmatrix} P_{11,\Gamma_1} \\ P_{22,\Gamma_1} \\ P_{33,\Gamma_1} \\ M_{44,\Gamma_1} \\ M_{55,\Gamma_1} \\ M_{66,\Gamma_1} \end{pmatrix} = \begin{pmatrix} P_{11,\Gamma_2} \\ P_{22,\Gamma_2} \\ P_{33,\Gamma_2} \\ M_{44,\Gamma_2} \\ M_{55,\Gamma_2} \\ M_{66,\Gamma_2} \end{pmatrix} . \tag{7.20}$$

Betrachten wir Bild 7.4, so erkennen wir, daß die axiale Projektion $\boldsymbol{P}_{pp}$ in bezug auf die Projektionsgerade $\overline{pp}$ nicht verloren geht, wenn wir

- das polare Moment $\boldsymbol{M}_{m,\boldsymbol{P}_{pp}}$ dieser axialen Projektion in bezug auf einen beliebigen Pol m bilden und $\boldsymbol{r}_{mp} \neq \boldsymbol{0}$ beachten, oder
- das axiale Moment $\boldsymbol{M}_{mm,\boldsymbol{P}_{pp}}$ dieser axialen Projektion in bezug auf eine beliebige Momentengerade $\overline{mm}$ bilden, die mit der Projektionsgeraden $\overline{pp}$ nicht in einer Ebene liegen darf ($\overline{mm} \nparallel \overline{pp}$).

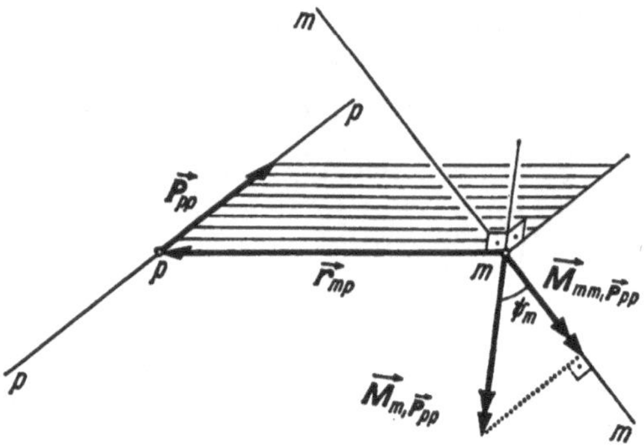

Bild 7.4. Überführung der axialen Projektion in ein axiales Moment

Daraus schließen wir:

Die Projektionsgleichungen dürfen durch Momentengleichungen ersetzt werden.

Da man 1, 2 oder 3 Projektionsgleichungen im Gleichungssystem (7.20) der allgemeinen Äquivalenzbedingung durch Momentengleichungen ersetzen kann, lassen sich drei weitere Gleichungstypen der allgemeinen Äquivalenzbedingung anschreiben:

Typ II	Typ III	Typ IV
$\begin{pmatrix} P_{11,\Gamma_1} \\ P_{22,\Gamma_1} \\ M_{33,\Gamma_1} \\ M_{44,\Gamma_1} \\ M_{55,\Gamma_1} \\ M_{66,\Gamma_1} \end{pmatrix} = \begin{pmatrix} P_{11,\Gamma_2} \\ P_{22,\Gamma_2} \\ M_{33,\Gamma_2} \\ M_{44,\Gamma_2} \\ M_{55,\Gamma_2} \\ M_{66,\Gamma_2} \end{pmatrix}$	$\begin{pmatrix} P_{11,\Gamma_1} \\ M_{22,\Gamma_1} \\ M_{33,\Gamma_1} \\ M_{44,\Gamma_1} \\ M_{55,\Gamma_1} \\ M_{66,\Gamma_1} \end{pmatrix} = \begin{pmatrix} P_{11,\Gamma_2} \\ M_{22,\Gamma_2} \\ M_{33,\Gamma_2} \\ M_{44,\Gamma_2} \\ M_{55,\Gamma_2} \\ M_{66,\Gamma_2} \end{pmatrix}$	$\begin{pmatrix} M_{11,\Gamma_1} \\ M_{22,\Gamma_1} \\ M_{33,\Gamma_1} \\ M_{44,\Gamma_1} \\ M_{55,\Gamma_1} \\ M_{66,\Gamma_1} \end{pmatrix} = \begin{pmatrix} M_{11,\Gamma_2} \\ M_{22,\Gamma_2} \\ M_{33,\Gamma_2} \\ M_{44,\Gamma_2} \\ M_{55,\Gamma_2} \\ M_{66,\Gamma_2} \end{pmatrix}$

(7.21)

Soll bei der Bildung der

- axialen Projektion der gesamten Vektormenge Γ die axiale Projektion einiger ihrer Elemente E_i Null sein, so muß die Projektionsgerade $\overline{pp}$ senkrecht zur Wirkungslinie dieser Elemente orientiert werden (Bild 5.5, 5.6, 5.7).

Soll bei der Bildung des

- axialen Momentes der gesamten Vektormenge Γ das axiale Moment einiger ihrer Elemente E_i Null sein, so muß die Momentengerade $\overline{mm}$ mit der Wirkungslinie dieser Elemente komplanar sein (Bild 6.23).

Die Beachtung dieser Regeln erleichtert die Festlegung geeigneter Projektions- bzw. Momentengeraden sehr.

7.3.4. Anwendungen

Während des Modifizierungsprozesses müssen sehr häufig Vektormengen äquivalent umgeformt werden. Wir wollen deshalb in diesem Abschnitt die Äquivalenztheoreme anwenden, um die äquivalenten Elementarpaare eines Vektors und einer Vektormenge zu ermitteln und um die Äquivalenzbeziehungen zwischen Vektormenge, Vektorkreuz, Reduktionspaar und Zentralpaar bzw. zwischen Zentralvektor, Elementarpaar und Komplanarpaar oder Zentralmoment , Moment und Vektorpaar sowie zwischen Nullvektor, Nullpaar und Aufhebungspaar für die weitere Anwendung bereitzustellen.

7.3.4.1. Äquivalente Elementarpaare eines Vektors

7.3.4.1.1. Beziehungen zwischen den Elementarpaaren des Elementarpaarfeldes eines Vektors

Wir erklären den Vektor $\boldsymbol{P}_a$ als erzeugenden Vektor, bilden in bezug auf die beliebigen Pole b und i sowie in bezug auf den Pol k, der das Dreieck $b\ i\ a$ zum Parallelogramm $b\ i\ a\ k$ ergänzt (Bild 7.5), die polaren Projektionen

$$\boldsymbol{P}_b = \boldsymbol{P}_{b,a} = \mathsf{P}_{ba}\,\boldsymbol{P}_a\,, \tag{7.22}$$

$$\boldsymbol{P}_i = \boldsymbol{P}_{i,a} = \mathsf{P}_{ia}\,\boldsymbol{P}_a\,, \tag{7.23}$$

$$\boldsymbol{P}_k = \boldsymbol{P}_{k,a} = \mathsf{P}_{ka}\,\boldsymbol{P}_a \tag{7.24}$$

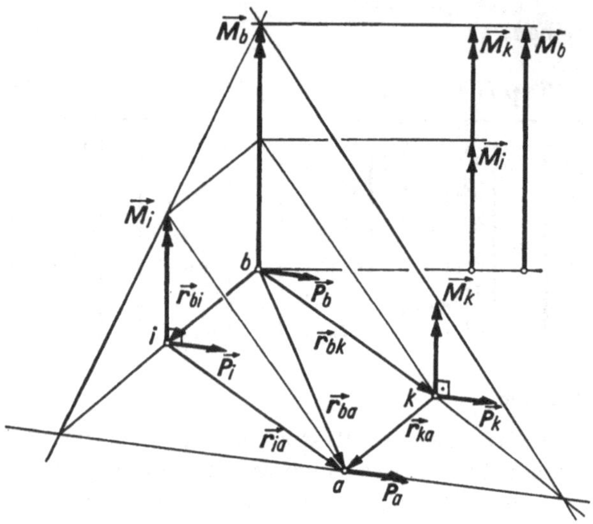

Bild 7.5. Äquivalente Elementarpaare

sowie die polaren Momente

$$\boldsymbol{M}_b = \boldsymbol{M}_{b,a} = \mathsf{M}_{ba}\,\boldsymbol{P}_a = \boldsymbol{r}_{ba} \times \boldsymbol{P}_a\,, \tag{7.25}$$

$$\boldsymbol{M}_i = \boldsymbol{M}_{i,a} = \mathsf{M}_{ia}\,\boldsymbol{P}_a = \boldsymbol{r}_{ia} \times \boldsymbol{P}_a\,, \tag{7.26}$$

$$\boldsymbol{M}_k = \boldsymbol{M}_{k,a} = \mathsf{M}_{ka}\,\boldsymbol{P}_a = \boldsymbol{r}_{ka} \times \boldsymbol{P}_a \tag{7.27}$$

und vereinigen diese entsprechend der Definitionsgleichung (7.3) zu den Elementarpaaren

$$\begin{bmatrix}\boldsymbol{P}_b\\ \boldsymbol{M}_b\end{bmatrix}^{\perp} = \begin{bmatrix}\boldsymbol{P}_{b,a}\\ \boldsymbol{M}_{b,a}\end{bmatrix}^{\perp} \quad \text{in} \quad b\,, \tag{7.28}$$

$$\begin{bmatrix}\boldsymbol{P}_i\\ \boldsymbol{M}_i\end{bmatrix}^{\perp} = \begin{bmatrix}\boldsymbol{P}_{i,a}\\ \boldsymbol{M}_{i,a}\end{bmatrix}^{\perp} \quad \text{in} \quad i \quad \text{und} \tag{7.29}$$

$$\begin{bmatrix}\boldsymbol{P}_k\\ \boldsymbol{M}_k\end{bmatrix}^{\perp} = \begin{bmatrix}\boldsymbol{P}_{k,a}\\ \boldsymbol{M}_{k,a}\end{bmatrix}^{\perp} \quad \text{in} \quad k\,. \tag{7.30}$$

Diese Elementarpaare sind Elemente des von dem Vektor $\boldsymbol{P}_a$ erzeugten Elementarpaarfeldes.

Die polaren Projektionen sind gleich, da sie Elemente desselben Projektionsfeldes sind

$$\boldsymbol{P}_b = \boldsymbol{P}_i = \boldsymbol{P}_k = \boldsymbol{P}_a\,. \tag{7.31}$$

Für das Moment $\boldsymbol{M}_b$ Gleichung (7.25) gilt wegen der Gleichheit der polaren Projektionen nach Gleichung (7.31) und auf Grund der Linearität hinsichtlich $\boldsymbol{r}$ (Abschnitt 6.1.1.1.4.)

$$\begin{aligned}\boldsymbol{M}_b &= \boldsymbol{r}_{ba} \times \boldsymbol{P}_{b,a}\\ &= (\boldsymbol{r}_{bi} + \boldsymbol{r}_{bk}) \times \boldsymbol{P}_{b,a}\\ &= \boldsymbol{r}_{bi} \times \boldsymbol{P}_{b,a} + \boldsymbol{r}_{bk} \times \boldsymbol{P}_{b,a}\,,\end{aligned}$$

$$\boldsymbol{M}_b = \boldsymbol{r}_{bi} \times \boldsymbol{P}_i + \boldsymbol{r}_{bk} \times \boldsymbol{P}_k\,. \tag{7.32}$$

Infolge der Gleichheit der nachfolgenden Vektorprodukte

$$\boldsymbol{r}_{bi} \times \boldsymbol{P}_i = \boldsymbol{r}_{ka} \times \boldsymbol{P}_a = -\boldsymbol{r}_{ib} \times \boldsymbol{P}_b\,, \tag{7.33}$$

$$\boldsymbol{r}_{bk} \times \boldsymbol{P}_k = \boldsymbol{r}_{ia} \times \boldsymbol{P}_a = -\boldsymbol{r}_{kb} \times \boldsymbol{P}_b \tag{7.34}$$

darf man auch schreiben

$$\boldsymbol{M}_b = \boldsymbol{r}_{bi} \times \boldsymbol{P}_i + \boldsymbol{r}_{ia} \times \boldsymbol{P}_a = \mathsf{M}_{bi}\boldsymbol{P}_i + \boldsymbol{M}_i\,, \tag{7.35}$$

$$\boldsymbol{M}_b = -\boldsymbol{r}_{ib} \times \boldsymbol{P}_b + \boldsymbol{r}_{ia} \times \boldsymbol{P}_a = -\mathsf{M}_{ib}\boldsymbol{P}_b + \boldsymbol{M}_i\,, \tag{7.36}$$

$$\boldsymbol{M}_b = \boldsymbol{r}_{ka} \times \boldsymbol{P}_a + \boldsymbol{r}_{bk} \times \boldsymbol{P}_k = \boldsymbol{M}_k + \mathsf{M}_{bk}\boldsymbol{P}_k\,, \tag{7.37}$$

$$\boldsymbol{M}_b = \boldsymbol{r}_{ka} \times \boldsymbol{P}_a - \boldsymbol{r}_{kb} \times \boldsymbol{P}_b = \boldsymbol{M}_k - \mathsf{M}_{kb}\boldsymbol{P}_b\,. \tag{7.38}$$

Aus der Gleicheit der beiden Gleichungen (7.36) und (7.37) folgt

$$\begin{aligned} -\boldsymbol{r}_{ib} \times \boldsymbol{P}_b + \boldsymbol{r}_{ia} \times \boldsymbol{P}_a &= \boldsymbol{r}_{ka} \times \boldsymbol{P}_a + \boldsymbol{r}_{bk} \times \boldsymbol{P}_k\,, \\ -\boldsymbol{r}_{ib} \times \boldsymbol{P}_b + \boldsymbol{M}_i &= \boldsymbol{M}_k + \boldsymbol{r}_{bk} \times \boldsymbol{P}_k\,. \end{aligned}$$

Beachten wir die Gleichheit der polaren Projektionen nach Gleichung (7.31) und die Gleichheit der Vektorprodukte

$$\boldsymbol{r}_{bk} \times \boldsymbol{P}_k = \boldsymbol{r}_{ia} \times \boldsymbol{P}_a\,, \tag{7.39}$$

so darf man auch schreiben

$$\begin{aligned} \boldsymbol{M}_i &= \boldsymbol{M}_k + \boldsymbol{r}_{ia} \times \boldsymbol{P}_a + \boldsymbol{r}_{ib} \times \boldsymbol{P}_b \\ &= \boldsymbol{M}_k + (\boldsymbol{r}_{ia} + \boldsymbol{r}_{ib}) \times \boldsymbol{P}_k \\ &= \boldsymbol{M}_k + \boldsymbol{r}_{ik} \times \boldsymbol{P}_k\,, \end{aligned}$$

$$\boldsymbol{M}_i = \boldsymbol{M}_k + \mathsf{M}_{ik}\boldsymbol{P}_k\,. \tag{7.40}$$

Für die *polare Projektion* und das *polare Moment in b* gelten demnach die Gleichungen (7.31) und (7.35)

$$\boldsymbol{P}_b = \boldsymbol{P}_i\,, \qquad \boldsymbol{M}_b = \mathsf{M}_{bi}\boldsymbol{P}_i + \boldsymbol{M}_i\,. \tag{7.42a}$$

Mit Hilfe der Projektionsmatrix P_{bi} und der Nullmatrix O_{bi}

$$\mathsf{O}_{bi} = \mathsf{O} = \begin{pmatrix} 0 & 0 & 0 \\ 0 & 0 & 0 \\ 0 & 0 & 0 \end{pmatrix} \tag{7.41}$$

lassen sich diese beiden Gleichungen als Matrizengleichungen formulieren

$$\boldsymbol{P}_b = \mathsf{P}_{bi}\boldsymbol{P}_i + \mathsf{O}_{bi}\boldsymbol{M}_i\,, \qquad \boldsymbol{M}_b = \mathsf{M}_{bi}\boldsymbol{P}_i + \mathsf{P}_{bi}\boldsymbol{M}_i \tag{7.42b}$$

und wie folgt zusammenfassen

$$\begin{pmatrix} \boldsymbol{P}_b \\ \boldsymbol{M}_b \end{pmatrix} = \begin{pmatrix} \mathsf{P} & \mathsf{O} \\ \mathsf{M} & \mathsf{P} \end{pmatrix}_{bi} \begin{pmatrix} \boldsymbol{P}_i \\ \boldsymbol{M}_i \end{pmatrix}. \tag{7.42}$$

Im cartesischen Koordinatensystem nimmt die Gleichung (7.42) die folgende Form an

$$\begin{bmatrix} P_{bx} \\ P_{by} \\ P_{bz} \\ M_{bx} \\ M_{by} \\ M_{bz} \end{bmatrix} = \begin{bmatrix} 1 & 0 & 0 & 0 & 0 & 0 \\ 0 & 1 & 0 & 0 & 0 & 0 \\ 0 & 0 & 1 & 0 & 0 & 0 \\ 0 & -\Delta z & +\Delta y & 1 & 0 & 0 \\ +\Delta z & 0 & -\Delta x & 0 & 1 & 0 \\ -\Delta y & +\Delta x & 0 & 0 & 0 & 1 \end{bmatrix} \begin{bmatrix} P_{ix} \\ P_{iy} \\ P_{iz} \\ M_{ix} \\ M_{iy} \\ M_{iz} \end{bmatrix} \tag{7.43}$$

Benutzen wir dagegen die Gleichungen (7.31) und (7.37), so erhalten wir analog

$$\begin{pmatrix} \boldsymbol{P}_b \\ \boldsymbol{M}_b \end{pmatrix} = \begin{pmatrix} \mathsf{P} & \mathsf{O} \\ \mathsf{M} & \mathsf{P} \end{pmatrix}_{bk} \begin{pmatrix} \boldsymbol{P}_k \\ \boldsymbol{M}_k \end{pmatrix}. \tag{7.44}$$

Sollen dagegen die polare Projektion und das polare Moment des Elementarpaares in i bzw. in k ermittelt werden, so verwenden wir die Gleichungen (7.31) und (7.36) bzw. (7.31) und (7.38).

Für das *Elementarpaar in i* erhalten wir

$$\boldsymbol{P}_i = \boldsymbol{P}_b \qquad\qquad = \mathsf{P}_{ib}\,\boldsymbol{P}_b + \mathsf{O}_{ib}\,\boldsymbol{M}_b\,,$$

$$\boldsymbol{M}_i = \mathsf{M}_{ib}\,\boldsymbol{P}_b + \boldsymbol{M}_b = \mathsf{M}_{ib}\,\boldsymbol{P}_b + \mathsf{P}_{ib}\,\boldsymbol{M}_b$$

und damit

$$\begin{pmatrix} \boldsymbol{P}_i \\ \boldsymbol{M}_i \end{pmatrix} = \begin{pmatrix} \mathsf{P} & \mathsf{O} \\ \mathsf{M} & \mathsf{P} \end{pmatrix}_{ib} \begin{pmatrix} \boldsymbol{P}_b \\ \boldsymbol{M}_b \end{pmatrix}. \tag{7.45}$$

Für das *Elementarpaar in k* folgt ganz analog

$$\begin{pmatrix} \boldsymbol{P}_k \\ \boldsymbol{M}_k \end{pmatrix} = \begin{pmatrix} \mathsf{P} & \mathsf{O} \\ \mathsf{M} & \mathsf{P} \end{pmatrix}_{kb} \begin{pmatrix} \boldsymbol{P}_b \\ \boldsymbol{M}_b \end{pmatrix}. \tag{7.46}$$

Das *Elementarpaar in i* läßt sich aber auch mit den Gleichungen (7.31) und (7.40) aus dem Elementarpaar in k ermitteln. Fassen wir die Gleichungen

$$\boldsymbol{P}_i = \boldsymbol{P}_k \qquad\qquad = \mathsf{P}_{ik}\,\boldsymbol{P}_k + \mathsf{O}_{ik}\,\boldsymbol{M}_k\,,$$

$$\boldsymbol{M}_i = \mathsf{M}_{ik}\,\boldsymbol{P}_k + \boldsymbol{M}_k = \mathsf{M}_{ik}\,\boldsymbol{P}_k + \mathsf{P}_{ik}\,\boldsymbol{M}_k$$

zusammen, so erhalten wir

$$\begin{pmatrix} \boldsymbol{P}_i \\ \boldsymbol{M}_i \end{pmatrix} = \begin{pmatrix} \mathsf{P} & \mathsf{O} \\ \mathsf{M} & \mathsf{P} \end{pmatrix}_{ik} \begin{pmatrix} \boldsymbol{P}_k \\ \boldsymbol{M}_k \end{pmatrix}. \tag{7.47}$$

Natürlich können wir analog zu den Gleichungen (7.42) und (7.45) bzw. (7.44) und (7.46) auch das *Elementarpaar in k* mit Hilfe des Elementarpaares in i nach Gleichung (7.47) errechnen.

$$\begin{pmatrix} \boldsymbol{P}_k \\ \boldsymbol{M}_k \end{pmatrix} = \begin{pmatrix} \mathsf{P} & \mathsf{O} \\ \mathsf{M} & \mathsf{P} \end{pmatrix}_{ki} \begin{pmatrix} \boldsymbol{P}_i \\ \boldsymbol{M}_i \end{pmatrix} \tag{7.48}$$

Mit Hilfe der Gleichungen (7.42) bis (7.48) haben wir eigentlich im Sinne von Abschnitt 7.1.1.2. die Reduktionspaare von Vektormengen ermittelt. Die Vektormengen sind in den Gleichungen

(7.45) und (7.46) das Elementarpaar in b,
(7.42) und (7.48) das Elementarpaar in i,
(7.44) und (7.47) das Elementarpaar in k.

Da in diesem speziellen Fall jedoch nur parallele Momentenvektoren superponiert werden, sind die erhaltenen Reduktionspaare orthogonal ($\psi = \pi/2$) und damit zugleich Elementarpaare eines Vektors ($\boldsymbol{P}_a$) im Sinne der Definition nach Gleichung (7.2).

Die Elementarpaare eines Vektorfeldes können also sowohl von dem Zentralvektor $\boldsymbol{P}_a$ als auch von einem beliebigen Element des Elementarpaarfeldes, also auch von einem Elementarpaar erzeugt werden. Um das auszudrücken, setzen wir vor den Ursachenindex

- ein Komma, wenn die Ursache ein Vektor,
- ein Semikolon, wenn die Ursache ein Elementarpaar ist.

Das in Gleichung (7.48) ermittelte Elementarpaar in k infolge des Elementarpaares in i schreiben wir demnach wie folgt

$$\begin{bmatrix} \boldsymbol{P}_{k;i} \\ \boldsymbol{M}_{k;i} \end{bmatrix}^{\perp} := \begin{bmatrix} \boldsymbol{P}_{k;\begin{bmatrix} \boldsymbol{P}_i \\ \boldsymbol{M}_i \end{bmatrix}^{\perp}} \\ \boldsymbol{M}_{k;\begin{bmatrix} \boldsymbol{P}_i \\ \boldsymbol{M}_i \end{bmatrix}^{\perp}} \end{bmatrix}^{\perp} := \begin{bmatrix} \mathsf{P}_{ki}\,\boldsymbol{P}_i \\ \mathsf{M}_{ki}\,\boldsymbol{P}_i + \mathsf{P}_{ki}\,\boldsymbol{M}_i \end{bmatrix}^{\perp} \tag{7.49}$$

Für das Elementarpaar im beliebigen Punkt b gilt dann

$$\begin{bmatrix} \boldsymbol{P}_{b,a} \\ \boldsymbol{M}_{b,a} \end{bmatrix}^{\perp} \equiv \begin{bmatrix} \boldsymbol{P}_{b;i} \\ \boldsymbol{M}_{b;i} \end{bmatrix}^{\perp} \equiv \begin{bmatrix} \boldsymbol{P}_{b;k} \\ \boldsymbol{M}_{b;k} \end{bmatrix}^{\perp} \equiv \begin{bmatrix} \boldsymbol{P}_{b;b} \\ \boldsymbol{M}_{b;b} \end{bmatrix}^{\perp} \tag{7.50}$$

Der letzte Ausdruck repräsentiert die Abbildung des Elementarpaares in b auf sich selbst, da $\mathsf{M}_{bb} = \mathsf{O}$ ist

$$\begin{pmatrix} \boldsymbol{P}_b \\ \boldsymbol{M}_b \end{pmatrix} = \begin{pmatrix} \mathsf{P} & \mathsf{O} \\ \mathsf{M} & \mathsf{P} \end{pmatrix}_{bb} \begin{pmatrix} \boldsymbol{P}_b \\ \boldsymbol{M}_b \end{pmatrix} = \begin{pmatrix} \mathsf{P} & \mathsf{O} \\ \mathsf{O} & \mathsf{P} \end{pmatrix}_{bb} \begin{pmatrix} \boldsymbol{P}_b \\ \boldsymbol{M}_b \end{pmatrix}. \tag{7.51}$$

7.3.4.1.2. Zentralvektor und Elementarpaar

Nach dem 2. Äquivalenztheorem (7.16) sind Vektormengen dann äquivalent, wenn ihre Reduktionspaare im gleichen Punkt identisch sind. Für die in Abschnitt 7.3.4.1.1 betrachteten Elementarpaare gilt demnach mit Gleichung (7.50)

$$\begin{array}{ccccccc} \boldsymbol{P}_a & \Leftrightarrow & \begin{bmatrix} \boldsymbol{P}_{i,a} \\ \boldsymbol{M}_{i,a} \end{bmatrix}^{\perp} & \Leftrightarrow & \begin{bmatrix} \boldsymbol{P}_{k,a} \\ \boldsymbol{M}_{k,a} \end{bmatrix}^{\perp} & \Leftrightarrow & \begin{bmatrix} \boldsymbol{P}_{b,a} \\ \boldsymbol{M}_{b,a} \end{bmatrix}^{\perp} \\ \downarrow (7.28) & & \downarrow (7.42) & & \downarrow (7.44) & & \downarrow (7.51) \\ \begin{bmatrix} \boldsymbol{P}_{b,a} \\ \boldsymbol{M}_{b,a} \end{bmatrix}^{\perp} & \equiv & \begin{bmatrix} \boldsymbol{P}_{b;i} \\ \boldsymbol{M}_{b;i} \end{bmatrix}^{\perp} & \equiv & \begin{bmatrix} \boldsymbol{P}_{b;k} \\ \boldsymbol{M}_{b;k} \end{bmatrix}^{\perp} & \equiv & \begin{bmatrix} \boldsymbol{P}_{b;b} \\ \boldsymbol{M}_{b;b} \end{bmatrix}^{\perp} \end{array} \tag{7.52}$$

Da die Punkte b und i beliebige Punkte des Elementarpaarfeldes sind, läßt sich die Äquivalenzaussage (7.52) wie folgt verbal formulieren:

Alle Elementarpaare eines Elementarpaarfeldes sind einander und dem adäquaten Zentralvektor äquivalent.

Die Gleichungen (7.42) und (7.45) bzw. (7.44) und (7.46) bzw. (7.47) und (7.48) lassen erkennen, daß die Zuordnung der Elementarpaare eineindeutig ist. Fassen wir den erzeugenden Vektor $\boldsymbol{P}_a$ mit dem Moment $\boldsymbol{M}_a = \boldsymbol{M}_{a,a} = \boldsymbol{0}$ zu einem Elementarpaar zusammen, so gilt natürlich auch

$$\begin{pmatrix} \boldsymbol{P}_b \\ \boldsymbol{M}_b \end{pmatrix} = \begin{pmatrix} \mathsf{P} & \mathsf{O} \\ \mathsf{M} & \mathsf{P} \end{pmatrix}_{ba} \begin{pmatrix} \boldsymbol{P}_a \\ \boldsymbol{0} \end{pmatrix}$$

bzw.

$$\begin{pmatrix} \boldsymbol{P}_a \\ \boldsymbol{0} \end{pmatrix} = \begin{pmatrix} \mathsf{P} & \mathsf{O} \\ \mathsf{M} & \mathsf{P} \end{pmatrix}_{ab} \begin{pmatrix} \boldsymbol{P}_b \\ \boldsymbol{M}_b \end{pmatrix}$$

Ganz allgemein gilt demnach:

Die Elementarpaare eines Elementarpaarfeldes sind einander und dem adäquaten Zentralvektor eineindeutig zugeordnet.

7.3.4.2. Äquivalente Elementarpaare einer Vektormenge

Die Ermittlung der Elementarpaare einer Vektormenge wird — wie in Abschnitt 7.1.1.2 bereits erwähnt wurde — Reduktion genannt. Das entstehende (im allgemeinen beliebige) Elementarpaar nennt man dann Reduktionspaar. Wir werden deshalb in diesem Abschnitt die Elementarpaare auch als Reduktionspaare und die Elementarpaarfelder als Reduktionspaarfelder bezeichnen.

7.3.4.2.1. Beziehungen zwischen den Elementarpaaren des Elementarpaarfeldes einer Vektormenge

Um den Zusammenhang zwischen den Elementarpaaren einer Vektormenge zu erkennen, betrachten wir als Beispiel das in Bild 6.21 dargestellte Vektorkreuz S_V. Zunächst ermitteln wir das äquivalente Elementarpaar im speziellen Punkt n und daraufhin im beliebigen Punkt b.

Die polare Projektion erhalten wir mit Gleichung (6.60b) in bezug auf den Pol b zu

$$\boldsymbol{P}_{b,\mathrm{S}_V} := \boldsymbol{P}_b = \mathsf{P}_{bn}\,\boldsymbol{P}_n\,. \tag{7.53a}$$

Das polare Momente in bezug auf b ist nach Gleichung (6.60c)

$$\boldsymbol{M}_{b,\mathrm{S}_V} := \boldsymbol{M}_b = \mathsf{M}_{bn}\,\boldsymbol{P}_n + \mathsf{P}_{bn}\,\boldsymbol{M}_n\,. \tag{7.53b}$$

Damit ergibt sich das Elementarpaar des Vektorkreuzes in b zu

$$\mathrm{S}_V \to [\,]_b\,\mathrm{S}_V = \begin{bmatrix} \boldsymbol{P}_b \\ \boldsymbol{M}_b \end{bmatrix}^{\varphi_b} = \begin{bmatrix} \mathsf{P}_{bn}\,\boldsymbol{P}_n \\ \mathsf{M}_{bn}\,\boldsymbol{P}_n + \mathsf{P}_{bn}\,\boldsymbol{M}_n \end{bmatrix}^{\varphi_b}. \tag{7.53c}$$

Die Vektoren des Elementarpaares in b wurden in Gleichung (7.53c) mit Hilfe der Vektoren des Elementarpaares in n

$$\mathrm{S}_V \to [\,]_n\,\mathrm{S}_V = \begin{bmatrix} \boldsymbol{P}_n \\ \boldsymbol{M}_n \end{bmatrix}^{\varphi_n} = \begin{bmatrix} \boldsymbol{C}_n \\ \boldsymbol{M}_{n,\mathrm{S}_K} \end{bmatrix}^{\varphi_n} \tag{7.53d}$$

ermittelt. Für das betrachtete Vektorkreuz besteht also zwischen den Elementarpaaren in zwei beliebigen Punkten b und n ein Zusammenhang, der sich durch Einführung der Nullmatrix (Gleichung (7.41)) wieder in Matrizenform angeben läßt. Offensichtlich gilt

$$\boldsymbol{P}_b = \mathsf{P}_{bn}\,\boldsymbol{P}_n + \mathsf{O}_{bn}\,\boldsymbol{M}_n\,, \qquad \boldsymbol{M}_b = \mathsf{M}_{bn}\,\boldsymbol{P}_n + \mathsf{P}_{bn}\,\boldsymbol{M}_n$$

und damit natürlich auch

$$\begin{pmatrix} \boldsymbol{P}_b \\ \boldsymbol{M}_b \end{pmatrix} = \begin{pmatrix} \mathsf{P} & \mathsf{O} \\ \mathsf{M} & \mathsf{P} \end{pmatrix}_{bn} \begin{pmatrix} \boldsymbol{P}_n \\ \boldsymbol{M}_n \end{pmatrix} \tag{7.54a}$$

Die Matrix

$$\mathsf{H}_{bn} := \begin{pmatrix} \mathsf{P} & \mathsf{O} \\ \mathsf{M} & \mathsf{P} \end{pmatrix}_{bn} \tag{7.55a}$$

ist nichtsingulär und demnach invertierbar. Da ihre Determinante det $\mathsf{H} = 1$ ist, hat die inverse Matrix die Form

$$\mathsf{H}_{bn}^{-1} = \begin{pmatrix} \mathsf{P} & \mathsf{O} \\ \mathsf{M} & \mathsf{P} \end{pmatrix}_{bn}^{-1} = \begin{pmatrix} \mathsf{P} & \mathsf{O} \\ -\mathsf{M} & \mathsf{P} \end{pmatrix}_{bn} = \begin{pmatrix} \mathsf{P} & \mathsf{O} \\ \mathsf{M} & \mathsf{P} \end{pmatrix}_{nb} = \mathsf{H}_{nb}\,. \tag{7.55b}$$

Wollen wir also das Elementarpaar in n angeben, wenn das Elementarpaar in b bekannt ist, so brauchen wir nur Gleichung (7.54a) mit der invertierten Matrix (7.55b) von links zu multiplizieren und erhalten

$$\begin{pmatrix} \mathsf{P} & \mathsf{O} \\ \mathsf{M} & \mathsf{P} \end{pmatrix}_{nb} \begin{pmatrix} \boldsymbol{P}_b \\ \boldsymbol{M}_b \end{pmatrix} = \begin{pmatrix} \mathsf{P} & \mathsf{O} \\ \mathsf{M} & \mathsf{P} \end{pmatrix}_{bn}^{-1} \begin{pmatrix} \mathsf{P} & \mathsf{O} \\ \mathsf{M} & \mathsf{P} \end{pmatrix}_{bn} \begin{pmatrix} \boldsymbol{P}_n \\ \boldsymbol{M}_n \end{pmatrix}.$$

Entsprechend umgruppiert, folgt daraus schließlich

$$\begin{pmatrix} \boldsymbol{P}_n \\ \boldsymbol{M}_n \end{pmatrix} = \begin{pmatrix} \mathsf{P} & \mathsf{O} \\ \mathsf{M} & \mathsf{P} \end{pmatrix}_{nb} \begin{pmatrix} \boldsymbol{P}_b \\ \boldsymbol{M}_b \end{pmatrix}. \tag{7.54b}$$

Da für jede beliebige Menge Γ gleichartiger Vektoren ein Elementarpaar ermittelt werden kann, dessen Vektoren ebenso wie in Gleichung (7.53c) einen beliebigen Winkel ψ einschließen,

$$\Gamma \to \begin{bmatrix} \boldsymbol{P}_{b,\Gamma} \\ \boldsymbol{M}_{b,\Gamma} \end{bmatrix}^{\psi_b} = \begin{bmatrix} \boldsymbol{R}_{b,\Gamma} \\ \boldsymbol{M}_{b,\Gamma} \end{bmatrix}^{\psi_b}, \tag{7.56}$$

bestehen die Beziehungen (7.54a) und (7.54b) zwischen den Elementarpaaren jeder beliebigen Vektormenge Γ.

Mit Gleichung (7.55a) folgt demnach aus Gleichung (7.54a) und (7.54b) die gesuchte *Beziehung zwischen den Elementarpaaren des Elementarpaarfeldes einer beliebigen Vektormenge* Γ

$$\Gamma \to [\,]_n\,\Gamma \to [\,]_b\,\Gamma = \mathsf{H}_{bn}\,[\,]_n\,\Gamma \tag{7.57a}$$

$$\Gamma \to [\,]_b\,\Gamma \to [\,]_n\,\Gamma = \mathsf{H}_{nb}\,[\,]_b\,\Gamma\,. \tag{7.57b}$$

Wollen wir die Elementarpaare auf Grund ihrer Entstehung als Reduktionspaare kennzeichnen, so ersetzen wir $\boldsymbol{P}$ durch $\boldsymbol{R}$. Die Gleichung (7.54b) nimmt dann z. B. mit $n = i$ die folgende Form an

$$\begin{pmatrix} \boldsymbol{R}_i \\ \boldsymbol{M}_i \end{pmatrix} = \begin{pmatrix} \mathsf{P} & \mathsf{O} \\ \mathsf{M} & \mathsf{P} \end{pmatrix}_{ib} \begin{pmatrix} \boldsymbol{R}_b \\ \boldsymbol{M}_b \end{pmatrix}. \tag{7.58}$$

7.3.4.2.2. Vektorkreuz und Vektormenge

Wenden wir das 2. Äquivalenztheorem (Gleichung (7.16)) auf die Aussagen (7.53c) und (7.56) an, so ergibt sich folgende Äquivalenzaussage:

$$\begin{array}{ccc} \mathrm{S}_V & \Leftrightarrow & \Gamma \\ \big\downarrow (7.53\mathrm{c}) & & \big\downarrow (7.56) \\ \begin{bmatrix} \boldsymbol{R}_{b,\mathrm{S}_V} \\ \boldsymbol{M}_{b,\mathrm{S}_V} \end{bmatrix}^{\psi_b} & \equiv & \begin{bmatrix} \boldsymbol{R}_{b,\Gamma} \\ \boldsymbol{M}_{b,\Gamma} \end{bmatrix}^{\psi_b} \end{array}. \tag{7.59}$$

Sind im beliebigen Punkt b das Reduktionspaar eines Vektorkreuzes S_V und das Reduktionspaar einer beliebigen Vektormenge Γ identisch, so sind Vektorkreuz S_V und Vektormenge Γ äquivalent.

7.3.4.2.3. Vektormenge und Reduktionspaar

Mit der Gleichung (7.58) ist es möglich, das Reduktionspaarfeld für jedes beliebige Reduktionspaar aufzubauen. Damit können wir aber auch die Äquivalenzaussage (7.52) auf beliebige Elementarpaare erweitern.

Wir ermitteln zunächst im beliebigen Punkt b das Reduktionspaar der Vektromenge Γ nach Gleichung (7.56).

Danach errechnen wir in n $(n = i, k, b)$ nach Gleichung (7.57 b) die Reduktionspaare infolge des Reduktionspaares in b (wobei in b die Abbildung des Reduktionspaares auf sich selbst erfolgt (vgl. (7.51)).

$$
\begin{array}{ccccc}
 & & \Gamma & & \\
 & & \Big\downarrow{\scriptstyle (7.56)} & & \\
\begin{bmatrix} \boldsymbol{R}_{i;b} \\ \boldsymbol{M}_{i;b} \end{bmatrix}^{\varphi_i} & \xleftarrow[(7.57\,b)]{} & \begin{bmatrix} \boldsymbol{R}_{b,\Gamma} \\ \boldsymbol{M}_{b,\Gamma} \end{bmatrix}^{\varphi_b} & \overset{\displaystyle\equiv}{\underset{(7.57\,b)}{}} & \begin{bmatrix} \boldsymbol{R}_{b;b} \\ \boldsymbol{M}_{b;b} \end{bmatrix}^{\varphi_b} \\
 & & \Big\downarrow{\scriptstyle (7.57\,b)} & & \\
 & & \begin{bmatrix} \boldsymbol{R}_{k;b} \\ \boldsymbol{M}_{k;b} \end{bmatrix}^{\varphi_k} & &
\end{array}
\tag{7.60}
$$

Von diesen Reduktionspaaren in i, k und b gehen wir im folgenden aus. Nach Gleichung (7.57 a) ermitteln wir für das Reduktionspaar in i und analog für die Reduktionspaare in k und b das Reduktionspaar in b.

$$
\begin{array}{ccccccc}
\Gamma \Leftrightarrow & & \begin{bmatrix} \boldsymbol{R}_{i;b} \\ \boldsymbol{M}_{i;b} \end{bmatrix}^{\varphi_i} & \Leftrightarrow & \begin{bmatrix} \boldsymbol{R}_{k;b} \\ \boldsymbol{M}_{k;b} \end{bmatrix}^{\varphi_k} & \Leftrightarrow & \begin{bmatrix} \boldsymbol{R}_{b;b} \\ \boldsymbol{M}_{b;b} \end{bmatrix}^{\varphi_b} \\
\Big\downarrow{\scriptstyle (7.56)} & & \Big\downarrow{\scriptstyle (7.57\,a)} & & \Big\downarrow{\scriptstyle (7.57\,a)} & & \Big\downarrow{\scriptstyle (7.57\,a)} \\
\begin{bmatrix} \boldsymbol{R}_{b,\Gamma} \\ \boldsymbol{M}_{b,\Gamma} \end{bmatrix}^{\varphi_b} & \equiv & \begin{bmatrix} \boldsymbol{R}_{b;i} \\ \boldsymbol{M}_{b;i} \end{bmatrix}^{\varphi_b} & \equiv & \begin{bmatrix} \boldsymbol{R}_{b;k} \\ \boldsymbol{M}_{b;k} \end{bmatrix}^{\varphi_b} & \equiv & \begin{bmatrix} \boldsymbol{R}_{b;b} \\ \boldsymbol{M}_{b;b} \end{bmatrix}^{\varphi_b}
\end{array}
\tag{7.61}
$$

Da die Reduktionspaare in b auf Grund der eineindeutigen Zuordnung (Gleichung (7.57) alle identisch sind, sind die erzeugenden Reduktionspaare in i, k, b und die erzeugende Vektormenge Γ nach dem 2. Äquivalenztheorem äquivalent.

Diese Aussage kann auch wie folgt dargestellt werden

$$
\begin{array}{ccccc}
 & & \Gamma & & \\
 & \swarrow\!\!\nearrow & \Updownarrow & \nwarrow\!\!\searrow & \\
\begin{bmatrix} \boldsymbol{R}_{i,\Gamma} \\ \boldsymbol{M}_{i,\Gamma} \end{bmatrix}^{\varphi_i} & \Longleftarrow & \Big| & \Longrightarrow & \begin{bmatrix} \boldsymbol{R}_{b,\Gamma} \\ \boldsymbol{M}_{b,\Gamma} \end{bmatrix}^{\varphi_b} \\
 & \nwarrow\!\!\searrow & \Updownarrow & \swarrow\!\!\nearrow & \\
 & & \begin{bmatrix} \boldsymbol{R}_{k,\Gamma} \\ \boldsymbol{M}_{k,\Gamma} \end{bmatrix}^{\varphi_k} & &
\end{array}
\tag{7.62}
$$

Da die Punkte b, i, k beliebige Punkte des Reduktionspaarfeldes sind, läßt sich die Äquivalenzaussage (7.61) bzw. (7.62) wie folgt verbal formulieren:

Alle Reduktionspaare eines Reduktionspaarfeldes sind einander und der adäquaten Vektormenge Γ äquivalent.

Die Gleichungen (7.57a) und (7.57b) lassen erkennen, daß die Reduktionspaare eines Reduktionspaarfeldes einander eineindeutig zugeordnet sind. Die Zuordnung von Vektormenge und Reduktionspaar (7.57a) oder (7.57b) ist zwar eindeutig (d. h., einer Vektormenge Γ ist in jedem Punkt genau ein Reduktionspaar zugeordnet), aber nicht umkehrbar, da bei der Bildung der polaren Projektion und des polaren Momentes einer Vektormenge superponiert werden muß. Durch diese Superposition wird zwar das Fundamentalpostulat nicht verletzt und die Äquivalenz bleibt erhalten, die Eineindeutigkeit der Zuordnung geht aber verloren.

7.3.4.3. Äquivalente Umformungen der komplanaren elementaren Vektorsysteme

Betrachten wir Tafel 4.2, so erkennen wir, daß

- das Komplanarpaar S_P (Gleichung (4.17)),
- das Vektorpaar S_K (Gleichung (4.18)),
- das Aufhebungspaar S_A (Gleichung (4.15))

komplanare Vektorsysteme sind. Diese drei elementaren Vektorsysteme sollen im folgenden äquivalent umgeformt werden.

7.3.4.3.1. Die Reduktionspaare des Komplanarpaares, des Vektorpaares und des Aufhebungspaares

Im beliebigen Reduktionszentrum b ist

1. der reduzierte Vektor $\boldsymbol{R}_b$
   - des Komplanarpaares gleich der polaren Projektion des Zentralvektors $\boldsymbol{C}_c$ (Bild 6.20)
   $$\boldsymbol{R}_{b,\mathrm{S}_P} = \mathsf{P}_{bc}\,\boldsymbol{C}_c\,, \tag{7.63}$$
   - des Vektorpaares gleich dem Nullvektor
   $$\boldsymbol{R}_{b,\mathrm{S}_K} = \boldsymbol{0}\,, \tag{7.64}$$
   - des Aufhebungspaares gleich dem Nullvektor
   $$\boldsymbol{R}_{b,\mathrm{S}_A} = \boldsymbol{0}\,; \tag{7.65}$$
2. das reduzierte Moment $\boldsymbol{M}_b$
   - des Komplanarpaares gleich dem polaren Moment des Zentralvektors (Bild 6.20 und Gleichung (6.59))
   $$\boldsymbol{M}_{b,\mathrm{S}_P} = \mathsf{M}_{bc}\,\boldsymbol{C}_c\,, \tag{7.66}$$
   - des Vektorpaares nach Gleichung (6.77c) gleich der polaren Projektion des polaren Momentes $\boldsymbol{M}_0 = \boldsymbol{M}_c$
   $$\boldsymbol{M}_{b,\mathrm{S}_K} = \mathsf{P}_{bc}\,\boldsymbol{M}_c\,, \tag{7.67}$$

● des Aufhebungspaares gleich dem Nullvektor

$$\boldsymbol{M}_{b,\mathrm{S}_A} = \boldsymbol{0}\,. \tag{7.68}$$

Diese drei elementaren Vektorsysteme erzeugen demnach die folgenden Reduktionspaare in b

$$\mathrm{S}_P \to \begin{bmatrix} \boldsymbol{R}_{b,\mathrm{S}_P} \\ \boldsymbol{M}_{b,\mathrm{S}_P} \end{bmatrix}^{\perp} = \begin{bmatrix} \mathsf{P}_{bc}\,\boldsymbol{C}_c \\ \mathsf{M}_{bc}\,\boldsymbol{C}_c \end{bmatrix}^{\perp}, \tag{7.69}$$

$$\mathrm{S}_K \to \begin{bmatrix} \boldsymbol{R}_{b,\mathrm{S}_K} \\ \boldsymbol{M}_{b,\mathrm{S}_K} \end{bmatrix}^{\perp} = \begin{bmatrix} \boldsymbol{0} \\ \mathsf{P}_{bc}\,\boldsymbol{M}_c \end{bmatrix}, \tag{7.70}$$

$$\mathrm{S}_A \to \begin{bmatrix} \boldsymbol{R}_{b,\mathrm{S}_A} \\ \boldsymbol{M}_{b,\mathrm{S}_A} \end{bmatrix}^{\perp} = \begin{bmatrix} \boldsymbol{0} \\ \boldsymbol{0} \end{bmatrix}. \tag{7.71}$$

Ist das Reduktionszentrum $b = c$ ein Punkt der Zentrallinie $\overline{cc}$ (Bild 6.20), so geht Gleichung (7.69) wegen $\mathsf{M}_{cc} = \mathsf{O}$ über in

$$\mathrm{S}_P \to \begin{bmatrix} \boldsymbol{R}_{c,\mathrm{S}_P} \\ \boldsymbol{M}_{c,\mathrm{S}_P} \end{bmatrix}^{\perp} = \begin{bmatrix} \mathsf{P}_{cc}\,\boldsymbol{C}_c \\ \boldsymbol{0} \end{bmatrix}. \tag{7.72}$$

7.3.4.3.2. Die Elementarpaare eines Vektors, eines Momentes und eines Nullvektors

Tritt in den Reduktionspaaren der Nullvektor auf, so wird häufig zur Vereinfachung die Zusammenfassung zum Reduktionspaar aufgehoben. Im modifizierten Modell treten dann

- der Vektor $\boldsymbol{C}_c$ (Zentralvektor),
- das Moment $\boldsymbol{M}_c$ (Zentralmoment),
- der Nullvektor $\boldsymbol{0}$ (als Repräsentant des Nullpaares)

als selbständige Größen auf.

Auch für diese in Gleichung (7.70), (7.71) und (7.72) ermittelten drei Sonderfälle des orthogonalen Reduktionspaares bleiben die durch die Gleichung (7.54) und (7.58) ausgedrückten Beziehungen erhalten.

Greift also am Punkt $i = c$

● ein Vektor $\boldsymbol{C}_c$ an, so ergibt sich folgendes Elementarpaar in b

$$\begin{pmatrix} \boldsymbol{R}_{b,C} \\ \boldsymbol{M}_{b,C} \end{pmatrix} = \begin{pmatrix} \mathsf{P} & \mathsf{O} \\ \mathsf{M} & \mathsf{P} \end{pmatrix}_{bc} \begin{pmatrix} \boldsymbol{C}_c \\ \boldsymbol{0} \end{pmatrix} = \begin{pmatrix} \mathsf{P}_{bc}\,\boldsymbol{C}_c \\ \mathsf{M}_{bc}\,\boldsymbol{C}_c \end{pmatrix}, \tag{7.73}$$

$$\boldsymbol{C}_c \to \begin{bmatrix} \boldsymbol{R}_{b,C} \\ \boldsymbol{M}_{b,C} \end{bmatrix}^{\perp} = \begin{bmatrix} \mathsf{P}_{bc}\,\boldsymbol{C}_c \\ \mathsf{M}_{bc}\,\boldsymbol{C}_c \end{bmatrix}^{\perp} =: [\,]\,\boldsymbol{C}_c\,, \tag{7.74}$$

● ein Moment $\boldsymbol{M}_c$ an, so ergibt sich folgendes Elementarpaar in b

$$\begin{pmatrix} \boldsymbol{R}_{b,M} \\ \boldsymbol{M}_{b,M} \end{pmatrix} = \begin{pmatrix} \mathsf{P} & \mathsf{O} \\ \mathsf{M} & \mathsf{P} \end{pmatrix}_{bc} \begin{pmatrix} \boldsymbol{0} \\ \boldsymbol{M}_c \end{pmatrix} = \begin{pmatrix} \boldsymbol{0} \\ \mathsf{P}_{bc}\,\boldsymbol{M}_c \end{pmatrix}, \tag{7.75}$$

$$\boldsymbol{M}_c \to \begin{bmatrix} \boldsymbol{R}_{b,M} \\ \boldsymbol{M}_{b,M} \end{bmatrix}^{\perp} = \begin{bmatrix} \boldsymbol{0} \\ \mathsf{P}_{bc}\,\boldsymbol{M}_c \end{bmatrix} =: [\,]\,\boldsymbol{M}_c\,, \tag{7.76}$$

- ein Nullvektor $\boldsymbol{0}_c$ an, so ergibt sich folgendes Elementarpaar in b

$$\begin{pmatrix} \boldsymbol{R}_{b,0} \\ \boldsymbol{M}_{b,0} \end{pmatrix} = \begin{pmatrix} \mathsf{P} & \mathsf{O} \\ \mathsf{M} & \mathsf{P} \end{pmatrix}_{bc} \begin{pmatrix} \boldsymbol{0} \\ \boldsymbol{0} \end{pmatrix} \doteq \begin{pmatrix} \boldsymbol{0} \\ \boldsymbol{0} \end{pmatrix} =: [\,]\,\boldsymbol{0}\,, \tag{7.79}$$

$$\boldsymbol{0} \to \begin{bmatrix} \boldsymbol{R}_{b,0} \\ \boldsymbol{M}_{b,0} \end{bmatrix}^{\perp} = \begin{bmatrix} \boldsymbol{0} \\ \boldsymbol{0} \end{bmatrix} =: [\,]\,\boldsymbol{0}\,. \tag{7.80}$$

7.3.4.3.3. Äquivalenznachweise mit Hilfe des 2. Äquivalenztheorems

Mit Hilfe des 2. Äquivalenztheorems (7.16) lassen sich nun für die komplanaren elementaren Vektorsysteme die folgenden Äquivalenznachweise führen.

Es gilt

- für das Komplanarpaar

$$\begin{array}{ccc} \mathrm{S}_{\boldsymbol{P}} & \Leftrightarrow & \boldsymbol{C}_c \\ \Big\downarrow (7.69) & & \Big\downarrow (7.74) \\ \begin{bmatrix} \boldsymbol{R}_{b,\mathrm{S}_{\boldsymbol{P}}} \\ \boldsymbol{M}_{b,\mathrm{S}_{\boldsymbol{P}}} \end{bmatrix}^{\perp} & \equiv & \begin{bmatrix} \boldsymbol{R}_{b,\boldsymbol{C}} \\ \boldsymbol{M}_{b,\boldsymbol{C}} \end{bmatrix}^{\perp} \end{array} \tag{7.81}$$

Sind im beliebigen Punkt b das Reduktionspaar eines Komplanarpaares $\mathrm{S}_{\boldsymbol{P}}$ und das Elementarpaar eines Vektors $\boldsymbol{C}_c$ identisch, so sind Komplanarpaar $\mathrm{S}_{\boldsymbol{P}}$ und Vektor $\boldsymbol{C}_c$ äquivalent.

- Für das Vektorpaar gilt

$$\begin{array}{ccc} \mathrm{S}_{\boldsymbol{K}} & \Leftrightarrow & \boldsymbol{M}_c \\ \Big\downarrow (7.70) & & \Big\downarrow (7.76) \\ \begin{bmatrix} \boldsymbol{0} \\ \boldsymbol{M}_{b,\mathrm{S}_{\boldsymbol{K}}} \end{bmatrix} & \equiv & \begin{bmatrix} \boldsymbol{0} \\ \boldsymbol{M}_{b,\boldsymbol{M}} \end{bmatrix}. \end{array} \tag{7.82}$$

Sind im beliebigen Punkt b das Reduktionspaar (Moment) eines Vektorpaares $\mathrm{S}_{\boldsymbol{K}}$ und das Elementarpaar eines Momentes $\boldsymbol{M}_c$ identisch, so sind Vektorpaar $\mathrm{S}_{\boldsymbol{K}}$ und Moment $\boldsymbol{M}_c$ äquivalent.

- Für das Aufhebungspaar gilt

$$\begin{array}{ccc} \mathrm{S}_{\boldsymbol{A}} & \Leftrightarrow & \boldsymbol{0} \\ \Big\downarrow (7.71) & & \Big\downarrow (7.80) \\ \begin{bmatrix} \boldsymbol{0} \\ \boldsymbol{0} \end{bmatrix} & \equiv & \begin{bmatrix} \boldsymbol{0} \\ \boldsymbol{0} \end{bmatrix}. \end{array} \tag{7.83}$$

Da in jedem beliebigen Punkt das Reduktionspaar (Nullpaar) eines Aufhebungspaares und das Elementarpaar (Nullpaar) eines Nullvektors identisch sind, sind Aufhebungspaar und Nullvektor äquivalent.

7.3.4.3.4. Äquivalenznachweise mit Hilfe des 3. Äquivalenztheorems

Zum Äquivalenznachweis mit Hilfe des 2. Äquivalenztheorems (7.16) wurden Reduktionspaare in einem beliebigen Punkt b gebildet und deren Identität gefordert. Da diese Forderung natürlich für *jeden* beliebigen Punkt erhoben werden muß, ist es sinnvoll, dies in der Äquivalenzformulierung zum Ausdruck zu bringen und im Sinne des 3. Äquivalenztheorems (7.17) die Identität der adäquaten Reduktionspaarfelder zu fordern.

Diese Form des Äquivalenznachweises soll in einigen Beispielen vorgestellt werden.

- Aufhebungspaar ⇔ Nullvektor

Sowohl das Projektionsfeld als auch das Momentenfeld eines Aufhebungspaares ist ein Nullvektorfeld (Tafel 7.3).

Ebenso ist das Projektionsfeld und das Momentenfeld eines Nullvektors ein Nullvektorfeld.

$$\begin{array}{ccc} \mathrm{S}_{\boldsymbol{A}} := \{\boldsymbol{A}_m, \boldsymbol{A}_n \mid \boldsymbol{A}_m \rightleftharpoons \boldsymbol{A}_n\} & \leftrightarrow & \Phi_{[\,]\mathrm{S}_{\boldsymbol{A}}} \\ \Updownarrow & & \equiv \\ \boldsymbol{0} & \leftrightarrow & \Phi_{[\,]\boldsymbol{0}} \,. \end{array} \tag{7.84}$$

Da Nullvektorfelder identisch sind, gilt nach dem 3. Äquivalenztheorem:

> Jedes Aufhebungspaar ist dem Nullvektor äquivalent und darf demnach — ohne das Fundamentalpostulat zu verletzen — dem mathematisierten Modell hinzugefügt oder aus ihm entfernt werden (Ergänzungsprozeß).

- Aufhebungspaar ⇔ Aufhebungspaar

Da das Projektionsfeld und das Momentenfeld eines jeden Aufhebungspaares ein Nullvektorfeld ist, sind die Elementarpaarfelder aller Aufhebungspaare identisch.

$$\begin{array}{ccc} \mathrm{S}_{\boldsymbol{A}_1} := \{\boldsymbol{A}_1, \boldsymbol{A}_1^* \mid \boldsymbol{A}_1 \equiv -\boldsymbol{A}_1^*\} & \leftrightarrow & \Phi_{[\,]\mathrm{S}_{\boldsymbol{A}1}} \\ \Updownarrow & & \equiv \\ \mathrm{S}_{\boldsymbol{A}_2} := \{\boldsymbol{A}_2, \boldsymbol{A}_2^* \mid \boldsymbol{A}_2 \equiv -\boldsymbol{A}_2^*\} & \leftrightarrow & \Phi_{[\,]\mathrm{S}_{\boldsymbol{A}2}} \,. \end{array} \tag{7.85}$$

Nach dem 3. Äquivalenztheorem gilt also

> Jedes Aufhebungspaar ist jedem anderen Aufhebungspaar äquivalent und darf demnach — ohne das Fundamentalpostulat zu verletzen — durch jedes Aufhebungspaar ersetzt werden.

- Vektorpaar ⇔ Momentenvektor

Das dem Vektorpaar S_K adäquate Reduktionspaarfeld besteht ebenso wie das dem Momentenvektor $\boldsymbol{M}_i$ adäquate Reduktionspaarfeld aus einem Nullvektorfeld als Projektionsfeld und einem konstanten Momentenfeld.

$$\begin{array}{lll} \mathrm{S}_{\boldsymbol{K}} := \{\boldsymbol{K}_m, \boldsymbol{K}_n \mid \boldsymbol{K}_m \rightleftharpoons \boldsymbol{K}_n\} & \leftrightarrow & \Phi_{[\,]\,\mathrm{S}_{\boldsymbol{K}}} \\ \quad\Updownarrow & & \quad\equiv \\ \boldsymbol{M}_t & \leftrightarrow & \Phi_{[\,]\,\boldsymbol{M}_t}\,. \end{array} \tag{7.86}$$

Nach dem 3. Äquivalenztheorem gilt demnach

Vektorpaar und Momentenvektor sind dann äquivalent, wenn ihre adäquaten Momentenfelder identisch sind.

- Vektorpaar ⇔ Vektorpaar

Da das Projektionsfeld eines jeden Vektorpaares ein Nullvektorfeld und das Momentenfeld eines jeden Vektorpaares ein konstantes Vektorfeld ist, gilt nach dem 3. Äquivalenztheorem

Vektorpaare sind dann äquivalent, wenn die ihnen adäquat zugeordneten Momentenfelder identisch sind.

$$\begin{array}{lll} \mathrm{S}_{\boldsymbol{K}} := \{\boldsymbol{K}_m, \boldsymbol{K}_n \mid \boldsymbol{K}_m \rightleftharpoons \boldsymbol{K}_n\} & \leftrightarrow & \Phi_{[\,]\,\mathrm{S}_{\boldsymbol{K}}} \\ \quad\Updownarrow & & \quad\equiv \\ \mathrm{S}_{\boldsymbol{T}} := \{\boldsymbol{T}_a, \boldsymbol{T}_b \mid \boldsymbol{T}_a \rightleftharpoons \boldsymbol{T}_b\} & \leftrightarrow & \Phi_{[\,]\,\mathrm{S}_{\boldsymbol{T}}}\,. \end{array} \tag{7.87}$$

- Momentenvektor ⇔ Momentenvektor

Das Reduktionspaarfeld eines jeden Momentenvektor besteht nach Gleichung (7.75) aus einem Nullvektorfeld als Projektionsfeld und einem konstanten Momentenfeld.

Liegen also zwei Momentenvektoren $\boldsymbol{M}_b$ und $\boldsymbol{M}_t$ vor und ist

$$\begin{array}{lll} \boldsymbol{M}_b & \leftrightarrow & \Phi_{[\,]\,\boldsymbol{M}_b} \\ \Updownarrow & & \equiv \\ \boldsymbol{M}_t & \leftrightarrow & \Phi_{[\,]\,\boldsymbol{M}_t}\,, \end{array} \tag{7.88}$$

so gilt nach dem 3. Äquivalenztheorem

Momentenvektoren sind dann äquivalent, wenn die ihnen adäquat zugeordneten Momentenfelder identisch (die Momentenvektoren selbst also gleich) sind. Kurz: Gleiche Momentenvektoren sind äquivalent.

- Vektorpaar ⇔ Momentenvektor ⇔ Vektorpaar

Ist das Vektorpaar $\mathrm{S}_{\boldsymbol{K}}$ dem Momentenvektor $\boldsymbol{M}_t$ äquivalent und ist dasselbe Vektorpaar $\mathrm{S}_{\boldsymbol{K}}$ dem Vektorpaar $\mathrm{S}_{\boldsymbol{T}}$ äquivalent, so ist der Momentenvektor $\boldsymbol{M}_t$ auch dem Vektorpaar $\mathrm{S}_{\boldsymbol{T}}$ äquivalent:

$$\begin{array}{ccc} & \mathrm{S}_{\boldsymbol{K}} & \\ (7.82)\ \Leftrightarrow\!\!\!\!\nearrow & & \searrow\!\!\!\!\Leftrightarrow\ (7.86)\,. \\ \boldsymbol{M}_t & \Leftrightarrow & \mathrm{S}_{\boldsymbol{T}} \end{array} \tag{7.89}$$

Daraus folgt:

Ein Vektorpaar darf durch jedes beliebige andere äquivalente Vektorpaar oder durch jeden beliebigen anderen äquivalenten Momentenvektor ersetzt werden, ohne daß das Fundamentalpostulat verletzt wird.

7.3.4.4. Äquivalente Umformungen des Vektorkreuzes

7.3.4.4.1. Zentralpaar und Vektorkreuz

Das Zentralmoment eines Zentralpaares (Bild 7.3) darf nach Gleichung (7.82) durch ein Vektorpaar, z. B.

$$\mathrm{S}_{\boldsymbol{K}} := \{\boldsymbol{K}_{c,M}, \boldsymbol{K}_{f,M} \mid \boldsymbol{K}_{c,M} = -\boldsymbol{K}_{f,M} \wedge \boldsymbol{M}_c = \boldsymbol{M}_{c,\mathrm{S}_{\boldsymbol{K}}}\}$$

äquivalent ersetzt werden (Bild 7.6). Superponieren wir danach die Vektoren $\boldsymbol{R}_c$ und $\boldsymbol{K}_{c,M}$ so entsteht aus dem Zentralpaar in c ein ihm äquivalentes Vektorkreuz S_V.

$$\begin{array}{llll} \mathrm{A} & \begin{bmatrix}\boldsymbol{R}_c\\ \boldsymbol{M}_c\end{bmatrix}^{\|} & \text{Zentralpaar} & \\ & \Updownarrow & & \\ \mathrm{B} & \{\boldsymbol{R}_c, \boldsymbol{K}_{c,M}, \boldsymbol{K}_{f,M}\} & & (7.90)\\ & \Updownarrow & & \\ \mathrm{C} & \mathrm{S}_V := \{\boldsymbol{V}_c, \boldsymbol{V}_f\} & \text{Vektorkreuz}\,. & \end{array}$$

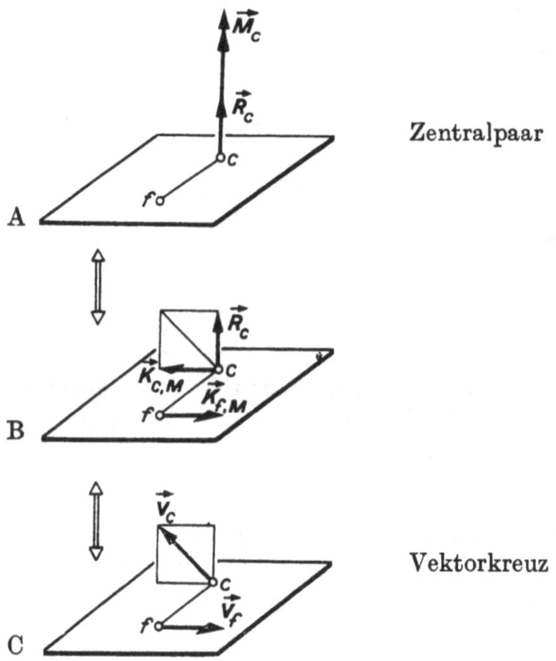

Bild 7.6. Äquivalente Umformung eines Zentralpaares in ein Vektorkreuz

Da der Punkt f beliebig gewählt worden ist (und weitere äquivalente Umformungen z. B. auch des Zentralvektors denkbar sind), folgern wir:

> Das Zentralpaar kann auf unendlich vielfältige Weise durch ein Vektorkreuz äquivalent ersetzt werden.

Anmerkung:

Ein Vektorkreuz läßt sich dagegen nur durch genau ein linienflüchtiges Zentralpaar äquivalent ersetzen.

7.3.4.4.2. Zentralpaar und Reduktionspaar

Ist das Zentralpaar vorgegeben (Bild 7.7), so erhalten wir das äquivalente Reduktionspaar in b analog Gleichung (7.58)

$$\begin{pmatrix} \boldsymbol{R}_{b,c} \\ \boldsymbol{M}_{b,c} \end{pmatrix} = \begin{pmatrix} \mathsf{P} & \mathsf{O} \\ \mathsf{M} & \mathsf{P} \end{pmatrix}_{bc} \begin{pmatrix} \boldsymbol{R}_{cc} \\ \boldsymbol{M}_{cc} \end{pmatrix} = \begin{pmatrix} \mathsf{P}_{bc}\,\boldsymbol{R}_{cc} \\ \mathsf{M}_{bc}\,\boldsymbol{R}_{cc} + \mathsf{P}_{bc}\,\boldsymbol{M}_{cc} \end{pmatrix}. \tag{7.91}$$

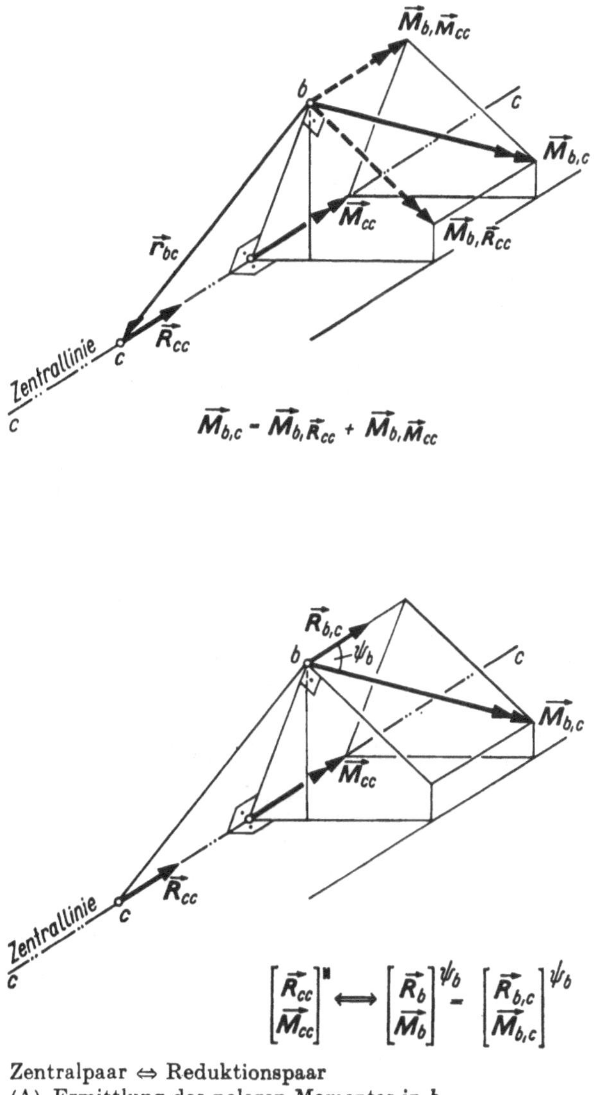

Bild 7.7. Zentralpaar ⇔ Reduktionspaar
(A) Ermittlung des polaren Momentes in b
(B) Darstellung der äquivalenten Elementarpaare

In symbolischer Darstellung ergibt sich

$$\begin{bmatrix} \boldsymbol{R}_{b,c} \\ \boldsymbol{M}_{b,c} \end{bmatrix}^{\psi} = \begin{bmatrix} \boldsymbol{R}_{b,\boldsymbol{R}_{cc}} \\ \boldsymbol{M}_{b,\boldsymbol{R}_{cc}} + \boldsymbol{M}_{b,\boldsymbol{M}_{cc}} \end{bmatrix}^{\psi} = \begin{bmatrix} \boldsymbol{R}_{b,\boldsymbol{R}_{cc}} \\ \boldsymbol{M}_{b,\boldsymbol{R}_{cc}} \end{bmatrix}^{\perp} + \begin{bmatrix} \boldsymbol{0} \\ \boldsymbol{M}_{b,\boldsymbol{M}_{cc}} \end{bmatrix}. \qquad (7.92)$$

Da das Zentralpaar und das Reduktionspaar in b äquivalent sind, gehören sie dem gleichen Reduktionspaarfeld an.

Dieses Reduktionspaarfeld besteht aus dem Projektionsfeld des Zentralvektors, also einem konstanten Vektorfeld, und dem Momentenfeld des Zentralpaares, das — wie die Gleichungen (7.91) und (7.92) zeigen — in zwei Anteile zerlegt werden kann und zwar in das Momentenfeld des Zentralvektors und das Momentenfeld des Zentralmomentes (vgl. Abschnitt 6.2.3.2.1.).

Für das polare Moment des Zentralpaares in b ergibt sich nach Gleichung (7.91) der Ausdruck (Bild 7.7):

$$\begin{aligned} \boldsymbol{M}_{b,\begin{bmatrix} \boldsymbol{R}_{cc} \\ \boldsymbol{M}_{cc} \end{bmatrix}^{\parallel}} &= \boldsymbol{M}_{b,\boldsymbol{R}_{cc}} + \boldsymbol{M}_{b,\boldsymbol{M}_{cc}} \\ &= \mathsf{M}_{bc}\,\boldsymbol{R}_{cc} + \mathsf{P}_{bc}\,\boldsymbol{M}_{cc}\,. \end{aligned} \qquad (7.93)$$

Das Momentenfeld nimmt damit die folgende symbolische Form an

$$\Phi_{\mathsf{M}[\,]^{\parallel}} := \Phi^{Z}_{\mathsf{M}\boldsymbol{R}_{cc}} + \Phi^{K}_{\mathsf{P}\boldsymbol{M}_{cc}}\,. \qquad (7.94)$$

Das Momentenfeld des Zentralvektors ist ein zylindrisches Vektorfeld.

Das Momentenfeld des Zentralmomentes ist dagegen ein konstantes Vektorfeld und wird als Projektionsfeld des Zentralmomentes erhalten. (Da bei der polaren Projektion sich die physikalische Größe (und damit die Art des projizierten Vektors) nicht ändert, sind die polaren Projektionen des Zentralmomentes natürlich wiederum Momentenvektoren und das Projektionsfeld repräsentiert in diesem Falle ein Momentenfeld.)

Die Überlagerung dieser beiden Anteile ergibt ein schraubenförmiges Momentenfeld (Bild 7.8), das in Bild 7.9 vereinfacht über einem Durchmesser dargestellt worden ist.

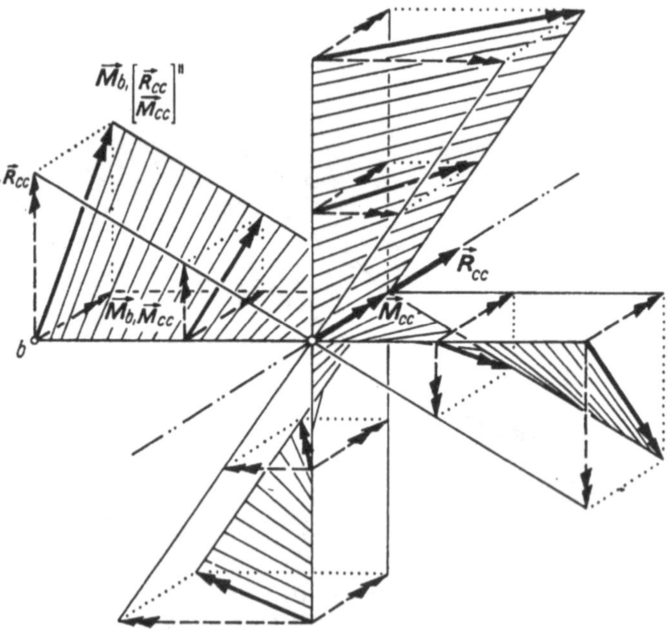

Bild 7.8. Das Momentenfeld eines Zentralpaares

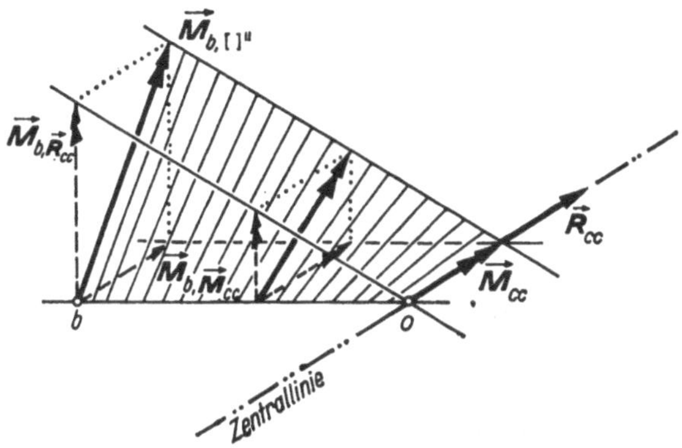

Bild 7.9. Vereinfachte Darstellung des Momentenfeldes eines Zentralpaares über einem Durchmesser

Sind dagegen ein Zentralpaar und ein Reduktionspaar vorgegeben und wollen wir überprüfen, ob sie einander äquivalent sind, so ermitteln wir deren Reduktionspaarfelder und vergleichen dieselben. Sind sie identisch, so sind nach dem 3. Äquivalenztheorem Zentralpaar und Reduktionspaar äquivalent.

$$\begin{array}{ccc} \begin{bmatrix} \boldsymbol{R}_{cc} \\ \boldsymbol{M}_{cc} \end{bmatrix}^{\shortparallel} & \Leftrightarrow & \begin{bmatrix} \boldsymbol{R}_b \\ \boldsymbol{M}_b \end{bmatrix}^{\psi_b} \\ \updownarrow (7.91) & & \updownarrow (7.59) \\ \Phi_{\begin{bmatrix} \mathsf{P}\,\boldsymbol{R}_{cc} \\ \mathsf{M}\,\boldsymbol{R}_{cc} + \mathsf{P}\,\boldsymbol{M}_{cc} \end{bmatrix}^{\psi}} & \equiv & \Phi_{\begin{bmatrix} \mathsf{P}\,\boldsymbol{R}_b \\ \mathsf{M}\,\boldsymbol{R}_b + \mathsf{P}\,\boldsymbol{M}_b \end{bmatrix}^{\psi}} \end{array} \quad (7.95)$$

Da der Punkt b ganz beliebig gewählt worden ist, folgern wir:

Ein Zentralpaar kann in jedem beliebigen Punkt b, der nicht ein Punkt der Zentrallinie cc ist, durch ein äquivalentes Reduktionspaar (beliebiges Elementarpaar) ersetzt werden.

7.3.4.4.3. Zentralpaar und Vektormenge

Mit Hilfe der Gleichungen (7.62) und (7.95) läßt sich auf Grund der Transitivität der Äquivalenzrelationen schlußfolgern:

$$\begin{array}{ccccc} & & \begin{bmatrix} \boldsymbol{R}_b \\ \boldsymbol{M}_b \end{bmatrix}^{\psi_b} & & \\ (7.95) & \nearrow\!\!\!\swarrow & & \nwarrow\!\!\!\searrow & (7.62) \\ \begin{bmatrix} \boldsymbol{R}_{cc} \\ \boldsymbol{M}_{cc} \end{bmatrix}^{\shortparallel} & & \Leftrightarrow & & \Gamma\,. \end{array} \quad (7.96)$$

Ist ein Reduktionspaar $[\;]_b^{\psi}$ in b sowohl einem Zentralpaaar $[\;]^{\shortparallel}$ als auch einer Vektormenge Γ äquivalent, so ist das Zentralpaar $[\;]^{\shortparallel}$ der Vektormenge Γ ebenfalls äquivalent.

Anmerkung:

Auf Grund der Transitivität der Äquivalenzrelation gilt natürlich auch

$$\begin{array}{ccc} & \begin{bmatrix} \boldsymbol{R}_{cc} \\ \boldsymbol{M}_{cc} \end{bmatrix}^{||} & \\ (7.90) \swarrow\!\!\!\nearrow & & \nwarrow\!\!\!\searrow (7.95) \\ S_V & \Leftrightarrow & \begin{bmatrix} \boldsymbol{R}_b \\ \boldsymbol{M}_b \end{bmatrix}^{\psi_b}. \end{array} \tag{7.97}$$

Ist einem Zentralpaar $[\;]^{||}$ sowohl ein Vektorkreuz S_V als auch ein Reduktionspaar $[\;]_b^{\psi}$ in b äquivalent, so ist das Vektorkreuz S_V dem Reduktionspaar $[\;]_b^{\psi}$ ebenfalls äquivalent.

Ebenso dürfen wir mit Hilfe der Transitivität der Äquivalenzrelation den folgenden Schluß ziehen

$$\begin{array}{ccc} & \Gamma & \\ (7.59) \swarrow\!\!\!\nearrow & & \nwarrow\!\!\!\searrow (7.62) \\ S_V & \Leftrightarrow & \begin{bmatrix} \boldsymbol{R}_b \\ \boldsymbol{M}_b \end{bmatrix}^{\psi}. \end{array} \tag{7.98}$$

Ist eine Vektormenge Γ sowohl einem Vektorkreuz S_V als auch einem Reduktionspaar $[\;]_b^{\psi}$ in b äquivalent, so ist das Vektorkreuz S_V, dem Reduktionspaar $[\;]_b^{\psi}$ in b ebenfalls äquivalent.

7.3.4.5. Zusammenfassung

Mit Hilfe der Äquivalenztheoreme war es möglich, eine Anzahl von Äquivalenzaussagen zu treffen, die bei der Abbildung der im Raum verteilten Menge gebundener oder linienflüchtiger Vektoren in ein Vektorbündel von Bedeutung sind. Diese Aussagen lassen sich in dem folgenden Äquivalenzsatz zusammenfassen:

Sind die adäquaten Reduktionspaarfelder identisch, so gilt:

Vektormenge	$\Leftrightarrow$	Reduktionspaar,
Vektormenge	$\Leftrightarrow$	Vektorkreuz,
Vektormenge	$\Leftrightarrow$	Zentralpaar,
Zentralpaar	$\Leftrightarrow$	Reduktionspaar,
Zentralpaar	$\Leftrightarrow$	Vektorkreuz,
Reduktionspaar	$\Leftrightarrow$	Vektorkreuz,
Zentralvektor	$\Leftrightarrow$	Elementarpaar,
Zentralvektor	$\Leftrightarrow$	Komplanarpaar,
Zentralmoment	$\Leftrightarrow$	Moment,
Zentralmoment	$\Leftrightarrow$	Vektorpaar,
Nullvektor	$\Leftrightarrow$	Aufhebungspaar.

7.4. Zuordnungstheoreme

Die Äquivalenztheoreme ließen die Formulierung einer Anzahl von Äquivalenzaussagen zu, die in Abschnitt 7.3.4.5. noch einmal zusammengestellt wurden. Die Äquivalenzaussagen werden wir im folgenden ordnen und symbolisch darstellen.

Es entstehen auf diese Weise die Zuordnungstheoreme für das Zentralpaar und seine Sonderfälle.

7.4.1. Die äquivalenten Elementarpaarformen der Vektormengen

In Abschnitt 7.3.4.4.3. wurde nachgewiesen, daß eine beliebige Vektormenge stets einem Zentralpaar in der Zentrallinie äquivalent ist. Hat nun die Vektormenge gewisse Besonderheiten, liegen z. B. elementare oder spezielle Vektormengen vor, so wird auch das äquivalente Zentralpaar diese Besonderheiten widerspiegeln, indem es als Sonderfall in Erscheinung tritt. Da jedoch nur zwei Vektoren den Betrag Null annehmen können, gibt es auch nur die folgenden drei Sonderfälle:

- $R_{cc} \neq 0,\ M_{cc} = 0$: Zentralvektor $\boldsymbol{R}_{cc}$,
- $R_{cc} = 0,\ M_{cc} \neq 0$: Zentralmoment $\boldsymbol{M}_{cc}$,
- $R_{cc} = 0,\ M_{cc} = 0$: Nullvektor.

Jede beliebige Vektormenge Γ kann demnach durch das Zentralpaar oder durch einen seiner drei Sonderfälle äquivalent ersetzt werden. Da das Zentralpaar und die drei Sonderfälle die einfachsten äquivalenten Formen einer Vektormenge sind, werden sie auch *Elementarformen* genannt (Tafel 7.4).

Tafel 7.4. **Die äquivalenten Elementarformen der Vektormengen**

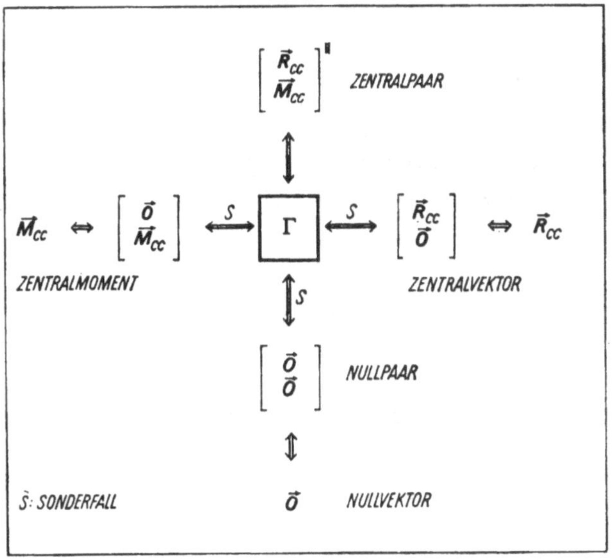

Im folgenden sollen die zulässigen äquivalenten und adäquaten Zuordnungen für jede dieser vier Elementarformen aufgezeigt werden.

7.4.2. Das Zuordnungstheorem für das Zentralpaar

Das Zentralpaar ist (Tafel 7.5)

- in jedem beliebigen Punkt b, der nicht zugleich ein Punkt der Zentrallinie ist, einem beliebigen Elementarpaar äquivalent,
- auf unendlich vielfältige Weise einem Vektorkreuz äquivalent sowie
- einem konstanten Projektionsfeld und einem schraubenförmigen Momentenfeld adäquat.

Tafel 7.5. **Äquivalente und adäquate Darstellungen des Zentralpaares**

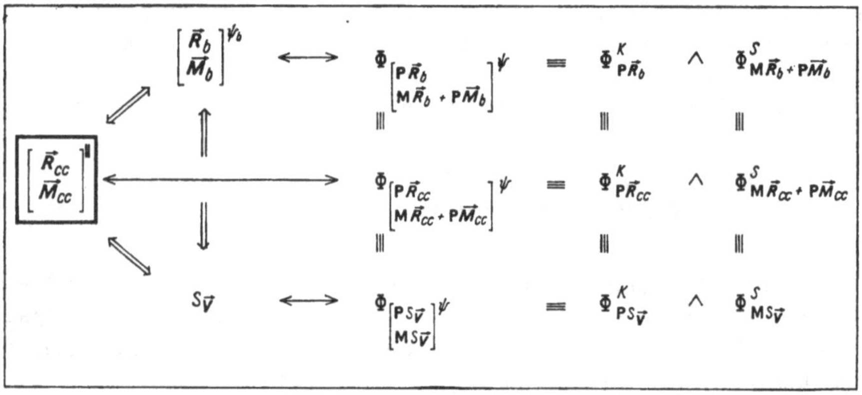

7.4.3. Das Zuordnungstheorem für den Zentralvektor

Der Zentralvektor ist (Tafel 7.6)

- in jedem beliebigen Punkt b, der nicht zugleich ein Punkt der Zentrallinie ist, einem orthogonalen Elementarpaar äquivalent,
- auf unendlich vielfältige Weise einem Komplanarpaar äquivalent sowie
- einem konstanten Projektionsfeld und einem zylindrischen Momentenfeld adäquat.

7.4.4. Das Zuordnungstheorem für das Zentralmoment

Das Zentralmoment ist (Tafel 7.7)

- in jedem beliebigen Punkt b einem dem Zentralmoment gleichen Momentenvektor äquivalent,
- auf unendlich vielfältige Weise einem Vektorpaar äquivalent sowie
- einem Nullvektorfeld als Projektionsfeld und einem konstanten Momentenfeld adäquat.

Tafel 7.6. **Äquivalente und adäquate Darstellungen des Zentralvektors**

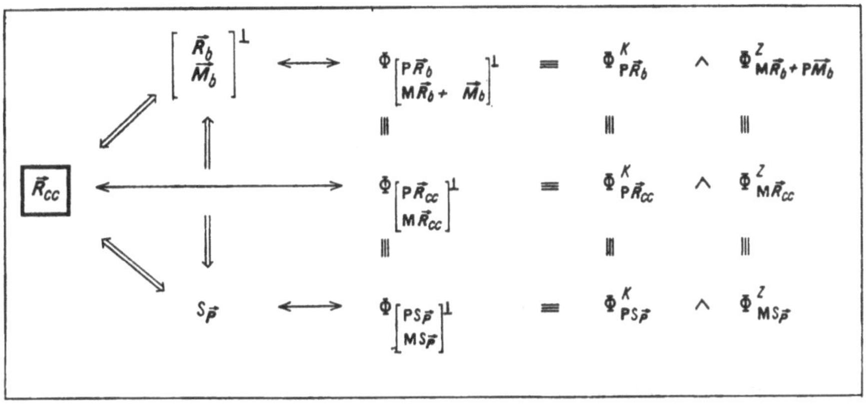

Tafel 7.7. **Äquivalente und adäquate Darstellungen des Zentralmomentes**

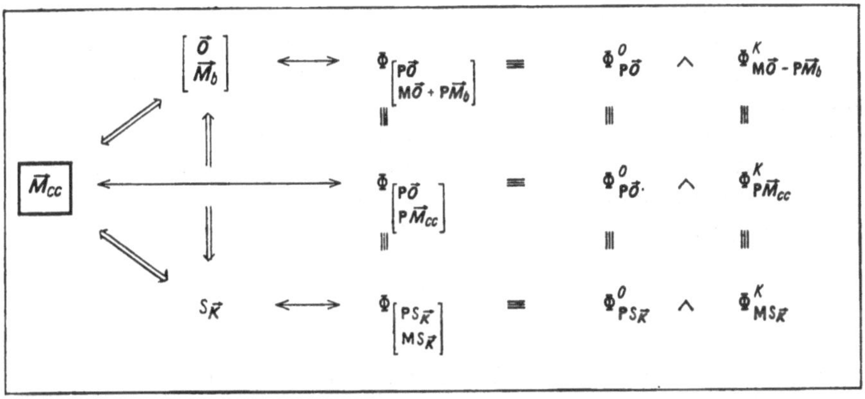

Anstelle $\mathsf{M}Q - \mathsf{P}M_b$ richtig: $\mathsf{M}Q + \mathsf{P}M_b$

Tafel 7.8. **Äquivalente und adäquate Darstellungen des Nullvektors**

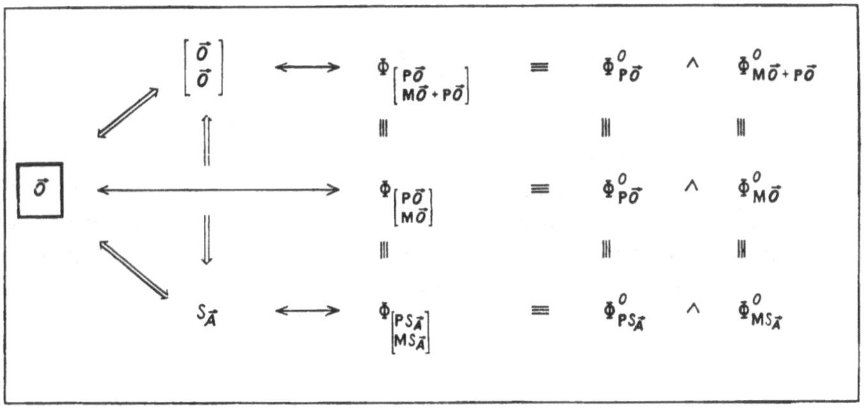

7.4.5. Das Zuordnungstheorem für den Nullvektor

Der Nullvektor ist (Tafel 7.8)

- in jedem beliebigen Punkt einem Nullpaar bzw. einem Nullvektor äquivalent,
- auf unendlich vielfältige Weise einem Aufhebungspaar äquivalent sowie
- einem Nullvektorfeld als Projektionsfeld und einem Nullvektorfeld als Momentenfeld adäquat.

7.5. Substitution und Reduktion

7.5.1. Substitutionsprozeß

7.5.1.1. Substitutionstheorem und Substitutionsprozeß

Die Gleichung (7.52) sagt aus, daß alle Elemente eines Elementarpaarfeldes einander sowie dem erzeugenden Vektor äquivalent sind. Demnach dürfen wir ohne Verletzung des Fundamentalpostulates den erzeugenden Vektor durch jedes beliebige Elementarpaar seines Elementarpaarfeldes ersetzen.

Diese Erkenntnis ermöglicht uns die Abbildung der gesamten räumlich verteilten Vektormenge in einem einzigen Punkt b. Wir erzeugen gedanklich das z. B. dem Vektor $\boldsymbol{P}_a$ adäquate Elementarpaarfeld Bild 7.10. In b entsteht damit das dem erzeugenden Vektor $\boldsymbol{P}_a$ äquivalente Elementarpaar

$$\boldsymbol{P}_a \Leftrightarrow \begin{bmatrix} \boldsymbol{P}_{b,a} \\ \boldsymbol{M}_{b,a} \end{bmatrix}^{\perp} \tag{7.99}$$

Dieses Elementarpaar in b halten wir fest und substituieren es für den erzeugenden Vektor $\boldsymbol{P}_a$

$$\begin{array}{ccc} & \Phi_{\begin{bmatrix} \mathrm{P} & \boldsymbol{P}_a \\ \mathrm{M} & \boldsymbol{P}_a \end{bmatrix}^{\perp}} & \\ \text{ERZEUGEN} \nearrow & & \searrow \text{AUSWÄHLEN} \\ \boldsymbol{P}_a & \xLeftrightarrow[\text{SUBSTITUIEREN}]{} & \begin{bmatrix} \boldsymbol{P}_{b,a} \\ \boldsymbol{M}_{b,a} \end{bmatrix}^{\perp} . \end{array} \tag{7.100}$$

Wiederholen wir diesen Vorgang für jeden Vektor der vorliegenden Vektormenge, so erhalten wir in b ein Elementarpaarbündel, das der vorliegenden Menge räumlich verteilter Vektoren äquivalent ist.

Den Vorgang nennen wir *Substitutionsprozeß* (lat. substituere: ersetzen). Die Äquivalenzbetrachtungen, mit denen wir die Zulässigkeit dieses Substitutionsprozesses nachgewiesen haben, fassen wir im *Substitutionstheorem* zusammen. Es lautet:

Die mechanische Aussage des mathematisierten Modells wird nicht verfälscht, wenn man für die gebundenen Vektoren äquivalente Elementarpaare substituiert.

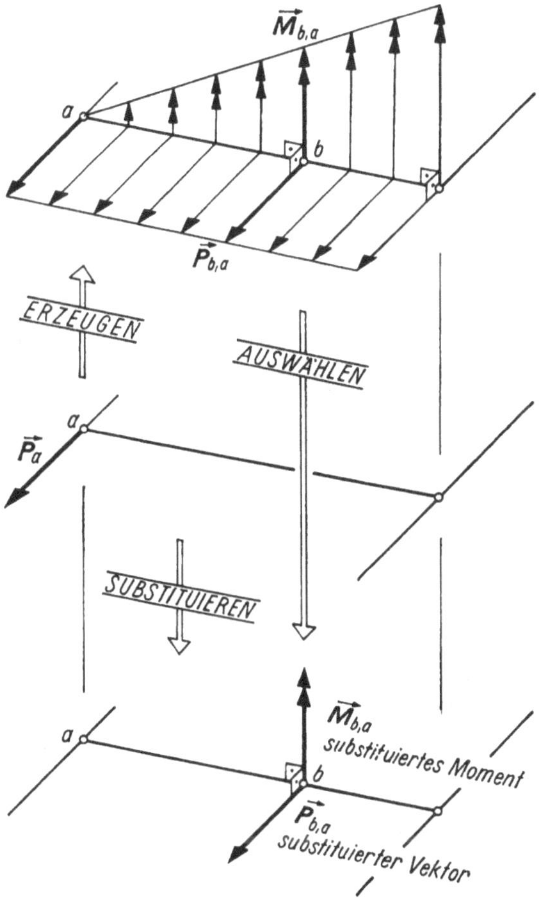

Bild 7.10. Darstellung des Substitutionsprozesses

7.5.1.2. Darstellung im Koordinatensystem

Für die numerische Durchführung der Substitutionen wird die symbolische Schreibweise durch die Koordinatenschreibweise ersetzt. Die Gleichung (7.99) nimmt dann die folgende Form an (Bild 7.11):

$$\begin{pmatrix} P_{ax} \\ P_{ay} \\ P_{az} \end{pmatrix} \Leftrightarrow \begin{bmatrix} \begin{pmatrix} P_{bx,a} \\ P_{by,a} \\ P_{bz,a} \end{pmatrix} \\ \\ \begin{pmatrix} M_{bx,a} \\ M_{by,a} \\ M_{bz,a} \end{pmatrix} \end{bmatrix}^{\perp} = \begin{bmatrix} \begin{pmatrix} P_{bx,a} \\ P_{by,a} \\ P_{bz,a} \end{pmatrix} \\ \\ \begin{pmatrix} (y_a - y_b)\, P_{az} - (z_a - z_b)\, P_{ay} \\ (z_a - z_b)\, P_{ax} - (x_a - x_b)\, P_{az} \\ (x_a - x_b)\, P_{ay} - (y_a - y_b)\, P_{ax} \end{pmatrix} \end{bmatrix}^{\perp}. \tag{7.101}$$

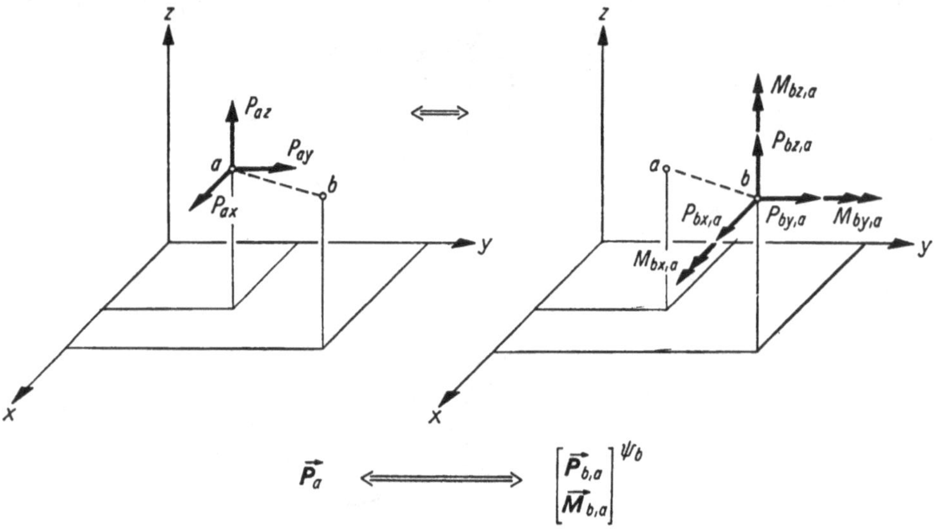

Bild 7.11. **Darstellung der Substitution im Koordinatensystem**

Bild 7.12 zeigt als Beispiel die Substitution des äquivalenten Elementarpaares im Ursprung für den auf der x, y-Ebene senkrecht stehenden Vektor $\boldsymbol{P}_a$.

Das Ergebnis der äquivalenten Substitution erhält man mit Gleichung (7.101) für das spezielle Beispiel in Bild 7.12 zu

$$\begin{pmatrix} 0 \\ 0 \\ P_{az} \end{pmatrix} = \begin{bmatrix} \begin{pmatrix} 0 \\ 0 \\ P_{0z,a} \end{pmatrix} \\ \\ \begin{pmatrix} +P_{az} \cdot y_a \\ -P_{az} \cdot x_a \\ 0 \end{pmatrix} \end{bmatrix}^{\perp}$$

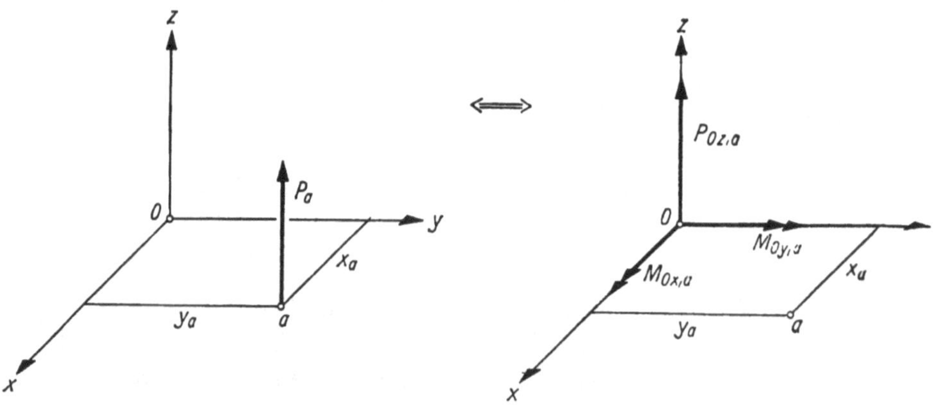

Bild 7.12. Substitution des äquivalenten Elementarpaares im Ursprung für den Vektor $\boldsymbol{P}_a$

7.5.2. Reduktionsprozeß

7.5.2.1. Geometrische und symbolische Darstellung

Wir betrachten einen beliebigen Bereich B. Über diesem Bereich sei eine Vektormenge Γ diskret oder kontinuierlich verteilt. Im ersten Fall ist Γ ein Vektorsystem mit den Elementen $\mathsf{E}_a = \boldsymbol{P}_a$

$$\mathrm{S}_{\boldsymbol{P}} := \{\boldsymbol{P}_a \mid a = 1, \ldots, n\} ,$$

im zweiten Fall ein Vektorfeld, dessen Elemente bereichsabhängig sein sollen, so daß nach der Diskretisierung entsprechend Gleichung (6.78) das Feld

$$\Psi_{\mathrm{d}\boldsymbol{A}} := \{\mathrm{d}\boldsymbol{A}(\boldsymbol{r}) = \boldsymbol{\alpha}(\boldsymbol{r}) \cdot \mathrm{d}B \mid \boldsymbol{r} \in B\}$$

mit den Elementen $\mathsf{E} = \mathrm{d}\boldsymbol{A}(\boldsymbol{r}) = \boldsymbol{\alpha}(\boldsymbol{r}) \cdot \mathrm{d}B$ betrachtet werden darf.

Wir wollen im folgenden nicht zwischen System und Feld unterscheiden, sondern die Vektormenge Γ mit den Elementen E (z. B. E_i bzw. E_k in den Punkten i bzw. k) auf ihre einfachste äquivalente Form im Punkt r zurückführen. Dieser Vorgang verläuft in zwei Stufen (Bild 7.13):

Stufe I: Substitutionsprozeß

Für jedes Element E der Vektormenge Γ wird in r das äquivalente Elementarpaar substituiert, z. B.

$$\mathsf{E}_i \Leftrightarrow \begin{bmatrix} \boldsymbol{P}_{r,i} \\ \boldsymbol{M}_{r,i} \end{bmatrix}^{\perp}, \qquad \mathsf{E}_k \Leftrightarrow \begin{bmatrix} \boldsymbol{P}_{r,k} \\ \boldsymbol{M}_{r,k} \end{bmatrix}^{\perp}$$

Die Zuordnung von Element und Elementarpaar ist nach Abschnitt 7.3.4.1 eineindeutig.

Stufe II: Superpositionsprozeß

Da nunmehr alle Vektoren im gleichen Punkt angreifen, dürfen die gleichartigen Vektoren superponiert werden.

Die Superposition

der polaren Projektionen ergibt den reduzierten Vektor $\boldsymbol{R}_r$,
der polaren Momente ergibt das reduzierte Moment $\boldsymbol{M}_r$.

Durch die Superposition geht die Eineindeutigkeit verloren. Es gibt für jede Vektormenge genau ein Reduktionspaar in r (eindeutige Zuordnung), eine diesem Reduktionspaar äquivalente Vektormenge läßt sich jedoch nicht eindeutig angeben.

Das aus dem reduzierten Vektor $\boldsymbol{R}_r$ und dem reduzierten Moment $\boldsymbol{M}_r$ bestehende Reduktionspaar im Reduktionszentrum r ist die gesuchte einfachste äquivalente Form der vorgegebenen Vektormenge Γ

$$\Gamma \Leftrightarrow \begin{bmatrix} \boldsymbol{R}_r \\ \boldsymbol{M}_r \end{bmatrix}^{\Psi_r} \tag{7.102}$$

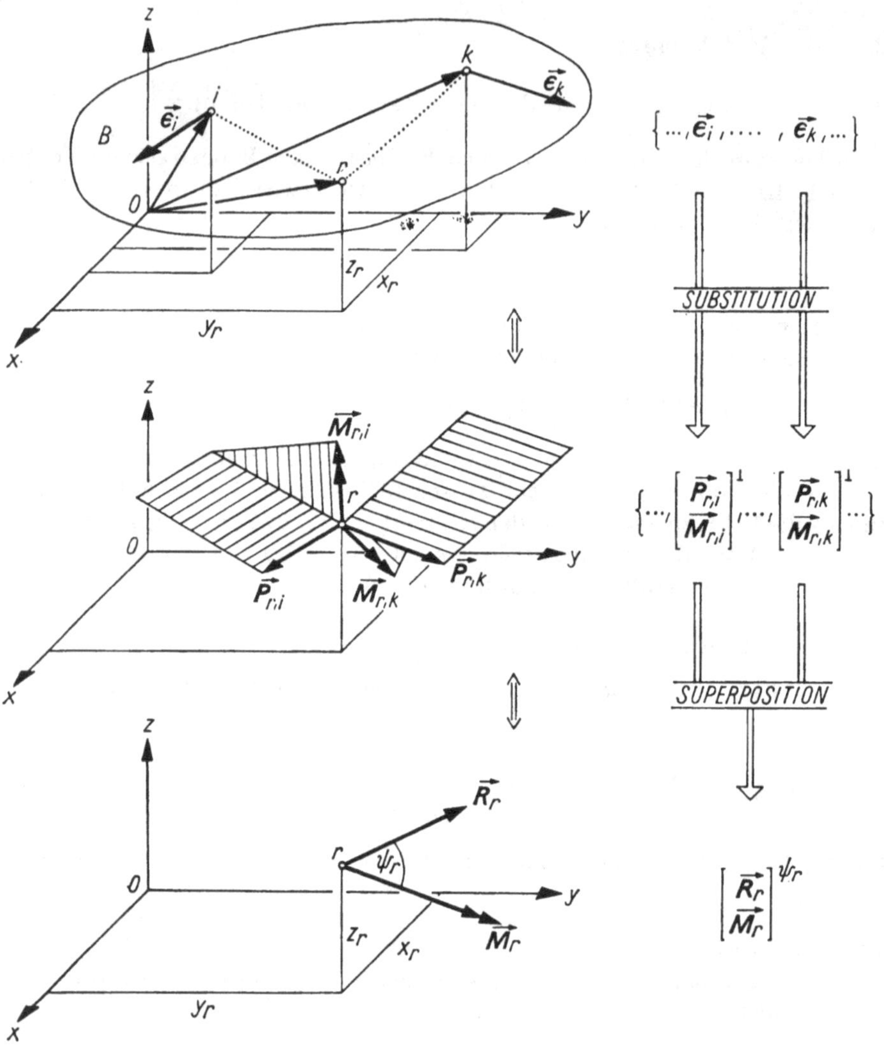

Bild 7.13. Darstellung des Reduktionsprozesses

Der Reduktionsprozeß besteht also aus zwei Teilprozessen, aus

- dem Substitutionsprozeß und
- dem Superpositionsprozeß.

7.5.2.2. Darstellung der Systemreduktion im Koordinatensystem

Ist die Vektormenge ein Vektorsystem S_P mit den Elementen $E = \boldsymbol{P}$, so erhalten wir den reduzierten Vektor bzw. das reduzierte Moment analog den Gleichungen

(5.31) bzw. (6.54). Das Reduktionspaar ergibt sich damit zu

$$\begin{bmatrix} \begin{pmatrix} R_{rx,S} \\ R_{ry,S} \\ R_{rz,S} \end{pmatrix} \\ \\ \begin{pmatrix} M_{rx,S} \\ M_{ry,S} \\ M_{rz,S} \end{pmatrix} \end{bmatrix}^{\varphi_r} = \begin{bmatrix} \begin{pmatrix} \sum P_{ax} \\ \sum P_{ay} \\ \sum P_{az} \end{pmatrix} \\ \\ \begin{pmatrix} \sum (y_a - y_r) \cdot P_{az} & -\sum (z_a - z_r) \cdot P_{ay} \\ \sum (z_a - z_r) \cdot P_{ax} & -\sum (x_a - x_r) \cdot P_{az} \\ \sum (x_a - x_r) \cdot P_{ay} & -\sum (y_a - y_r) \cdot P_{ax} \end{pmatrix} \end{bmatrix}^{\varphi_r}, \tag{7.103}$$

wobei die Summe über alle Vektoren ($a = 1, \ldots, n$) zu bilden ist.

7.5.2.3. Darstellung der Feldreduktion im Koordinatensystem

Ist die Vektormenge ein Vektorfeld Ψ_{dA} mit den Elementen $\mathsf{E} = \mathrm{d}\boldsymbol{A} = \boldsymbol{\alpha} \cdot \mathrm{d}B$, so erhalten wir den reduzierten Vektor bzw. das reduzierte Moment analog den Gleichungen (5.54) bzw. (6.85).

Das Reduktionspaar ergibt sich damit zu

$$\begin{bmatrix} \begin{pmatrix} R_{rx,\Psi} \\ R_{ry,\Psi} \\ R_{rz,\Psi} \end{pmatrix} \\ \\ \begin{pmatrix} M_{rx,\Psi} \\ M_{ry,\Psi} \\ M_{rz,\Psi} \end{pmatrix} \end{bmatrix}^{\varphi_r} \begin{bmatrix} \begin{pmatrix} \int \alpha_x \cdot \mathrm{d}B \\ \int \alpha_y \cdot \mathrm{d}B \\ \int \alpha_z \cdot \mathrm{d}B \end{pmatrix} \\ \\ \begin{pmatrix} \int (y - y_r)\, \alpha_z \cdot \mathrm{d}B - \int (z - z_r)\, \alpha_y \cdot \mathrm{d}B \\ \int (z - z_r)\, \alpha_x \cdot \mathrm{d}B - \int (x - x_r)\, \alpha_z \cdot \mathrm{d}B \\ \int (x - x_r)\, \alpha_y \cdot \mathrm{d}B - \int (y - y_r)\, \alpha_x \cdot \mathrm{d}B \end{pmatrix} \end{bmatrix}^{\varphi_r}, \tag{7.104}$$

wobei das Integral über dem ganzen Bereich zu bilden ist. Liegt beispielsweise das schraubenförmige Vektorfeld (Gleichung 4.41)

$$\Phi_\alpha := \left\{ \boldsymbol{\alpha}^S(\boldsymbol{r}) = \boldsymbol{\alpha}^K(\boldsymbol{r}) + \boldsymbol{\alpha}^Z(\boldsymbol{r}) = (\mathsf{P} \quad \mathsf{M}') \begin{pmatrix} \boldsymbol{K}_0 \\ \boldsymbol{C}_0 \end{pmatrix} \Bigg|_{\boldsymbol{r} \in B} \right\} \tag{7.105}$$

vor, und erhalten wir nach der Diskretisierung das Feld

$$\Psi_{dA} := \{ \mathrm{d}\boldsymbol{A}(\boldsymbol{r}) = \boldsymbol{\alpha}^S(\boldsymbol{r}) \cdot \mathrm{d}B \mid \boldsymbol{r} \in B \}, \tag{7.106}$$

so ergibt sich mit den Gleichungen (5.58a), (5.64), (6.101) und (6.129) das Reduktionspaar in bezug auf den Ursprung ($r = 0$) als Reduktionszentrum zu

$$\begin{bmatrix} \boldsymbol{R}_{0,\Psi} \\ \boldsymbol{M}_{0,\Psi} \end{bmatrix}^{\varphi_r} = \begin{bmatrix} \boldsymbol{P}^K_{0,\Psi} + \boldsymbol{P}^Z_{0,\Psi} \\ \boldsymbol{M}^K_{0,\Psi} + \boldsymbol{M}^Z_{0,\Psi} \end{bmatrix}^{\varphi_r} = \begin{bmatrix} \mathsf{B}^0_0 \boldsymbol{K}_0 - \mathsf{B}^1_0 \boldsymbol{C}_0 \\ \mathsf{B}^1_0 \boldsymbol{K}_0 + \mathsf{B}^2_0 \boldsymbol{C}_0 \end{bmatrix}^{\varphi_r}. \tag{7.107}$$

Diese symbolische Gleichung läßt sich auch als Matrizenprodukt formulieren

$$\begin{pmatrix} \boldsymbol{R}_{0,\Psi} \\ \boldsymbol{M}_{0,\Psi} \end{pmatrix} = \begin{pmatrix} \mathsf{B}^0_0 & -\mathsf{B}^1_0 \\ \mathsf{B}^1_0 & \mathsf{B}^2_0 \end{pmatrix} \begin{pmatrix} \boldsymbol{K}_0 \\ \boldsymbol{C}_0 \end{pmatrix}. \tag{7.108}$$

Im Koordinatensystem erhalten wir mit den Gleichungen (5.57), (6.114) und (6.127) die folgende Darstellung:

$$\begin{pmatrix} R_{0x} \\ R_{0y} \\ R_{0z} \\ M_{0x} \\ M_{0y} \\ M_{0z} \end{pmatrix} = \begin{pmatrix} B & 0 & 0 & 0 & +\int z\,\mathrm{d}B & -\int y\,\mathrm{d}B \\ 0 & B & 0 & -\int z\,\mathrm{d}B & 0 & +\int x\,\mathrm{d}B \\ 0 & 0 & B & +\int y\,\mathrm{d}B & -\int x\,\mathrm{d}B & 0 \\ 0 & -\int z\,\mathrm{d}B & +\int y\,\mathrm{d}B & +\int (y^2+z^2)\,\mathrm{d}B & -\int y\,x\,\mathrm{d}B & -\int z\,x\,\mathrm{d}B \\ +\int z\,\mathrm{d}B & 0 & -\int x\,\mathrm{d}B & -\int x\,y\,\mathrm{d}B & +\int (z^2+x^2)\,\mathrm{d}B & -\int z\,y\,\mathrm{d}B \\ -\int y\,\mathrm{d}B & +\int x\,\mathrm{d}B & 0 & -\int x\,z\,\mathrm{d}B & -\int y\,z\,\mathrm{d}B & +\int (x^2+y^2)\,\mathrm{d}B \end{pmatrix} \begin{pmatrix} K_{0x} \\ K_{0y} \\ K_{0z} \\ C_{0x} \\ C_{0y} \\ C_{0z} \end{pmatrix}. \tag{7.109}$$

In den Elementen der Matrix erkennen wir den Bereichsinhalt, die statischen Momente und die Trägheits- sowie Deviationsmomente.

Für alle Sonderfälle — so z. B. für das ebene Spannungsfeld — ergeben sich nunmehr die reduzierten Vektoren durch Deduktion.

A. Sonderfälle hinsichtlich des Koordinatensystems

Der numerische Aufwand kann durch die Wahl spezieller Koordinatensysteme erheblich gesenkt werden. Wir wollen deshalb die Vereinfachung der Gleichung (7.109) beim Übergang zum Schwerachsensystem und zum Hauptschwerachsensystem verfolgen.

1. Das Schwerachsensystem $\bar{x}, \bar{y}, \bar{z}$

Lassen wir den Ursprung des Koordinatensystems mit dem Bereichsmittelpunkt m zusammenfallen, so verschwinden die statischen Momente. Die Bereichsmatrix 1. Grades geht in eine Nullmatrix über (Gleichung (6.111)), und Gleichung (7.109) nimmt im Mittelpunktachsensystem $\bar{x}, \bar{y}, \bar{z}$, das häufig *Schwerachsensystem* genannt wird, (weil der Mittelpunkt m eines homogenen Bereiches mit dessen Schwerpunkt s zusammenfällt), die folgende Form an:

$$\begin{pmatrix} R_{s\bar{x}} \\ R_{s\bar{y}} \\ R_{s\bar{z}} \\ M_{s\bar{x}} \\ M_{s\bar{y}} \\ M_{s\bar{z}} \end{pmatrix} = \begin{pmatrix} B & 0 & 0 & 0 & 0 & 0 \\ 0 & B & 0 & 0 & 0 & 0 \\ 0 & 0 & B & 0 & 0 & 0 \\ 0 & 0 & 0 & +\int (\bar{y}^2+\bar{z}^2)\,\mathrm{d}B & -\int \bar{y}\,\bar{x}\,\mathrm{d}B & -\int \bar{z}\,\bar{x}\,\mathrm{d}B \\ 0 & 0 & 0 & -\int \bar{x}\,\bar{y}\,\mathrm{d}B & +\int (\bar{z}^2+\bar{x}^2)\,\mathrm{d}B & -\int \bar{z}\,\bar{y}\,\mathrm{d}B \\ 0 & 0 & 0 & -\int \bar{x}\,\bar{z}\,\mathrm{d}B & -\int \bar{y}\,\bar{z}\,\mathrm{d}B & +\int (\bar{x}^2+\bar{y}^2)\,\mathrm{d}B \end{pmatrix} \begin{pmatrix} K_{s\bar{x}} \\ K_{s\bar{y}} \\ K_{s\bar{z}} \\ C_{s\bar{x}} \\ C_{s\bar{y}} \\ C_{s\bar{z}} \end{pmatrix}. \tag{7.110}$$

2. Das Hauptschwerachsensystem $\bar{\bar{x}}, \bar{\bar{y}}, \bar{\bar{z}}$

Drehen wir nun das Schwerachsensystem um den Ursprung als Drehpunkt, so läßt sich eine Lage finden, für die die Deviationsmomente verschwinden. Die Bereichsmatrix 2. Grades geht in eine Diagonalmatrix über. Die Koordinatenachsen fallen mit den *Eigenrichtungen* zusammen und werden *Hauptachsen* genannt. Liegt der Ursprung des *Hauptachsensystems* — wie in diesem Beispiel — im Schwerpunkt, so spricht man von einem *Hauptschwerachsensystem*. Mit der Bezeichnung $\bar{\bar{x}}, \bar{\bar{y}}$, und $\bar{\bar{z}}$ für die Hauptschwerachsen geht das Gleichungssystem (7.110) über in

$$\begin{pmatrix} R_{s\bar{\bar{x}}} \\ R_{s\bar{\bar{y}}} \\ R_{s\bar{\bar{z}}} \\ M_{s\bar{\bar{x}}} \\ M_{s\bar{\bar{y}}} \\ M_{s\bar{\bar{z}}} \end{pmatrix} = \begin{pmatrix} B & 0 & 0 & 0 & 0 & 0 \\ 0 & B & 0 & 0 & 0 & 0 \\ 0 & 0 & B & 0 & 0 & 0 \\ 0 & 0 & 0 & \int (\bar{\bar{y}}^2+\bar{\bar{z}}^2)\,\mathrm{d}B & 0 & 0 \\ 0 & 0 & 0 & 0 & \int (\bar{\bar{z}}^2+\bar{\bar{x}}^2)\,\mathrm{d}B & 0 \\ 0 & 0 & 0 & 0 & 0 & \int (\bar{\bar{x}}^2+\bar{\bar{y}}^2)\,\mathrm{d}B \end{pmatrix} \begin{pmatrix} K_{s\bar{\bar{x}}} \\ K_{s\bar{\bar{y}}} \\ K_{s\bar{\bar{z}}} \\ C_{s\bar{\bar{x}}} \\ C_{s\bar{\bar{y}}} \\ C_{s\bar{\bar{z}}} \end{pmatrix}, \tag{7.111}$$

und es entstehen die folgenden sechs einfachen Gleichungen

$$\begin{aligned} R_{s\bar{\bar{x}}} &= K_{s\bar{\bar{x}}} \cdot B\,, \\ R_{s\bar{\bar{y}}} &= K_{s\bar{\bar{y}}} \cdot B\,, \\ R_{s\bar{\bar{z}}} &= K_{s\bar{\bar{z}}} \cdot B\,, \\ M_{s\bar{\bar{x}}} &= C_{s\bar{\bar{x}}} \cdot \int (\bar{\bar{y}}^2 + \bar{\bar{z}}^2)\,\mathrm{d}B\,, \\ M_{s\bar{\bar{y}}} &= C_{s\bar{\bar{y}}} \cdot \int (\bar{\bar{z}}^2 + \bar{\bar{x}}^2)\,\mathrm{d}B\,, \\ M_{s\bar{\bar{z}}} &= C_{s\bar{\bar{z}}} \cdot \int (\bar{\bar{x}}^2 + \bar{\bar{y}}^2)\,\mathrm{d}B\,. \end{aligned} \tag{7.112}$$

B. Sonderfälle hinsichtlich des beschränkten Bereiches

Um die Spezialisierung der Gleichungen (7.109) für spezielle Bereiche zu verfolgen, betrachten wir die Reduktion eines Impulsdichtefeldes und eines Normalspannungsfeldes.

1. Der massebelegte Raumteil

Der beschränkte Bereich sei ein Kontinuum, ein massebelegter Raumteil im Sinne der Gleichung (6.173). Bewegt sich dieses Kontinuum, so ist jedem seiner Punkte neben der Dichte ϱ eine Geschwindigkeit $\boldsymbol{v}$ zugeordnet. In dem vom Kontinuum eingenommenen Raumteil V liegt demnach das Impulsdichtefeld

$$\Phi_i := \{\boldsymbol{i}(\boldsymbol{r}) = \varrho \cdot \boldsymbol{v}(\boldsymbol{r}) \mid \boldsymbol{r} \in V\} \tag{7.113}$$

vor (vgl. Gleichungen (4.64) bis (4.67)).

Im Falle einer Motion kann die Geschwindigkeit als Überlagerung einer Translations- und einer Rotationsgeschwindigkeit angesehen und mit Gleichung (4.52) wie folgt angegeben werden ($0 = s$)

$$\boldsymbol{v}^S(\boldsymbol{r}) = (\mathsf{P} \quad \mathsf{M}') \begin{pmatrix} \boldsymbol{v}_s \\ \boldsymbol{\omega}_s \end{pmatrix}. \tag{7.114}$$

Damit nimmt das Impulsdichtefeld die Form

$$\Phi_i := \left\{\boldsymbol{i}(\boldsymbol{r}) = \varrho(\mathsf{P} \quad \mathsf{M}') \begin{pmatrix} \boldsymbol{v}_s \\ \boldsymbol{\omega}_s \end{pmatrix} \middle| \, \boldsymbol{r} \in V\right\} \tag{7.115}$$

an, die wir analog Gleichung (4.71) mit den Bereichsvektoren $\mathrm{d}\boldsymbol{I} = \varrho \cdot \boldsymbol{v} \cdot \mathrm{d}V$ durch das Feld

$$\Psi_{\mathrm{d}I} := \left\{\mathrm{d}\boldsymbol{I}(\boldsymbol{r}) = (\mathsf{P} \quad \mathsf{M}') \begin{pmatrix} \boldsymbol{v}_s \\ \boldsymbol{\omega}_s \end{pmatrix} \varrho \cdot \mathrm{d}V \, \middle| \, \boldsymbol{r} \in V\right\} \tag{7.116}$$

äquivalent ersetzen dürfen. Diese Gleichung hat den gleichen Aufbau wie Gleichung (7.106).

Für die reduzierten Vektoren, d. h. für

- den Impuls $\boldsymbol{I} \triangleq \boldsymbol{R}$,
- das Impulsmoment $\boldsymbol{L} \triangleq \boldsymbol{M}$

erhalten wir demnach mit

$$\mathrm{d}B = \varrho \cdot \mathrm{d}V \quad \text{und} \quad B = \int \varrho \cdot \mathrm{d}V = m$$

im Schwerachsensystem aus Gleichung (7.110) den folgenden Ausdruck

$$\begin{pmatrix} I_{s\bar{x}} \\ I_{s\bar{y}} \\ I_{s\bar{z}} \\ L_{s\bar{x}} \\ L_{s\bar{y}} \\ L_{s\bar{z}} \end{pmatrix} = \begin{pmatrix} m & 0 & 0 & 0 & 0 & 0 \\ 0 & m & 0 & 0 & 0 & 0 \\ 0 & 0 & m & 0 & 0 & 0 \\ 0 & 0 & 0 & \Theta_{\bar{x}\bar{x}} & -\Theta_{\bar{y}\bar{x}} & -\Theta_{\bar{z}\bar{x}} \\ 0 & 0 & 0 & -\Theta_{\bar{x}\bar{y}} & +\Theta_{\bar{y}\bar{y}} & -\Theta_{\bar{z}\bar{y}} \\ 0 & 0 & 0 & -\Theta_{\bar{x}\bar{z}} & -\Theta_{\bar{y}\bar{z}} & +\Theta_{\bar{z}\bar{z}} \end{pmatrix} \cdot \begin{pmatrix} v_{s\bar{x}} \\ v_{s\bar{y}} \\ v_{s\bar{z}} \\ \omega_{s\bar{x}} \\ \omega_{s\bar{y}} \\ \omega_{s\bar{z}} \end{pmatrix}, \tag{7.117}$$

wobei die Gleichungen (6.180) und (6.181) beachtet wurden.

Das Gleichungssystem (7.117) zerfällt in zwei Teile, die wir in der folgenden Form symbolisch angeben:

$$\boldsymbol{I}_s = m\, \boldsymbol{v}_s\,, \tag{7.118a}$$

$$\boldsymbol{L}_s = \boldsymbol{\Theta}_s\, \boldsymbol{\omega}_s\,. \tag{7.118b}$$

Anmerkung:

Wenn wir diese beiden Gleichungen nach der Zeit ableiten und den reduzierten Vektor der gesamten Belegung mit $\boldsymbol{R}_s$, das reduzierte Moment der gesamten Belegung mit $\boldsymbol{M}_s$ bezeichnen, so läßt sich das kinetische Prinzip (das die Identität des reduzierten Vektors $\boldsymbol{R}_s$ und der Impulsableitung sowie die Identität des reduzierten Momentes $\boldsymbol{M}_r$ und der Ableitung des Impulsmomentes fordert) wie folgt formulieren

$$\boldsymbol{R}_s = \frac{\mathrm{d}}{\mathrm{d}t}\boldsymbol{I}_s = \frac{\mathrm{d}}{\mathrm{d}t}(m\, \boldsymbol{v}_s) = m\, \boldsymbol{a}_s\,, \tag{7.119a}$$

$$\boldsymbol{M}_s = \frac{\mathrm{d}}{\mathrm{d}t}\boldsymbol{L}_s = \frac{\mathrm{d}}{\mathrm{d}t}(\boldsymbol{\Theta}_s\, \boldsymbol{\omega}_s) = \boldsymbol{\Theta}_s\, \boldsymbol{\varepsilon}_s\,. \tag{7.119b}$$

2. Das Flächenstück in der $\bar{x}, \bar{y}$-Ebene

Der beschränkte Bereich sei ein Flächenstück in der $\bar{x}, \bar{y}$-Ebene. Über diesem Bereich liege ein Normalspannungsfeld

$$\Phi_\sigma := \left\{ \sigma(\boldsymbol{r}) = (\mathsf{P} \quad \mathsf{M}') \begin{pmatrix} \boldsymbol{K}_s \\ \boldsymbol{C}_s \end{pmatrix} \middle| \boldsymbol{r} \in A \right\}. \tag{7.120}$$

Entsprechend Bild 7.14 seien die erzeugenden Vektoren

$$\boldsymbol{K}_s = \begin{pmatrix} 0 \\ 0 \\ K_{s\bar{z}} \end{pmatrix} = \begin{pmatrix} 0 \\ 0 \\ \sigma_s \end{pmatrix}, \qquad \boldsymbol{C}_s = \begin{pmatrix} C_{s\bar{x}} \\ C_{s\bar{y}} \\ 0 \end{pmatrix}. \tag{7.121}$$

Mit

$$\boldsymbol{r} = \begin{pmatrix} \bar{x} \\ \bar{y} \\ 0 \end{pmatrix} \quad \text{und} \quad \mathrm{d}B = \mathrm{d}A \tag{7.122}$$

erhalten wir für die Feldgleichung

$$\begin{pmatrix} \sigma_{\bar{z}\bar{x}} \\ \sigma_{\bar{z}\bar{y}} \\ \sigma_{\bar{z}\bar{z}} \end{pmatrix} = \begin{pmatrix} \tau_{\bar{z}\bar{x}} \\ \tau_{\bar{z}\bar{y}} \\ \sigma_{\bar{z}\bar{z}} \end{pmatrix} = \begin{pmatrix} 1 & 0 & 0 & 0 & 0 & -\bar{y} \\ 0 & 1 & 0 & 0 & 0 & +\bar{x} \\ 0 & 0 & 1 & +\bar{y} & -\bar{x} & 0 \end{pmatrix} \begin{pmatrix} 0 \\ 0 \\ K_{s\bar{z}} \\ C_{s\bar{x}} \\ C_{s\bar{y}} \\ 0 \end{pmatrix}.$$

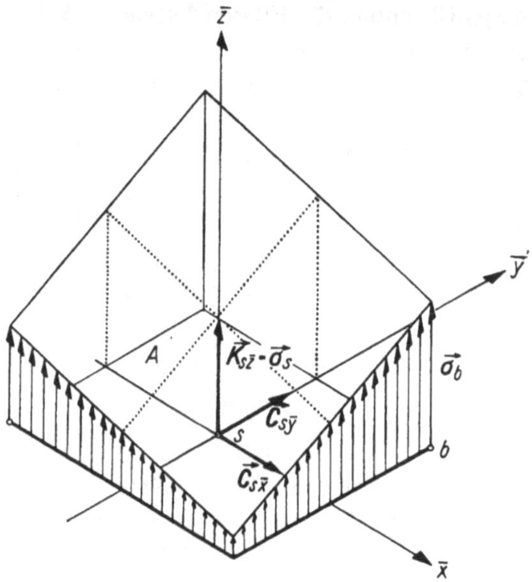

Bild 7.14. Normalspannungsfeld

Ausmultipliziert folgt

$$\begin{pmatrix}\tau_{\bar{z}\bar{x}}\\ \tau_{\bar{z}\bar{y}}\\ \sigma_{\bar{z}\bar{z}}\end{pmatrix} = \begin{pmatrix} 0 \\ 0 \\ K_{s\bar{z}} + C_{s\bar{x}}\cdot\bar{y} - C_{s\bar{y}}\cdot\bar{x}\end{pmatrix}.$$

In Richtung der Flächennormalen wirken also die Spannungen

$$\sigma_{\bar{z}\bar{z}}(\bar{x},\bar{y}) = \sigma_s + C_{s\bar{x}}\cdot\bar{y} - C_{s\bar{y}}\cdot\bar{x}\,. \tag{7.123}$$

Für die Ermittlung der reduzierten Vektoren erhalten wir im Schwerachsensystem aus Gleichung (7.110) das folgende Gleichungssystem

$$\begin{pmatrix} R_{s\bar{x}}\\ R_{s\bar{y}}\\ R_{s\bar{z}}\\ M_{s\bar{x}}\\ M_{s\bar{y}}\\ M_{s\bar{z}}\end{pmatrix} = \begin{pmatrix} A & 0 & 0 & 0 & 0 & 0\\ 0 & A & 0 & 0 & 0 & 0\\ 0 & 0 & A & 0 & 0 & 0\\ 0 & 0 & 0 & J_{\bar{x}\bar{x}} & -J_{\bar{y}\bar{x}} & 0\\ 0 & 0 & 0 & -J_{\bar{x}\bar{y}} & J_{\bar{y}\bar{y}} & 0\\ 0 & 0 & 0 & 0 & 0 & J_{\bar{z}\bar{z}}\end{pmatrix}\begin{pmatrix}0\\0\\ \sigma_s\\ C_{s\bar{x}}\\ C_{s\bar{y}}\\ 0\end{pmatrix}, \tag{7.124}$$

wobei Tafel 6.8 beachtet wurde.

Dieses Gleichungssystem zerfällt in die beiden folgenden Anteile

$$R_{s\bar{z}} = A\cdot\sigma_s\,, \tag{7.125}$$

$$\begin{pmatrix}M_{s\bar{x}}\\ M_{s\bar{y}}\end{pmatrix} = \begin{pmatrix} J_{\bar{x}\bar{x}} & -J_{\bar{y}\bar{x}}\\ -J_{\bar{x}\bar{y}} & J_{\bar{y}\bar{y}}\end{pmatrix}\begin{pmatrix}C_{s\bar{x}}\\ C_{s\bar{y}}\end{pmatrix}, \tag{7.126}$$

mit deren Hilfe die reduzierten Vektoren (z. B. nach der experimentellen Spannungsermittlung in querbelasteten Stäben) leicht berechnet werden können.

Anmerkung:

In der technischen Biegetheorie tritt diese Aufgabe in ihrer invertierten Form auf, d. h., es ist für vorgegebene Schnittkräfte (reduzierte Vektoren) die Normalspannungsverteilung über einem Querschnitt anzugeben. Man könnte diese Aufgabe in Analogie zur *Disduktion in ein Vektorsystem mit vorgegebenen Wirkungslinien* als *Disduktion in ein Vektorfeld mit vorgegebenem Aufbau* bezeichnen. In unserem Fall ist der Aufbau durch die erzeugenden Vektoren $\boldsymbol{K}_{s\bar{z}}$, $\boldsymbol{C}_{s\bar{x}}$ und $\boldsymbol{C}_{s\bar{y}}$ vorgegeben.

Die Feldgleichung der Normalspannung ist nach Gleichung (7.123)

$$\sigma_{\bar{z}\bar{z}}(\bar{x}, \bar{y}) = \sigma_s + C_{s\bar{x}} \cdot \bar{y} - C_{s\bar{y}} \cdot \bar{x} .$$

Um die Spannungen ausrechnen zu können, benötigen wir die erzeugenden Vektoren, die wir mit Hilfe des folgenden aus Gleichung (7.124) herausgelösten Gleichungssystems berechnen

REDUKTION

$$\begin{pmatrix} R_{s\bar{z}} \\ M_{s\bar{x}} \\ M_{s\bar{y}} \end{pmatrix} = \begin{pmatrix} A & 0 & 0 \\ 0 & J_{\bar{x}\bar{x}} & -J_{\bar{y}\bar{x}} \\ 0 & -J_{\bar{x}\bar{y}} & J_{\bar{y}\bar{y}} \end{pmatrix} \begin{pmatrix} \sigma_s \\ C_{s\bar{x}} \\ C_{s\bar{y}} \end{pmatrix} . \tag{7.127}$$

DISDUKTION

Mit

$$\boldsymbol{M}_s := \begin{pmatrix} M_{s\bar{x}} \\ M_{s\bar{y}} \end{pmatrix},$$

$$\boldsymbol{C}_s := \begin{pmatrix} C_{s\bar{x}} \\ C_{s\bar{y}} \end{pmatrix},$$

$$\mathbf{J}_s := \begin{pmatrix} J_{\bar{x}\bar{x}} & -J_{\bar{y}\bar{x}} \\ -J_{\bar{x}\bar{y}} & J_{\bar{y}\bar{y}} \end{pmatrix}$$

erhalten wir Gleichung (7.126) in der symbolischen Form

$$\boldsymbol{M}_s = \mathbf{J}_s \cdot \boldsymbol{C}_s . \tag{7.128}$$

Daraus folgt durch Multiplikation mit der invertierten Trägheitsdyade von links

$$\mathbf{J}_s^{-1} \boldsymbol{M}_s = \mathbf{J}_s^{-1} \mathbf{J}_s \boldsymbol{C}_s = \boldsymbol{C}_s .$$

Im Koordinatensystem nimmt diese Gleichung — umgruppiert — die folgende Form an:

$$\begin{pmatrix} C_{s\bar{x}} \\ C_{s\bar{y}} \end{pmatrix} = \frac{1}{J_{\bar{x}\bar{x}} \cdot J_{\bar{y}\bar{y}} - J_{\bar{x}\bar{y}}^2} \begin{pmatrix} J_{\bar{y}\bar{y}} & J_{\bar{x}\bar{y}} \\ J_{\bar{y}\bar{x}} & J_{\bar{x}\bar{x}} \end{pmatrix} \begin{pmatrix} M_{s\bar{x}} \\ M_{s\bar{y}} \end{pmatrix} .$$

Die Koordinaten der erzeugenden Vektoren $\boldsymbol{C}_{s\bar{x}}$ und $\boldsymbol{C}_{s\bar{y}}$ sind demnach

$$C_{s\bar{x}} = \frac{M_{s\bar{x}} J_{\bar{y}\bar{y}} + M_{s\bar{y}} J_{\bar{x}\bar{y}}}{J_{\bar{x}\bar{x}} J_{\bar{y}\bar{y}} - J_{\bar{x}\bar{y}}^2} , \tag{7.129}$$

$$C_{s\bar{y}} = \frac{M_{s\bar{x}} J_{\bar{y}\bar{x}} + M_{s\bar{y}} J_{\bar{x}\bar{x}}}{J_{\bar{x}\bar{x}} J_{\bar{y}\bar{y}} - J_{\bar{x}\bar{y}}^2} . \tag{7.130}$$

Aus Gleichung (7.125) erhalten wir σ_s:

$$\sigma_s = \frac{R_{s\bar{z}}}{A}. \tag{7.131}$$

Setzen wir diese Ausdrücke für die Koordinaten der erzeugenden Vektoren in die Feldgleichung (7.123) ein, so erhalten wir die Normalspannung an der Stelle $\bar{x}, \bar{y}$ zu

$$\sigma_{\bar{z}\bar{z}}(\bar{x}\,\bar{y}) = \frac{R_{s\bar{z}}}{A} + \frac{M_{s\bar{x}} J_{\bar{y}\bar{y}} + M_{s\bar{y}} J_{\bar{x}\bar{y}}}{J_{\bar{x}\bar{x}} J_{\bar{y}\bar{y}} - J^2_{\bar{x}\bar{y}}} \cdot \bar{y} - \frac{M_{s\bar{x}} J_{\bar{y}\bar{x}} + M_{s\bar{y}} J_{\bar{x}\bar{x}}}{J_{\bar{x}\bar{x}} J_{\bar{y}\bar{y}} - J^2_{\bar{x}\bar{y}}} \cdot \bar{x}. \tag{7.132}$$

Im Hauptschwerachsensystem werden die Deviationsmomente Null. Die Normalspannung nimmt dann die folgende einfachere Form an:

$$\sigma_{\bar{\bar{z}}\bar{\bar{z}}}(\bar{\bar{x}}, \bar{\bar{y}}) = \frac{R_{s\bar{\bar{z}}}}{A} + \frac{M_{s\bar{\bar{x}}}}{J_{\bar{\bar{x}}\bar{\bar{x}}}} \bar{\bar{y}} - \frac{M_{s\bar{\bar{y}}}}{J_{\bar{\bar{y}}\bar{\bar{y}}}} \bar{\bar{x}}. \tag{7.133}$$

Aus dieser Gleichung erhalten wir die übrigen in der technischen Biegetheorie behandelten Beanspruchungsarten als Sonderfälle. Sie sind in Tafel 7.9 zusammengestellt.

Tafel 7.9. **Sonderfälle der Normalspannungsverteilung im Hauptschwerachsensystem**

Fall	$R_{s\bar{\bar{z}}}$	$M_{s\bar{\bar{x}}}$	$M_{s\bar{\bar{y}}}$	Feldgleichung $\sigma := \sigma_{\bar{\bar{z}}\bar{\bar{z}}}(\bar{\bar{x}}, \bar{\bar{y}})$	Bezeichnung
1	$\neq 0$	$\neq 0$	$\neq 0$	$\sigma = \frac{R_{s\bar{\bar{z}}}}{A} + \frac{M_{s\bar{\bar{x}}}}{J_{\bar{\bar{x}}\bar{\bar{x}}}} \bar{\bar{y}} - \frac{M_{s\bar{\bar{y}}}}{J_{\bar{\bar{y}}\bar{\bar{y}}}} \bar{\bar{x}}$	Zweiachsige Biegung mit Längskraft
2	$= 0$	$\neq 0$	$\neq 0$	$\sigma = + \frac{M_{s\bar{\bar{x}}}}{J_{\bar{\bar{x}}\bar{\bar{x}}}} \bar{\bar{y}} - \frac{M_{s\bar{\bar{y}}}}{J_{\bar{\bar{y}}\bar{\bar{y}}}} \bar{\bar{x}}$	Zweiachsige Biegung
3	$\neq 0$	0	$\neq 0$	$\sigma = \frac{R_{s\bar{\bar{z}}}}{A} - \frac{M_{s\bar{\bar{y}}}}{J_{\bar{\bar{y}}\bar{\bar{y}}}} \bar{\bar{x}}$	(Einachsige) Biegung mit Längskraft
4	$\neq 0$	$\neq 0$	0	$\sigma = \frac{R_{s\bar{\bar{z}}}}{A} + \frac{M_{s\bar{\bar{x}}}}{J_{\bar{\bar{x}}\bar{\bar{x}}}} \bar{\bar{y}}$	(Einachsige) Biegung mit Längskraft
5	0	0	$\neq 0$	$\sigma = - \frac{M_{s\bar{\bar{y}}}}{J_{\bar{\bar{y}}\bar{\bar{y}}}} \bar{\bar{x}}$	(Einachsige) Biegung
6	0	$\neq 0$	0	$\sigma = + \frac{M_{s\bar{\bar{x}}}}{J_{\bar{\bar{x}}\bar{\bar{x}}}} \bar{\bar{y}}$	(Einachsige) Biegung
7	$\neq 0$	0	0	$\sigma = \frac{R_{s\bar{\bar{z}}}}{A}$	Zug/Druck
8	0	0	0	$\sigma = 0$	Keine Beanspruchung

7.5.2.4. Reduktionspaar und Zentralpaar

Eine Vektormenge Γ ist in jedem Punkt b einem Reduktionspaar äquivalent (Gleichung (7.96)). Liegt der Punkt b nicht auf der Zentrallinie, so hat das Reduktionspaar die Gestalt eines beliebigen Elementarpaares. Ist der Punkt b

dagegen ein Punkt der Zentrallinie, so geht das beliebige Elementarpaar in ein paralleles Elementarpaar über: das Reduktionspaar nimmt die spezielle Gestalt des Zentralpaares an. Da das Zentralpaar die einfachste äquivalente Form einer Vektormenge ist (Tafel 7.4), stellen wir uns die Aufgabe, für ein beliebiges Reduktionspaar das äquivalente Zentralpaar zu ermitteln. Für das Reduktionspaar wählen wir den Ursprung als Pol, da dessen Koordinaten Null sind.

Das Zentralpaar und das ihm äquivalente Reduktionspaar im Ursprung sind Elemente desselben Reduktionspaarfeldes. Da das Reduktionspaarfeld ein konstantes Projektionsfeld enthält, ermitteln wir den Zentralvektor als polare Projektion des reduzierten Vektors im Ursprung.

$$\boldsymbol{R}_{cc} = \mathsf{P}_{c0}\,\boldsymbol{R}_0 = \boldsymbol{R}_0\,. \tag{7.134}$$

Der Einheitsvektor der Zentrallinie hat die gleiche Richtung wie der Zentralvektor. Wählen wir als Einheitsvektor der Zentrallinie den Einheitsvektor des Zentralvektors, so folgt

$$\boldsymbol{e}_0 = \frac{\boldsymbol{R}_0}{|\boldsymbol{R}_0|} = \frac{\boldsymbol{R}_{cc}}{|\boldsymbol{R}_{cc}|} = \boldsymbol{e}_{cc}\,. \tag{7.135}$$

Definitionsgemäß ist für jeden Punkt c der Zentrallinie die Komponente des Momentenvektors senkrecht zu ihr gleich dem Nullvektor. Das Zentralmoment ist also gleich der Komponente des reduzierten Momentes im Ursprung in Richtung des reduzierten Vektors. Deshalb zerlegen wir das reduzierte Moment $\boldsymbol{M}_0$ in die beiden Komponenten parallel $^{(\|)}$ und senkrecht $^{(\perp)}$ zur Zentrallinie.

$$\boldsymbol{M}_0 = \boldsymbol{M}_0^{\perp} + \boldsymbol{M}_0^{\|}\,, \tag{7.136}$$

$$\begin{aligned}\boldsymbol{M}_0^{\|} &= (\boldsymbol{M}_0 \cdot \boldsymbol{e}_0)\,\boldsymbol{e}_0 \\ &= (|\boldsymbol{M}_0| \cdot \cos \psi_0)\,\boldsymbol{e}_0\,,\end{aligned} \tag{7.137}$$

$$\boldsymbol{M}_0^{\perp} = \boldsymbol{M}_0 - \boldsymbol{M}_0^{\|}\,. \tag{7.138}$$

Das Zentralmoment ist gleich der polaren Projektion der parallelen Komponente

$$\boldsymbol{M}_{cc} = \mathsf{P}_{c0}\,\boldsymbol{M}_0^{\|} = \boldsymbol{M}_0^{\|}\,. \tag{7.139}$$

Damit sind die Vektoren des Zentralpaares gefunden.

Die Lage des linienflüchtigen Zentralpaares ist bekannt, wenn ein Punkt c der Zentrallinie angegeben und damit ihre Lage im Raum fixiert werden kann. Wir binden deshalb das Zentralpaar vorübergehend in einen beliebigen Punkt c mit den Koordinaten

$$\boldsymbol{r}_{0c} = \begin{pmatrix} x_c \\ y_c \\ z_c \end{pmatrix}. \tag{7.140}$$

Da das Reduktionspaar und das Zentralpaar äquivalent sein sollen, haben beide Elementarpaare identische Elementarpaarfelder, also auch identische Momentenfelder und demnach die gleichen polaren Momente im bezug auf den gleichen Pol. Wählen wir als Pol den Ursprung, so gilt offenbar

$$\boldsymbol{M}_0^{\perp} + \boldsymbol{M}_0^{\|} = \mathsf{P}_{0c}\,\boldsymbol{M}_{cc} + \mathsf{M}_{0c}\,\boldsymbol{R}_{cc}\,. \tag{7.141}$$

Wegen

$$\boldsymbol{M}_0^{\|} = \mathsf{P}_{0c}\,\boldsymbol{M}_{cc} \tag{7.142}$$

folgt aus Gleichung (7.141)

$$\boldsymbol{M}_0^{\perp} = \mathsf{M}_{0c}\,\boldsymbol{R}_{cc} \tag{7.143}$$

oder dargestellt im Koordinatensystem

$$\begin{pmatrix} M_{0x}^{\perp} \\ M_{0y}^{\perp} \\ M_{0z}^{\perp} \end{pmatrix} = \begin{pmatrix} 0 & -z_c & +y_c \\ +z_c & 0 & -x_c \\ -y_c & +x_c & 0 \end{pmatrix} \begin{pmatrix} R_{cx} \\ R_{cy} \\ R_{cz} \end{pmatrix}. \tag{7.144}$$

Für die praktische Anwendung wählen wir für den Punkt c den Durchstoßpunkt d mit einer der drei Koordinatenebenen.

Für die x, y-Ebene folgt z. B. mit $R_{cc} = R_d$ und

$$\boldsymbol{r}_{0c} \to \boldsymbol{r}_{0d}^{(x,y)} = \begin{pmatrix} x_d^{(x,y)} \\ y_d^{(x,y)} \\ 0 \end{pmatrix} \tag{7.145}$$

aus Gleichung (7.144)

$$M_{0x}^{\perp} = \quad y_d^{(x,y)} \cdot R_{dz} \Rightarrow y_d^{(x,y)} = + \frac{M_{0x}^{\perp}}{R_{dz}}, \tag{7.146a}$$

$$M_{0y}^{\perp} = -x_d^{(x,y)} \cdot R_{dz} \Rightarrow x_d^{(x,y)} = - \frac{M_{0y}^{\perp}}{R_{dz}}. \tag{7.146b}$$

Die Durchstoßpunktkoordinaten für die beiden anderen Koordinatenebenen erhalten wir analog zu

$$x_d^{(x,z)} = + \frac{M_{0z}^{\perp}}{R_{dy}}, \tag{7.147a}$$

$$z_d^{(x,z)} = - \frac{M_{0x}^{\perp}}{R_{dy}}, \tag{7.147b}$$

$$y_d^{(y,z)} = - \frac{M_{0z}^{\perp}}{R_{dx}}, \tag{7.148a}$$

$$z_d^{(y,z)} = + \frac{M_{0y}^{\perp}}{R_{dx}}. \tag{7.148b}$$

Die Durchstoßpunktkoordinaten lassen sich aber auch mit Hilfe der allgemeinen Äquivalenzbedingung (Abschnitt 7.3.3.2.) errechnen, die z. B. die Gleichheit der axialen Momente bezüglich jeder beliebigen Geraden fordert. Bezüglich der Koordinatenachsen können wir die axialen Momente in Bild 7.15 aus der Komponentendarstellung unmittelbar ablesen. Für die x-Achse folgt beispielsweise

$$(\Sigma\, M)_{xx}\colon M_{0x}^{\perp} + M_{0x}^{\|} = M_{cx} + y_d^{(x,y)}\, R_{dz}\,, \tag{7.149}$$

woraus wir — wegen $M_{0x}^{\|} = M_{cx}$ — für die Koordinate $y_d^{(x,y)}$ wiederum den Ausdruck

$$y_d^{(x,y)} = \frac{M_{0x}^{\perp}}{R_{dz}}$$

erhalten.

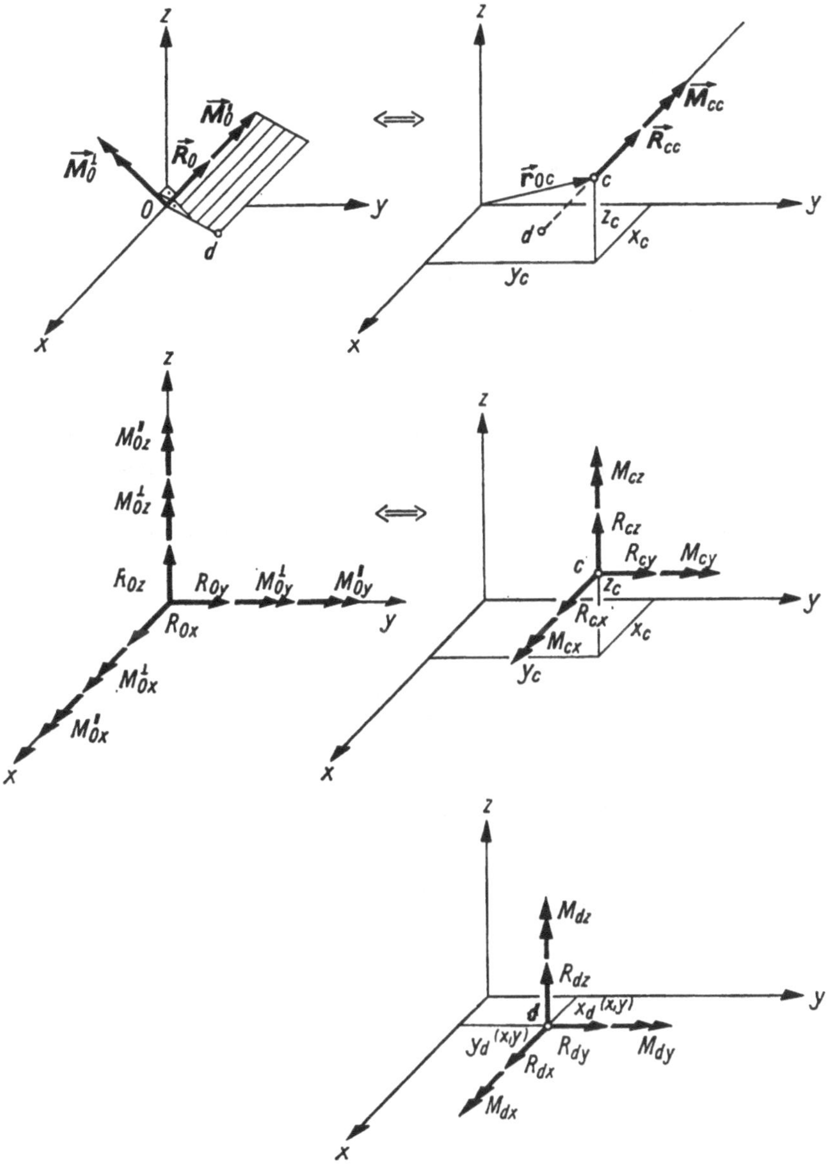

Bild 7.15. Reduktionspaar ⇔ Zentralpaar

7.6. Modifizierung von Vektorsystemen mit Hilfe der Plücker-Koordinaten

In seinem letzten Werk „Neue Geometrie des Raumes gegründet auf die gerade Linie als Raumelement" hat Julius Plücker (1801—1868) der Fachwelt seine Liniengeometrie dargelegt. Mit Hilfe der von ihm eingeführten Linienkoordinaten war es u. a. möglich, die Gleichung einer Geraden in einer Form anzugeben, die für die Darstellung der Wirkungslinien linienflüchtiger Vektoren — wie sie in der Mechanik häufig auftreten — besonders geeignet ist.

7.6.1. Die Plücker-Koordinaten einer gerichteten Geraden

Ist $\boldsymbol{e}_i$ ein auf der Geraden $\overline{ii}$ lineinflüchtiger Einheitsvektor und $\boldsymbol{s}_{0i}$ derjenige Radiusvektor, der senkrecht auf der Geraden $\overline{ii}$ steht, so kann die Gerade $\overline{ii}$ bekanntlich durch die Vektorgleichung

$$\boldsymbol{r}_{0i} = \boldsymbol{s}_{0i} + \lambda \boldsymbol{e}_i \qquad (-\infty < \lambda < +\infty) \tag{7.150}$$

dargestellt werden, wobei λ ein (vorzeichenbehafteter) Parameter ist und $\boldsymbol{r}_{0i} = \overline{0i}$ den Radiusvektor zu beliebigen (mit λ festgelegten) Punkten i der Geraden $\overline{ii}$ repräsentiert.

Einer der Punkte i soll also mit dem Fußpunkt des Lotes vom Ursprung auf diese Gerade zusammenfallen und vom Vektor $\boldsymbol{s}_{0i}$ fixiert werden (Bild 7.16).

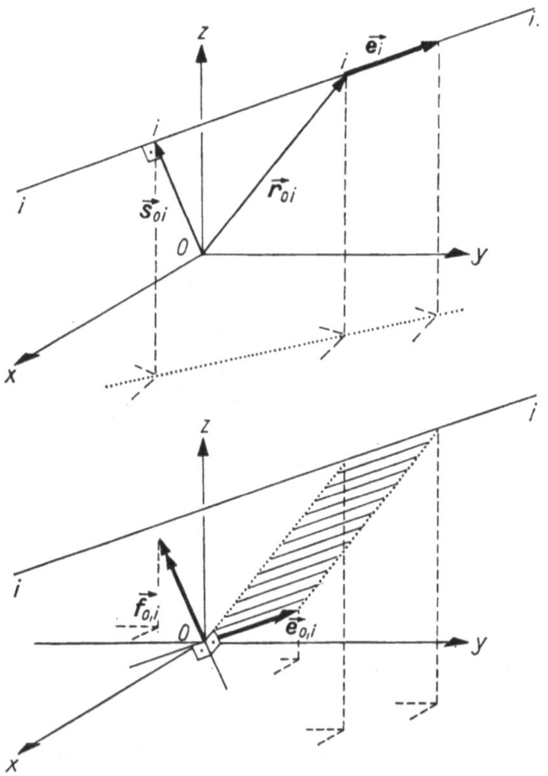

Bild 7.16. Normierte Plücker-Vektoren im Ursprung

Der Einheitsvektor $\boldsymbol{e}_i$ der Geraden ii erzeugt im Ursprung

die polare Projektion

$$\boldsymbol{e}_{0,i} := \mathsf{P}_{0i}\, \boldsymbol{e}_i\,, \tag{7.151}$$

das polare Moment

$$\boldsymbol{f}_{0,i} := \mathsf{M}_{0i}\, \boldsymbol{e}_i\,, \tag{7.152}$$

also das orthogonale Elementarpaar

$$\begin{bmatrix} \boldsymbol{e}_{0,i} \\ \boldsymbol{f}_{0,i} \end{bmatrix}^{\perp} = \begin{bmatrix} \mathsf{P}_{0i}\, \boldsymbol{e}_i \\ \mathsf{M}_{0i}\, \boldsymbol{e}_i \end{bmatrix}^{\perp} \tag{7.153}$$

Für den beliebigen (linienflüchtigen)Vektor

$$\boldsymbol{G}_i := \lambda\, \boldsymbol{e}_i = G_i\, \boldsymbol{e}_i \tag{7.154}$$

erhalten wir demnach

$$\begin{bmatrix} \boldsymbol{G}_{0,i} \\ \boldsymbol{M}_{0,i} \end{bmatrix}^{\perp} = \lambda \begin{bmatrix} \boldsymbol{e}_{0,i} \\ \boldsymbol{f}_{0,i} \end{bmatrix}^{\perp} = G_i \begin{bmatrix} \boldsymbol{e}_{0,i} \\ \boldsymbol{f}_{0,i} \end{bmatrix}^{\perp} \tag{7.155}$$

Das Moment $\boldsymbol{M}_{0,i}$ kann man auch als Vektorprodukt angeben:

$$\boldsymbol{s}_{0i} \times \boldsymbol{G}_{0,i} = \boldsymbol{M}_{0,i}\,. \tag{7.156}$$

Diese drei Vektoren $\boldsymbol{s}_{0i}$, $\boldsymbol{G}_{0,i}$ und $\boldsymbol{M}_{0,i}$ bilden nach den üblichen Regeln der Vektoralgebra ein orthogonales Rechtssystem, so daß auch

$$\boldsymbol{s}_{0i} = \frac{1}{\lambda^2}\, \boldsymbol{G}_{0,i} \times \boldsymbol{M}_{0,i} = \boldsymbol{e}_{0,i} \times \boldsymbol{f}_{0,i} \tag{7.157}$$

gilt. Die Gleichung der gerichteten Geraden $\overline{ii}$ kann demnach auch in der folgenden Form geschrieben werden:

$$\boldsymbol{r}_{0i} = \frac{1}{\lambda^2}\, \boldsymbol{G}_{0,i} \times \boldsymbol{M}_{0,i} + \boldsymbol{G}_{0,i}\,. \tag{7.158}$$

Die sechs Koordinaten $G_{0j,i}$ und $M_{0j,i}$ $(j = x, y, z)$ der beiden Vektoren $\boldsymbol{G}_{0,i}$ und $\boldsymbol{M}_{0,i}$ legen also in Verbindung mit dem Koordinatenursprung 0 und den orthogonalen Basisvektoren $\boldsymbol{b}_j$ $(j = x, y, z)$ die gerichtete Gerade $\overline{ii}$ ebenfalls eindeutig fest. Sie werden als PLÜCKER-Koordinaten bezeichnet und homogen genannt, da sie für jedes beliebige λ dieselbe Gerade bestimmen: D. h., es kommt lediglich auf die Verhältnisse der Koordinaten

$$G_{0x,i} : G_{0y,i} : G_{0z,i} : M_{0x,i} : M_{0y,i} : M_{0z,i} \tag{7.159}$$

an (Homogenitätsrelation). Wählen wir $\lambda = 1$, so erhalten wir die sogenannten „normierten PLÜCKER-Vektoren" $\boldsymbol{e}_{0,i}$ und $\boldsymbol{f}_{0,i}$ der gerichteten Geraden $\overline{ii}$. Neben der Homogenitätsrelation besteht auf Grund der Orthogonalität der PLÜCKER-Vektoren die sogenannte „PLÜCKER-Relation"

$$\boldsymbol{e}_{0,i} \cdot \boldsymbol{f}_{0,i} = e_{0x,i} \cdot f_{0x,i} + e_{0y,i} \cdot f_{0y,i} + e_{0z,i} \cdot f_{0z,i} = 0\,. \tag{7.160}$$

Die sechs PLÜCKER-Koordinaten sind also „überzählige Koordinaten", d. h., es bestimmen sechs Zahlen nur dann eine Gerade, wenn sie sowohl der Homogenitätsrelation als auch der PLÜCKER-Relation genügen, da eine Gerade ja bereits durch vier Konstante eindeutig bestimmt ist.

7.6.2. Die Plücker-Vektoren einer gerichteten mechanischen Größe

Ist für die Beschreibung eines mechanischen Sachverhaltes die Idealisierung des Objektes als „starrer Körper“ zulässig, so werden im Modell die als gebundene Vektoren abgebildeten mechanischen Größen (wie z. B. die Kräfte $\boldsymbol{P}_i$) linienflüchtig. Für jeden dieser linienflüchtigen Vektoren darf im beliebigen Punkt r das ihm äquivalente orthogonale Elementarpaar substituiert werden.

$$\boldsymbol{P}_i \Leftrightarrow \begin{bmatrix} \boldsymbol{P}_{r,i} \\ \boldsymbol{M}_{r,i} \end{bmatrix}^{\perp}. \tag{7.161}$$

Diese beiden Vektoren $\boldsymbol{P}_{r,i}$ und $\boldsymbol{M}_{r,i}$ heißen Plücker-Vektoren des linienflüchtigen Vektors $\boldsymbol{P}_i$ in bezug auf den Punkt r. Mit

$$\frac{\boldsymbol{P}_i}{P_i} =: \boldsymbol{e}_i\,, \qquad \frac{\boldsymbol{P}_{r,i}}{P_{r,i}} =: \boldsymbol{e}_{r,i}\,, \qquad \frac{\boldsymbol{M}_{r,i}}{P_{r,i}} =: \boldsymbol{f}_{r,i} \tag{7.162}$$

folgt schließlich

$$\boldsymbol{P}_i \Leftrightarrow P_{r,i} \cdot \begin{bmatrix} \boldsymbol{e}_{r,i} \\ \boldsymbol{f}_{r,i} \end{bmatrix}^{\perp} \tag{7.163}$$

Der einfacheren Indizierung wegen versehen wir die normierten Plücker-Vektoren für einen beliebigen Punkt r mit einem Stern:

$$\boldsymbol{e}_{r,i} =: \boldsymbol{e}_i^*\,, \qquad \boldsymbol{f}_{r,i} =: \boldsymbol{f}_i^*\,, \tag{7.164}$$

für den Koordinatenursprung $r = 0$ lassen wir den Stern weg:

$$\boldsymbol{e}_{0,i} =: \boldsymbol{e}_i\,, \qquad \boldsymbol{f}_{0,i} =: \boldsymbol{f}_i\,. \tag{7.165}$$

Dann gilt:

$$\boldsymbol{P}_i \Leftrightarrow P_{r,i} \cdot \begin{bmatrix} \boldsymbol{e}_i^* \\ \boldsymbol{f}_i^* \end{bmatrix}^{\perp} \Leftrightarrow P_{0,i} \cdot \begin{bmatrix} \boldsymbol{e}_i \\ \boldsymbol{f}_i \end{bmatrix}^{\perp} \tag{7.166}$$

und in Koordinaten

$$\boldsymbol{P}_i \Leftrightarrow P_{r,i} \cdot \begin{bmatrix} \begin{pmatrix} e_{ix}^* \\ e_{iy}^* \\ e_{iz}^* \end{pmatrix} \\ \\ \begin{pmatrix} f_{ix}^* \\ f_{iy}^* \\ f_{iz}^* \end{pmatrix} \end{bmatrix}^{\perp} \Leftrightarrow P_{0,i} \cdot \begin{bmatrix} \begin{pmatrix} e_{ix} \\ e_{iy} \\ e_{iz} \end{pmatrix} \\ \\ \begin{pmatrix} f_{ix} \\ f_{iy} \\ f_{iz} \end{pmatrix} \end{bmatrix}^{\perp} \tag{7.167}$$

Wenn α_i, β_i, γ_i die Neigungswinkel der Wirkungslinie von $\boldsymbol{P}_i$ und x_r, y_r, z_r die Koordinaten des Punktes r und x_i, y_i, z_i die Koordinaten eines Punktes i auf der Wirkungslinie von $\boldsymbol{P}_i$ sind, so gilt

$$\boldsymbol{P}_i \Leftrightarrow P_{r,i} \cdot \begin{Bmatrix} e_{ix}^* \\ e_{iy}^* \\ e_{iz}^* \\ f_{ix}^* \\ f_{iy}^* \\ f_{iz}^* \end{Bmatrix} = P_{r,i} \begin{Bmatrix} \cos\alpha_i \\ \cos\beta_i \\ \cos\gamma_i \\ (y_i - y_r)\cos\gamma_i - (z_i - z_r)\cos\beta_i \\ (z_i - z_r)\cos\alpha_i - (x_i - x_r)\cos\gamma_i \\ (x_i - x_r)\cos\beta_i - (y_i - y_r)\cos\alpha_i \end{Bmatrix}. \tag{7.168}$$

Die Zusammenfassung der normierten PLÜCKER-Koordinaten in einer Spaltenmatrix ist für die spätere Anwendung zweckmäßig. Für den Koordinatenursprung ist $x_r = y_r = z_r = 0$.

7.6.3. Reduktionsprozeß

Liegen m linienflüchtige Vektoren $\boldsymbol{P}_i$, die als Gesamtheit das Vektorsystem

$$\mathrm{S}_P := \{\boldsymbol{P}_i \mid i = 1, \ldots, m\} \tag{7.169}$$

bilden, in einem starren Körper vor, so dürfen für diese die äquivalenten PLÜCKER-Vektoren in einem beliebigen Punkt r, dem Reduktionszentrum, substituiert werden:

$$\mathrm{S}_P \Leftrightarrow \left\{ P_{r,i} \begin{pmatrix} e_{ix}^* \\ e_{iy}^* \\ e_{iz}^* \\ f_{ix}^* \\ f_{iy}^* \\ f_{iz}^* \end{pmatrix} \middle| \; i = 1, \ldots, m \wedge P_{r,i} = P_i \right\}. \tag{7.170}$$

Die Matrizendarstellung und die Zusammenfassung der gleichartigen PLÜCKER-Koordinaten führt schließlich zu dem Reduktionspaar im Reduktionszentrum r, das aus dem reduzierten Vektor $\boldsymbol{R}_{r,P}$ und dem reduzierten Moment $\boldsymbol{M}_{r,P}$ besteht, die den Winkel ψ einschließen:

$$\mathrm{S}_P \Leftrightarrow \begin{pmatrix} e_{1x}^* & \cdots & e_{ix}^* & \cdots & e_{mx}^* \\ e_{1y}^* & \cdots & e_{iy}^* & \cdots & e_{my}^* \\ e_{1z}^* & \cdots & e_{iz}^* & \cdots & e_{mz}^* \\ f_{1x}^* & \cdots & f_{ix}^* & \cdots & f_{mx}^* \\ f_{1y}^* & \cdots & f_{iy}^* & \cdots & f_{my}^* \\ f_{1z}^* & \cdots & f_{iz}^* & \cdots & f_{mz}^* \end{pmatrix} \begin{pmatrix} P_1 \\ \\ P_i \\ \\ P_m \end{pmatrix} = \begin{bmatrix} \boldsymbol{R}_{r,P} \\ \boldsymbol{M}_{r,P} \end{bmatrix}^{\psi}. \tag{7.171}$$

Die Elemente der i-ten Spalte dieser Matrix ($i = 1, \ldots, m$) lassen sich leicht und anschaulich als Koordinaten derjenigen PLÜCKER-Vektoren ermitteln, die für den Einheitsvektor $\boldsymbol{e}_i$ der Wirkungslinie des Vektors $\boldsymbol{P}_i$ im Reduktionszentrum substituiert wurden. Hat man aber die Bedeutung der Matrizenelemente erkannt, so ergeben sich die Reduktionspaare für alle speziellen Anordnungen der Vektorwirkungslinien auf deduktivem Wege. Im Falle einer komplanaren, parallelen Anordnung kann beispielsweise das Koordinatensystem so gewählt werden, daß alle Vektoren parallel zur z-Achse in der x,z-Ebene liegen (Tafel 7.10, Fall f). Es sind dann die Neigungswinkel aller Vektorwirkungslinien $i = 1, \ldots, m$ gegen die x-Achse $\alpha_i = \frac{\pi}{2}$ sowie gegen die y-Achse $\beta_i = \frac{\pi}{2}$, und für alle Punkte jeder Vektorwirkungslinie gilt $y_i = 0$, so daß im Falle einer Reduktion in bezug auf den Koordinatenursprung ($x_r = y_r = z_r = 0$)

$$\begin{aligned} e_{ix} &= \cos\alpha_i = 0 && \Rightarrow \quad \boxed{R_{0x,P} = 0} \\ e_{iy} &= \cos\beta_i = 0 && \Rightarrow \quad \boxed{R_{0y,P} = 0} \\ f_{ix} &= y_i \cos\gamma_i - z_i \cos\beta_i = 0 && \Rightarrow \quad \boxed{M_{0x,P} = 0} \\ f_{iz} &= x_i \cos\beta_i - y_i \cos\alpha_i = 0 && \Rightarrow \quad \boxed{M_{0z,P} = 0} \end{aligned}$$

wird. Für das Reduktionspaar ist lediglich $R_{0z,P} \neq 0$ und $M_{0y,P} \neq 0$. Es entsteht also ein orthogonales Elementarpaar, das durch den Zentralvektor in der Zentrallinie äquivalent ersetzt werden darf.

7.6.4. Disduktionsprozeß

Sollen m linienflüchtige Vektoren $\boldsymbol{P}_i$ durch t linienflüchtige Vektoren $\boldsymbol{D}_d$ äquivalent ersetzt werden, so liegt ein „Disduktionsproblem" vor (lat. disducere: auseinanderführen).

$$\mathrm{S}_P := \{\boldsymbol{P}_i \mid i = 1, \ldots, m\} \overset{!}{\Leftrightarrow} \{\boldsymbol{D}_d \mid d = 1, \ldots, t\} =: \mathrm{S}_D\,. \quad (7.172)$$

Die t gesuchten Vektoren $\boldsymbol{D}_d$ nennen wir „Disduktionsvektoren" und deren Wirkungslinien $\overline{dd}$ „Disduktionsgeraden".

Die Lösung erfolgt in drei Stufen. Zunächst wird das bekannte Vektorsystem in bezug auf ein beliebiges Reduktionszentrum r (aus Zweckmäßigkeitsgründen wählt man häufig den Koordinatenursprung) reduziert (1. Schritt). Daraufhin legt man die Einheitsvektoren $\boldsymbol{d}_d$ der Disduktionsvektoren fest und reduziert die Disduktionsvektoren $\boldsymbol{D}_d = D_d \cdot \boldsymbol{d}_d$ (mit den noch unbekannten Koordinaten D_d) in bezug auf das gleiche Reduktionszentrum r (2. Schritt). Da die beiden Systeme linienflüchtiger Vektoren S_P und S_D dann und nur dann einander äquivalent sein können, wenn deren Reduktionspaare in bezug auf das gleiche Reduktionszentrum identisch sind, erhält man mit dem Gleichsetzen (3. Schritt) der einander entsprechenden Reduktionspaarkoordinaten die (spezielle) Disduktionsbedingung in Form eines Gleichungssystems.

Symbolische Darstellung:

REDUKTION

$$\begin{array}{ccc} \mathrm{S}_P := \{\boldsymbol{P}_i \mid i = 1, \ldots, m\} & \overset{①}{\Leftrightarrow} & \begin{bmatrix} \boldsymbol{R}_{r,P} \\ \boldsymbol{M}_{r,P} \end{bmatrix}^{\psi} \\ \Updownarrow & & \equiv ③ \\ \mathrm{S}_D := \{\boldsymbol{D}_d \mid d = 1, \ldots, t\} & \underset{②}{\Leftrightarrow} & \begin{bmatrix} \boldsymbol{R}_{r,D} \\ \boldsymbol{M}_{r,D} \end{bmatrix}^{\psi} \end{array} \quad (7.173)$$

DISDUKTION

Koordinatendarstellung:

$$\underbrace{\begin{pmatrix} R_{rx,P} \\ R_{ry,P} \\ R_{rz,P} \\ M_{rx,P} \\ M_{ry,P} \\ M_{rz,P} \end{pmatrix}}_{=:\,\boldsymbol{G}} \overset{!}{=} \begin{pmatrix} R_{rx,D} \\ R_{ry,D} \\ R_{rz,D} \\ M_{rx,D} \\ M_{ry,D} \\ M_{rz,D} \end{pmatrix} = \underbrace{\begin{pmatrix} e^*_{1x} & \cdots & e^*_{dx} & \cdots & e^*_{tx} \\ e^*_{1y} & \cdots & e^*_{dy} & \cdots & e^*_{ty} \\ e^*_{1z} & \cdots & e^*_{dz} & \cdots & e^*_{tz} \\ f^*_{1x} & \cdots & f^*_{dx} & \cdots & f^*_{tx} \\ f^*_{1y} & \cdots & f^*_{dy} & \cdots & f^*_{ty} \\ f^*_{1z} & \cdots & f^*_{dz} & \cdots & f^*_{tz} \end{pmatrix}}_{=:\,\boldsymbol{\Lambda}^*} \underbrace{\begin{pmatrix} D_1 \\ \\ D_d \\ \\ D_t \end{pmatrix}}_{=:\,\boldsymbol{\vartheta}} \quad (7.174)$$

Bezeichnet man den Spaltenvektor der bekannten Größen mit $\boldsymbol{G}$, den der unbekannten Koordinaten D_d der gesuchten Disduktionsvektoren $\boldsymbol{D}_d$ mit $\boldsymbol{\vartheta}$ und die Matrix der normierten PLÜCKER-Koordinaten der Disduktionsgeraden in bezug auf das Reduktionszentrum r mit $\boldsymbol{\Lambda}^*$ (bzw. 0 mit $\boldsymbol{\Lambda}$), so läßt sich die Matrizengleichung auch kurz schreiben

$$\boldsymbol{G} = \boldsymbol{\Lambda}^* \boldsymbol{\vartheta} \, . \tag{7.175}$$

Ihre Lösung erhält man in der bekannten Form

$$\boldsymbol{\vartheta} = \boldsymbol{\Lambda}^{*-1} \cdot \boldsymbol{G} = \frac{\text{adj. } \boldsymbol{\Lambda}^*}{\text{det. } \boldsymbol{\Lambda}^*} \boldsymbol{G} \, . \tag{7.176}$$

Sie ist nur dann eindeutig, wenn die Matrix der PLÜCKER-Koordinaten quadratisch und von der Ordnung 6 (also $t = 6$) ist und wenn die Matrix der PLÜCKER-Koordinaten eine von Null verschiedene Determinante hat.

Anmerkung: Die spezielle Disduktionsbedingung fordert die Gleichheit der Koordinaten des Reduktionspaares bezüglich der durch das Reduktionszentrum gehenden (cartesischen) Richtungen, während die hier nicht behandelte allgemeine Disduktionsbedingung die Gleichheit der Koordinaten des Systems S_P und S_D bezüglich beliebiger Projektionsrichtungen sowie bezüglich beliebiger Momentengeraden fordert und damit im allgemeinen eine einfachere Lösung der Sonderfälle [Tafel 7.11 (B—G) rechte Spalte] ermöglicht.

Im Rahmen der Technischen Mechanik interressieren nun vor allem die Sonderfälle dieses Problems, da diese im technischen Bereich als Regelfälle auftreten.

Aus speziellen konstruktiven oder statischen Gründen werden bekanntlich die Disduktionsgeraden vom entwerfenden Ingenieur häufig parallel, mit einem gemeinsamen Schnittpunkt oder aber komplanar angeordnet. Die Bedingung $t = 6$ wird dann auf Grund der speziellen Struktur der Matrix der PLÜCKER-Koordinaten nicht mehr gelten, und es erhebt sich die Frage, welche Beschränkungen dem System der Disduktionsgeraden infolge dieser speziellen Anordnung auferlegt werden müssen.

Schneiden sich beispielsweise die Disduktionsgeraden alle in einem Punkt, bilden also die Disduktionsgeraden ein nichtkomplanares Zentralsystem, so wird man den Zentralpunkt c zweckmäßigerweise als Reduktionszentrum ($c = r$) und auch als Koordinatenursprung ($c = 0$) wählen. Die PLÜCKER-Koordinaten der drei letzten Zeilen werden dann alle Null (da die Momente der Einheitsvektoren der Disduktionsgeraden in bezug auf den Zentralpunkt Null sind)

$$f_{dj} = 0 \mid d = 1, \ldots, 6 \wedge j = x, y, z \, ,$$

und eine eindeutige Lösung des Gleichungssystems ist nur bei einer Beschränkung auf genau $t = 3$ linear unabhängige Disduktionsgeraden möglich. Darüber hinaus erkennt man aus dem Gleichungssystem, daß die Disduktion nur dann durchgeführt werden darf, wenn $M_{0j,P} = 0 \mid j = x, y, z$, d. h., wenn die Reduktion des vorgegebenen Vektorsystems S_P auf eine Resultierende führt, deren Wirkungslinie durch den Zentralpunkt geht.

Der Disduktionsprozeß wird weiterhin immer dann erheblich vereinfacht, wenn Sonderfälle hinsichtlich der Anordnung der Vektoren in dem zu disduzierenden Vektorsystem S_P vorliegen. Das Vektorsystem S_P ist in all diesen Sonderfällen dem Zentralvektor äquivalent (vgl. Tafel 7.10). Wenn sich nun die Wirkungslinie (Zentrallinie $\overline{cc}$) des Zentralvektors mit einigen Disduktionsgeraden in einem Punkt schneidet, diesen parallel ist, mit ihnen in einer Ebene liegt oder aber sogar mit einer dieser Disduktionsgeraden zusammenfällt (Tafel 7.11, Fälle *B* bis *G*) ergeben sich Sonderfälle, die der Ingenieur beherrschen muß. Um diese Sonderfälle zu erarbeiten, betrachten wir ein Vektorsystem, das einem Zentralvektor äquivalent ist ($\boldsymbol{M}^{||} = \boldsymbol{0}$) sowie sechs linear unabhängige Disduktionsgeraden und untersuchen sechs spezielle Lagen der Zentrallinie zu diesen Disduktionsgeraden. In jedem dieser Fälle treten Nullen sowohl in der Matrix $\boldsymbol{\Lambda}^*$ als auch im Vektor $\boldsymbol{G}$ auf, und zwar derart verteilt (eben auf Grund der speziellen Zuordnung von $\overline{cc}$ und $\overline{dd}$, $d = 1, \ldots, 6$), daß sich ein homogenes Gleichungssystem mit nicht verschwindender Koeffizientendeterminante herauslösen läßt, also einige Koordinaten D_d des Vektors $\boldsymbol{\vartheta}$ Null werden. Schneiden sich z. B. die Zentrallinie $\overline{cc}$ und drei Disduktionsgeraden $\overline{11}$, $\overline{22}$, $\overline{33}$ in einem Punkt 0 (Tafel 7.11, Fall *B*), so sind mit Gleichung (7.165)

$$M_{0j,P} = 0 \mid j = x, y, z\,,$$

$$f_{dj} = 0 \mid d = 1, 2, 3 \wedge j = x, y, z\,.$$

Diese Verteilung der Nullen gestattet die Herauslösung des homogenen Gleichungssystems

$$\begin{pmatrix} 0 \\ 0 \\ 0 \end{pmatrix} = \begin{pmatrix} f_{4x} & f_{5x} & f_{6x} \\ f_{4y} & f_{5y} & f_{6y} \\ f_{4z} & f_{5z} & f_{6z} \end{pmatrix} \begin{pmatrix} D_4 \\ D_5 \\ D_6 \end{pmatrix} \Rightarrow \begin{matrix} D_4 = 0 \\ D_5 = 0 \\ D_6 = 0\,. \end{matrix}$$

(Ob noch andere Koeffizienten der Matrix $\boldsymbol{\Lambda}^*$ Null sind (wie z. B. f^*_{4y}), ist für die weitere Folgerung unerheblich.)

Da die Matrix der PLÜCKER-Koordinaten $\boldsymbol{\Lambda}^*$ voraussetzungsgemäß nichtsingulär ist, hat sie notwendig nichtsinguläre Untermatrizen, weshalb die Determinante des homogenen Gleichungssystems in jedem Falle von Null verschieden sein muß und damit die eindeutige Lösung

$$D_d = 0 \mid d = 4, 5, 6$$

existiert. Aus diesem Nachweis folgt:

> Ist $\boldsymbol{M}^{||} = \boldsymbol{0}$ und schneiden sich die Zentrallinie und drei Disduktionsgeraden nicht-komplanar in einem Punkt, so sind die Koordinaten D_d der übrigen Disduktionsvektoren Null.

Analoge Überlegungen führen zu den in Tafel 7.11, Fall *C* bis *G*, zusammengestellten Ergebnissen.

Besteht das zu disduzierende Vektorsystem S_P aus nur wenigen Vektoren $\boldsymbol{P}_i$, so wird die numerische Durchführung des Disduktionsprozesses häufig einfacher, wenn man ein nicht-komplanares Problem in komplanare oder kollineare Teilprobleme (Fall *B* bis *G*) zerlegt, die Teilaufgaben löst und anschließend die Teillösungen superponiert:

$$\{\boldsymbol{P}_i \mid i = q, \ldots, m\} \Leftrightarrow \left\{\boldsymbol{D}_{d,i} \middle| \begin{matrix} d = 1, \ldots, 6 \\ i = q, \ldots, m \end{matrix}\right\}$$
$$\Leftrightarrow \left\{\sum_{i=1}^{m} \boldsymbol{D}_{d,i} \mid d = 1, \ldots, 6\right\}$$
$$= \{\boldsymbol{D}_d \mid d = 1, \ldots, 6\} . \qquad (7.177)$$

7.6.5. Historische Anmerkungen

Die Anregung zum Aufbau der Liniengeometrie hat J. Plücker, der als Mathematiker und Physiker in Bonn wirkte, aus der Mechanik erhalten. In § 1 der einleitenden Betrachtungen seiner „Geometrie des Raumes“ schreibt er wörtlich: „*Wir wollen die unbestimmt gebliebenen Vorzeichen der sechs Coordinaten so nehmen, wie sie in den vorstehenden Proportionen auftreten. Es nötigt uns dazu die Rücksicht auf die spätere Anwendung derselben Coordinaten zur Bestimmung von Kräften und Rotationen*“ und schließlich am Schluß des gleichen Paragraphen: „*Beliebige Kräfte und Rotationen lassen sich, wenn sie gleichzeitig wirken, in unendlich verschiedener Weise sowohl auf zwei Kräfte als auf zwei Rotationen zurückführen. So können wir also eine Dyname in zwiefacher Weise auffassen und bestimmen: einmal durch zwei Kräfte, das andere Mal durch zwei Rotationen, und dem entsprechend das eine Mal durch die Coordinaten zweier Kräfte, das andere Mal durch die Coordinaten zweier Rotationen darstellen.*

Die sechs Coordinaten einer Dyname aber sind dieselben sechs Größen . . . , welche uns ursprünglich zur Bestimmung von geraden Linien gedient haben.

In den Dynamen finden die vorstehenden Betrachtungen ihren Abschluß.“

Besonders eindringlich weist Felix Klein, der als Assistent J. Plückers an der Manuskriptbearbeitung mitgewirkt hat, auf diesen Sachverhalt in einer „Notiz, betreffend den Zusammenhang der Liniengeometrie mit der Mechanik starrer Körper“ (Math. Ann. Bd. 4, 1871) vor allem in den folgenden Sätzen hin: „*Mit den Betrachtungen der Plückerschen Liniengeometrie stehen gewisse Probleme der Mechanik starrer Körper im engsten Zusammenhang, so namentlich die Aufgabe der Zusammensetzung beliebiger, auf einen starren Körper wirkender Kräfte, und die Untersuchung der von einem starren Körper ausgeführten unendlich kleinen Bewegungen.*

Plücker beabsichtigte, wie aus wiederholten Andeutungen in der ‚Neuen Geometrie‘ ersichtlich, die Anwendung seiner geometrischen Prinzipien auf Mechanik in einem größeren zusammenhängenden Werke, das der ‚Neuen Geometrie‘ nachfolgen sollte, auseinanderzusetzen.“

Wenn heute die Plückerschen Linienkoordinaten häufig als Sonderfall der Grassmannschen Koordinaten 1. Art aufgefaßt werden und ihre Herleitung nicht immer in den historischen Rahmen gestellt wird (eben weil dieser zum Aufbau der mathematischen Struktur nicht erforderlich ist), so zeigen doch die älteren Monographien diese Wechselwirkung Mechanik — Geometrie deutlich auf. Eduard Study (1862—1940) veröffentlichte 1903 (Leipzig) die „Geometrie der Dynamen", wählte den erklärenden Untertitel „Die Zusammensetzung von Kräften und verwandten Gegenständen der Geometrie" und prägte u. a. die anschaulichen Begriffe Stab (Stabkoordinaten), Keil und Motor. In einem besonderen Kapitel über „Stäbe" – also ausgehend von der Mechanik des starren Körpers – führt WILHELM BLASCHKE in seiner „Analytischen Geometrie" (Wolfenbüttel 1948) die homogenen PLÜCKERschen Linienzeiger ein. Auch KARL KOMMERELL beginnt in seinen „Vorlesungen über Analytische Geometrie des Raumes" (Leipzig 1949) die Herleitung der PLÜCKERschen Linienkoordinaten mit der Betrachtung des Momentes eines gebundenen Kraftvektors in bezug auf den Ursprung des Koordinatensystems. Schließlich sei noch auf ROBERT SAUER verwiesen, der in seiner „Projektiven Liniengeometrie" (Leipzig 1937) die Linienkoordinaten als Grundbegriffe der algebraischen Liniengeometrie definitiv einführt, wenige Kapitel später aber die geometrischen Untersuchungen durch eine Anwendung auf die Statik und Kinematik des starren Körpers unterbricht (vgl. hierzu auch Enz. der math. Wiss. IV, 1, S. 128ff., und SAUER: Projektive Sätze in der Statik des starren Körpers. Math. Ann. 110, 1934).

7.7. Zusammenfassung

Um die im Raum verteilten linienflüchtigen oder gebundenen Vektoren in ein Vektorbündel abbilden zu können, wurde das Elementarpaar eingeführt (Tafel 7.12). Hinsichtlich des Winkels ψ, den die beiden Vektoren des Elementarpaares einschließen, konnten wir das beliebige, das parallele und das orthogonale Elementarpaar unterscheiden. Hinsichtlich der Entstehung trat das Elementarpaar als Substitutionspaar bzw. als Reduktionspaar in Erscheinung. Da das Reduktionspaar in der Gestalt des parallelen Elementarpaares der einfachste äquivalente Repräsentant einer Vektormenge ist, bekam es die spezielle Bezeichnung Zentralpaar. Es wird uns in der Dynamik als Dyname und in der Kinematik als Massenkinemate wieder begegnen.

Tafel 7.12. **Das Elementarpaar und seine Sonderfälle**

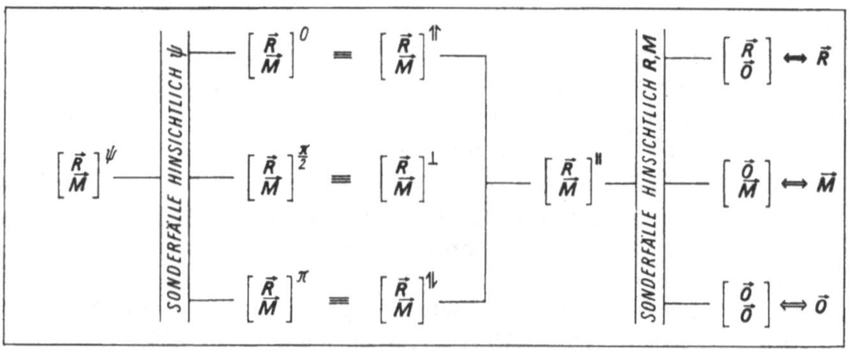

Die Definition des „erzeugenden“ Vektors und die Einführung des Elementarpaarfeldes führten in Verbindung mit der Äquivalenzdefinition zu einer einfachen Erklärung adäquater und äquivalenter Zuordnungen. Im Zentralpaar und seinen drei Sonderfällen erkannten wir zunächst die vier möglichen äquivalenten Elementarformen aller Vektormengen. Für jede dieser Elementarformen konnten wir daraufhin ein Zuordnungstheorem formulieren und symbolisch darstellen. Gruppieren wir nun diese symbolischen Darstellungen der vier Zuordnungstheoreme um die Vektormenge Γ (Tafel 7.13), die je nach Anordnung ihrer Elemente einer dieser vier Elementarformen äquivalent sein muß, so entsteht eine Grafik, die die adäquaten und äquivalenten Modifikationen jeder Vektormenge erkennen läßt und die zentrale Bedeutung der Elementarformen, des Elementarpaares, der elementaren Vektorsysteme sowie der elementaren Vektorfelder bzw. der Elementarpaarfelder plakativ vor Augen führt.

Tafel 7.13. **Äquivalente und adäquate Darstellungen einer Vektormenge**

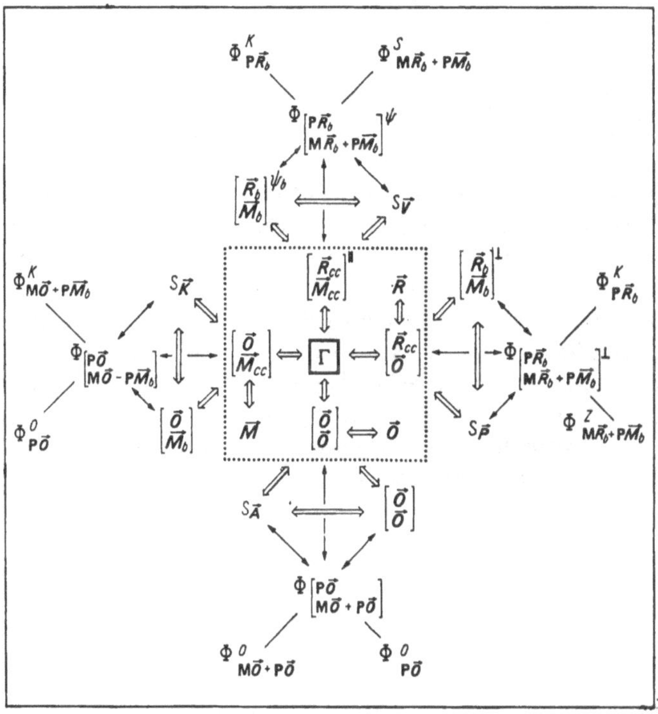

Anstelle $MO-PM_b$ richtig: $MO+PM_b$

Die Vektormengen treten im Modell als Vektorsysteme oder Vektorfelder auf, die während des Lösungsprozesses modifiziert werden müssen (Tafel 7.14). Der Reduktionsprozeß führt jede beliebige Vektormenge auf ein ihr äquivalentes Reduktionspaar zurück. Das zu reduzierende Vektorsystem darf aus einer beliebigen Anzahl beliebig orientierter Vektoren bestehen, in dem zu reduzierenden Vektorfeld dürfen die Elemente beliebige Funktionen der Ortskoordinaten sein. Die Umkehrung dieser Aufgabe, also die Überführung

Tafel 7.14. Reduktion und Disduktion

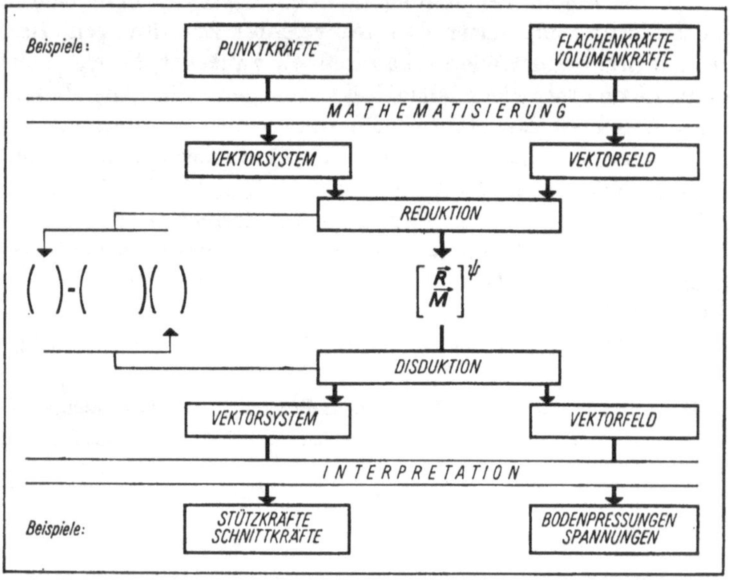

des Reduktionspaares in ein äquivalentes Vektorsystem bzw. in ein äquivalentes Vektorfeld, die während des Disduktionsprozesses gelöst werden muß, ist jedoch an gewisse Nebenbedingungen gebunden. (Das durch Disduktion entstehende Vektorsystem darf höchstens sechs Vektoren umfassen, das durch Disduktion entstehende Vektorfeld darf von höchstens sechs Vektoren erzeugt werden.) Die beiden Modifizierungsprozesse, der Reduktionsprozeß und der Disduktionsprozeß, sind von großer praktischer Bedeutung und erfahren natürlich bei der Anwendung auf die speziellen Vektorsysteme sowie auf die speziellen und elementaren Vektorfelder entsprechende Vereinfachungen, die im Rahmen der Dynamik und Statik behandelt werden.

Nachwort

Am Ende dieses zweiten Bandes, in dem diejenigen mathematischen Grundlagen für die Lösung vektorieller Aufgaben der elementaren Mechanik vorgelegt wurden, die das Rechnen mit den an verschiedene Punkte des Raumes oder an verschiedene Wirkungslinien gebundenen Vektoren ermöglichen (siehe Vorwort), wollen wir die theoretische Struktur noch einmal im Zusammenhang betrachten.

Die Erklärung der polaren Projektion und des polaren Momentes gestattet es, die mathematischen Bilder vieler mechanischer Größen als Projektionen oder Momente zu deuten.

So lassen sich die kinematischen Felder der Translation als Projektionsfelder, die kinematischen Felder der Rotation als Momentenfelder auffassen (und durch die erzeugenden Vektoren adäquat ersetzen).

In völliger Analogie dürfen alle konstanten Vektorfelder, z. B. die Spannungsfelder infolge der Längskraftbeanspruchung eines Stabes, die Impulsdichtefelder infolge einer Translation oder die konstanten Lastfelder (infolge Eigengewicht, Schnee usw.), als Projektionsfelder und alle zylindrischen Vektorfelder, z. B. die Normalspannungsfelder infolge der Biegebeanspruchung eines Stabes, die Impulsdichtefelder infolge einer Rotation oder die ebenen Flächenlasten, als Momentenfelder erklärt werden. Liegt nun über einem beschränkten Bereich ein derartiges Projektions- oder Momentenfeld, so führt dessen polare Projektion bzw. dessen polares Moment zu der Bereichsmatrix 0., 1. bzw. 2. Grades und damit zu dem Inhalt des Bereiches (Masse, Volumen, Flächeninhalt, Linienlänge), zu dessen statischen Momenten sowie zu dessen Trägheits- bzw. Deviationsmomenten (Tafel N. 1).

Tafel N.1

	konstantes Vektorfeld: Projektionsfeld	zylindrisches Vektorfeld: Momentenfeld
polare Projektion	Bereichsinhalt	statische Momente
polares Moment	statische Momente	Trägheits- und Deviationsmomente

Die Trägheits- bzw. Deviationsmomente sind Elemente des Massenträgheitstensors, wenn der Bereich ein massebelegter Raumteil ist, und Elemente des Flächenträgheitstensors, wenn ein Flächenstück als Bereich vorliegt.

Die 24 in den Tafeln 5.2 und 6.9 schematisch dargestellten Problemtypen konnten auf 8 Grundprobleme zurückgeführt werden, für deren Lösung die Matrizen P, M, X und K erforderlich sind.

Die Matrizen P, M und K sind Darstellungen von Tensoren 2. Stufe relativ zu einem Koordinatensystem.

$\mathsf{P} = (\delta_{ik})$: der polare Projektionstensor ist gleich dem KRONECKERschen Delta,

$\mathsf{M} = (\varepsilon_{ijk} \cdot \Delta r_k)$: der polare Momententensor ist gleich dem mit Δr_k überschobenen ε-Tensor,

$\mathsf{K} = (g_i g_k)$: der Komponententensor ist gleich dem in der Tensorrechnung gebräuchlichen Projektionstensor.

Für die Indizierung wurden jedoch die in der Tensorrechnung üblichen Vereinbarungen nicht benutzt, sondern es wurde — in Vorbereitung auf die Anwendung — die in der Grundlagenmechanik geläufige Indexfolge *Ort* — *Richtung* — *Ursache* vorgezogen.

Die Zusammenfassung der polaren Projektion und des polaren Momentes zum Elementarpaar läßt die eineindeutige Abbildung eines linienflüchtigen Vektors in ein Elementarpaar mit einem beliebigen Raumpunkt als Pol zu (Tafel N. 2).

Tafel N.2

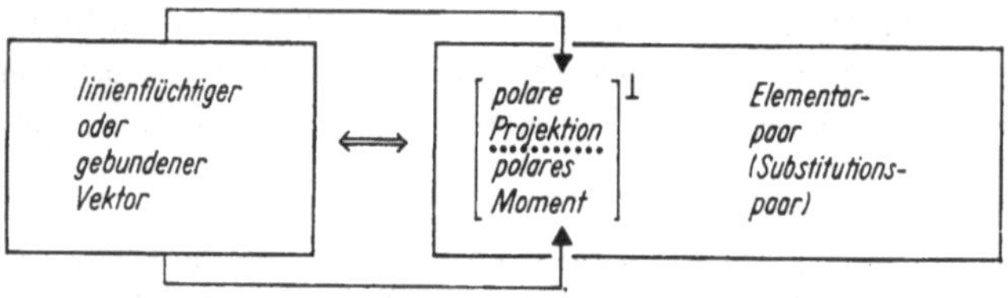

Dieser Eineindeutigkeit wegen beschreibt sowohl der linienflüchtige Vektor als auch das Elementarpaar den gleichen Sachverhalt. Der linienflüchtige Vektor und dieses Elementarpaar sind demnach äquivalent und dürfen ausgetauscht werden (Abschnitt 2.4.3.5.):

Die Eineindeutigkeit gestattet also die Substitution äquivalenter Elementarpaare (die dann Substitutionspaare heißen) für linienflüchtige Vektoren und ermöglicht damit die Anwendung der Vektorrechnung. Auf diese Weise werden zwei sehr wichtige Modifizierungen des mathematisierten Modells möglich:

1. Die äquivalente Modifizierung.

   Sie erfolgt mit dem Ziel, die Aussage über den Einfluß auf das Bewegungsverhalten eines Objektes zu vereinfachen (effizieller Aspekt).

   Dieser Einfluß tritt uns in Form von Flächen- und Volumenkräften[1]), die dem Objekt aufgeprägt sind (vires impressae), sowie in Form von Trägheitskräften, die dem Objekt innewohnen (vires insistae) und durch die Beschleunigung seiner Masse aktiviert werden, entgegen. Alle diese Kräfte werden mathematisch als linienflüchtige Vektoren abgebildet.

   Für jeden linienflüchtigen Vektor der vorliegenden Vektormenge wird in einem ausgewählten Punkt, dem Reduktionszentrum, das äquivalente Substitutionspaar substituiert. Da alle diese Substitutionspaare den gleichen Punkt als Angriffspunkt haben, dürfen die polaren Projektionen und die polaren Momente jeweils superponiert werden. Es entsteht eine einfache äquivalente Darstellung der Vektormenge: das Reduktionspaar, das uns in der Dynamik als Dyname und in der Kinematik als Massenkinemate wieder begegnen wird (vgl. z. B. Bild 7.13).

[1]) z. B. Eigengewicht, Schnee-, Wasser-, Wind-, Verkehrs- und Nutzlasten, Spannungsfelder

2. Die adäquate Modifizierung.

Sie kann mit zwei unterschiedlichen Zielstellungen durchgeführt werden, nämlich einmal, um die Äquivalenz zweier unterschiedlicher Vektormengen zu begründen (kausaler Aspekt), und zum anderen, um die Aussage über die Form, über das Erscheinungsbild einer Vektorverteilung zu vereinfachen (phänomenologischer Aspekt).

Um die Äquivalenz zweier unterschiedlicher Vektormengen nachzuweisen, werden wir — getrennt für jede der beiden Vektormengen — die nachfolgende Modifizierung (gedanklich) durchführen:

Für jeden linienflüchtigen Vektor der betrachteten Vektormenge wird in jedem Punkt eines Bereiches das äquivalente Substitutionspaar substituiert. Jedem linienflüchtigen Vektor wird damit ein Substitutionspaarfeld adäquat zugeordnet. Durch die anschließende Superposition aller am jeweils gleichen Punkt angreifenden polaren Projektionen und polaren Momente entsteht das adäquate Reduktionspaarfeld. Die auf diese Weise für jede der beiden Vektormengen erzeugten adäquaten Reduktionspaarfelder werden nun für den Äquivalenznachweis benützt. Da nämlich zwei Vektormengen immer dann äquivalent sind, wenn sie mit Hilfe des Superpositions- und/oder Ergänzungsprozesses ineinander überführt werden können (vgl. Abschnitt 2.4.3.5.), diese beiden Prozesse aber weder die polare Projektion noch das polare Moment einer Vektormenge verändern, sind beide Vektormengen auch dann äquivalent, wenn ihre Reduktionspaare in jedem Punkt, wenn also ihre Reduktionspaarfelder identisch sind (vgl. Gleichung (7.17)).

Für eine spezielle Klasse von Vektormengen läßt sich nun die adäquate Zuordnung benutzen, um deren Erscheinungsbild einfacher darzustellen. Es sind dies alle elementaren Vektorfelder (Tafel 7.1), also die mathematischen Bilder für die Felder der infinitesimalen Verschiebungen sowie der Geschwindigkeiten und Beschleunigungen von Starrkörpern (Tafel 7.2), die an die Bernoullische Hypothese starrer Querschnitte gebundene ebene Normalspannungsverteilung in Stabtragwerken (Bild 7.14) und die ebenen Flächenlasten sowie die linearen Linienlastabschnitte.

Die Elemente dieser elementaren Vektorfelder lassen sich durch Multiplikation der „erzeugenden“ Vektoren mit den Matrizen P und M' ermitteln. Da nun das aus den beiden erzeugenden Vektoren bestehende Elementarpaar mittels dieser Matrizenmultiplikation die elementaren Vektorfelder in das Modell gewissermaßen „einführt“, wird dieses Elementarpaar auch Induktionspaar genannt (lat. inducere: einführen) und als einfachere adäquate Darstellung für das Feld benutzt (Tafeln 7.1, 7.2; die Anordnung der erzeugenden Vektoren nach Gleichung (4.40a) wird bevorzugt, vgl. Gleichungen (4.50), (4.52), (7.116), (7.120)).

Die Einführung des Feldes durch Ermittlung der Feldelemente bezeichnen wir als Induktion und den Vorgang selbst als Induktionsprozeß. Das Induktionspaar wird uns in der Kinematik als infinitesimale Verschiebungskinemate, als Geschwindigkeits- sowie als Beschleunigungskinemate und im Rahmen der technischen Biegetheorie in der Gestalt des Zentralvektors (Bild 6.27) oder eines orthogonalen Elementarpaares (Bild 7.14) als adäquater Repräsentant eines Normalspannungsfeldes, als Normalspannungskinemate, wieder begegnen.

Das Induktionspaar ist unter phänomenologischem Aspekt die einfachste gleichwertige (adäquate) Darstellung eines elementaren Vektorfeldes, während das Reduktionspaar unter effiziellem Aspekt der einfachste gleichwertige (äquivalente) Repräsentant einer beliebigen Vektormenge ist.

Mit Hilfe der adäquaten und äquivalenten Zuordnung läßt sich nun die Fundamentalaufgabe für die Starrkörperbewegung übersichtlich anschreiben (Tafel N.3):

Tafel N.3

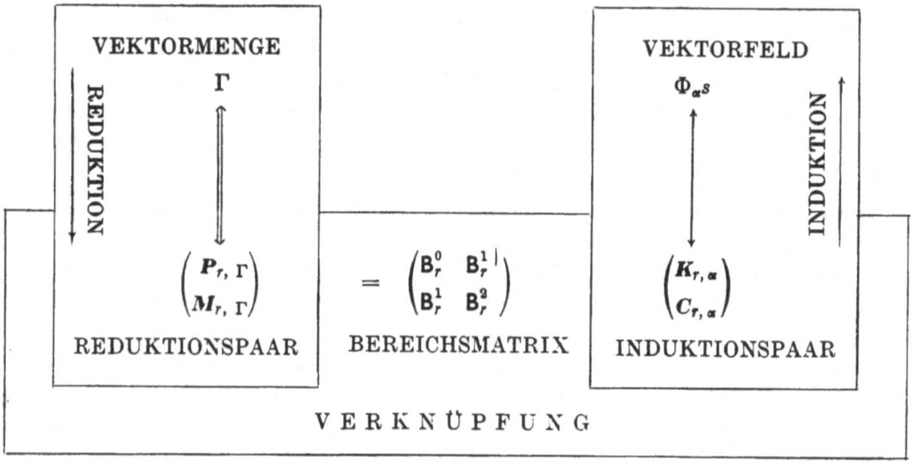

Jede beliebige Vektormenge Γ kann in jedem beliebigen Reduktionszentrum r durch ein Reduktionspaar äquivalent ersetzt werden.

Dieses Reduktionspaar ist identisch (Verknüpfung!) mit dem Reduktionspaar eines über dem Bereich angeordneten elementaren Vektorfeldes Φ_α und läßt sich als Produkt der Bereichsmatrix (die die mechanisch-geometrischen Eigenschaften des Bereiches widerspiegelt) mit dem Induktionspaar des elementaren Vektorfeldes ermitteln (Gleichung (7.109)).

Mit Hilfe des Induktionsprozesses kann nunmehr das dem Induktionspaar adäquat zugeordnete elementare Vektorfeld aufgebaut werden. (Abschnitt 4.3.2.6.) Zwei Beispiele mögen diesen Sachverhalt erläutern.

Beispiel 1 (Tafel N.4, s. Seite 185)

Jede beliebige auf ein Kontinuum nach dem Befreiungsprozeß einwirkende Kräftemenge F kann im beliebigen Reduktionszentrum r durch ein Reduktionspaar, die sogenannte Dyname, äquivalent ersetzt werden. Diese Dyname ist nach dem kinetischen Prinzip gleich der zeitlichen Änderung der Massenkinemate (bestehend aus Impuls und Impulsmoment, bezogen auf das Reduktionszentrum r). Die Massenkinemate erhalten wir durch Reduktion des in dem vom Kontinuum eingenommenen Raum vorliegenden Impulsdichtefeldes. Ihre zeitliche Ableitung ist gleich dem Produkt aus der Bereichsmatrix des Kontinuums (mit der Trägheitsdyade $K_r^2 = \Theta_r$ nach Gleichung (6.179)) und der Beschleunigungskinemate (bestehend aus der Translationsbeschleunigung $K_{r,a} = a_r$ und

Tafel N.4

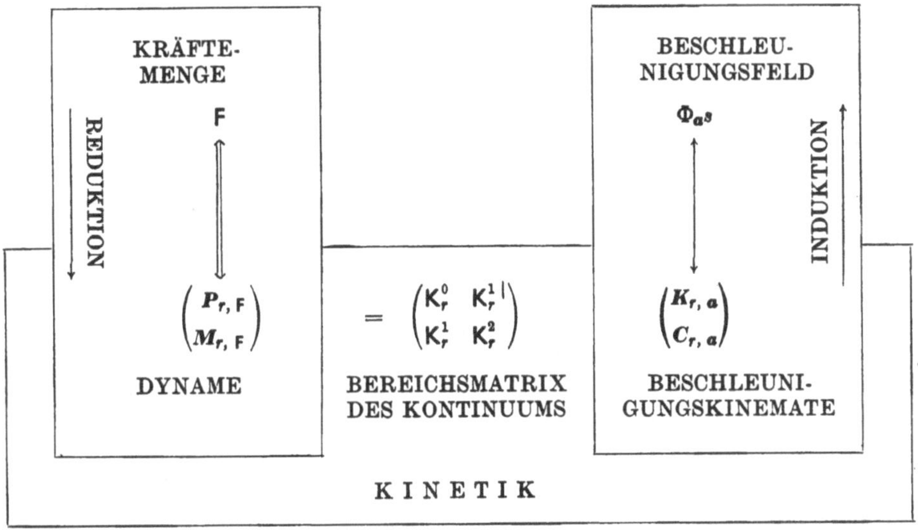

der Winkelbeschleunigung $C_{r,a} = \varepsilon_r$). Diese Beschleunigungskinemate ist das Induktionspaar für das Beschleunigungsfeld des Kontinuums, aus dem sich das Geschwindigkeitsfeld und das Feld der infinitesimalen Verschiebungen leicht ermitteln läßt.

Beispiel 2 (Tafel N.5)

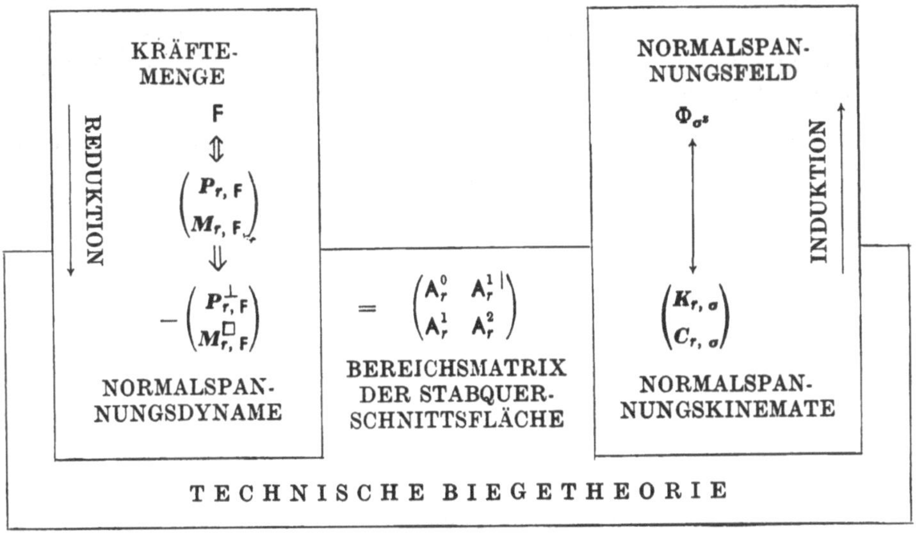

Jede beliebige auf einen Stababschnitt einwirkende Kräftemenge F kann durch ein Reduktionspaar, die sogenannte Dyname, äquivalent ersetzt werden. Wir wählen als Reduktionszentrum einen beliebigen Punkt r der Querschnittsfläche am Ende des Stababschnittes, die im weiteren als Bereich erklärt wird.

Beschränken wir uns auf die Projektionskomponente senkrecht zur Stabquerschnittsfläche ($\perp$) und die beiden Momentenkomponenten in der Stabquerschnittsfläche ($\square$), so ist dieser Teil der Dyname entgegengesetzt gleich dem Reduktionspaar eines senkrecht auf der Stabquerschnittsfläche stehenden, ebenen Normalspannungsfeldes (Bilder 4.10, 7.14), das wir Normalspannungsdyname nennen wollen. Diese Normalspannungsdyname läßt sich als Produkt aus der Bereichsmatrix (die die mechanisch-geometrischen Eigenschaften der Stabquerschnittsfläche widerspiegelt) mit der Normalspannungskinemate ermitteln (für $r = s$ vgl. Gleichung (7.124); $\mathbf{A}_r^2 = \mathbf{J}_r$).

Die Normalspannungskinemate wiederum ist das Induktionspaar für das Normalspannungsfeld über der Stabquerschnittsfläche, das mit Hilfe des Induktionsprozesses einfach aufgebaut werden kann.

Multiplizieren wir die Vektoren der Normalspannungskinemate mit dem reziproken Wert des Elastizitätsmoduls, so erhalten wir die Dehnungskinemate, die das Dehnungsfeld induziert.

Betrachten wir die Tafeln N.1 bis N. 5, so wird die Bedeutung der Projektionen und Momente für die Mechanik starrer Körper und Flächen besonders augenfällig.

- Das Substitutionspaar (Tafel N.2) setzt sich aus dem polaren Projektionsvektor und dem polaren Momentenvektor eines Elementes der Vektormenge zusammen.
- Das Reduktionspaar entsteht durch Superposition der dem Reduktionszentrum zugeordneten Projektions- sowie Momentenvektoren.
- Die Elemente der Bereichsmatrizen (Tafel N.1) ergeben sich als Projektion und Momente konstanter bzw. zylindrischer Vektor-Einsfelder.
- Die Elemente der elementaren Vektorfelder erhalten wir durch Superposition der polaren Projektion und des polaren Momentes der erzeugenden Vektoren des Induktionspaares.

Die Anwendung der mathematischen Grundlagen soll im folgenden Band an Hand von Beispielen vorgestellt werden.

B. Beispiel

Um dem Lösungsprozeß nach Tafel. V.1 (S. VI) für ein kompliziertes statisches Problem aufzuzeigen, wurde ein räumliches zweiteiliges Stabtragwerk entworfen und mit Punktlasten sowie mit Linien- und Flächenlasten belegt.

Unter dem Einfluß der Belastung wird sich das Tragwerk verformen. Setzen wir voraus, daß während dieser Verformung die Querschnitte des Tragwerkes unverformt (also starr) bleiben (BERNOULLIsche Hypothese), so führen alle Querschnitte ausschließlich Starrkörperbewegungen aus: Sie verschieben und verdrehen sich. Beschränken wir uns auf eine Verschiebung in Richtung der Stabachse und auf eine Verdrehung um eine in der Querschnittsfläche liegende Gerade, so entsteht ein ebenes Dehnungsfeld und — bei konstantem Elastizitätsmodul — ein ebenes Normalspannungsfeld entsprechend Bild 4.10.

Dieses Normalspannungsfeld soll für eine vorgegebene Belastung in einem ausgezeichneten Querschnitt ermittelt werden (vgl. Tafel N.5, S. 185).

Zunächst wird im Rahmen der Problemanalyse das Problem in eine Aufgabe überführt. Dabei ist die Brauchbarkeit des entworfenen statischen Systems als Tragwerk zu beurteilen, ein geeignetes Prinzip zu wählen und nach dem Befreiungsprozeß zu überprüfen, ob das mit Hilfe des gewählten Prinzips und der Kopplungsbedingungen aufgebaute Gleichungssystem für die durch den Befreiungsprozeß sichtbar gemachten unbekannten Reaktionen lösbar ist.

Danach wird der Lösungsweg konzipiert. Die Prozesse, die während der Lösung der vorliegenden Aufgabe ablaufen müssen, werden einzeln durchdacht, um die für die Lösung erforderlichen theoretischen Grundlagen durch Spezialisierung der allgemeingültigen Darlegungen in den Abschnitten 4, 5, 6 und 7 bereitzustellen.

Nach dieser aufgabenorientierten Spezialisierung der Theorie wird die Lösung für die numerische Bewältigung aufbereitet, wobei die segmentierte Lösung für die Handrechnung und die nichtsegmentierte Lösung für eine EDVA vorgestellt werden.

Danach erfolgt die Zahlenrechnung und die Kontrolle.

Mit einem Ausblick auf weitere Probleme wird das Kapitel abgeschlossen.

B.1 Problemanalyse

B.1.1. Formulierung des Problems

In Bild B.1 wird das statische System[1]) eines rahmenartigen räumlichen Stabtragwerkes mit der darauf einwirkenden Belastung vorgestellt.

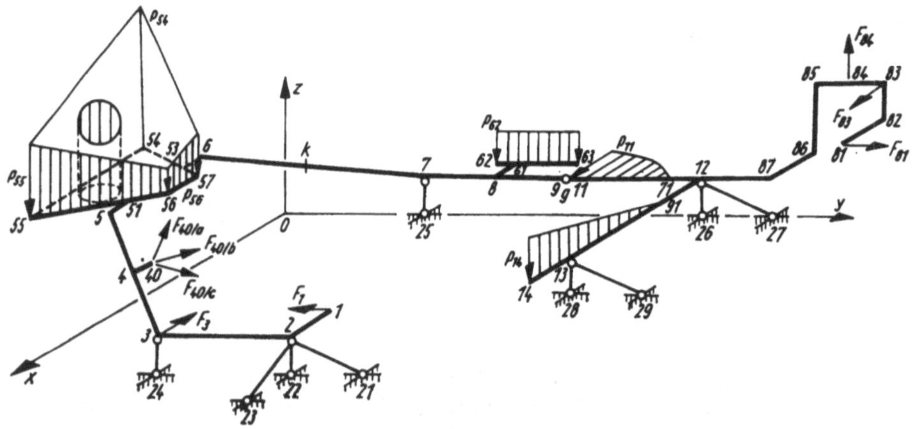

Bild B.1. System und Belastung

Das Ende 9 des räumlich geknickten Stabzuges

1—2—3—5—6—7—9

und der Anfang 11 des Stabzuges

11—12—14

sind miteinander durch ein Gelenk g verbunden, das Verdrehungen um alle drei Koordinatenachsen zuläßt, Verschiebungen in Richtung der Koordinatenachsen aber verhindert. Gegen die Erde werden die Stabzüge in 2, 3, 7, 12 und 13 durch neun Stäbe (entsprechend Band 1, 2. Auflage, Tafel A.23) abgestützt. In 4, 8 und 12 verzweigen sich die Stabzüge, um

- in 4 das in 40 angreifende zentrale Kräftesystem

  $\{\boldsymbol{F}_{40/a}, \boldsymbol{F}_{40/b}, \boldsymbol{F}_{40/c}\}$,

- in 8 die über den Bereich 62 — 63 angeordnete, parallel zur z-Achse wirkende, konstante Linienlast, deren Ordinate in 62 bekannt ist und
- in 12 das spatiale Kräftesystem

  $\{\boldsymbol{F}_{81}, \boldsymbol{F}_{83}, \boldsymbol{F}_{84}\}$

aufzunehmen. Die Punkte 1 und 3 sind Angriffspunkte je einer Einzelkraft.

Im Bereich 51 — 53, mit dem Mittelpunkt 52, ist der Stabzug mit einer trapezförmigen, horizontal angeordneten Podestplatte verbunden, die eine kreisförmige Öffnung hat und mit einer linear veränderlichen (ebenen) Flächenlast belegt ist,

---

[1]) Definition vgl. Band 1, 2. Auflage, Abschnitt A.5.

deren parallel zur z-Achse orientierte Ordinaten in den Punkten 54, 55 und 56 vorliegen.

Im Bereich 11 — 71 wirkt eine parabolisch verteilte Linienlast parallel zur x-Achse auf den Stabzug ein, deren Verlauf ebenso wie die Ordinate in 11 gegeben ist.

Im Bereich 91 — 14 liegt schließlich eine dreieckförmige Linienlast mit bekannter Ordinate in 14 parallel zur z-Achse vor.

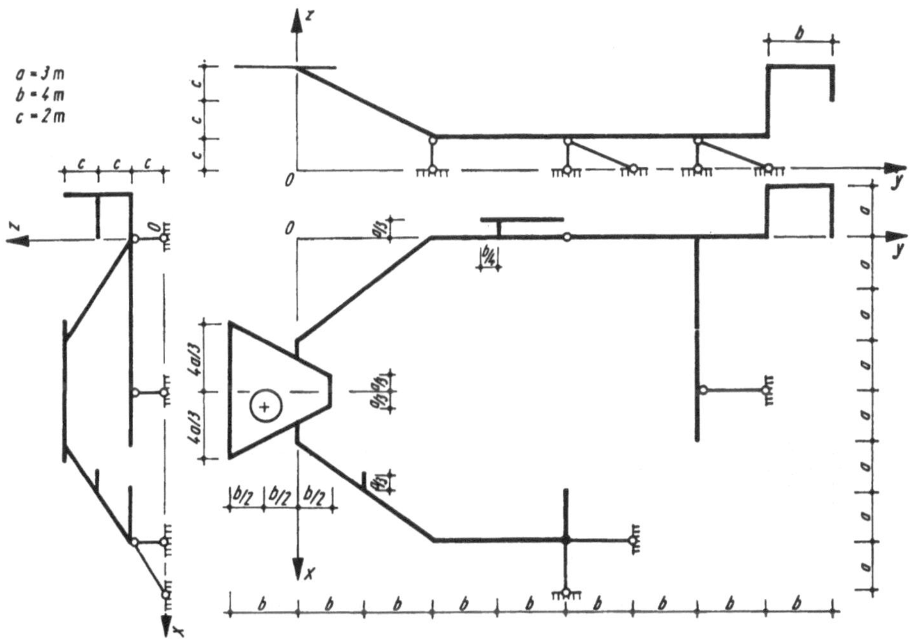

Bild B.2. Systemgeometrie

Die Systemgeometrie ist in Bild B.2 angegeben, die Angaben zur Belastung sind Tafel B.1 zu entnehmen. Die Darstellung der Kraftvektoren erfolgt in der Regel nach Bild 4.4.d), S.7.

Im Punkt k des Stabtragwerkes soll das Normalspannungsfeld über dem Querschnitt senkrecht zur Stabachse ermittelt werden, das durch die vorgegebene Belastung erzeugt (induziert) wird.

Die Querschnittsgeometrie ist aus Bild B.3 ersichtlich, der Punkt k halbiert den Stababschnitt 6—7 und ist zugleich Mittelpunkt (Schwerpunkt) der Querschnittsfläche.

Damit ist das zu lösende Problem formuliert.

B.1.2. Formulierung der Aufgabe

Um die Lösung des Problems zu ermöglichen, muß ein Prinzip der Mechanik und — darauf aufbauend — ein Algorithmus gewählt werden, der die eindeutige Ermittlung der *gesuchten* Größen mit Hilfe der *bekannten* Größen gestattet.

Mit der Festlegung des Algorithmus wird das Problem in eine Aufgabe überführt und der Lösungsweg prinzipiell vorgegeben.

Tafel B.1. **Angaben zur Belastung**

i	x_i	y_i	z_i	Art	Werte
	m	m	m		
1	15	16	2	Punktlast	$F_1 = 50$ kN
3	18	8	2	Punktlast	$F_3 = 150$ kN
40	14	4	4	Punktlast Punktlast Punktlast	$F_{40/a} = -50$ kN; $x_a = 6$ m $= x_6$ $y_a = 0$ m $= y_6$. $z_a = 6$ m $= z_6$ $F_{40/b} =$ 80 kN; $e_{40/bx} = -0{,}9526$ $e_{40/by} = +0{,}2722$ $e_{40/bz} = -0{,}1361$ $F_{40/c} = 100$ kN; $F_{40/cx} = -66{,}23$ kN $F_{40/cy} = +52{,}98$ kN $F_{40/cz} = -52{,}98$ kN
54 55 56	5 13 10	−4 −4 +2	6 6 6	Flächenlast Flächenlast Flächenlast	$p_{54} = 10$ kN/m² $p_{55} =$ 5 kN/m² $p_{56} =$ 2 kN/m²
62	−1	11	2	Linienlast	$p_{62} = 20$ kN/m
11	0	16	2	Linienlast	$p_{11} = 10$ kN/m
14	12	24	2	Linienlast	$p_{14} = 20$ kN/m
81	0	32	4	Punktlast	$F_{81} = 30$ kN
83	−3	32	6	Punktlast	$F_{83} = 70$ kN
84	−3	30	6	Punktlast	$F_{84} = 62{,}5$ kN

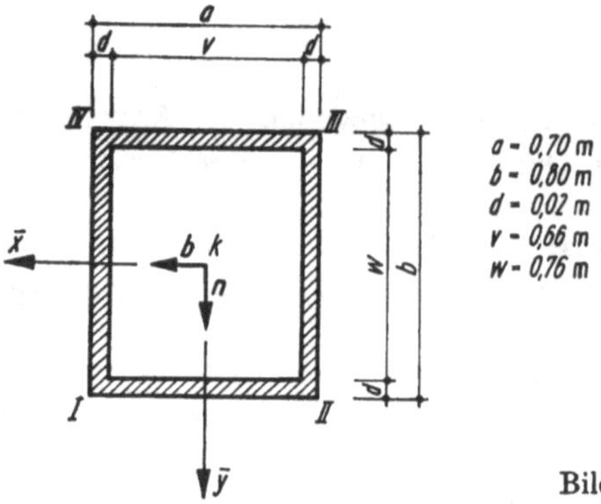

Bild B.3. Querschnittsgeometrie

B.1.2.1. *Kinematisches Kriterium*

Da die beiden Stabzüge mit dem Verbindungsgelenk und den Stützstäben das statische System eines Tragwerkes bilden sollen, ist zunächst zu überprüfen, ob dieses Gebilde starr ist, ob es die Belastung aufnimmt oder aber – beweglich – der Belastungsaufnahme ausweicht und damit als statisches System unbrauchbar ist. Eine notwendige Bedingung für diese Brauchbarkeit liefert das kinematische Kriterium (Band 1, 2. Auflage, Abschnitt A.5.).

Der Stabzug 1 — 9 und der Stabzug 11 — 14 haben (als starre Körper) je sechs wesentliche Freiwerte, während der Gelenkkugel g (da ihre eigene Verdrehung um die drei Koordinatenachsen nicht interessiert) nur drei wesentliche Freiwerte zugesprochen werden. Diese

$$\Sigma f = 6 + 6 + 3 = 15$$

wesentlichen Freiwerte werden durch neun Stützstäbe mit je einem Kopplungswert und an den Kopplungsstellen $9/g$ und $g/11$ durch je drei Kopplungswerte

$$\delta s_{x,9/g} \stackrel{!}{=} 0\,, \qquad \delta s_{x,g/11} \stackrel{!}{=} 0\,,$$
$$\delta s_{y,9/g} \stackrel{!}{=} 0\,, \qquad \delta s_{y,g/11} \stackrel{!}{=} 0\,,$$
$$\delta s_{z,9/g} \stackrel{!}{=} 0\,, \qquad \delta s_{z,g/11} \stackrel{!}{=} 0\,,$$

also durch insgesamt

$$\Sigma k = 9 \cdot 1 + 2 \cdot 3 = 15$$

Kopplungswerte aufgehoben. Für das vorliegende System ergibt also das kinematische Kriterium

$$K = \Sigma k - \Sigma f = 15 - 15 = 0\,,$$

d. h., die notwendige Bedingung dafür, daß ein unbewegliches System vorliegt, ist erfüllt. Sie wäre allerdings auch dann erfüllt, wenn alle Stützstäbe senkrecht unter den Punkten 1, 2, 3, 4, 5, 6, 7, 8, 9 stünden, obwohl in diesem Falle das System mehrfach beweglich ist. Wir wollen deshalb die Beweglichkeit noch einmal überprüfen, indem wir den Aufbau des Systems gedanklich nachvollziehen (Bild B.4).

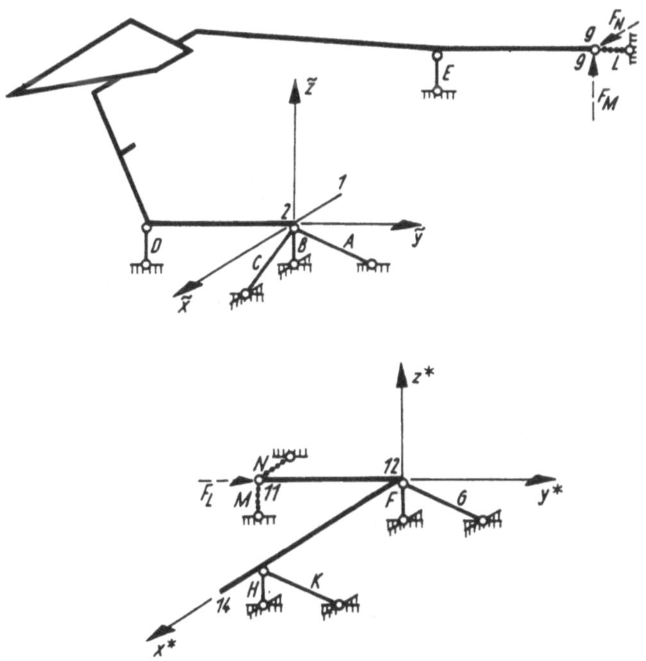

Bild B.4. Zur kinematischen Untersuchung des Systems

Der Stabzug 1 — 9 wird durch fünf Stäbe gestützt, von denen die Stäbe A, B und C Verschiebungen des Punktes 2 in Richtung der $\tilde{x}$-, $\tilde{y}$- oder $\tilde{z}$-Achse nicht zulassen. Die Verdrehung um die $\tilde{x}$-Achse verhindern die Stäbe D und E, die Verdrehung um die $\tilde{y}$-Achse der Stab E. Eine Verdrehung um die $\tilde{z}$-Achse können diese fünf Stäbe jedoch nicht ausschließen. Wir ordnen deshalb in 9 gedanklich einen horizontalen Stützstab L parallel zur $\tilde{y}$-Achse an, der auch diese Verdrehung verhindert, so daß mit diesem Stab L der Stabzug 1 — 9 unbeweglich gestützt (kinematisch bestimmt) ist.

Der Stabzug 11 — 14 wird nur durch vier Stäbe gestützt, die zwar eine Verschiebung des Punktes 12 in y^*- und z^*-Richtung sowie eine Verdrehung des Stabzuges um die y^*- und z^*-Achse verhindern, aber eine Verdrehung um die x^*-Achse ebenso zulassen wie eine Verschiebung in Richtung der x^*-Achse. Diese beiden noch möglichen Verrückungen lassen sich durch die Anordnung der Stützstäbe M und N blockieren, wodurch auch der Stabzug 11 — 14 unbeweglich gestützt (kinematisch bestimmt) ist. Die Unbeweglichkeit der beiden Stabzüge wird offensichtlich nicht aufgehoben, wenn sich der Stützstab L (nicht auf die Erde, sondern) auf den Stabzug 11 — 14 abstützt, indem er in seiner Stabrichtung eine Kraft ($\boldsymbol{F}_L$) in diesen Stabzug einleitet, die dieser aufnehmen kann. Ebenso dürfen wir natürlich die beiden Stäbe M und N auf dem Stabzug 1 — 9 abstützen. Das bedeutet aber lediglich, daß in der Verbindung zwischen den Punkten 9 und 11 keine Relativverschiebungen zugelassen werden dürfen, Relativverdrehungen aber erlaubt sind. Diese Bedingung wird von dem zwischen 9 und 11 vorgesehenen Kugelgelenk erfüllt.

Die Überlegungen zeigen, daß das gesamte System kinematisch bestimmt, also unbeweglich ist und damit als statisches System für ein Tragwerk gewählt werden darf.

B.1.2.2. Wahl eines Prinzips

Ist die Brauchbarkeit im kinematischen Sinne gesichert, so kann zur Ermittlung der gesuchten Spannungsverteilung ein Prinzip der Statik, z. B. das Gleichgewichtsprinzip, herangezogen werden (vgl. Band 1, 2. Auflage, Abschnitt A.2.), da in diesem Falle das System auch nach der Lastaufnahme im Zustand der Ruhe verharrt.

Da dieses statische Prinzip als Sonderfall eines kinetischen Prinzips (Band 1, 2. Auflage, Abschnitt A.4.) ebenso wie dieses nur für das vollständig befreite Objekt gilt, muß *vor* der Prinzipanwendung der Befreiungsprozeß durchgeführt werden.

B.1.2.3. Befreiungsprozeß

Während des Befreiungsprozesses[1]) werden die Kopplungen durch Kopplungskräfte ersetzt und zwar

- durch die Schnittkräfte in k, die das gesuchte Spannungsfeld induzieren,
- durch die Verbindungskräfte in g zwischen den beiden Stabzügen und
- durch die Stützkräfte an den Stützstellen gegen die Erde.

---

[1]) Da das Gelenk unbelastet ist, darf der vereinfachte Befreiungsprozeß (analog Band 1, 2. Auflage, Tafel A.19) durchgeführt werden. An die Stelle der Schnittstellen $9/g$ und $g/11$ tritt der Schnitt durch (den Punkt) g. Die Gelenkkräfte heißen $\boldsymbol{P}_{gx}$, $\boldsymbol{P}_{gy}$ und $\boldsymbol{P}_{gz}$. Der Stabzug 1 — 9 wird künftig mit $1-g$, der Stabzug 11 — 14 mit $g-14$ bezeichnet.

Es entstehen die drei Systemteile J (J = I, II, III, Bilder B.5a), B.6a), B.7a)), an denen neben den bekannten Punktkräften und Kraftdichtefeldern (den Flächen- und Linienlasten) die unbekannten Kopplungskräfte angreifen.

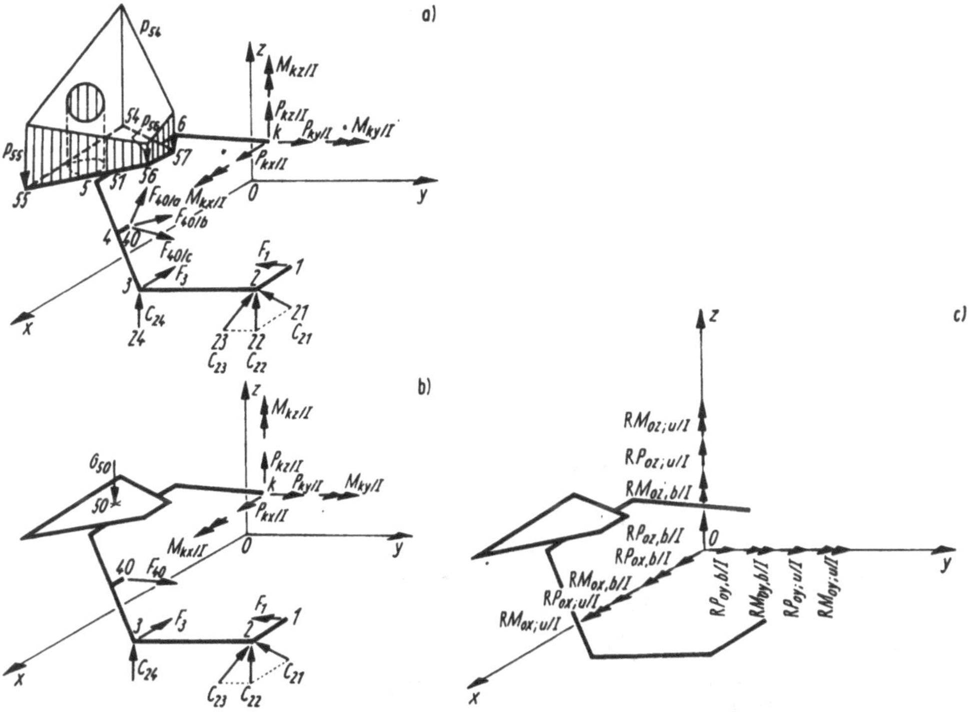

Bild B.5. Systemteil I

a) nach dem Befreiungsprozeß
b) nach der Substitution der äquivalenten Gesamtlast jeweils für das zentrale Kräftesystem und für die Flächenlast
c) nach der Reduktion der bekannten Kräfte und der unbekannten Elementarpaare in bezug auf den Ursprung

Da das Gleichgewichtsprinzip nur für das vollständig befreite Objekt gilt, ist zu beachten, daß der Befreiungsprozeß immer zuerst durchgeführt werden muß, daß also mit dem Reduktionsprozeß immer erst dann begonnen werden darf, wenn der Befreiungsprozeß und der Erstarrungsprozeß bereits abgeschlossen sind, da sonst der Fall eintreten kann, daß Kräfte, Elementarpaare oder Teile von Kraftdichtefeldern durch ein Reduktionspaar am Systemteil J äquivalent ersetzt werden, obwohl diese Kräfte, diese Elementarpaare oder diese Teile von Kraftdichtefeldern nach dem Befreiungsprozeß gar nicht am Systemteil J angreifen.

B.1.2.4. *Statisches Kriterium*

Die Anwendung des Gleichgewichtsprinzips auf die durch den Befreiungsprozeß gewonnenen Systemteile liefert ein Gleichungssystem, das die Kopplungskräfte als Unbekannte enthält. Ehe nach weiteren Bedingungsgleichungen für die Ermittlung dieser Unbekannten

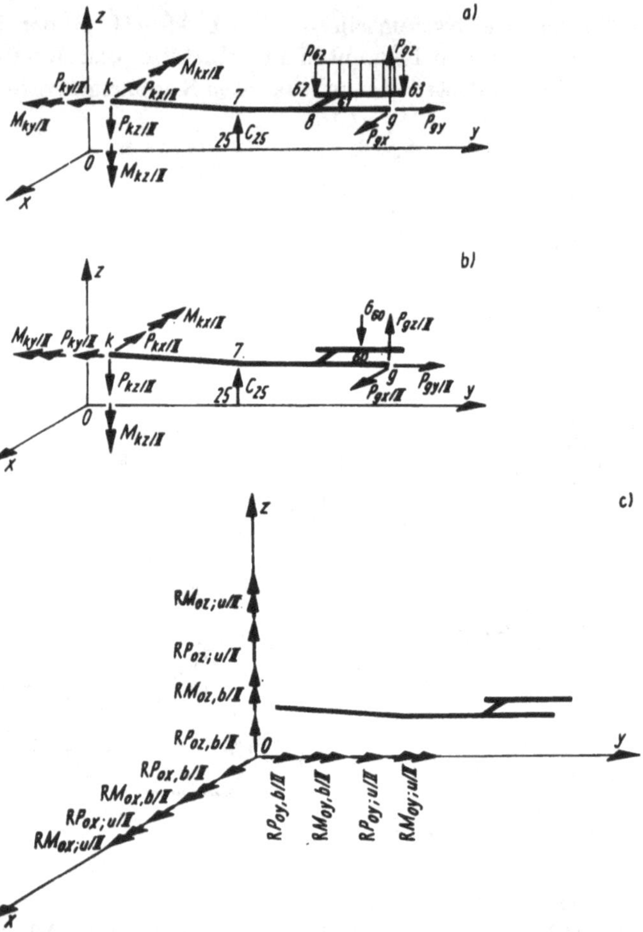

Bild B.6. Systemteil II

a) nach dem Befreiungsprozeß
b) nach der Substitution der äquivalenten Gesamtlast für die konstante Linienlast
c) nach der Reduktion der bekannten Kräfte und der unbekannten Elementarpaare in bezug auf den Ursprung

gesucht wird, ist nachzuweisen, ob die zur Verfügung stehenden Gleichgewichtsbedingungen (Anzahl: g) in Verbindung mit den Kopplungsbedingungen (Anzahl: k) zur Berechnung der Unbekannten (Anzahl: h) ausreichen (vgl. Band 1, 2. Auflage, Tafel A.26).

Im Beispiel wird das statische System in drei Systemteile $J (J = \text{I, II, III})$ zerlegt. Da für jedes Systemteil sechs Gleichgewichtsbedingungen angeschrieben werden können, stehen die in Tafel B.2.a zusammengestellten

$$g = 6 + 6 + 6 = 18$$

Gleichgewichtsbedingungen zur Verfügung.
Zu ermitteln sind die in Tafel B.2.b angegebenen

$$h = 27$$

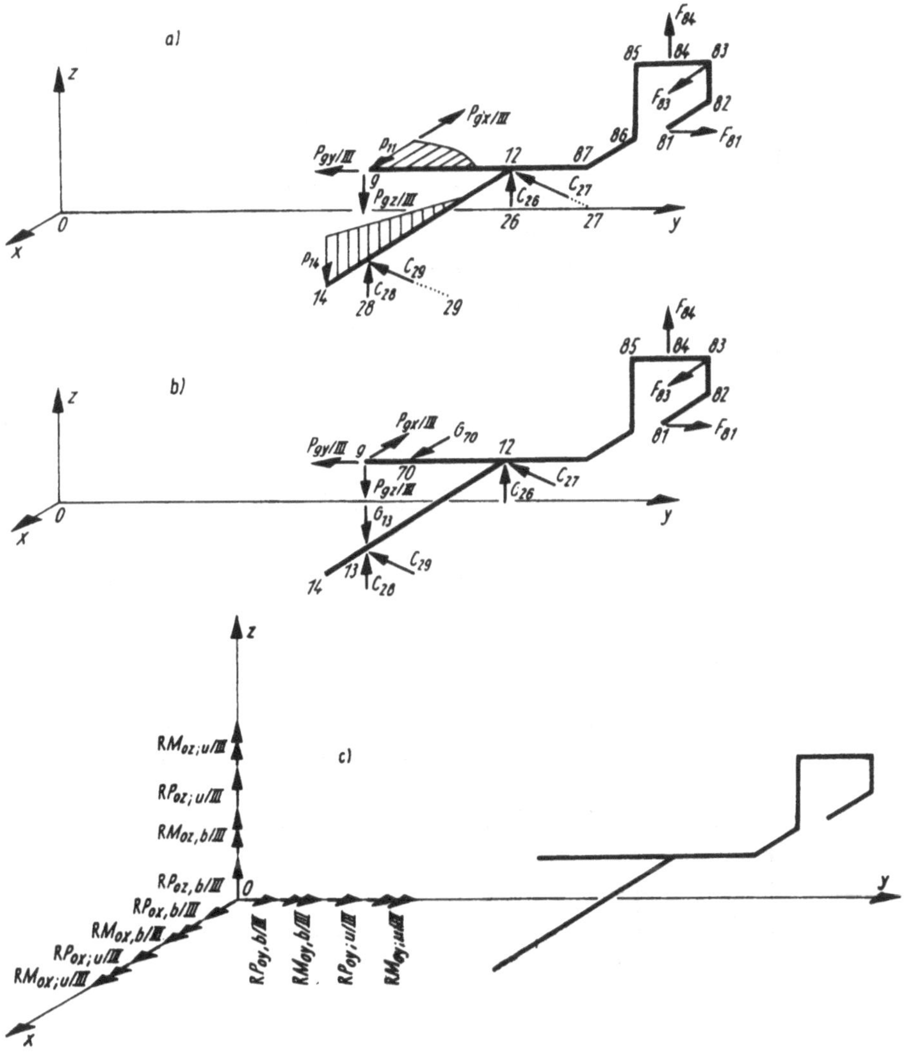

Bild B.7. Systemteil III

a) nach dem Befreiungsprozeß

b) nach der Substitution der äquivalenten Gesamtlast jeweils für die parabolische und lineare Linienlast

c) nach der Reduktion der bekannten und unbekannten Kräfte in bezug auf den Ursprung

Unbekannten, die man (zeilenweise) zu Spaltenvektoren zusammenfassen kann (Tafel B.2.c). Mit diesen Definitionen läßt sich nunmehr auch der Vektor der Unbekannten **U** in übersichtlicher Form als Spaltenvektor angeben (Tafel B.2.d).

Wegen actio = reactio sind die Vektoren der Schnittkräfte an den Systemteilen I und II ebenso wie die Vektoren der Gelenkkräfte an den Systemteilen II und III gegengleich (vgl. Angewandte Mechanik, Band 1, 2. Auflage, Tafel A.17):

$$\boldsymbol{K}_{ab} = -\boldsymbol{K}_{ba} \mid K = P, M$$

Tafel B.2.a. **Gleichgewichtsbedingungen an den Systemteilen I, II und III**

Systemteil	J	Gleichgewichtsbedingungen
Stabzug $1 - k$	I	$\sum\limits_{I} P_{0x} \overset{!}{=} 0 \quad \sum\limits_{I} P_{0y} \overset{!}{=} 0 \quad \sum\limits_{I} P_{0z} \overset{!}{=} 0$ $\sum\limits_{I} M_{0x} \overset{!}{=} 0 \quad \sum\limits_{I} M_{0y} \overset{!}{=} 0 \quad \sum\limits_{I} M_{0z} \overset{!}{=} 0$
Stabzug $k - g$	II	$\sum\limits_{II} P_{0x} \overset{!}{=} 0 \quad \sum\limits_{II} P_{0y} \overset{!}{=} 0 \quad \sum\limits_{II} P_{0z} \overset{!}{=} 0$ $\sum\limits_{II} M_{0x} \overset{!}{=} 0 \quad \sum\limits_{II} M_{0x} \overset{!}{=} 0 \quad \sum\limits_{II} M_{0z} \overset{!}{=} 0$
Stabzug $g - 14$	III	$\sum\limits_{III} P_{0x} \overset{!}{=} 0 \quad \sum\limits_{III} P_{0y} \overset{!}{=} 0 \quad \sum\limits_{III} P_{0z} \overset{!}{=} 0$ $\sum\limits_{III} M_{0x} \overset{!}{=} 0 \quad \sum\limits_{III} M_{0y} \overset{!}{=} 0 \quad \sum\limits_{III} M_{0z} \overset{!}{=} 0$

Tafel B.2.b. **Zusammenstellung der Unbekannten an den Systemteilen I, II und III**

Systemteil	J	Unbekannte
Stabzug $1 - k$	I	$C_{21} \quad C_{22} \quad C_{23} \quad C_{24}$ $P_{kx/I} \quad P_{ky/I} \quad P_{kz/I} \quad M_{kx/I} \quad M_{ky/I} \quad M_{kz/I}$
Stabzug $k - g$	II	$P_{kx/II} \quad P_{ky/II} \quad P_{kz/II} \quad M_{kx/II} \quad M_{ky/II} \quad M_{kz/II}$ C_{25} $P_{gx/II} \quad P_{gy/II} \quad P_{gz/II}$
Stabzug $g - 14$	III	$P_{gx/III} \quad P_{gy/III} \quad P_{gz/III}$ $C_{26} \quad C_{27} \quad C_{28} \quad C_{29}$

oder

$$K_{ab} \cdot e_{ab} = -K_{ba} \cdot e_{ba} = K_{ba} \cdot (-e_{ba}) .$$

Führen wir gegengleiche Einheitsvektoren ein

$$e_{ab} = -e_{ba} ,$$

so sind die Koordinaten gleich

$$K_{ab} = +K_{ba} .$$

(Würden wir dagegen gleiche Einheitsvektoren einführen (z. B. die globalen Basisvektoren), so wären die Koordinaten gegengleich.) Bei gegengleichen Einheitsvektoren gelten demnach die in Tafel B.2.e angegebenen $k = 9$ Kopplungsbedingungen.

Tafel B.2.c. **Spaltenvektoren der Stütz-, Schnitt- und Gelenkkraftkoordinaten für die Systemteile I, II und III**

	Spaltenvektoren am Systemteil I	II	III
Stützkräfte	$\mathfrak{C}_{\mathrm{I}} := \begin{pmatrix} C_{21} \\ C_{22} \\ C_{23} \\ C_{24} \end{pmatrix}$	$\mathfrak{C}_{\mathrm{II}} := C_{25}$	$\mathfrak{C}_{\mathrm{III}} := \begin{pmatrix} C_{26} \\ C_{27} \\ C_{28} \\ C_{29} \end{pmatrix}$
Schnittkräfte	$\mathfrak{S}_{\mathrm{I}} := \begin{Bmatrix} P_{kx/\mathrm{I}} \\ P_{ky/\mathrm{I}} \\ P_{kz/\mathrm{I}} \\ M_{kx/\mathrm{I}} \\ M_{ky/\mathrm{I}} \\ M_{kz/\mathrm{I}} \end{Bmatrix}$	$\mathfrak{S}_{\mathrm{II}} := \begin{Bmatrix} P_{kx/\mathrm{II}} \\ P_{ky/\mathrm{II}} \\ P_{kz/\mathrm{II}} \\ M_{kx/\mathrm{II}} \\ M_{ky/\mathrm{II}} \\ M_{kz/\mathrm{II}} \end{Bmatrix}$	
Gelenkkräfte		$\mathfrak{G}_{\mathrm{II}} := \begin{pmatrix} P_{gx/\mathrm{II}} \\ P_{gy/\mathrm{II}} \\ P_{gz/\mathrm{II}} \end{pmatrix}$	$\mathfrak{G}_{\mathrm{III}} := \begin{pmatrix} P_{gx/\mathrm{III}} \\ P_{gy/\mathrm{III}} \\ P_{gz/\mathrm{III}} \end{pmatrix}$

Tafel B.2.d. **Spaltenvektoren der Unbekannten**

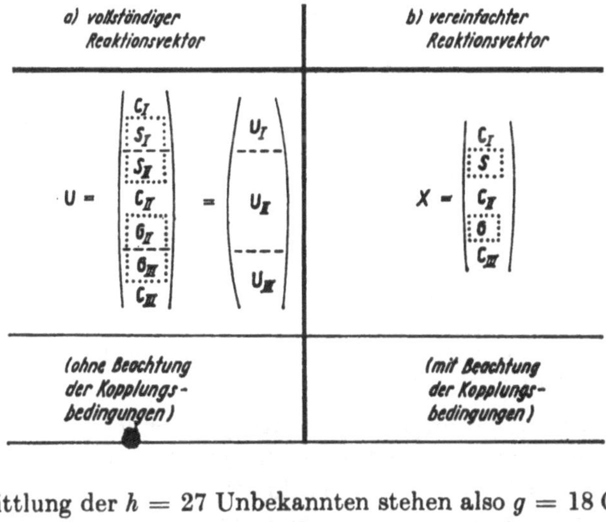

Zur Ermittlung der $h = 27$ Unbekannten stehen also $g = 18$ Gleichgewichtsbedingungen und $k = 9$ Kopplungsbedingungen zur Verfügung, so daß gilt:

$$S = g + k - h = 18 + 9 - 27 = 0\,.$$

In der Regel wird man jedoch die Kopplungsbedingungen schon bei der Aufstellung des Vektors der Unbekannten berücksichtigen und die paarweise gleichen Koordinaten der unbekannten Kopplungskräfte nur *einmal* aufnehmen.

In unserem Beispiel sind in der jeweils gleichen Richtung die Koordinaten der Schnittkräfte in k sowie die Koordinaten der Gelenkkräfte in g einander gleich.

Tafel B.2.e. **Kopplungsbedingungen**

k I–II	g II–III
$P_{kx/\mathrm{I}} = P_{kx/\mathrm{II}}$ $P_{ky/\mathrm{I}} = P_{ky/\mathrm{II}}$ $P_{kz/\mathrm{I}} = P_{kz/\mathrm{II}}$ $M_{kx/\mathrm{I}} = M_{kx/\mathrm{II}}$ $M_{ky/\mathrm{I}} = M_{ky/\mathrm{II}}$ $M_{kz/\mathrm{I}} = M_{kz/\mathrm{II}}$	$P_{gx/\mathrm{II}} = P_{gx/\mathrm{III}}$ $P_{gy/\mathrm{II}} = P_{gy/\mathrm{III}}$ $P_{gz/\mathrm{II}} = P_{gz/\mathrm{III}}$

Demnach gilt

$$\mathbf{S}_{\mathrm{I}} = \mathbf{S}_{\mathrm{II}} =: \mathbf{S} \quad \text{und} \quad \mathbf{G}_{\mathrm{I}} = \mathbf{G}_{\mathrm{II}} =: \mathbf{G} .$$

Wir ersetzen deshalb im Vektor **U** die Matrizen

$$\begin{pmatrix} \mathbf{S}_{\mathrm{I}} \\ \mathbf{S}_{\mathrm{II}} \end{pmatrix} \text{ durch } \mathbf{S} , \quad \begin{pmatrix} \mathbf{G}_{\mathrm{I}} \\ \mathbf{G}_{\mathrm{II}} \end{pmatrix} \text{ durch } \mathbf{G}$$

und erhalten damit den vereinfachten Vektor der Reaktionen, den wir mit **X** bezeichnen (vgl. Tafel B.2.d). Da neun Koordinaten paarweise gleich sind, hat der Vektor **X** nur noch $27 - 9 = 18$ unbekannte Koordinaten.

Berücksichtigen wir also die Kopplungsbedingungen bereits bei der Aufstellung des Unbekanntenvektors, so stehen zur Ermittlung der nunmehr $x = 18$ Unbekannten $g = 18$ Gleichgewichtsbedingungen zur Verfügung, und es gilt

$$S = g - x = 18 - 18 = 0 .$$

Das vorliegende System ist statisch bestimmt (vgl. Band 1, 2. Auflage, Tafel A.26): Die Anzahl der Gleichgewichtsbedingungen genügt (in Verbindung mit den Kopplungsbedingungen) zur eindeutigen Ermittlung der Unbekannten.

B.1.2.5. Anwendung des Gleichgewichtsprinzips

Das Gleichgewichtsprinzip fordert, daß in bezug auf jedes beliebige Reduktionszentrum r das Reduktionspaar der gesamten Belegung, also aller an dem befreiten Systemteil J angreifenden Kräfte, ein Nullpaar sein soll.

Durch den Befreiungsprozeß werden die Kopplungen durch Kopplungskräfte ersetzt, die an den Kopplungsstellen als unbekannte Projektionen, als unbekannte Momente oder auch (wie bei den Schnittkräften und Einspannungen) als unbekannte Elementarpaare in Erscheinung treten (vgl. Band 1, 2. Auflage, Tafeln A.18, A.21, A.22). Da wird die Projektionen und Momente als Sonderfälle eines Elementarpaares auffassen können (vgl. auch Tafel 7.4., S. 151), dürfen wir sagen, daß durch den Befreiungsprozeß ein System unbekannter Elementarpaare eingeführt wird:

$$\mathrm{S}_{\boldsymbol{E}_u} := \left\{ \boldsymbol{E}_u = \begin{bmatrix} \boldsymbol{P}_u \\ \boldsymbol{M}_u \end{bmatrix}^{\psi_u} \middle| \; u = 1, \ldots, h \right\} . \tag{B.1}$$

Die Belastung kann diskret oder kontinuierlich verteilt auf das Objekt einwirken. Diskret verteilt tritt sie in der Regel als ein System bekannter Kräfte

$$\mathrm{S}_{\boldsymbol{K}} := \{\boldsymbol{K}_i \mid i = 1, \dots, q\} \tag{B.2}$$

oder — wenn bereits äquivalente Umformungen entsprechend Gleichung (7.52), S. 137, vorgenommen worden sind — als System bekannter Elementarpaare

$$\mathrm{S}_{\boldsymbol{E}_i} := \{\boldsymbol{E}_i \mid i = 1, \dots, s\} \tag{B.3}$$

auf.

Kontinuierlich verteilt kann ein einzelnes Kraftdichtefeld oder aber auch ein System von Kraftdichtefeldern (Flächen- oder Linienlasten) vorliegen:

$$\mathrm{S}_{\Omega_\alpha} := \{\Omega_{\alpha_j} \mid j = 1, \dots, t\}\ . \tag{B.4}$$

So wirken beispielsweise auf den Systemteil I eine Flächenlast, auf den Systemteil II eine Linienlast, auf den Systemteil III aber zwei Linienlasten ein, vgl. Bilder B.5a), B.6a), B.7a).

Jede dieser Kräftemengen darf entsprechend Gleichung (7.102), S. 157, durch ein Reduktionspaar äquivalent ersetzt werden. Mit der Bezeichnung nach Gleichung (7.49), S. 137, ergibt sich demnach das Reduktionspaar aller am befreiten Systemteil angreifenden, bekannten und unbekannten Kräfte und Elementarpaare zu

$$\mathrm{S}_{\boldsymbol{E}_u} \Leftrightarrow \begin{bmatrix} \Sigma \boldsymbol{P}_{r;u} \\ \Sigma \boldsymbol{M}_{r;u} \end{bmatrix}^{\psi_{r;u}}, \tag{B.5}$$

$$\mathrm{S}_{\boldsymbol{E}_i} \Leftrightarrow \begin{bmatrix} \Sigma \boldsymbol{P}_{r;i} \\ \Sigma \boldsymbol{M}_{r;i} \end{bmatrix}^{\psi_{r;i}}, \tag{B.6}$$

während das Reduktionspaar aller Kraftdichtefelder die folgende Form annimmt

$$\mathrm{S}_{\Omega_\alpha} \Leftrightarrow \sum_j \begin{bmatrix} \int \mathrm{d}\boldsymbol{P}_{r,\alpha_j \mathrm{d}B_j} \\ \int \mathrm{d}\boldsymbol{M}_{r,\alpha_j \mathrm{d}B_j} \end{bmatrix}^{\psi_{r,\alpha}}. \tag{B.7}$$

Liegt nur ein Kraftdichtefeld vor ($j = 1$), so entfällt die Summe.

Demnach gilt für jedes Systemteil J das Gleichgewichtsprinzip:

Belegung

$$\begin{matrix} \mathrm{S}_{\boldsymbol{E}_u} & & \mathrm{S}_{\boldsymbol{E}_i} & & \mathrm{S}_{\Omega_\alpha} & & \\ \Updownarrow & & \Updownarrow & & \Updownarrow & & \\ \begin{bmatrix} \Sigma \boldsymbol{P}_{r;u} \\ \Sigma \boldsymbol{M}_{r;u} \end{bmatrix}^{\psi_{r;u}} & + & \begin{bmatrix} \Sigma \boldsymbol{P}_{r;i} \\ \Sigma \boldsymbol{M}_{r;i} \end{bmatrix}^{\psi_{r;i}} & + & \sum_j \begin{bmatrix} \int \mathrm{d}\boldsymbol{P}_{r,\alpha_j \mathrm{d}B_j} \\ \int \mathrm{d}\boldsymbol{M}_{r,\alpha_j \mathrm{d}B_j} \end{bmatrix}^{\psi_{r,\alpha}} & \overset{!}{=} & \begin{bmatrix} \boldsymbol{0} \\ \boldsymbol{0} \end{bmatrix} \end{matrix}. \tag{B.8}$$

Reduktionspaare

Das Reduktionspaar der Kräfte- oder Elementarpaarsysteme wird durch *Summation*, das Reduktionspaar der Kraftdichtefelder dagegen durch *Integration* gewonnen. Die numerische Bewältigung des Reduktionsprozesses wird natürlich übersichtlicher, wenn Summation und Integration getrennt werden. Deshalb wollen wir die Integration, also die Reduktion der Kraftdichtefelder, vorziehen. Da aber jedes beliebige Kraftdichtefeld immer in (höchstens) drei parallele

Felder zerlegt werden kann,

$$\begin{array}{ccccccc} \boldsymbol{\alpha}(\boldsymbol{r}) & = & \boldsymbol{\alpha}_x(\boldsymbol{r}) & + & \boldsymbol{\alpha}_y(\boldsymbol{r}) & + & \boldsymbol{\alpha}_z(\boldsymbol{r}) \\ \downarrow & & \downarrow & & \downarrow & & \downarrow \\ \Omega_\alpha & = & \Omega_{\alpha_x} & + & \Omega_{\alpha_y} & + & \Omega_{\alpha_z} . \end{array} \quad \begin{array}{r} (B.9) \\ \\ (B.10) \end{array}$$

dürfen wir uns auf die Reduktion paralleler Vektorfelder beschränken, die — ebenso wie parallele Kräftesysteme (vgl. Tafel 7.10. Fall *c*) — stets einem Zentralvektor in der Zentrallinie äquivalent sind (für das Reduktionspaar in r wird $\psi_{r,\alpha} = \pi/2$).

Der Zentralvektor repräsentiert die Gesamtwirkung (Gesamtlast) der Flächen- und Linienlasten, weshalb wir ihn dann mit $\boldsymbol{G}$ bezeichnen, wenn sein Einheitsvektor den wirklichen Richtungssinn angibt (G ist deshalb immer positiv).

$$\Omega_\alpha \Leftrightarrow \begin{bmatrix} \boldsymbol{P}_{r,\alpha} \\ \boldsymbol{M}_{r,\alpha} \end{bmatrix}^{\perp} \Leftrightarrow \boldsymbol{G}_d = G_d \cdot \boldsymbol{e}_d^G . \quad (B.11)$$

Die Reduktion der Linien- und Flächenlasten führt also zu den Gesamtlasten $\boldsymbol{G}_d$ und den Koordinaten ihrer Angriffspunkte (x_d, y_d), die als Durchstoßpunkte der Zentrallinie mit der entsprechenden Koordinatenebene erhalten werden (vgl. Abschnitt 7.5.2.4.). Darüberhinaus ist es natürlich zweckmäßig, auch das zentrale Kräftesystem durch seine Resultierende, durch seine Gesamtwirkung $\boldsymbol{G}$, zu ersetzen. Sind die Gesamtlasten $\boldsymbol{G}$ bekannt, so können in der weiteren Berechnung die Kraftdichtefelder (und auch die zentralen Kräftesysteme) durch ihre Gesamtlasten äquivalent ersetzt werden:

$$\begin{array}{l} \mathrm{S}_{\Omega_\alpha} := \{\Omega_{\alpha_1}, \ldots, \Omega_{\alpha_l}\} \\ \qquad\quad \Updownarrow \qquad\quad \Updownarrow \\ \qquad\quad \{\boldsymbol{G}_{d_1}, \ldots, \boldsymbol{G}_{d_l}\} \Leftrightarrow \mathrm{S}_G . \end{array} \quad (B.12)$$

Damit greifen aber am Systemteil J nur noch die bekannten Kräfte $\boldsymbol{K}_i$ bzw. die bekannten Elementarpaare $\boldsymbol{E}_i$, die unbekannten Elementarpaare $\boldsymbol{E}_u$ und (anstatt der Kraftdichtefelder) die bekannten Gesamtlasten $\boldsymbol{G}_d$ an (Bilder B.5b), B.6b), B.7b)).

Das Gleichgewichtsprinzip nimmt damit die folgende Form an:

$$\begin{array}{c} \text{Belegung} \\ \downarrow \qquad\qquad \downarrow \qquad\qquad \downarrow \\ \{\mathrm{S}_{\boldsymbol{E}_u}, \qquad \mathrm{S}_{\boldsymbol{E}_i}, \qquad \mathrm{S}_{\boldsymbol{G}_d}\} \\ \Updownarrow \qquad\qquad \Updownarrow \qquad\qquad \Updownarrow \\ \begin{bmatrix} \Sigma \boldsymbol{P}_{r;u} \\ \Sigma \boldsymbol{M}_{r;u} \end{bmatrix}^{\psi_{r;u}} + \begin{bmatrix} \Sigma \boldsymbol{P}_{r;i} \\ \Sigma \boldsymbol{M}_{r;i} \end{bmatrix}^{\psi_{r;i}} + \begin{bmatrix} \Sigma \boldsymbol{P}_{r,d} \\ \Sigma \boldsymbol{M}_{r,d} \end{bmatrix}^{\psi_{r,d}} \stackrel{!}{=} \begin{bmatrix} \boldsymbol{0} \\ \boldsymbol{0} \end{bmatrix} \\ \qquad\qquad \downarrow \qquad\qquad \downarrow \\ \text{bekannte Größen} \\ \text{Angriffspunkt } b^{1)}\ (b = i, d) \\ \downarrow \\ \begin{bmatrix} \Sigma \boldsymbol{P}_{r;u} \\ \Sigma \boldsymbol{M}_{r;u} \end{bmatrix}^{\psi_{r;u}} + \begin{bmatrix} \Sigma \boldsymbol{P}_{r;b} \\ \Sigma \boldsymbol{M}_{r;b} \end{bmatrix}^{\psi_{r;b}} \stackrel{!}{=} \begin{bmatrix} \boldsymbol{0} \\ \boldsymbol{0} \end{bmatrix} . \end{array} \quad (B.13)$$

---

[1]) Um in den Formeln die bekannten und unbekannten Größen unterscheiden zu können, bezeichnen wir im folgenden die Angriffspunkte der bekannten Größen allgemein mit b. Der Angriffspunkt der unbekannten Größen wird weiterhin u genannt.

Das Gleichgewichtsprinzip liefert also für jedes Systemteil J sechs Gleichgewichtsbedingungen (Koordinatengleichungen) für das an sich beliebige Reduktionszentrum $\boldsymbol{r}$. Um aber im globalen Koordinatensystem nicht immer mit den Koordinatendifferenzen

$$\begin{aligned} x_{ra} &= x_a - x_r\,, \\ y_{ra} &= y_a - y_r\,, \\ z_{ra} &= z_a - z_r \end{aligned} \tag{B.14}$$

rechnen zu müssen, wählen wir den Ursprung 0 des globalen Koordinatensystems als Reduktionszentrum.

Die Gleichgewichtsbedingungen lauten mit den Definitionen

$$\mathrm{R}\boldsymbol{P} := \Sigma\boldsymbol{P}\text{: reduzierte polare Projektion}$$

$$\mathrm{R}\boldsymbol{M} := \Sigma\boldsymbol{M}\text{: reduziertes polares Moment}$$

in Vektor- Matrizenform

$$\begin{pmatrix} \mathrm{R}\boldsymbol{P}_{0;u} \\ \mathrm{R}\boldsymbol{M}_{0;u} \end{pmatrix} + \begin{pmatrix} \mathrm{R}\boldsymbol{P}_{0;b} \\ \mathrm{R}\boldsymbol{M}_{0;b} \end{pmatrix} = \begin{pmatrix} \boldsymbol{0} \\ \boldsymbol{0} \end{pmatrix} \tag{B.15}$$

und in Koordinaten-Matrizenform

$$\underbrace{\begin{bmatrix} \mathrm{R}P_{0x;u} \\ \mathrm{R}P_{0y;u} \\ \mathrm{R}P_{0z;u} \\ \mathrm{R}M_{0x;u} \\ \mathrm{R}M_{0y;u} \\ \mathrm{R}M_{0z;u} \end{bmatrix}}_{\mapsto =:\, \mathbf{R}\boldsymbol{E}_{0;u}} + \underbrace{\begin{bmatrix} \mathrm{R}P_{0x;b} \\ \mathrm{R}P_{0y;b} \\ \mathrm{R}P_{0z;b} \\ \mathrm{R}M_{0x;b} \\ \mathrm{R}M_{0y;b} \\ \mathrm{R}M_{0z;b} \end{bmatrix}}_{\mapsto =:\, \mathbf{R}\boldsymbol{E}_{0;b}} = \underbrace{\begin{bmatrix} 0 \\ 0 \\ 0 \\ 0 \\ 0 \\ 0 \end{bmatrix}}_{\mapsto =:\, \mathbf{0}} \tag{B.16a}$$

oder mit den Definitionen in Gleichung (B.16a)

$$\mathbf{R}\boldsymbol{E}_{0;u} + \mathbf{R}\boldsymbol{E}_{0;b} = \mathbf{0}\,. \tag{B.16b}$$

Verzichten wir auf die Angabe des Reduktionszentrums 0 und bezeichnen wir die Angriffspunkte der bekannten Größen (b) und der unbekannten Größen (u) mit dem gemeinsamen Buchstaben a, so erhalten wir die einfache Form

$$\mathbf{R}\boldsymbol{E}_a = \mathbf{0} \mid a = u, b\,. \tag{B.16c}$$

B.1.2.6. Aufgabenstellung

Damit ergibt sich die folgende Aufgabe:

Nach dem Befreiungsprozeß, während dem das statische System in Systemteile $J(J = I, \ldots, N)$ zerlegt wird und die Kopplungen durch unbekannte Kopplungskräfte ersetzt werden, sind — getrennt für jedes Systemteil J —

- *die zentralen Kräftesysteme ebenso wie die Linien- und Flächenlasten durch ihre Gesamtlast $\boldsymbol{G}_d$ äquivalent zu ersetzen (erste Modifizierung der Belegung);*

- *die aus den bekannten Punktlasten oder Elementarpaaren, den errechneten Gesamtlasten und den unbekannten Kopplungskräften bestehenden (spatialen) Kräfte- bzw. Elementarpaarsysteme in bezug auf den globalen Koordinatenursprung 0 zu reduzieren (zweite Modifizierung der Belegung);*
- *die aus den Gleichgewichtsbedingungen folgenden Gleichungen aufzustellen und zu lösen;*
- *die Schnittkräfte in k auf das lokale Koordinatensystem in k zu transformieren;*
- *die das gesuchte Normalspannungsfeld erzeugenden Vektoren des Induktionspaares zu ermitteln und*
- *die Normalspannungen in ausgezeichneten Querschnittspunkten anzugeben.*

B.2. Lösungsweg

B.2.1. Modifizierungsprozeß I

Um den Reduktionsprozeß übersichtlicher zu gestalten, werden zunächst
- die zentralen Kräftesysteme,
- die Linienlasten und
- die Flächenlasten

durch ihre Gesamtlasten G_d im Angriffspunkt d äquivalent ersetzt.

B.2.1.1. Reduktion eines zentralen Kräftesystems $S_F := \{F_{aj} \mid j = 1, \ldots, n\}$

Haben alle Kräfte eines Systems denselben Angriffspunkt a (wie in Bild B.1 am Punkt 40), liegt also ein zentrales Kräftesystem vor, so dürfen alle Kräfte auf Grund der Gültigkeit des Axioms von STEVIN (Band 1, Abschnitt 2.4.3.1., S. 85) superponiert werden. Wir erhalten die resultierende Kraft $\boldsymbol{R}_a$

$$\boldsymbol{R}_a = \sum_j \boldsymbol{e}_{a,j} \cdot F_{aj}, \tag{B.17}$$

$$\begin{pmatrix} R_{ax} \\ R_{ay} \\ R_{az} \end{pmatrix} = \sum_j \begin{pmatrix} e_{ax,j} \\ e_{ay,j} \\ e_{az,j} \end{pmatrix} \cdot F_{aj} \tag{B.18}$$

und den Betrag von $\boldsymbol{R}_a$

$$|\boldsymbol{R}_a| = \sqrt{R_{ax}^2 + R_{ay}^2 + R_{az}^2} \tag{B.19}$$

sowie den Einheitsvektor von $\boldsymbol{R}_a$

$$\boldsymbol{e}_a^R = \frac{1}{|\boldsymbol{R}_a|} \cdot \begin{pmatrix} R_{ax} \\ R_{ay} \\ R_{az} \end{pmatrix} = \begin{pmatrix} e_{ax}^R \\ e_{ay}^R \\ e_{az}^R \end{pmatrix}. \tag{B.20}$$

Die Größen

$$\boldsymbol{r}_a = \begin{pmatrix} x_a \\ y_a \\ z_a \end{pmatrix}; \qquad R_a = |\boldsymbol{R}_a| = G_a; \qquad \boldsymbol{e}_a = \begin{pmatrix} e_{ax} \\ e_{ay} \\ e_{az} \end{pmatrix} \qquad \begin{matrix} \text{(B.21a)} \\ \text{(B.21b)} \\ \text{(B.21c)} \end{matrix}$$

werden zur Reduktion in das spatiale Kräftesystem aufgenommen.

B.2.1.2. *Reduktion eines Linienkraftdichtefeldes (d. h. einer Linienlast)*

$$\Omega_\lambda := \{\boldsymbol{\lambda}(\tilde{x}) = -\boldsymbol{p}(\tilde{x}) \mid \tilde{x} \in L\}$$

$$\Updownarrow$$

$$\Psi_{\mathrm{d}\boldsymbol{F}} := \{\mathrm{d}\boldsymbol{F}(\tilde{x}) = \boldsymbol{\lambda}(\tilde{x})\,\mathrm{d}\tilde{x} \mid \tilde{x} \in L\}$$

Auf die Stababschnitte mit den Begrenzungspunkten 62 und 63, 11 und 71 sowie 91 und 14 wirken Linienlasten ein, deren Gesamtlast gesucht wird. Um diese Gesamtlast angeben zu können, ermitteln wir zunächst das der Linienlast äquivalente Reduktionspaar im Ursprung des lokalen Koordinatensystems und danach das äquivalente Zentralpaar mit den Durchstoßpunktkoordinaten der Zentrallinie. Das Reduktionspaar (Abschnitt 7.1.1.2., S. 124) eines beliebigen Feldes, das sich durch Zusammenfassung der polaren Projektion dieses Feldes (Gleichung (5.54), S. 48) und seines polaren Momentes (Gleichung (6.85), S. 93) ergibt, ist in Gleichung (7.104), S. 159, angegeben.

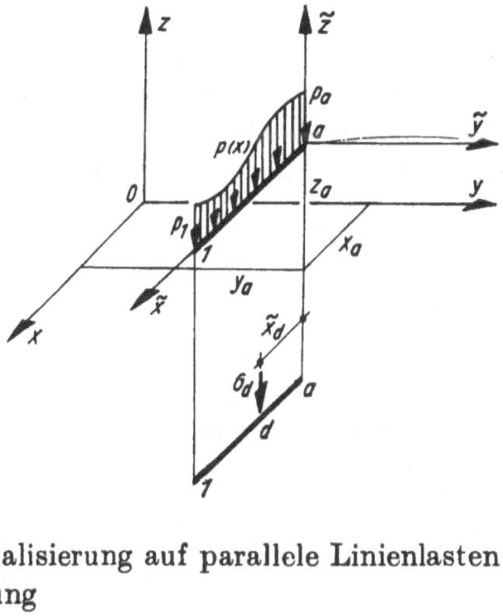

Bild B.8. Parallele Linienlast

Die Spezialisierung auf parallele Linienlasten entsprechend Bild B.8 setzt die Beschränkung

- auf einen geraden Stababschnitt als Bereich (der z. B. auf der $\tilde{x}$-Achse liegen kann)

$$B = L, \qquad \mathrm{d}B = \mathrm{d}L = \mathrm{d}\tilde{x}\,,$$

$$i \in B,\ \tilde{x}_i \neq 0\,,$$

$$\tilde{y}_i = 0\,,$$

$$\tilde{z}_i = 0\,;$$

- auf Feldelemente z. B. parallel zur $\tilde{z}$-Achse

$$\alpha_x = \lambda_{\tilde{x}} = 0\,,$$

$$\alpha_y = \lambda_{\tilde{y}} = 0 \quad \text{und}$$

$$\alpha_z = \lambda_{\tilde{z}} = -p(\tilde{x})$$

voraus.

Wählen wir als Reduktionszentrum den Ursprung a des lokalen Koordinatensystems $\{a; \tilde{x}, \tilde{y}, \tilde{z}\}$, so wird

$$\tilde{x}_r = \tilde{x}_a = 0\,,$$

$$\tilde{y}_r = \tilde{y}_a = 0\,,$$

$$\tilde{z}_r = \tilde{z}_a = 0\,,$$

und Gleichung (7.104) nimmt die folgende, nur für Linienlasten entsprechend Bild B.8 geltende Form an

$$\left[\begin{pmatrix} \mathrm{R}P_{a\tilde{x}} \\ \mathrm{R}P_{a\tilde{y}} \\ \mathrm{R}P_{a\tilde{z}} \end{pmatrix} \atop \begin{pmatrix} \mathrm{R}M_{a\tilde{x}} \\ \mathrm{R}M_{a\tilde{y}} \\ \mathrm{R}M_{a\tilde{z}} \end{pmatrix}\right]^{\psi_a} = \left[\begin{pmatrix} 0 \\ 0 \\ -\int\limits_L p(\tilde{x})\,\mathrm{d}\tilde{x} \end{pmatrix} \atop \begin{pmatrix} 0 \\ +\int\limits_L \tilde{x}\cdot p(\tilde{x})\,\mathrm{d}\tilde{x} \\ 0 \end{pmatrix}\right]^{\perp} \tag{B.22}$$

Das diesem Reduktionspaar in a äquivalente Zentralpaar folgt als Sonderfall aus den Darlegungen in Abschnitt 7.5.2.4., S. 166, da das Reduktionspaar orthogonal ist und demnach die Zerlegung (7.136) entfällt. Entsprechend Gleichung (7.134) ist der Zentralvektor (Zentralprojektion $\boldsymbol{ZP}$) gleich dem reduzierten Vektor $\mathrm{R}\boldsymbol{P}$

$$\begin{pmatrix} ZP_{d\tilde{x}} \\ ZP_{d\tilde{y}} \\ ZP_{d\tilde{z}} \end{pmatrix} = \begin{pmatrix} 0 \\ 0 \\ -\int\limits_L p(\tilde{x})\,\mathrm{d}\tilde{x} \end{pmatrix} = \begin{pmatrix} 0 \\ 0 \\ -G_d \end{pmatrix}. \tag{B.23a}$$

Die Koordinate der gesuchten Gesamtlast ergibt sich entsprechend ihrer Definition in Abschnitt B.1.2.5. im vorliegenden Falle zu

$$G_d = \int p(\tilde{x})\,\mathrm{d}\tilde{x} = -ZP_{d\tilde{z}}\,. \tag{B.23b}$$

Die Durchstoßpunktkoordinate der Zentrallinie mit der $\tilde{x}$-Achse erhalten wir aus Gleichung (7.146b), S. 168, zu

$$\tilde{x}_d = \tilde{x}_d^{(x,y)} = -\frac{\mathrm{R}M_{a\tilde{y}}}{\mathrm{R}P_{a\tilde{z}}}\,. \tag{B.23c}$$

Für Stababschnitte mit anderen Richtungen gelten analoge Gleichungen. Die Größen G_d, $\boldsymbol{e}_d$, $\boldsymbol{r}_d$ werden zur Reduktion in das spatiale Kräftesystem aufgenommen.

Für den Fall von Bild B.8 gilt

$$\boldsymbol{r}_d = \begin{pmatrix} x_a + \tilde{x}_d \\ y_a \\ z_a \end{pmatrix}; \qquad G_d = -\mathrm{Z}P_{d\tilde{z}} = -\mathrm{R}P_{a\tilde{z}}\,; \quad \text{(B.24a), (B.24b)}$$

$$\boldsymbol{e}_d = \begin{pmatrix} e_{d\tilde{x}} \\ e_{d\tilde{y}} \\ e_{d\tilde{z}} \end{pmatrix} = \begin{pmatrix} 0 \\ 0 \\ -1 \end{pmatrix}. \qquad \text{(B.24c)}$$

Für die auftretenden Linienlasten sind die Gesamtlasten in Tafel B.3 angegeben.

Tafel B.3. **Reduktion von Linienlasten**

$p(\tilde{x})$	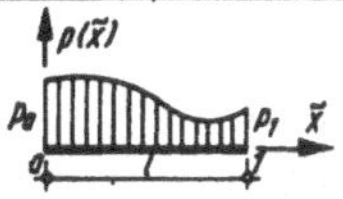	$p(\tilde{x}) = +p_a$	$p(\tilde{x}) = +p_a\left(1-\frac{\tilde{x}}{l}\right)$	$p(\tilde{x}) = +p_a\left(1-\frac{\tilde{x}^2}{l^2}\right)$
$P_a = -\int_{\tilde{x}=0}^{\tilde{x}=l} p(\tilde{x})\,dx$ $M_a = +\int_{\tilde{x}=0}^{\tilde{x}=l} \tilde{x}\,p(\tilde{x})\,dx$	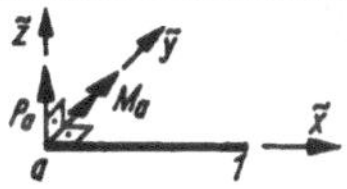	$P_a = -p_a l$ $M_a = +\frac{1}{2}p_a l^2$	$P_a = -\frac{1}{2}p_a l$ $M_a = +\frac{1}{6}p_a l^2$	$P_a = -\frac{2}{3}p_a l$ $M_a = +\frac{1}{4}p_a l^2$
$G_d = -P_a$ $\tilde{x}_d = +\frac{M_a}{G}$	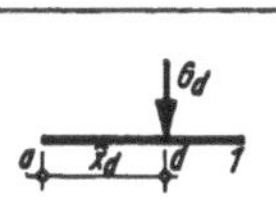	$G_d = +p_a l$ $\tilde{x}_d = +\frac{1}{2}l$	$G_d = +\frac{1}{2}p_a l$ $\tilde{x}_d = +\frac{1}{3}l$	$G_d = +\frac{2}{3}p_a l$ $\tilde{x}_d = +\frac{3}{8}l$

B.2.1.3. *Reduktion eines Flächenkraftdichtefeldes (d. h. einer Flächenlast)*

$$\Omega_\sigma := \{\boldsymbol{\sigma}(\tilde{x}, \tilde{y}) = -\boldsymbol{p}(\tilde{x}, \tilde{y}) \mid \tilde{x}, \tilde{y} \in A\}$$

$$\Updownarrow$$

$$\Psi_{\mathrm{d}\boldsymbol{F}} := \{\mathrm{d}\boldsymbol{F}(\tilde{x}, \tilde{y}) = +\boldsymbol{\sigma}(\tilde{x}, \tilde{y})\,\mathrm{d}\tilde{x}\,\mathrm{d}\tilde{y} \mid \tilde{x}, \tilde{y} \in A\}$$

Auf die Podestplatte mit den Eckpunkten 54, 55, 56, 57 wirkt eine Flächenlast $\boldsymbol{p}(\tilde{x}, \tilde{y})$ ein (Bild B.9), deren Gesamtlast $\boldsymbol{G}_d$ gesucht wird. Diese Flächenlast ist ein ebenes Kraftdichtefeld und kann demnach entsprechend Abschnitt 6.1.3.4.2., S. 79, als Momentenfeld aufgefaßt werden.

Im vorliegenden lokalen Koordinatensystem $\{a; \tilde{x}, \tilde{y}, \tilde{z}\}$ sind die Koordinaten der Kraftdichtevektoren negativ:

$$p(\tilde{x}, \tilde{y}) = -|p(\tilde{x}, \tilde{y})|\,. \qquad \text{(B.25)}$$

Um allgemeingültige Formeln zu erhalten, betrachten wir zunächst ein Kraftdichtefeld mit positiven Koordinaten, die wir immer dann, wenn sie — wie im vorliegenden Fall — über eine Fläche verteilt sind, mit σ bezeichnen (vgl. Bilder 4.10. (S. 27), 6.17. (S. 80), 6.27. (S. 110), 7.14. (S. 164)).

Der Vektor $\boldsymbol{C}$, der diese Vektoren $\boldsymbol{\sigma}_r$ als Momente erzeugt, liegt in der Nullinie $\overline{nn}$ (Zentrallinie des zylindrischen Vektorfeldes). Weisen wir diesem an sich

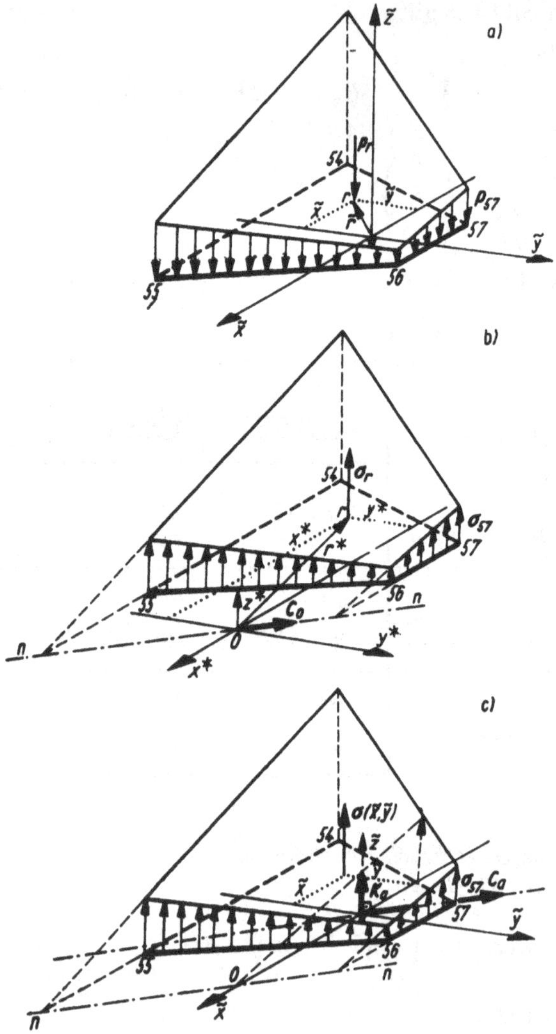

Bild B.9. Ebenes Kraftdichtefeld

a) Flächenlast $\boldsymbol{p}(\tilde{x}, \tilde{y})$
b) Flächenkraftdichtefeld $\boldsymbol{\sigma}(x^*, y^*)$
c) Flächenkraftdichtefeld $\boldsymbol{\sigma}(\tilde{x}, \tilde{y})$

linienflüchtigen Vektor $\boldsymbol{C}$ (um einen geeigneten Abstandsvektor $\boldsymbol{r}^*$ angeben zu können) den Punkt 0 der Nullinie als Angriffspunkt zu, so erhalten wir den Vektor $\boldsymbol{\sigma}_r$ als Moment des erzeugenden Vektors $\boldsymbol{C}_0$ entsprechend Gleichung (6.15), S. 59, zu

$$\boldsymbol{\sigma}_r = \boldsymbol{M}_{r,0} = \boldsymbol{r}^* \times \boldsymbol{C}_0 = \mathsf{M}_{r0}\boldsymbol{C}_0 \,. \tag{B.26}$$

Die numerische Behandlung wird übersichtlicher, wenn wir den Angriffspunkt 0 als Koordinatenursprung wählen und demnach der Beschreibung das Koordinatensystem $\{0; x^*, y^*, z^*\}$ zugrunde legen. Der Vektor $\boldsymbol{\sigma}_r$ ergibt sich dann nach Abschnitt 6.1.1.1.3, 2. Sonderfall (6.26), S. 61, zu

$$\boldsymbol{\sigma}_r = \boldsymbol{\sigma}(\boldsymbol{r}^*) = -\mathsf{M}_{0r}\boldsymbol{C}_0 = \mathsf{M}'\boldsymbol{C}_0 \,. \tag{B.27}$$

Da dieses vorliegende zylindrische Feld der Vektoren $\boldsymbol{\sigma}$ ein Sonderfall eines schraubenförmigen Vektorfeldes ist ($\boldsymbol{K} = \boldsymbol{0}$), kann man die Gleichung entsprechend Tafel 4.4.b, S. 19, oder Tafel 7.1., S. 128, auch in der folgenden Form angeben:

$$\boldsymbol{\sigma}_r = \boldsymbol{\sigma}(\boldsymbol{r}^*) = (\mathsf{M}' \ \mathsf{P})\begin{pmatrix}\boldsymbol{C}_0\\ \boldsymbol{0}\end{pmatrix} = (\mathsf{M}_{r0} \quad \mathsf{P}_{r0})\begin{pmatrix}\boldsymbol{C}_0\\ \boldsymbol{0}\end{pmatrix}. \tag{B.28}$$

Die Beschreibung des Flächenkraftdichtefeldes im Koordinatensystem $\{0; x^*, y^*, z^*\}$ ist jedoch nur dann möglich, wenn die Lage der Nullinie bekannt ist Dies ist aber in der Regel nicht der Fall, weshalb wir als Ursprung des Koordinatensystems einen anderen bekannten Punkt, z. B. a, wählen, die Beschreibung also im Koordinatensystem $\{a; \tilde{x}, \tilde{y}, \tilde{z}\}$ vornehmen und demnach die Feldelemente $\boldsymbol{\sigma}_r$ durch die Koordinaten dieses Koordinatensystems ausdrücken müssen.

Nach Abschnitt 7.3.4.1.2., S. 137, sind alle Elementarpaare eines Elementarpaarfeldes einander und dem erzeugenden Vektor äquivalent. Demnach ist

$$\boldsymbol{C}_0 \Leftrightarrow \begin{bmatrix}\boldsymbol{P}_{a,C_0}\\ \boldsymbol{M}_{a,C_0}\end{bmatrix}^{\perp} \tag{B.29}$$

Bezeichnen wir die polare Projektion $\boldsymbol{P}_{a,C_0}$ des erzeugenden Vektors in a mit $\boldsymbol{C}_a$ und sein polares Moment $\boldsymbol{M}_{a,C_0}$ mit $\boldsymbol{K}_a$, so erhalten wir

$$\boldsymbol{C}_0 \Leftrightarrow \begin{bmatrix}\boldsymbol{C}_a\\ \boldsymbol{K}_a\end{bmatrix}^{\perp} \tag{B.30}$$

Zwischen dem erzeugenden Vektor in 0 und seinem äquivalenten Elementarpaar in a besteht aber nach Abschnitt 7.3.4.1.2., S. 138, die Beziehung

$$\begin{pmatrix}\boldsymbol{C}_0\\ \boldsymbol{0}\end{pmatrix} = \begin{pmatrix}\mathsf{P} & \mathsf{O}\\ \mathsf{M} & \mathsf{P}\end{pmatrix}_{0a}\begin{pmatrix}\boldsymbol{C}_a\\ \boldsymbol{K}_a\end{pmatrix} = \begin{pmatrix}\mathsf{P}_{0a} & \mathsf{O}\\ \mathsf{M}_{0a} & \mathsf{P}_{0a}\end{pmatrix}\begin{pmatrix}\boldsymbol{C}_a\\ \boldsymbol{K}_a\end{pmatrix}. \tag{B.31}$$

Setzen wir diese Beziehung in Gleichung (B.28) ein, so folgt

$$\left.\begin{aligned}\boldsymbol{\sigma}_r &= (\mathsf{M}_{r0} \quad \mathsf{P}_{r0})\begin{pmatrix}\mathsf{P}_{0a} & \mathsf{O}\\ \mathsf{M}_{0a} & \mathsf{P}_{0a}\end{pmatrix}\begin{pmatrix}\boldsymbol{C}_a\\ \boldsymbol{K}_a\end{pmatrix}\\ &= (\mathsf{P}_{0a}\mathsf{M}_{r0} + \mathsf{M}_{0a}\,\mathsf{P}_{r0} \quad \mathsf{O}\mathsf{M}_{r0} + \mathsf{P}_{0a}\mathsf{P}_{r0})\begin{pmatrix}\boldsymbol{C}_a\\ \boldsymbol{K}_a\end{pmatrix},\\ \mathsf{P}_{0a}\mathsf{M}_{r0} + \mathsf{M}_{0a}\mathsf{P}_{r0} &= \mathsf{M}_{r0} + \mathsf{M}_{0a} \quad = \mathsf{M}_{ra}\,,\\ \mathsf{O}\mathsf{M}_{r0} + \mathsf{P}_{0a}\mathsf{P}_{r0} &= \mathsf{O} \quad + \mathsf{P}_{0a}\mathsf{P}_{r0} = \mathsf{P}_{ra}\,,\end{aligned}\right\} \tag{B.32a}$$

$$\boldsymbol{\sigma}_r = (-\mathsf{M}_{ar} \quad \mathsf{P}_{ra})\begin{pmatrix}\boldsymbol{C}_a\\ \boldsymbol{K}_a\end{pmatrix}. \tag{B.32b}$$

Wählen wir nun — wie beabsichtigt — den Punkt a als Koordinatenursprung, so vereinfacht sich die Gleichung entsprechend den Gleichungen (6.26) und (6.27), S. 61/62, zu

$$\boldsymbol{\sigma}_r = \boldsymbol{\sigma}(\tilde{\boldsymbol{r}}) = (\mathsf{M}' \quad \mathsf{P})\begin{pmatrix}\boldsymbol{C}_a\\ \boldsymbol{K}_a\end{pmatrix}. \tag{B.33}$$

Entsprechend den Gleichungen (4.40a) und (4.40b), S. 23, darf man auch schreiben:

$$\boldsymbol{\sigma}_r = \boldsymbol{\sigma}(\tilde{\boldsymbol{r}}) = (\mathsf{P} \quad \mathsf{M}')\begin{pmatrix}\boldsymbol{K}_a\\ \boldsymbol{C}_a\end{pmatrix}. \tag{B.34}$$

Mit den Bezeichnungen analog Abschnitt 7.5.2.3., S. 163/164 erhalten wir für ein Flächenstück in der $\tilde{x}, \tilde{y}$-Ebene entsprechend Bild B. 9 infolge der Spezialisierung

$$\left.\begin{array}{llll} B = A^{(\tilde{x},\tilde{y})}: & \mathrm{d}B = \mathrm{d}A^{(\tilde{x},\tilde{y})} & = \mathrm{d}\tilde{x}\cdot\mathrm{d}\tilde{y}\,, & \\ i \in A^{(\tilde{x},\tilde{y})}: & \tilde{x}_i \neq 0\,, & \tilde{y}_i \neq 0\,, & \tilde{z}_i = 0\,, \\ \boldsymbol{K}_a \perp A^{(\tilde{x},\tilde{y})}: & K_{a\tilde{x}} = 0\,, & K_{a\tilde{y}} = 0\,, & K_{a\tilde{z}} \neq 0\,, \\ \boldsymbol{C}_a \,\square\, A^{(\tilde{x},\tilde{y})}: & C_{a\tilde{x}} \neq 0\,, & C_{a\tilde{y}} \neq 0\,, & C_{a\tilde{z}} = 0 \end{array}\right\} \tag{B.35a}$$

die Gleichung für den Spannungsvektor $\boldsymbol{\sigma}_r$ zu

$$\begin{pmatrix}\tau_{\tilde{z}\tilde{x}}\\ \tau_{\tilde{z}\tilde{y}}\\ \sigma_{\tilde{z}\tilde{z}}\end{pmatrix} = \begin{pmatrix}1 & 0 & 0 & 0 & 0 & -\tilde{y}\\ 0 & 1 & 0 & 0 & 0 & +\tilde{x}\\ 0 & 0 & 1 & +\tilde{y} & -\tilde{x} & 0\end{pmatrix}\begin{pmatrix}0\\ 0\\ K_{a\tilde{z}}\\ C_{a\tilde{x}}\\ C_{a\tilde{y}}\\ 0\end{pmatrix}. \tag{B.35b}$$

In Richtung der Flächennormalen wirken also die Koordinaten

$$\sigma_{\tilde{z}\tilde{z}}(\tilde{x}, \tilde{y}) = K_{a\tilde{z}} + C_{a\tilde{x}}\cdot\tilde{y} - C_{a\tilde{y}}\cdot\tilde{x}\,. \tag{B.35c}$$

In der Regel sind in wenigstens drei Punkten $i = 1, 2, 3$ die Koordinaten $\sigma_{\tilde{z}\tilde{z}}(\tilde{x}_i, \tilde{y}_i) = \sigma_i$ bekannt. Setzt man die bekannten Koordinaten σ_i, $\tilde{x}_i$, $\tilde{y}_i$ in die Feldgleichung (B.35c) ein, so lassen sich die Koordinaten der erzeugenden Vektoren aus dem folgenden Gleichungssystem ermitteln:

$$\begin{pmatrix}\sigma_1\\ \sigma_2\\ \sigma_3\end{pmatrix} = \begin{pmatrix}1 & \tilde{y}_1 & -\tilde{x}_1\\ 1 & \tilde{y}_2 & -\tilde{x}_2\\ 1 & \tilde{y}_3 & -\tilde{x}_3\end{pmatrix}\begin{pmatrix}K_{a\tilde{z}}\\ C_{a\tilde{x}}\\ C_{a\tilde{y}}\end{pmatrix}. \tag{B.36}$$

Mit

$$\boldsymbol{\Lambda}_n := \begin{pmatrix}1 & \tilde{y}_1 & -\tilde{x}_1\\ 1 & \tilde{y}_2 & -\tilde{x}_2\\ 1 & \tilde{y}_3 & -\tilde{x}_3\end{pmatrix}; \qquad \boldsymbol{\Lambda}_{\tilde{z}} := \begin{pmatrix}\sigma_1 & \tilde{y}_1 & -\tilde{x}_1\\ \sigma_2 & \tilde{y}_2 & -\tilde{x}_2\\ \sigma_3 & \tilde{y}_3 & -\tilde{x}_3\end{pmatrix}; \tag{B.37, B.38}$$

$$\boldsymbol{\Lambda}_{\tilde{x}} := \begin{pmatrix}1 & \sigma_1 & -\tilde{x}_1\\ 1 & \sigma_2 & -\tilde{x}_2\\ 1 & \sigma_3 & -\tilde{x}_3\end{pmatrix}; \qquad \boldsymbol{\Lambda}_{\tilde{y}} := \begin{pmatrix}1 & \tilde{y}_1 & \sigma_1\\ 1 & \tilde{y}_2 & \sigma_2\\ 1 & \tilde{y}_3 & \sigma_3\end{pmatrix} \tag{B.39, B.40}$$

erhält man

$$K_{a\tilde{z}} = \frac{\det \boldsymbol{\Lambda}_{\tilde{z}}}{\det \boldsymbol{\Lambda}_n}, \tag{B.41}$$

$$C_{a\tilde{x}} = \frac{\det \boldsymbol{\Lambda}_{\tilde{x}}}{\det \boldsymbol{\Lambda}_n}, \tag{B.42}$$

$$C_{a\tilde{y}} = \frac{\det \boldsymbol{\Lambda}_{\tilde{y}}}{\det \boldsymbol{\Lambda}_n}. \tag{B.43}$$

a)

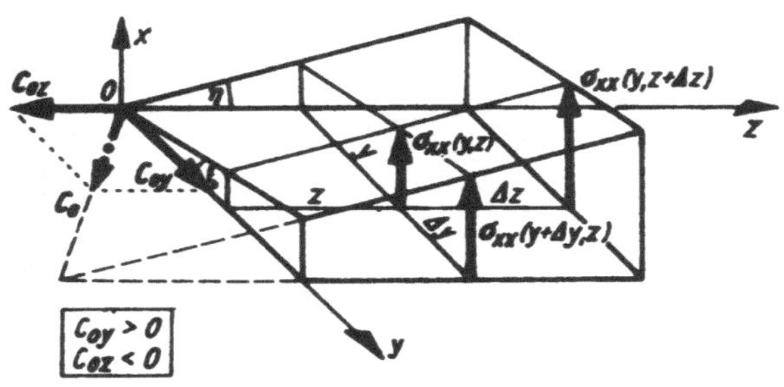

b)

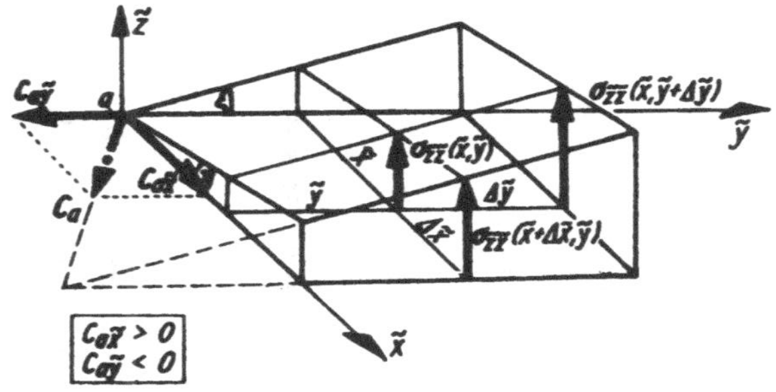

Feldgleichung

$\sigma_{xx}(y, z) = C_{0y} \cdot z - C_{0z} \cdot y$ $\qquad$ $\sigma_{\tilde{z}\tilde{z}}(\tilde{x}, \tilde{y}) = C_{a\tilde{x}} \cdot \tilde{y} - C_{a\tilde{y}} \cdot \tilde{x}$,

aus der Figur folgt für die Maßzahlen

$\{\sigma_{xx}(y, z)\} = \tan \eta \cdot \{z\} + \tan \xi \cdot \{y\}$ $\qquad$ $\{\sigma_{\tilde{z}\tilde{z}}(\tilde{x}, \tilde{y})\} = \tan \xi \cdot \{\tilde{y}\} + \tan \eta \cdot \{\tilde{x}\}$,

demnach ergeben sich die Koordinaten der erzeugenden Vektoren zu

$$C_{0y} = + \tan \eta \cdot \mathrm{ME} = + \frac{\sigma_{xx}(y, z + \Delta z) - \sigma_{xx}(y, z)}{\Delta z} \qquad C_{a\tilde{x}} = + \tan \xi \cdot \mathrm{ME} = \frac{\sigma_{\tilde{z}\tilde{z}}(\tilde{x}, \tilde{y} + \Delta\tilde{y}) - \sigma_{\tilde{z}\tilde{z}}(\tilde{x}, \tilde{y})}{\Delta\tilde{y}}$$

$$C_{0z} = - \tan \zeta \cdot \mathrm{ME} = - \frac{\sigma_{xx}(y + \Delta y, z) - \sigma_{xx}(y, z)}{\Delta y} \qquad C_{a\tilde{y}} = - \tan \eta \cdot \mathrm{ME} = - \frac{\sigma_{\tilde{z}\tilde{z}}(\tilde{x} + \Delta\tilde{x}, \tilde{y}) - \sigma_{\tilde{z}\tilde{z}}(\tilde{x}, \tilde{y})}{\Delta\tilde{x}}$$

(ME: Maßeinheit)

Bild B.10. Erzeugende Vektoren

a) Ergänzung zu Abschnitt 6.3.2.4.1., S. 110 $\qquad$ b) Vorbereitung der Flächenlastreduktion im Beispiel

Anmerkung: In den Bildern sind C_0, C_{0x}, C_{0z} bzw. C_a, $C_{a\tilde{x}}$, $C_{a\tilde{y}}$ Vektordarstellungen nach Bild 4.4.a), S. 7.

Liegen je zwei der Punkte i auf einer Parallelen zur $\tilde{x}$- bzw. $\tilde{y}$-Achse, so werden die Koordinaten $C_{a\tilde{x}}$ und $C_{a\tilde{y}}$ entsprechend Bild B.10

$$C_{a\tilde{x}} = +\tan\xi \cdot [C_{a\tilde{x}}]\,, \tag{B.44}$$

$$C_{a\tilde{y}} = -\tan\eta \cdot [\underset{\uparrow\text{Maßeinheit}}{C_{a\tilde{y}}}] \tag{B.45}$$

errechnet. Die Koordinate $K_{a\tilde{z}}$ ergibt sich dann entweder zu

$$K_{a\tilde{z}} = \sigma_a\,, \tag{B.46}$$

oder — falls σ_a nicht abgelesen bzw. einfach errechnet werden kann — mit Hilfe einer bekannten Koordinate σ_i in $\tilde{x}_i, \tilde{y}_i$ zu

$$K_{a\tilde{z}} = \sigma_i - C_{a\tilde{x}} \cdot \tilde{y}_i + C_{a\tilde{y}} \cdot \tilde{x}_i\,. \tag{B.47}$$

Anmerkung (vgl. Bild B.11):

Setzt man die Flächenlastvektoren mit der Pfeilspitze in den Angriffspunkt (technische Darstellung), so ändert der Tangens das Vorzeichen

$$\tan\alpha_p = -\tan\alpha_\sigma \,|\, \alpha = \xi, \eta.$$

Das Reduktionspaar dieser Flächenlast im Ursprung a des Koordinatensystems $\{a; \tilde{x}, \tilde{y}, \tilde{z}\}$ erhalten wir aus Gleichung (7.109.), S. 160, zu

$$\begin{pmatrix} \mathrm{R}P_{a\tilde{x}} \\ \mathrm{R}P_{a\tilde{y}} \\ \hdashline \mathrm{R}P_{a\tilde{z}} \\ \mathrm{R}M_{a\tilde{x}} \\ \mathrm{R}M_{a\tilde{y}} \\ \hdashline \mathrm{R}M_{a\tilde{z}} \end{pmatrix} = \begin{pmatrix} A & 0 & 0 & 0 & 0 & -\int \tilde{y}\,\mathrm{d}A \\ 0 & A & 0 & 0 & 0 & +\int \tilde{x}\,\mathrm{d}A \\ 0 & 0 & A & +\int \tilde{y}\,\mathrm{d}A & -\int \tilde{x}\,\mathrm{d}A & 0 \\ 0 & 0 & +\int \tilde{y}\,\mathrm{d}A & +\int \tilde{y}^2\,\mathrm{d}A & -\int \tilde{y}\tilde{x}\,\mathrm{d}A & 0 \\ 0 & 0 & -\int \tilde{x}\,\mathrm{d}A & -\int \tilde{x}\tilde{y}\,\mathrm{d}A & +\int \tilde{x}^2\,\mathrm{d}A & 0 \\ -\int \tilde{y}\,\mathrm{d}A & +\int \tilde{x}\,\mathrm{d}A & 0 & 0 & 0 & +\int (\tilde{x}^2 + \tilde{y}^2)\,\mathrm{d}A \end{pmatrix} \begin{pmatrix} 0 \\ \hdashline 0 \\ K_{a\tilde{z}} \\ C_{a\tilde{x}} \\ C_{a\tilde{y}} \\ \hdashline 0 \end{pmatrix}. \tag{B.48}$$

Mit den Bezeichnungen nach Gleichung (6.114), S. 101, definieren wir speziell für die $\tilde{x}$, $\tilde{y}$- Ebene:

$$\left.\begin{aligned} \int \tilde{x}\,\mathrm{d}A &= M_{0\tilde{y},\mathrm{P}k} = S_{0\tilde{y},\mathrm{P}k} =: S_{\tilde{y},\tilde{z}} =: S_{\tilde{y}\tilde{z}} \\ \int \tilde{x}\,\mathrm{d}A &= M_{0\tilde{z},\mathrm{P}j} = S_{0\tilde{z},\mathrm{P}j} =: S_{\tilde{z},\tilde{y}} =: S_{\tilde{z}\tilde{y}} \end{aligned}\right] \rightarrow =: S_{\tilde{y}}\,, \tag{B.49}$$

$$\left.\begin{aligned} \int \tilde{y}\,\mathrm{d}A &= M_{0\tilde{x},\mathrm{P}k} = S_{0\tilde{x},\mathrm{P}k} =: S_{\tilde{x},\tilde{z}} =: S_{\tilde{x}\tilde{z}} \\ \int \tilde{y}\,\mathrm{d}A &= M_{0\tilde{z},\mathrm{P}i} = S_{0\tilde{z},\mathrm{P}i} =: S_{\tilde{z},\tilde{x}} =: S_{\tilde{z}\tilde{x}} \end{aligned}\right] \rightarrow =: S_{\tilde{x}}\,, \tag{B.50}$$

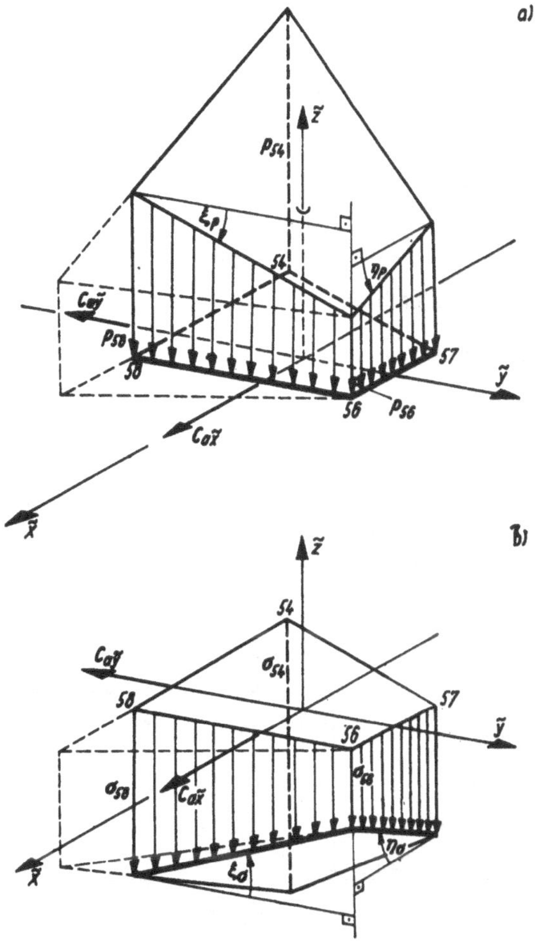

Bild B.11. Zur Darstellung von Flächenlasten

a) technische Darstellung (über dem Bereich)

$\boldsymbol{p}(\tilde{x}, \tilde{y}) > 0 \triangleq \sigma\,(\tilde{x}, \tilde{y}) < 0$

$\tan \xi_p < 0 \triangleq \tan \xi_0 > 0$

$\tan \eta_p < 0 \triangleq \tan \eta_0 > 0$

b) mathematische Darstellung (unter dem Bereich)

$\sigma(\tilde{x}, \tilde{y}) < 0$

$\tan \xi_\sigma > 0 \Rightarrow C_{a\tilde{x}} > 0$ vgl. Gleichung (B. 44)

$\tan \eta_\sigma > 0 \Rightarrow C_{a\tilde{y}} < 0$ vgl. Gleichung (B. 45)

und Tafel 6.8, S. 115, ergibt sich die vereinfachte Matrizendarstellung

$$\begin{pmatrix} \mathrm{R}P_{a\tilde{z}} \\ \mathrm{R}M_{a\tilde{x}} \\ \mathrm{R}M_{a\tilde{y}} \end{pmatrix} = \begin{pmatrix} +A & +S_{\tilde{x}} & -S_{\tilde{y}} \\ +S_{\tilde{x}} & +J_{\tilde{x}\tilde{x}} & -J_{\tilde{y}\tilde{x}} \\ -S_{\tilde{y}} & -J_{\tilde{x}\tilde{y}} & +J_{\tilde{y}\tilde{y}} \end{pmatrix} \begin{pmatrix} K_{a\tilde{z}} \\ C_{a\tilde{x}} \\ C_{a\tilde{y}} \end{pmatrix}. \tag{B.51}$$

In bezug auf die durch den Bereichsmittelpunkt m gehenden Koordinatenachsen $\bar{x}$, $\bar{y}$ sind

- die statischen Momente Null (Abschnitt 6.3.2.4.1.4., S. 100 und Gleichung (6.113))

$$S_{\bar{x}} = 0, \qquad S_{\bar{y}} = 0\,, \tag{B.52}$$

- die Trägheits- und Deviationsmomente für alle technisch interessierenden Flächenstücke in Tafeln zusammengestellt worden

$$J_{\bar{x}\bar{x}},\ J_{\bar{x}\bar{y}},\ J_{\bar{y}\bar{y}} \quad \text{(s. Tafel B.4).}$$

Tafel B.4. **Trägheits- und Deviationsmomente**

Flächen-stück	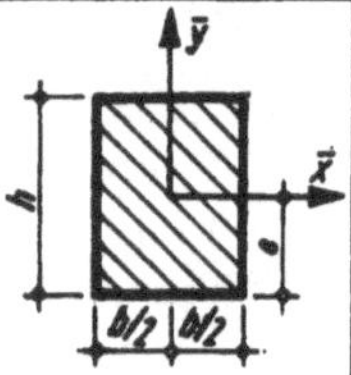	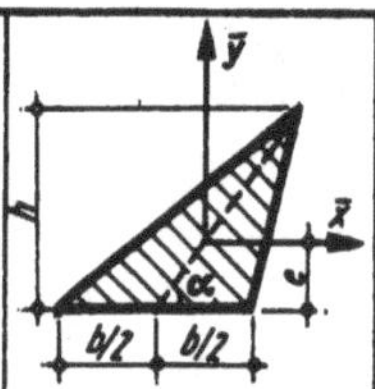	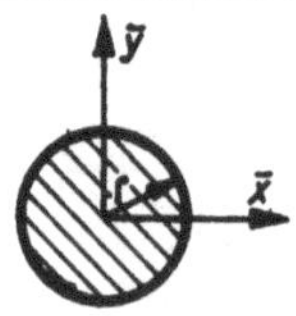
A	$b\cdot h$	$\frac{1}{2}\,b\cdot h$	$\pi\cdot r^2$
e	$\frac{h}{2}$	$\frac{h}{3}$	–
$I_{\bar{x}\bar{x}}$	$\frac{bh^3}{12}$	$\frac{bh^3}{36}$	$\frac{\pi r^4}{4}$
$I_{\bar{y}\bar{y}}$	$\frac{hb^3}{12}$	$\frac{hb}{12}\left(\frac{b^2}{4}+\frac{h^2}{3\tan^2\alpha}\right)$	$\frac{\pi r^4}{4}$
$I_{\bar{x}\bar{y}}$	0	$\frac{bh^3}{36\tan\alpha}$	0

Es ist deshalb zweckmäßig, die vorliegende Fläche A zunächst in geeignete Flächenstücke A_Q zu zerlegen (wobei für Flächenteile $A > 0$ und Aussparungen $A < 0$ gilt) und die Koordinaten $\tilde{x}_{mQ}$ und $\tilde{y}_{mQ}$ ihrer Mittelpunkte m_Q zu ermitteln. In jedem Mittelpunkt m_Q als Ursprung wird daraufhin ein Koordinatensystem $\{m_Q; \bar{x}_Q, \bar{y}_Q\}$ für das Flächenstück A_Q gelegt (wobei $\tilde{x} \parallel \bar{x}_Q$, $\tilde{y} \parallel \bar{y}_Q$). Danach lassen sich die Bereichsintegrale in Gleichung (B.48) wegen der Gültigkeit von Gleichung (6.110), S. 100,

$$\int_{A_Q} (\tilde{x}_Q - \tilde{x}_{mQ})\, \mathrm{d}A_Q = \int_{A_Q} \bar{x}_Q\, \mathrm{d}A_Q = 0\,, \tag{B.53a}$$

$$\int_{A_Q} (\tilde{y}_Q - \tilde{y}_{mQ})\, \mathrm{d}A_Q = \int_{A_Q} \bar{y}_Q\, \mathrm{d}A_Q = 0 \tag{B.53b}$$

durch die Substitution

$$\tilde{x}_Q = \bar{x}_Q + \tilde{x}_{mQ}; \qquad \tilde{y}_Q = \bar{y}_Q + \tilde{y}_{mQ} \qquad \text{(B.54), (B.55)}$$

wie folgt vereinfachen:

Fläche

$$A = \sum_Q \int_{A_Q} \mathrm{d}A_Q\,, \tag{B.56}$$

$$A = \sum_Q A_Q \quad \left| \begin{array}{ll} A > 0 & \text{Flächenstück} \\ A < 0 & \text{Aussparung} \end{array} \right. ; \tag{B.57}$$

Statische Momente

$$S_{\tilde{x}} = \sum_Q \int_{A_Q} \tilde{y}\,\mathrm{d}A_Q = \sum_Q \int_{A_Q} (\bar{y}_Q + \tilde{y}_{mQ})\,\mathrm{d}A_Q = \sum_Q \Big(\underbrace{\int_{A_Q} \bar{y}_Q \mathrm{d}A_Q}_{\mapsto\,=\,0} + \tilde{y}_{mQ} \int_{A_Q} \mathrm{d}A_Q\Big)\,,$$

$$S_{\tilde{x}} = \sum_Q \tilde{y}_{mQ} \cdot A_Q\,, \tag{B.58}$$

$$S_{\tilde{y}} = \sum_Q \int_{A_Q} \tilde{x}\,\mathrm{d}A_Q = \sum_Q \int_{A_Q} (\bar{x}_Q + \tilde{x}_{mQ})\,\mathrm{d}A_Q = \sum_Q \Big(\underbrace{\int_{A_Q} \bar{x}_Q\,\mathrm{d}A_Q}_{\mapsto\,=\,0} + \tilde{x}_{mQ} \int_{A_Q} \mathrm{d}A_Q\Big)\,,$$

$$S_{\tilde{y}} = \sum_Q \tilde{x}_{mQ} \cdot A_Q\,; \tag{B.59}$$

Trägheitsmomente

$$J_{\tilde{x}\tilde{x}} = \sum_Q \int_{A_Q} \tilde{y}_Q^2\,\mathrm{d}A_Q = \sum_Q \int_{A_Q} (\bar{y}_Q + \tilde{y}_{mQ})^2\,\mathrm{d}A_Q =$$

$$= \sum_Q \Big(\underbrace{\int_{A_Q} \bar{y}_Q^2\,\mathrm{d}A_Q}_{\mapsto\,=\,J_{\bar{x}\bar{x},Q}} + \tilde{y}_{mQ}^2 \int_{A_Q} \mathrm{d}A_Q + 2\tilde{y}_{mQ} \underbrace{\int_{A_Q} \bar{y}_Q\,\mathrm{d}A_Q}_{\mapsto\,=\,0}\Big)\,,$$

$$J_{\tilde{x}\tilde{x}} = \sum_Q (J_{\bar{x}\bar{x},Q} + \tilde{y}_{mQ}^2 A_Q)\,, \tag{B.60}$$

$$J_{\tilde{y}\tilde{y}} = \sum_Q \int_{A_Q} \tilde{x}_Q^2\,\mathrm{d}A_Q = \sum_Q \int_{A_Q} (\bar{x}_Q + \tilde{x}_{mQ})^2\,\mathrm{d}A_Q =$$

$$= \sum_Q \Big(\underbrace{\int_{A_Q} \bar{x}_Q^2\,\mathrm{d}A_Q}_{\mapsto\,=\,J_{\bar{y}\bar{y},Q}} + \tilde{x}_{mQ}^2 \int_{A_Q} \mathrm{d}A_Q + 2\tilde{x}_{mQ} \underbrace{\int_{A_Q} \bar{x}_Q\,\mathrm{d}A_Q}_{\mapsto\,=\,0}\Big)\,,$$

$$J_{\tilde{y}\tilde{y}} = \sum_Q (J_{\bar{y}\bar{y},Q} + \tilde{x}_{mQ}^2 A_Q)\,; \tag{B.61}$$

Deviationsmomente

$$J_{\tilde{x}\tilde{y}} = \sum_Q \int_{A_Q} \tilde{x}_Q \tilde{y}_Q\,\mathrm{d}A_Q = \sum_Q \int_{A_Q} (\bar{x}_Q + \tilde{x}_{mQ})(\bar{y}_Q + \tilde{y}_{mQ})\,\mathrm{d}A_Q =$$

$$= \sum_Q \Big(\underbrace{\int_{A_Q} \bar{x}_Q \bar{y}_Q\,\mathrm{d}A_Q}_{\mapsto\,=\,J_{\bar{x}\bar{y},Q}} + \tilde{x}_{mQ}\tilde{y}_{mQ} \int_{A_Q} \mathrm{d}A_Q + \tilde{x}_{mQ} \underbrace{\int_{A_Q} \bar{y}_Q\,\mathrm{d}A_Q}_{\mapsto\,=\,0} + \tilde{y}_{mQ} \underbrace{\int_{A_Q} \bar{x}_Q \mathrm{d}A_Q}_{\mapsto\,=\,0}\Big)\,,$$

$$J_{\tilde{x}\tilde{y}} = \sum_Q (J_{\bar{x}\bar{y},Q} + \tilde{x}_{mQ}\tilde{y}_{mQ} A_Q)\,. \tag{B.62}$$

Anmerkung

Diese Substitution wurde schon von HUYGENS (1673) und EULER (1765) benutzt, ist aber erst durch STEINER (1796–1863) allgemein bekannt geworden, weshalb die Terme

$$\tilde{y}_{mQ}A_Q,\ \tilde{x}_{mQ}A_Q,\ \tilde{y}^2_{mQ}A_Q,\ \tilde{x}^2_{mQ}A_Q,\ \tilde{x}_{mQ}\tilde{y}_{mQ}A_Q$$

häufig auch als STEINERsche Anteile (an der entsprechenden Größe) bezeichnet werden.

Das dem Reduktionspaar in a äquivalente Zentralpaar ergibt sich als Sonderfall aus den Darlegungen in Abschnitt 7.5.2.4., S. 166, da das vorliegende Reduktionspaar orthogonal ist und demnach die Zerlegung (7.136) entfällt. Entsprechend Gleichung (7.134) ist der Zentralvektor (= Zentralprojektion $Z\boldsymbol{P}$) gleich dem reduzierten Vektor $\mathrm{R}\boldsymbol{P}$

$$\begin{pmatrix} ZP_{d\tilde{x}} \\ ZP_{d\tilde{y}} \\ ZP_{d\tilde{z}} \end{pmatrix} = \begin{pmatrix} \mathrm{R}P_{a\tilde{x}} \\ \mathrm{R}P_{a\tilde{y}} \\ \mathrm{R}P_{a\tilde{z}} \end{pmatrix} = \begin{pmatrix} 0 \\ 0 \\ -G_d \end{pmatrix}. \tag{B.63}$$

Die Durchstoßpunktkoordinaten der Zentrallinie mit der $\tilde{x},\tilde{y}$-Ebene ergeben sich aus den Gleichungen (7.146a) und (7.146b) zu

$$\tilde{x}_d^{(\tilde{x},\tilde{y})} = -\frac{\mathrm{R}M_{a\tilde{y}}}{\mathrm{R}P_{a\tilde{z}}}, \qquad \tilde{y}_d^{(\tilde{x},\tilde{y})} = +\frac{\mathrm{R}M_{a\tilde{x}}}{\mathrm{R}P_{a\tilde{z}}}. \qquad \text{(B.64), (B.65)}$$

Damit ist die Aufgabe gelöst: Die Größen

$$\boldsymbol{r}_d = \begin{pmatrix} x_a + \tilde{x}_d^{(\tilde{x},\tilde{y})} \\ y_a + \tilde{y}_d^{(\tilde{x},\tilde{y})} \\ z_a \end{pmatrix}; \qquad G_d = -ZP_{a\tilde{z}}; \qquad \boldsymbol{e}_d = \begin{pmatrix} e_{d\tilde{x}} \\ e_{d\tilde{y}} \\ e_{d\tilde{z}} \end{pmatrix} = \begin{pmatrix} 0 \\ 0 \\ -1 \end{pmatrix}$$

(B.66a), (B. 66b), (B.66c)

werden zur Reduktion in das spatiale Kräftesystem aufgenommen.

B.2.2. Modifizierungsprozeß II

Mit den Gesamtlasten $\boldsymbol{G}_d$, die die zentralen Kräftesysteme bzw. die Kraftdichtefelder äquivalent ersetzen, und den bekannten Punktlasten $\boldsymbol{K}_i$ liegt ein System bekannter Kräfte vor

$$\mathrm{S}_{\boldsymbol{F}_b} := \{\boldsymbol{F}_b \mid \boldsymbol{F}_b = \boldsymbol{G}_d, \boldsymbol{K}_i\}\,, \tag{B.67}$$

das mit dem System der unbekannten Kopplungskräfte

$$\mathrm{S}_{\boldsymbol{F}_u} := \{\boldsymbol{F}_u\} \tag{B.68}$$

zu einem spatialen Kräftesystem

$$\mathrm{S}_{\boldsymbol{F}} := \{\boldsymbol{F}_a \mid a = b, u\} \tag{B.69}$$

zusammengefaßt werden kann (Bilder B.5b), B.6b), B.7b)). Wirken an einigen Punkten a Elementarpaare (Bilder B.5b), B.6b)), so ist ein spatiales Elementarpaarsystem gegeben:

$$\mathrm{S}_{\boldsymbol{E}} := \left\{\boldsymbol{E}_a = \begin{bmatrix} \boldsymbol{P}_a \\ \boldsymbol{M}_a \end{bmatrix}^{\Psi_a} \middle|\, a = b, u\right\}, \tag{B.70}$$

das selbstverständlich die Sonderfälle $\boldsymbol{P} = \boldsymbol{0}$ oder $\boldsymbol{M} = \boldsymbol{0}$ enthalten kann. Diese beiden Spatialsysteme müssen im zweiten Modifizierungsprozeß der Belegung reduziert werden.

B.2.2.1. Reduktion eines spatialen Kräftesystems

$$\mathrm{S}_{\boldsymbol{F}} := \{\boldsymbol{F}_a \mid a = b, u\}$$

Greifen in den Punkten b bzw. u ausschließlich bekannte bzw. unbekannte *Kräfte*

$$\boldsymbol{F}_b = F_b \cdot \boldsymbol{e}_b \quad \text{bzw.} \quad \boldsymbol{F}_u = F_u \cdot \boldsymbol{e}_u \tag{B.71}$$

an (Bild B.7b), liegt also ein reines Kräftesystem vor, so erhalten wir im Ursprung 0 des globalen Koordinatensystems das folgende Reduktionspaar, dargestellt als Matrix (vgl. Gleichung (5.29), S. 42, und Gleichung (6.52), S. 80):

$$\begin{pmatrix}\mathrm{R}\boldsymbol{P}_{0,a}\\ \mathrm{R}\boldsymbol{M}_{0,a}\end{pmatrix} = \begin{pmatrix}\mathrm{R}\boldsymbol{P}_{0,b}\\ \mathrm{R}\boldsymbol{M}_{0,b}\end{pmatrix} + \begin{pmatrix}\mathrm{R}\boldsymbol{P}_{0,u}\\ \mathrm{R}\boldsymbol{M}_{0,u}\end{pmatrix} = \sum_b \begin{pmatrix}\boldsymbol{P}_{0,b}\\ \boldsymbol{M}_{0,b}\end{pmatrix} + \sum_u \begin{pmatrix}\boldsymbol{P}_{0,u}\\ \boldsymbol{M}_{0,u}\end{pmatrix} =$$

$$= \sum_b \begin{pmatrix}\mathsf{P}\\ \mathsf{M}\end{pmatrix}_{0b} \cdot \boldsymbol{F}_b + \sum_u \begin{pmatrix}\mathsf{P}\\ \mathsf{M}\end{pmatrix}_{0u} \cdot \boldsymbol{F}_u\,. \tag{B.72}$$

Es nimmt bei Beachtung von Bild 4.4d, S. 7, folgende Form an:

$$\begin{pmatrix}\mathrm{R}\boldsymbol{P}_{0,a}\\ \mathrm{M}\boldsymbol{P}_{0,a}\end{pmatrix} = \sum_b \begin{pmatrix}\mathsf{P}\\ \mathsf{M}\end{pmatrix}_{0b} \cdot \boldsymbol{e}_b \cdot F_b + \sum_u \begin{pmatrix}\mathsf{P}\\ \mathsf{M}\end{pmatrix}_{0u} \cdot \boldsymbol{e}_u \cdot F_u\,. \tag{B. 73}$$

Multiplizieren wir noch die Einheitsvektoren $\boldsymbol{e}_b$ bzw. $\boldsymbol{e}_u$ mit den Matrizen P und M, so erhalten wir mit Gleichung (7.152), S. 171, die normierten PLÜCKER-Vektoren, die das Substitutionspaar des Einheitsvektors $\boldsymbol{e}_b$ bzw. $\boldsymbol{e}_u$ repräsentieren (vgl. Abschnitt 7.5.1., S. 154ff.):

$$\begin{pmatrix}\mathsf{P}\\ \mathsf{M}\end{pmatrix}_{0b} \cdot \boldsymbol{e}_b = \begin{pmatrix}\boldsymbol{e}_{0,b}\\ \boldsymbol{f}_{0,b}\end{pmatrix}; \qquad \begin{pmatrix}\mathsf{P}\\ \mathsf{M}\end{pmatrix}_{0u} \cdot \boldsymbol{e}_u = \begin{pmatrix}\boldsymbol{e}_{0,u}\\ \boldsymbol{f}_{0,u}\end{pmatrix}. \tag{B.74}$$

Mit diesen PLÜCKER-Vektoren gehen die Reduktionsgleichungen in die Form über:

$$\begin{pmatrix}\mathrm{R}\boldsymbol{P}_{0,a}\\ \mathrm{R}\boldsymbol{M}_{0,a}\end{pmatrix} = \sum_b \begin{pmatrix}\boldsymbol{e}_{0,b}\\ \boldsymbol{f}_{0,b}\end{pmatrix} \cdot F_b + \sum_u \begin{pmatrix}\boldsymbol{e}_{0,u}\\ \boldsymbol{f}_{0,u}\end{pmatrix} \cdot F_u\,. \tag{B.75}$$

Analog Gleichung (7.174), S. 174, ergibt sich die Koordinatendarstellung

$$\underbrace{\begin{bmatrix}\mathrm{R}P_{0x,a}\\ \mathrm{R}P_{0y,a}\\ \mathrm{R}P_{0z,a}\\ \mathrm{R}M_{0x,a}\\ \mathrm{R}M_{0y,a}\\ \mathrm{R}M_{0z,a}\end{bmatrix}}_{\mapsto =:\, \mathbf{R}\boldsymbol{E}_{0,a}} = \underbrace{\begin{bmatrix}\cdots e_{0x,b} \cdots\\ \cdots e_{0y,b} \cdots\\ \cdots e_{0z,b} \cdots\\ \cdots f_{0x,b} \cdots\\ \cdots f_{0y,b} \cdots\\ \cdots f_{0z,b} \cdots\end{bmatrix}}_{\mapsto =:\, \mathbf{\Lambda}_b} \cdot \underbrace{\begin{bmatrix}\vdots\\ F_b\\ \vdots\end{bmatrix}}_{\mapsto =:\, \mathbf{F}_b} + \underbrace{\begin{bmatrix}\cdots e_{0x,u} \cdots\\ \cdots e_{0y,u} \cdots\\ \cdots e_{0z,u} \cdots\\ \cdots f_{0x,u} \cdots\\ \cdots f_{0y,u} \cdots\\ \cdots f_{0z,u} \cdots\end{bmatrix}}_{\mapsto =:\, \mathbf{\Lambda}_u} \cdot \underbrace{\begin{bmatrix}\vdots\\ F_u\\ \vdots\end{bmatrix}}_{\mapsto =:\, \mathbf{F}_u}. \tag{B.76a}$$

Mit den Matrizensymbolen in Gleichung (B.76a) erhalten wir schließlich für die Reduktionsgleichungen die folgende Matrizendarstellung:

$$\mathbf{R}\boldsymbol{E}_{0,a} = \mathbf{\Lambda}_b \cdot \mathbf{F}_b + \mathbf{\Lambda}_u \cdot \mathbf{F}_u\,. \tag{B.76b}$$

Verzichten wir auf die Angabe des Reduktionszentrums 0, so folgt

$$\mathbf{R}\boldsymbol{E}_a = \mathbf{\Lambda}_b \cdot \mathbf{F}_b + \mathbf{\Lambda}_u \cdot \mathbf{F}_u\,. \tag{B.76c}$$

Betrachten wir nur die bekannten Kräfte, so gilt mit $a = b$

$$\mathbf{R}\boldsymbol{E}_b = \mathbf{\Lambda}_b \cdot \mathbf{F}_b\,. \tag{B.77a}$$

Im Beispiel liegen drei Systemteile J ($J = \text{I, II, III}$) vor. An jedem Systemteil greifen bekannte Kräfte an, die zu reduzieren sind. Demnach müssen wir genauer schreiben

$$\mathbf{R}\boldsymbol{E}_{b/J} = \mathbf{\Lambda}_{b/J} \cdot \mathbf{F}_{b/J} \mid J = \text{I, II, III}\,. \tag{B.77b}$$

Ausführlich gilt also für unser Beispiel

$$\begin{aligned}
\mathbf{R}\boldsymbol{E}_{b/\mathrm{I}} &= \mathbf{\Lambda}_{b/\mathrm{I}} \cdot \mathbf{F}_{b/\mathrm{I}} + 0 \cdot \mathbf{F}_{b/\mathrm{II}} + 0 \cdot \mathbf{F}_{b/\mathrm{III}}\,,\\
\mathbf{R}\boldsymbol{E}_{b/\mathrm{II}} &= 0 \cdot \mathbf{F}_{b/\mathrm{I}} + \mathbf{\Lambda}_{b/\mathrm{II}} \cdot \mathbf{F}_{b/\mathrm{II}} + 0 \cdot \mathbf{F}_{b/\mathrm{III}}\,,\\
\mathbf{R}\boldsymbol{E}_{b/\mathrm{III}} &= 0 \cdot \mathbf{F}_{b/\mathrm{I}} + 0 \cdot \mathbf{F}_{b/\mathrm{II}} + \mathbf{\Lambda}_{b/\mathrm{III}} \cdot \mathbf{F}_{b/\mathrm{III}}\,,
\end{aligned} \tag{B.77c}$$

oder in Matrizenform

$$\underbrace{\begin{pmatrix} \mathbf{R}\boldsymbol{E}_{b/\mathrm{I}} \\ \mathbf{R}\boldsymbol{E}_{b/\mathrm{II}} \\ \mathbf{R}\boldsymbol{E}_{b/\mathrm{III}} \end{pmatrix}}_{\to\, =:\, \mathbf{R}\boldsymbol{E}_{b/S}} = \underbrace{\begin{pmatrix} \mathbf{\Lambda}_{b/\mathrm{I}} & 0 & 0 \\ 0 & \mathbf{\Lambda}_{b/\mathrm{II}} & 0 \\ 0 & 0 & \mathbf{\Lambda}_{b/\mathrm{III}} \end{pmatrix}}_{\to\, =:\, \mathbf{\Lambda}_{b/S}} \underbrace{\begin{pmatrix} \mathbf{F}_{b/\mathrm{I}} \\ \mathbf{F}_{b/\mathrm{II}} \\ \mathbf{F}_{b/\mathrm{III}} \end{pmatrix}}_{\to\, =:\, \mathbf{F}_{b/S}}. \tag{B.77d}$$

Indem wir mit dem Index S angeben, daß die Matrizen nicht für die Systemteile J ($J = \text{I, II, III}$) sondern für das ganze System S gelten, können wir kurz schreiben

$$\mathbf{R}\boldsymbol{E}_{b/S} = \mathbf{\Lambda}_{b/S} \cdot \mathbf{F}_{b/S}\,. \tag{B.77e}$$

Wir bezeichnen

- den Spaltenvektor der bekannten Kräfte, also den Spaltenvektor der Aktionen (häufig repräsentiert er die Belastung)

$$\mathbf{F}_{b/S} =: \mathbf{B} \tag{B.77f}$$

  als *Aktionsvektor,*

- die Matrix

$$\mathbf{\Lambda}_{b/S} =: \mathbf{\Lambda} \tag{B.77g}$$

  als *Aktionsmatrix,*

- den Spaltenvektor

$$\mathbf{R}\boldsymbol{E}_{b/S} =: \mathbf{R}_b \tag{B.77h}$$

  als *Reduktionsvektor der bekannten Aktionen*

und erhalten für die Reduktion eines Systems bekannter Kräfte (Aktionen) die folgende Gleichung

$$\mathbf{R}_b = \mathbf{\Lambda} \cdot \mathbf{B}\,. \tag{B.77i}$$

Die analogen Betrachtungen gelten für die Reduktion eines Systems unbekannter Kräfte.

B.2.2.2. Reduktion eines spatialen Elementarpaarsystems

$$\mathrm{S}_E := \{\boldsymbol{E}_a \mid a = b, u\}$$

Greifen jedoch — wie z. B. in k (Bilder B.5b), B.6b)) — in den Punkten b bzw. u Elementarpaare an, gilt also mit der Einführung des Semikolons (vgl. Band 2, Abschnitt 7.3.4.1.1., S. 137) genauer

$$\begin{pmatrix}\mathrm{R}\boldsymbol{P}_{0;a}\\ \mathrm{R}\boldsymbol{M}_{0;a}\end{pmatrix} = \begin{pmatrix}\mathrm{R}\boldsymbol{P}_{0;b}\\ \mathrm{R}\boldsymbol{M}_{0;b}\end{pmatrix} + \begin{pmatrix}\mathrm{R}\boldsymbol{P}_{0;u}\\ \mathrm{R}\boldsymbol{M}_{0;u}\end{pmatrix} = \sum_b \begin{pmatrix}\boldsymbol{P}_{0;b}\\ \boldsymbol{M}_{0;b}\end{pmatrix} + \sum_u \begin{pmatrix}\boldsymbol{P}_{0;u}\\ \boldsymbol{M}_{0;u}\end{pmatrix}, \tag{B.78}$$

so müssen wir die Gleichungen (7.54a) bzw. (7.54b), S. 138/139, beachten, wenn wir die Elementarpaare in 0 durch die Elementarpaare in b bzw. u ausdrücken wollen.

$$\begin{pmatrix}\mathrm{R}\boldsymbol{P}_{0;a}\\ \mathrm{R}\boldsymbol{M}_{0;a}\end{pmatrix} = \sum_b \begin{pmatrix}\mathsf{P} & \mathsf{O}\\ \mathsf{M} & \mathsf{P}\end{pmatrix}_{0b} \begin{pmatrix}\boldsymbol{P}_b\\ \boldsymbol{M}_b\end{pmatrix} + \sum_u \begin{pmatrix}\mathsf{P} & \mathsf{O}\\ \mathsf{M} & \mathsf{P}\end{pmatrix}_{0u} \begin{pmatrix}\boldsymbol{P}_u\\ \boldsymbol{M}_u\end{pmatrix}. \tag{B.79}$$

Wir drücken nun auch analog Gleichung (B.73) die polaren Projektionen durch ihre Einheitsvektoren $\boldsymbol{e}^P$ und die polaren Momente durch ihre Einheitsvektoren $\boldsymbol{e}^M$ aus:

$$\begin{pmatrix}\mathrm{R}\boldsymbol{P}_{0;a}\\ \mathrm{R}\boldsymbol{M}_{0;a}\end{pmatrix} = \sum_b \begin{pmatrix}\mathsf{P} & \mathsf{O}\\ \mathsf{M} & \mathsf{P}\end{pmatrix}_{0b} \begin{pmatrix}\boldsymbol{e}_b^P \cdot P_b\\ \boldsymbol{e}_b^M \cdot M_b\end{pmatrix} + \sum_u \begin{pmatrix}\mathsf{P} & \mathsf{O}\\ \mathsf{M} & \mathsf{P}\end{pmatrix}_{0u} \begin{pmatrix}\boldsymbol{e}_u^P \cdot P_u\\ \boldsymbol{e}_u^M \cdot M_u\end{pmatrix}. \tag{B.80}$$

Schließlich multiplizieren wir wieder die Einheitsvektoren mit den Matrizen

$$\begin{pmatrix}\mathrm{R}\boldsymbol{P}_{0;a}\\ \mathrm{R}\boldsymbol{M}_{0;a}\end{pmatrix} = \sum_b \begin{pmatrix}\boldsymbol{e}_{0,b}^P & \boldsymbol{0}\\ \boldsymbol{f}_{0,b} & \boldsymbol{e}_{0,b}^M\end{pmatrix} \begin{pmatrix}P_b\\ M_b\end{pmatrix} + \sum_u \begin{pmatrix}\boldsymbol{e}_{0,u}^P & \boldsymbol{0}\\ \boldsymbol{f}_{0,u} & \boldsymbol{e}_{0,u}^M\end{pmatrix} \begin{pmatrix}P_u\\ M_u\end{pmatrix} \tag{B.81}$$

und erhalten die Koordinatendarstellung

$$\underbrace{\begin{bmatrix}\mathrm{R}P_{0x;a}\\ \mathrm{R}P_{0y;a}\\ \mathrm{R}P_{0z;a}\\ \mathrm{R}M_{0x;a}\\ \mathrm{R}M_{0y;a}\\ \mathrm{R}M_{0z;a}\end{bmatrix}}_{\mapsto =:\, \mathbf{R}\boldsymbol{E}_{0;a}} = \underbrace{\begin{bmatrix}\cdots & e_{0x,b}^P & 0 & \cdots\\ \cdots & e_{0y,b}^P & 0 & \cdots\\ \cdots & e_{0z,b}^P & 0 & \cdots\\ \cdots & f_{0x,b} & e_{0x,b}^M & \cdots\\ \cdots & f_{0y,b} & e_{0y,b}^M & \cdots\\ \cdots & f_{0z,b} & e_{0z,b}^M & \cdots\end{bmatrix}}_{\mapsto =:\, \mathbf{\Delta}_b} \underbrace{\begin{bmatrix}\vdots\\ P_b\\ M_b\\ \vdots\end{bmatrix}}_{\mapsto =:\, \mathbf{E}_b} + \underbrace{\begin{bmatrix}\cdots & e_{0x,u}^P & 0 & \cdots\\ \cdots & e_{0y,u}^P & 0 & \cdots\\ \cdots & e_{0z,u}^P & 0 & \cdots\\ \cdots & f_{0x,u} & e_{0x,u}^M & \cdots\\ \cdots & f_{0y,u} & e_{0y,u}^M & \cdots\\ \cdots & f_{0z,b} & e_{0z,u}^M & \cdots\end{bmatrix}}_{\mapsto =:\, \mathbf{\Delta}_u} \underbrace{\begin{bmatrix}\vdots\\ P_u\\ M_u\\ \vdots\end{bmatrix}}_{\mapsto =:\, \mathbf{E}_u} \tag{B.82a}$$

oder mit den Definitionen in Gleichung (B.82a)

$$\mathbf{R}\boldsymbol{E}_{0;a} = \mathbf{\Delta}_b \cdot \mathbf{E}_b + \mathbf{\Delta}_u \cdot \mathbf{E}_u\,. \tag{B.82b}$$

Verzichten wir auf die Angabe des Reduktionszentrums, so folgt

$$\mathbf{R}\boldsymbol{E}_a = \mathbf{\Delta}_b \cdot \mathbf{E}_b + \mathbf{\Delta}_u \cdot \mathbf{E}_u\,. \tag{B.82c}$$

Betrachten wir nur die unbekannten Elementarpaare, so gilt mit $a = u$

$$\mathbf{R}\boldsymbol{E}_u = \mathbf{\Delta}_u \cdot \mathbf{E}_u\,. \tag{B.83a}$$

Im Beispiel liegen drei Systemteile J ($J = \mathrm{I, II, III}$) vor. An jedem Systemteil greifen unbekannte Elementarpaare an. Dabei können natürlich auch einige Elementarpaare als Sonderfälle

$$\begin{pmatrix} \boldsymbol{P} \\ \boldsymbol{0} \end{pmatrix}, \quad \begin{pmatrix} \boldsymbol{0} \\ \boldsymbol{M} \end{pmatrix}$$

in Erscheinung treten. Diese unbekannten Elementarpaare sind getrennt für jedes Systemteil zu reduzieren. Demnach müssen wir genauer schreiben

$$\mathbf{R}\boldsymbol{E}_{u/J} = \boldsymbol{\Delta}_{u/J} \cdot \mathbf{E}_{u/J} \mid J = \mathrm{I, II, III}\,. \tag{B.83b}$$

Ausführlich gilt also für unser Beispiel

$$\begin{aligned} \mathbf{R}\boldsymbol{E}_{u/\mathrm{I}} &= \boldsymbol{\Delta}_{u/\mathrm{I}} \cdot \mathbf{E}_{u/\mathrm{I}} + \mathbf{0} \cdot \mathbf{E}_{u/\mathrm{II}} + \mathbf{0} \cdot \mathbf{E}_{u/\mathrm{III}}\,, \\ \mathbf{R}\boldsymbol{E}_{u/\mathrm{II}} &= \mathbf{0} \cdot \mathbf{E}_{u/\mathrm{I}} + \boldsymbol{\Delta}_{u/\mathrm{II}} \cdot \mathbf{E}_{u/\mathrm{II}} + \mathbf{0} \cdot \mathbf{E}_{u/\mathrm{III}}\,, \\ \mathbf{R}\boldsymbol{E}_{u/\mathrm{III}} &= \mathbf{0} \cdot \mathbf{E}_{u/\mathrm{I}} + \mathbf{0} \cdot \mathbf{E}_{u/\mathrm{II}} + \boldsymbol{\Delta}_{u/\mathrm{III}} \cdot \mathbf{E}_{u/\mathrm{III}}\,, \end{aligned} \tag{B.83c}$$

oder in Matrizenform

$$\underbrace{\begin{pmatrix} \mathbf{R}\boldsymbol{E}_{u/\mathrm{I}} \\ \mathbf{R}\boldsymbol{E}_{u/\mathrm{II}} \\ \mathbf{R}\boldsymbol{E}_{u/\mathrm{III}} \end{pmatrix}}_{\to\, =:\, \mathbf{R}\boldsymbol{E}_{u/S}} = \underbrace{\begin{pmatrix} \boldsymbol{\Delta}_{u/\mathrm{I}} & \mathbf{0} & \mathbf{0} \\ \mathbf{0} & \boldsymbol{\Delta}_{u/\mathrm{II}} & \mathbf{0} \\ \mathbf{0} & \mathbf{0} & \boldsymbol{\Delta}_{u/\mathrm{III}} \end{pmatrix}}_{\to\, =:\, \boldsymbol{\Delta}_{u/S}} \underbrace{\begin{pmatrix} \mathbf{E}_{u/\mathrm{I}} \\ \mathbf{E}_{u/\mathrm{II}} \\ \mathbf{E}_{u/\mathrm{III}} \end{pmatrix}}_{\to\, =:\, \mathbf{E}_{u/S}}. \tag{B.83d}$$

Da der Index S wieder das ganze System kennzeichnet, kann man kurz schreiben:

$$\mathbf{R}\boldsymbol{E}_{u/S} = \boldsymbol{\Delta}_{u/S} \cdot \mathbf{E}_{u/S}\,. \tag{B.83e}$$

Wir bezeichnen

- den Spaltenvektor der unbekannten Elementarpaare, also den Spaltenvektor der Reaktionen,

$$\mathbf{E}_{u/S} =: \mathbf{U} \tag{B.83f}$$

  als *Reaktionsvektor*,

- die Matrix

$$\boldsymbol{\Delta}_{u/S} =: \boldsymbol{\Delta} \tag{B.83g}$$

  als *Reaktionsmatrix*,

- den Spaltenvektor

$$\mathbf{R}\boldsymbol{E}_{u/S} =: \mathbf{R}_u \tag{B.83h}$$

  als *Reduktionsvektor der unbekannten Reaktionen*

und erhalten für die Reduktion eines Systems unbekannter Elementarpaare (Reaktionen) die folgende Gleichung

$$\mathbf{R}_u = \boldsymbol{\Delta} \cdot \mathbf{U}\,. \tag{B.83i}$$

Die analogen Überlegungen gelten für die Reduktion eines Systems bekannter Elementarpaare.

B.2.3. Verknüpfungsprozeß

Der Verknüpfungsprozeß dient zur Aufstellung und Lösung des Gleichungssystems, das zur Ermittlung der unbekannten Koordinaten der Kopplungskräfte (also der Stütz-, Gelenk- und Schnittkräfte) erforderlich ist. Hierzu dienen die Gleichgewichtsbedingungen (Tafel B.2.a) für jedes Systemteil J (J = I, II, III) und die Kopplungsbedingungen (Tafel B.2.e) für die Kopplung der Systemteile I und II in k sowie der Systemteile II und III in g.

Zur Aufstellung der Gleichgewichtsbedingungen dient das in Abschnitt B.1.2.2. gewählte Prinzip in der Form der Gleichung (B.16b). Diese Gleichung nimmt — wenn wir beachten, daß nur bekannte Kräfte auftreten (Komma vor b) und daß die Gleichungen für das ganze System angeschrieben werden müssen (Index S) — die folgende Form an:

$$\mathbf{RE}_{0;u/S} + \mathbf{RE}_{0,b/S} = \mathbf{0}\,.$$

Wenn wir das Reduktionszentrum weglassen, ergibt sich

$$\mathbf{RE}_{u/S} + \mathbf{RE}_{b/S} = \mathbf{0}\,.$$

Mit den Definitionsgleichungen (B.77h) und (B.83h) folgt daraus

$$\mathbf{R}_u + \mathbf{R}_b = \mathbf{0} \tag{B.84}$$

bzw.

$$\mathbf{R}_u = -\mathbf{R}_b\,. \tag{B.85}$$

Beachten wir schließlich die Gleichung (B.83i), so dürfen wir schreiben:

$$\mathbf{\Delta} \cdot \mathbf{U} = -\mathbf{R}_b\,. \tag{B.86}$$

Dieses Gleichungssystem ist nicht lösbar, (vgl. Tafel B.5.a), da die Matrix $\mathbf{\Delta}$ nichtquadratisch ist. Sie besteht aus 18 Zeilen und 27 Spalten: Den $3 \cdot 6 = 18$ Gleichgewichtsbedingungen (Tafel B.2.a) stehen 27 Unbekannte im Vektor $\mathbf{U}$ (Tafel B.2d und Tafel B.2c) gegenüber. Das war auch nicht anders zu erwarten, da bisher die drei Systemteile J völlig unabhängig voneinander betrachtet worden sind. Sie sind aber in den Punkten k und g gekoppelt, und das

Tafel B.5.a. **Schematischer Aufbau der Matrizen in Gleichung (B. 86)**

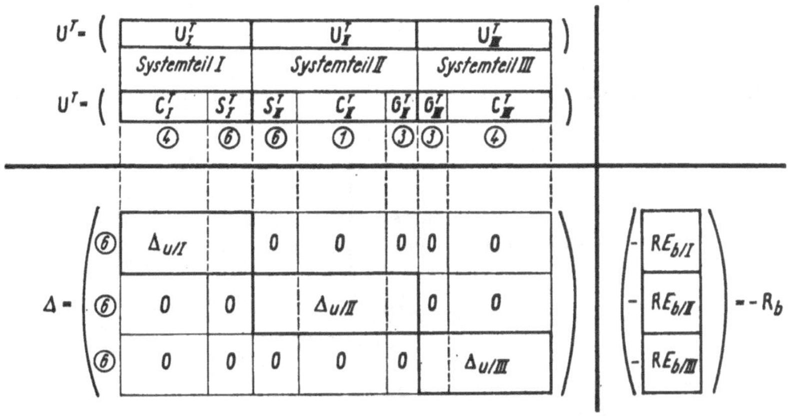

○ *Anzahl der Zeilen bzw. Spalten im Beispiel*

Tafel B.5.b. **Kopplungsbedingungen in k in Matrizenform**

$$\underbrace{\begin{pmatrix} P_{kx/\mathrm{I}} \\ P_{ky/\mathrm{I}} \\ P_{kz/\mathrm{I}} \\ M_{kx/\mathrm{I}} \\ M_{ky/\mathrm{I}} \\ M_{kz/\mathrm{I}} \end{pmatrix}}_{\mapsto = \mathbf{S}_\mathrm{I}} - \underbrace{\begin{pmatrix} P_{kx/\mathrm{II}} \\ P_{ky/\mathrm{II}} \\ P_{kz/\mathrm{II}} \\ M_{kx/\mathrm{II}} \\ M_{ky/\mathrm{II}} \\ M_{kz/\mathrm{II}} \end{pmatrix}}_{\mapsto = \mathbf{S}_\mathrm{II}} = \underbrace{\begin{pmatrix} 0 \\ 0 \\ 0 \\ 0 \\ 0 \\ 0 \end{pmatrix}}_{\mapsto = \mathbf{0}}$$

Als Matrizenprodukt:

$$\left(\underbrace{\begin{matrix} +1 & 0 & 0 & 0 & 0 & 0 \\ 0 & +1 & 0 & 0 & 0 & 0 \\ 0 & 0 & +1 & 0 & 0 & 0 \\ 0 & 0 & 0 & +1 & 0 & 0 \\ 0 & 0 & 0 & 0 & +1 & 0 \\ 0 & 0 & 0 & 0 & 0 & +1 \end{matrix}}_{\mapsto =: \mathbf{I}_s} \vdots \underbrace{\begin{matrix} -1 & 0 & 0 & 0 & 0 & 0 \\ 0 & -1 & 0 & 0 & 0 & 0 \\ 0 & 0 & -1 & 0 & 0 & 0 \\ 0 & 0 & 0 & -1 & 0 & 0 \\ 0 & 0 & 0 & 0 & -1 & 0 \\ 0 & 0 & 0 & 0 & 0 & -1 \end{matrix}}_{\mapsto =: \mathbf{Y}_s}\right) \times$$

$$\times \begin{pmatrix} P_{kx/\mathrm{I}} \\ P_{ky/\mathrm{I}} \\ P_{kz/\mathrm{I}} \\ M_{kx/\mathrm{I}} \\ M_{ky/\mathrm{I}} \\ M_{kz/\mathrm{I}} \\ \cdots \\ P_{kx/\mathrm{II}} \\ P_{ky/\mathrm{II}} \\ P_{kz/\mathrm{II}} \\ M_{kx/\mathrm{II}} \\ M_{ky/\mathrm{II}} \\ M_{kz/\mathrm{II}} \end{pmatrix} = \begin{pmatrix} 0 \\ 0 \\ 0 \\ 0 \\ 0 \\ 0 \end{pmatrix}$$

In symbolischer Schreibweise:

$$\boxed{(\mathbf{I}_s\ \mathbf{Y}_s) \cdot \begin{pmatrix} \mathbf{S}_\mathrm{I} \\ \mathbf{S}_\mathrm{II} \end{pmatrix} = \mathbf{0}}$$

Erweiterung des Spaltenvektors zum Vektor **U** und des Zeilenvektors zum Vektor $\mathbf{V}_s$:

$$\underbrace{(0\ \ \mathbf{I}_s\ \ \mathbf{Y}_s\ \ 0\ \ 0\ \ 0\ \ 0)}_{\mapsto =: \mathbf{V}_s} \cdot \underbrace{\begin{pmatrix} \mathbf{C}_\mathrm{I} \\ \mathbf{S}_\mathrm{I} \\ \mathbf{S}_\mathrm{II} \\ \mathbf{C}_\mathrm{II} \\ \mathbf{G}_\mathrm{II} \\ \mathbf{G}_\mathrm{III} \\ \mathbf{C}_\mathrm{III} \end{pmatrix}}_{\mapsto = \mathbf{U}} = 0$$

In symbolischer Schreibweise:

$$\boxed{\mathbf{V}_s \cdot \mathbf{U} = 0}$$

heißt, daß in diesen Punkten die Kopplungskräfte gegengleich sein müssen (vgl. Bild A.17 in Band 1, 2. Auflage, actio = reactio). Zur Berechnung stehen uns also noch die 9 Kopplungsbedingungen (Tafel B.2.e) zur Verfügung.

Mit den Darstellungen in Tafel B.5.b kann man die Kopplung zwischen Systemteil I und Systemteil II durch die Gleichung

$$\mathbf{V}_S \cdot \mathbf{U} = \mathbf{0} \tag{B.87}$$

beschreiben. Ebenso finden wir mit den Formulierungen in Tafel B.5.c für die Kopplung zwischen den Systemteilen II und III die Gleichung

$$\mathbf{V}_G \cdot \mathbf{U} = \mathbf{0}\,. \tag{B.88}$$

Fassen wir die Kopplungsbedingungen mit dem Gleichungssystem (B.86) zusammen, so erhalten wir

$$\left.\begin{array}{l} \mathbf{\Delta} \cdot \mathbf{U} = -\mathbf{R}_b \\ \mathbf{V}_S \cdot \mathbf{U} = \mathbf{0} \\ \mathbf{V}_G \cdot \mathbf{U} = \mathbf{0} \end{array}\right\} \Rightarrow \underbrace{\begin{pmatrix} \Delta \\ \mathbf{V}_S \\ \mathbf{V}_G \end{pmatrix}}_{\mapsto =: \mathbf{\Xi}} \cdot \mathbf{U} = \underbrace{\begin{pmatrix} -\mathbf{R}_b \\ \mathbf{0} \\ \mathbf{0} \end{pmatrix}}_{\mapsto =: \mathbf{R}} \tag{B.89}$$

Tafel B.5.c. **Kopplungsbedingungen in g in Matrizenform**

$$\underbrace{\begin{pmatrix} P_{gx/\mathrm{II}} \\ P_{gy/\mathrm{II}} \\ P_{gz/\mathrm{II}} \end{pmatrix}}_{\mapsto = \mathbf{G}_{\mathrm{II}}} - \underbrace{\begin{pmatrix} P_{gx/\mathrm{III}} \\ P_{gy/\mathrm{III}} \\ P_{gz/\mathrm{III}} \end{pmatrix}}_{\mapsto = \mathbf{G}_{\mathrm{III}}} = \underbrace{\begin{pmatrix} 0 \\ 0 \\ 0 \end{pmatrix}}_{\mapsto = \mathbf{0}}$$

Als Matrizenprodukt:

$$\Bigg(\underbrace{\begin{array}{ccc} +1 & 0 & 0 \\ 0 & +1 & 0 \\ 0 & 0 & +1 \end{array}}_{\mapsto =: \mathbf{I}_G} \;\vdots\; \underbrace{\begin{array}{ccc} -1 & 0 & 0 \\ 0 & -1 & 1 \\ 0 & 0 & -0 \end{array}}_{\mapsto =: \mathbf{Y}_G}\Bigg) \cdot \begin{Bmatrix} P_{gx/\mathrm{II}} \\ P_{gy/\mathrm{II}} \\ P_{gz/\mathrm{II}} \\ P_{gx/\mathrm{III}} \\ P_{gy/\mathrm{III}} \\ P_{gz/\mathrm{III}} \end{Bmatrix} = \begin{pmatrix} 0 \\ 0 \\ 0 \end{pmatrix}$$

In symbolischer Schreibweise:

$$\boxed{(\mathbf{I}_G \quad \mathbf{Y}_G) \cdot \begin{pmatrix} \mathbf{G}_{\mathrm{II}} \\ \mathbf{G}_{\mathrm{III}} \end{pmatrix} = \mathbf{0}}$$

Erweiterung des Spaltenvektors zum Vektor U und des Zeilenvektors zum Vektor $\mathbf{V}_G$:

$$\underbrace{(0 \quad 0 \quad 0 \quad 0 \quad \mathbf{I}_G \quad \mathbf{Y}_G \quad 0)}_{\mapsto =: \mathbf{V}_G} \cdot \underbrace{\begin{Bmatrix} \mathbf{C}_{\mathrm{I}} \\ \mathbf{S}_{\mathrm{I}} \\ \mathbf{S}_{\mathrm{II}} \\ \mathbf{C}_{\mathrm{II}} \\ \mathbf{G}_{\mathrm{II}} \\ \mathbf{G}_{\mathrm{III}} \\ \mathbf{C}_{\mathrm{III}} \end{Bmatrix}}_{\mapsto = \mathbf{U}} = \mathbf{0}$$

In symbolischer Schreibweise:

$$\boxed{\mathbf{V}_G \cdot \mathbf{U} = \mathbf{0}}$$

Tafel B.5.d. **Schematischer Aufbau der Matrizen in Gleichung (B.91)**

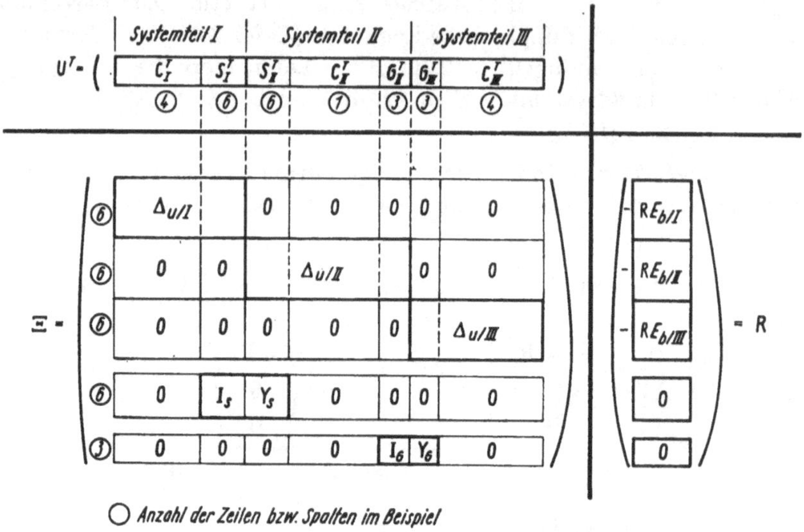

oder kurz

$$\mathbf{\Xi} \cdot \mathbf{U} = \mathbf{R} . \tag{B.90}$$

Die Matrix $\mathbf{\Xi}$ hat nun 27 Zeilen und 27 Spalten, ist also quadratisch, und demnach (für det $\mathbf{\Xi} \neq 0$) invertierbar (vgl. Tafel B.5.d).

Die Erweiterung der Reaktionsmatrix $\mathbf{\Delta}$ um die Kopplungsmatrizen $\mathbf{V}_S$ und $\mathbf{V}_G$ kann man jedoch umgehen, wenn man die Kopplungsbedingungen schon bei der Aufstellung des Vektors der Unbekannten berücksichtigt und anstelle des Vektors $\mathbf{U}$ den Vektor $\mathbf{X}$ ermittelt (vgl. Tafel B.2.d). In diesem Falle dürfen jedoch die Matrizen $\mathbf{\Delta}_{u/J}$ nicht einfach — wie in Tafel B.5.d — gestaffelt werden. Es müssen vielmehr ihre Spalten den entsprechenden Unbekannten im Vektor $\mathbf{X}$ zugeordnet werden. In unserem Beispiel wird die Matrix $\mathbf{\Delta}_{u/\mathrm{II}}$ soweit unter $\mathbf{\Delta}_{u/\mathrm{I}}$ geschoben, bis sich $\mathbf{S}_{\mathrm{I}}$ und $\mathbf{S}_{\mathrm{II}}$ überdecken. In gleicher Weise ist $\mathbf{\Delta}_{u/\mathrm{III}}$ unter $\mathbf{\Delta}_{u/\mathrm{II}}$ zu schieben, bis sich $\mathbf{G}_{\mathrm{II}}$ und $\mathbf{G}_{\mathrm{III}}$ überdecken (Tafel B.5.e). Auf diese Weise entsteht nach Überführung des *vollständigen Reaktionsvektors* $\mathbf{U}$ in den *vereinfachten Reaktionsvektor* $\mathbf{X}$ aus der *Reaktionsmatrix* $\mathbf{\Delta}$ des Systems die *„quadrierte" Reaktionsmatrix* $\mathbf{Q}$:

$$\mathbf{U} \rightarrow \mathbf{X} , \tag{B.91}$$

$$\mathbf{\Delta} \rightarrow \mathbf{Q} . \tag{B.92}$$

Gleichung (B.86) geht über in

$$\mathbf{Q} \cdot \mathbf{X} = -\mathbf{R}_b . \tag{B.93}$$

Mit Gleichung (B.77i) erhalten wir daraus

$$\mathbf{Q} \cdot \mathbf{X} = -\mathbf{\Lambda} \cdot \mathbf{B} . \tag{B.94}$$

Der Reduktionsvektor der bekannten Kräfte ($\mathbf{R}_b = \mathbf{\Lambda} \cdot \mathbf{B}$) ist offensichtlich dem Reduktionsvektor der unbekannten Elementarpaare ($\mathbf{R}_u = \mathbf{Q} \cdot \mathbf{X}$) entgegengesetzt gleich: Die beiden Vektoren sind *antivalent*.

Tafel B.5.e. **Schematischer Aufbau der Matrizen in Gleichung (B.94)**

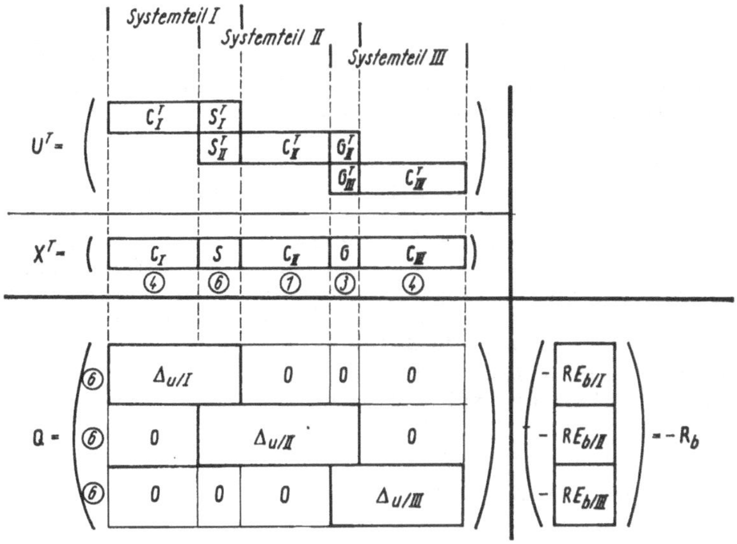

○ *Anzahl der Zeilen bzw. Spalten in den Matrizen im Beispiel*

Dieser Sachverhalt läßt sich auch durch die *Antivalenzmatrix* **Y** ausdrücken, eine quadratische Diagonalmatrix mit den Elementen -1 in der Hauptdiagonalen, die in unserem Fall 18 Zeilen und Spalten hat:

$$\mathbf{Y} := \begin{pmatrix} -1 & & & & \\ & -1 & & 0 & \\ & & \ddots & & \\ & 0 & & -1 & \\ & & & & -1 \end{pmatrix}. \tag{B.95}$$

Mit Gleichung (B.95) nimmt Gleichung (B.94) folgende Form an:

$$\mathbf{Q} \cdot \mathbf{X} = \mathbf{Y} \cdot \mathbf{\Lambda} \cdot \mathbf{B}. \tag{B.96}$$

Multipliziert man diese Gleichung mit der Matrix $\mathbf{Q}^{-1}$ von links, so erhält man die Lösung des Gleichungssystems zu

$$\mathbf{X} = \mathbf{Q}^{-1} \cdot \mathbf{Y} \cdot \mathbf{\Lambda} \cdot \mathbf{B}. \tag{B.97}$$

Anmerkung

Ebenso wie sich zwei antivalente Vektoren wegen ihrer Gegengleichheit mit Hilfe einer Antivalenzmatrix **Y** vergleichen lassen,

$$\boldsymbol{A} = -\boldsymbol{B}, \qquad \boldsymbol{A} = \mathbf{Y}\boldsymbol{B}, \tag{B.98a}$$

kann für den Vergleich zweier äquivalenter Vektoren – ihrer Gleichheit wegen – eine Äquivalenzmatrix **I** benutzt werden,

$$\boldsymbol{A} = +\boldsymbol{B}, \qquad \boldsymbol{A} = \mathbf{I}\boldsymbol{B}, \tag{B.98b}$$

wobei die Äquivalenzmatrix die Form einer Einheitsmatrix hat. Äquivalenzmatrizen **I** und Antivalenzmatrizen **Y** werden z. B. in den Tafeln B.5.d, B.6.a, B.6.b benutzt.

B. 2.4. Selektionsprozeß *S*

Zur Ermittlung der gesuchten Spannungsverteilung über dem Querschnitt im Punkt k werden aus der Menge der errechneten Reaktionskräfte nur die Schnittkräfte gebraucht. Diese Schnittkräfte kann man natürlich aus dem Vektor **X** einfach herausnehmen. Will man jedoch diesen Selektionsprozeß durch eine Matrizenoperation beschreiben, so muß man eine Selektionsmatrix einführen, die durch Multiplikation die Auslese steuert. Ihre Elemente haben den Wert 0 oder 1, wobei die Elemente mit dem Wert 1 die Selektion vornehmen. Die Anordnung der Elemente 1 in der Selektionsmatrix steuert die Reihenfolge der auszulesenden Elemente.

Sollen beispielsweise aus einem Vektor $\boldsymbol{a}$ mit fünf Elementen $(a_i \mid i = 1, \ldots 5)$ zwei Elemente ausgewählt werden, so muß die Selektionsmatrix zwei Zeilen und fünf Spalten haben. Interessieren wir uns nur für das dritte und fünfte Element, so müssen wir in der dritten und fünften Spalte eine 1 anordnen. Soll in dem Vektor der ausgewählten Elemente das fünfte Element als erstes und das dritte Element als zweites Element erscheinen, so muß die 1

- der fünften Spalte in der ersten Zeile,
- der dritten Spalte in der zweiten Zeile

stehen:

$$\begin{pmatrix} 0 & 0 & 0 & 0 & 1 \\ 0 & 0 & 1 & 0 & 0 \end{pmatrix} \begin{pmatrix} a_1 \\ a_2 \\ a_3 \\ a_4 \\ a_5 \end{pmatrix} = \begin{pmatrix} a_5 \\ a_3 \end{pmatrix}.$$

Der Aufbau der Selektionsmatrix $\boldsymbol{\Gamma}_S$ für unsere Aufgabe ist aus Tafel B.6.a ersichtlich. Sie besteht aus der Äquivalenzmatrix **I**, die die Selektion des Schnittkraftvektors **S** vornimmt, und aus Nullmatrizen **0**, die so angeordnet werden,

Tafel B.6.a. Selektion der globalen Schnittkraftkoordinaten (*S*)

Symbolische Darstellung:

$$\boxed{\boldsymbol{\Gamma}_S \cdot \mathbf{X} = \mathbf{S}}$$

oder:

$$(\mathbf{0} \;\; \mathbf{I} \;\; \mathbf{0} \;\; \mathbf{0} \;\; \mathbf{0}) \cdot \begin{pmatrix} \mathbf{C}_{\mathrm{I}} \\ \mathbf{S} \\ \mathbf{C}_{\mathrm{II}} \\ \mathbf{G} \\ \mathbf{C}_{\mathrm{III}} \end{pmatrix} = \mathbf{S}$$

Koordinatendarstellung:

$$\underbrace{\begin{pmatrix} 0 & 0 & 0 & 0 & 1 & 0 & 0 & 0 & 0 & 0 & 0 & 0 & 0 & 0 & 0 & 0 & 0 & 0 \\ 0 & 0 & 0 & 0 & 0 & 1 & 0 & 0 & 0 & 0 & 0 & 0 & 0 & 0 & 0 & 0 & 0 & 0 \\ 0 & 0 & 0 & 0 & 0 & 0 & 1 & 0 & 0 & 0 & 0 & 0 & 0 & 0 & 0 & 0 & 0 & 0 \\ 0 & 0 & 0 & 0 & 0 & 0 & 0 & 1 & 0 & 0 & 0 & 0 & 0 & 0 & 0 & 0 & 0 & 0 \\ 0 & 0 & 0 & 0 & 0 & 0 & 0 & 0 & 1 & 0 & 0 & 0 & 0 & 0 & 0 & 0 & 0 & 0 \\ 0 & 0 & 0 & 0 & 0 & 0 & 0 & 0 & 0 & 1 & 0 & 0 & 0 & 0 & 0 & 0 & 0 & 0 \end{pmatrix}}_{\text{Selektionsmatrix } \boldsymbol{\Gamma}_S \text{ zur Ermittlung des globalen Schnittkraftvektors}} \cdot \underbrace{\begin{pmatrix} C_{21} \\ C_{22} \\ C_{23} \\ C_{24} \\ P_{kx} \\ P_{ky} \\ P_{kz} \\ M_{kx} \\ M_{ky} \\ M_{kz} \\ C_{25} \\ P_{gx} \\ P_{gy} \\ P_{gz} \\ C_{26} \\ C_{27} \\ C_{28} \\ C_{29} \end{pmatrix}}_{\text{vereinfachter Reaktionsvektor } \mathbf{X}} = \underbrace{\begin{pmatrix} P_{kx} \\ P_{ky} \\ P_{kz} \\ M_{kx} \\ M_{ky} \\ M_{kz} \end{pmatrix}}_{\text{globaler Schnittkraftvektor } \mathbf{S}}$$

daß die Matrizenmultiplikation $\mathbf{\Gamma}_S \cdot \mathbf{X}$ möglich wird und den Vektor $\mathbf{S}$ ergibt (vgl. Tafel B.6a).

$$\mathbf{\Gamma}_S \cdot \mathbf{X} = \mathbf{S} \tag{B.99}$$

Die selektierten Schnittkraftkomponenten sind in Richtung der globalen Basisvektoren orientiert. Deshalb wird der Spaltenvektor $\mathbf{S}$ (Gleichung (B.99)) auch als *globaler Schnittkraftvektor* bezeichnet.

B.2.5. Transformationsprozeß

Nachdem aus der Menge der errechneten Kopplungskräfte nunmehr die sechs Schnittkraftkoordinaten am Schnitt k ausgewählt worden sind, müssen diese auf die lokale orthonormale Basis $\boldsymbol{b}_k$, $\boldsymbol{n}_k$, $\boldsymbol{t}_k$ im Schnitt k transformiert werden. $\boldsymbol{t}$ ist in Richtung der Stabachse orientiert. $\boldsymbol{b}$ liegt in einer Ebene parallel zur globalen x, y-Ebene, steht also auf der globalen z-Achse und damit auf deren Basisvektor $\boldsymbol{k}$ senkrecht. $\boldsymbol{n}$ ergibt sich aus der Bedingung, daß die lokalen Basisvektoren $\boldsymbol{b}$, $\boldsymbol{n}$, $\boldsymbol{t}$ ein Rechtsystem bilden sollen.

Diese lokalen Basisvektoren spannen mit dem Querschnittsmittelpunkt k als Ursprung das lokale Koordinatensystem

$$\{k;\, \bar{x}, \bar{y}, \bar{z}\}$$

auf, wobei in diesem lokalen Schwerachsensystem (vgl. Sonderfall A.1., S. 161) die

$\bar{x}$-Koordinate in Richtung $\boldsymbol{b}$,

$\bar{y}$-Koordinate in Richtung $\boldsymbol{n}$,

$\bar{z}$-Koordinate in Richtung $\boldsymbol{t}$

gemessen wird. Zur Berechnung der Koordinaten dieser lokalen Basisvektoren aus der Tragwerksgeometrie betrachten wir Bild B.12. Der globale Basisvektor $\boldsymbol{t}$

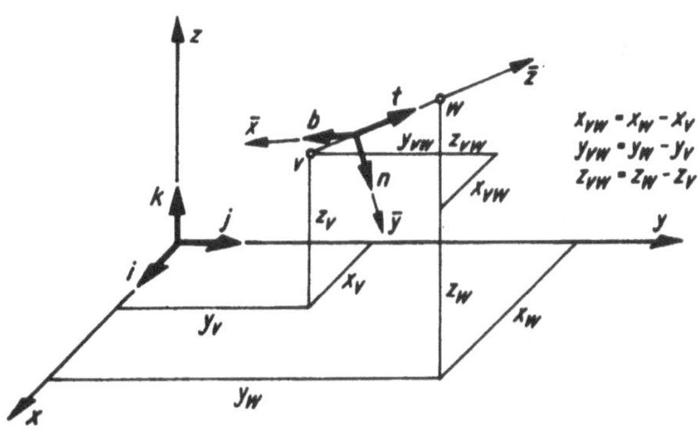

Bild B.12. Lokale Basisvektoren

in Richtung der Stabachse ist gleich dem Einheitsvektor des orientierten Abstandes $\overline{v, w}$:

$$\boldsymbol{t} = \frac{1}{\sqrt{x_{vw}^2 + y_{vw}^2 + z_{vw}^2}} \begin{pmatrix} x_{vw} \\ y_{vw} \\ z_{vw} \end{pmatrix}. \tag{B.100}$$

Der lokale Basisvektor $\boldsymbol{b}$ und der globale Basisvektor $\boldsymbol{k}$ sind orthogonal ($\boldsymbol{b} \perp \boldsymbol{k}$). Demnach gilt

$$0 \overset{!}{=} \boldsymbol{b} \cdot \boldsymbol{k} = (b_x b_y b_z) \begin{pmatrix} 0 \\ 0 \\ 1 \end{pmatrix} \Rightarrow b_z = 0 \,. \tag{B.101}$$

Da die lokale Basis orthonormal ist, gilt wegen $\boldsymbol{b} \perp \boldsymbol{t}$ auch die folgende Orthogonalitätsrelation (in der bereits $b_z = 0$ berücksichtigt ist):

$$0 \overset{!}{=} \boldsymbol{b} \cdot \boldsymbol{t} = (b_x b_y 0) \begin{pmatrix} t_x \\ t_y \\ t_z \end{pmatrix} = b_x t_x + b_y t_y \,. \tag{B.102}$$

Daraus folgt

$$\frac{b_x}{b_y} = -\frac{t_y}{t_x} = \frac{+\lambda t_y}{-\lambda t_x} \Rightarrow \begin{matrix} b_x = +\lambda t_y \,. \\ b_y = -\lambda t_x \end{matrix} \tag{B.103}$$

Damit können die Koordinaten des Basisvektors $\boldsymbol{b}$ ermittelt werden; denn es ist offenbar

$$\boldsymbol{b} = \begin{pmatrix} b_x \\ b_y \\ b_z \end{pmatrix} = \begin{pmatrix} +\lambda t_y \\ -\lambda t_x \\ 0 \end{pmatrix} = \lambda \begin{pmatrix} t_y \\ -t_x \\ 0 \end{pmatrix}, \tag{B.104}$$

wobei sich λ aus der Bedingung

$$|\boldsymbol{b}| = \lambda \sqrt{t_y^2 + (-t_x)^2} \overset{!}{=} 1 \tag{B.105}$$

zu

$$\lambda = \frac{1}{\sqrt{t_x^2 + t_y^2}} \tag{B.106}$$

ergibt. Der Basisvektor $\boldsymbol{b}$ hat also die Koordinaten

$$\boldsymbol{b} = \frac{1}{\sqrt{x_{vw}^2 + y_{vw}^2}} \begin{pmatrix} y_{vw} \\ -x_{vw} \\ 0 \end{pmatrix}. \tag{B.107}$$

Den lokalen Basisvektor $\boldsymbol{n}$ erhalten wir schließlich aus der Bedingung, daß die $\boldsymbol{b}$;$\boldsymbol{n}$, $\boldsymbol{t}$ orthonormal sind ($\boldsymbol{n} \perp \boldsymbol{b}, \boldsymbol{n} \perp \boldsymbol{t}$) und ein Rechtssystem bilden, weshalb

$$\boldsymbol{n} = \boldsymbol{t} \times \boldsymbol{b} \,,$$

$$\begin{pmatrix} n_x \\ n_y \\ n_z \end{pmatrix} = \frac{1}{\sqrt{x_{vw}^2 + y_{vw}^2 + z_{vw}^2}} \cdot \frac{1}{\sqrt{x_{vw}^2 + y_{vw}^2}} \begin{vmatrix} \boldsymbol{i} & x_{vw} & y_{vw} \\ \boldsymbol{j} & y_{vw} & -x_{vw} \\ \boldsymbol{k} & z_{vw} & 0 \end{vmatrix},$$

$$\begin{pmatrix} n_x \\ n_y \\ n_z \end{pmatrix} = \frac{1}{\sqrt{x_{vw}^2 + y_{vw}^2 + z_{vw}^2} \cdot \sqrt{x_{vw}^2 + y_{vw}^2}} \begin{pmatrix} x_{vw} \cdot z_{vw} \\ y_{vw} \cdot z_{vw} \\ -x_{vw}^2 - y_{vw}^2 \end{pmatrix}. \tag{B.108}$$

Soll nun $\boldsymbol{a}$, dessen Koordinaten a_x, a_y, a_z bezüglich der globalen Basis $\boldsymbol{i}, \boldsymbol{j}, \boldsymbol{k}$ bekannt sind, durch seine Koordinaten bezüglich der lokalen Basis $\boldsymbol{b}$, $\boldsymbol{n}$, $\boldsymbol{t}$ ausgedrückt werden, so muß der Vektor $\boldsymbol{a}$ auf die drei lokalen Koordinatenachsen projiziert werden:

$$a_{\bar{x}} = \boldsymbol{b} \cdot \boldsymbol{a} = b_x \cdot a_x + b_y \cdot a_y + b_z \cdot a_z, \tag{B.109}$$

$$a_{\bar{y}} = \boldsymbol{n} \cdot \boldsymbol{a} = n_x \cdot a_x + n_y \cdot a_y + n_z \cdot a_z, \tag{B.110}$$

$$a_{\bar{z}} = \boldsymbol{t} \cdot \boldsymbol{a} = t_x \cdot a_x + t_y \cdot a_y + t_z \cdot a_z. \tag{B.111}$$

Daraus folgt aber die Transformation

$$\begin{pmatrix} a_{\bar{x}} \\ a_{\bar{y}} \\ a_{\bar{z}} \end{pmatrix} = \underbrace{\begin{pmatrix} b_x & b_y & b_z \\ n_x & n_y & n_z \\ t_x & t_y & t_z \end{pmatrix}}_{\to =: \mathbf{T}} \begin{pmatrix} a_x \\ a_y \\ a_z \end{pmatrix}, \tag{B.112}$$

die als Matrizenoperation mit der Definition in Gleichung (B.112) die folgende Form annimmt:

$$\boldsymbol{a}(\bar{x}, \bar{y}, \bar{z}) = \mathbf{T} \cdot \boldsymbol{a}(x, y, z). \tag{B.113}$$

In unserem Beispiel sind entsprechend Gleichung (B.99) die Schnittkraftvektoren $\boldsymbol{P}_k$ und $\boldsymbol{M}_k$ zu transformieren. Diese Transformation wird durch folgende Matrizenmultiplikation ausgeführt:

$$\begin{pmatrix} \boldsymbol{P}_k(\bar{x}, \bar{y}, \bar{z}) \\ \boldsymbol{M}_k(\bar{x}, \bar{y}, \bar{z}) \end{pmatrix} = \begin{pmatrix} \mathbf{T} & 0 \\ 0 & \mathbf{T} \end{pmatrix} \begin{pmatrix} \boldsymbol{P}_k(x, y, z) \\ \boldsymbol{M}_k(x, y, z) \end{pmatrix}, \tag{B.114}$$

die in Koordinatendarstellung die folgende Form annimmt:

$$\underbrace{\begin{bmatrix} P_{k\bar{x}} \\ P_{k\bar{y}} \\ P_{k\bar{z}} \\ M_{k\bar{x}} \\ M_{k\bar{y}} \\ M_{k\bar{z}} \end{bmatrix}}_{\to =: \mathbf{S}_T} = \underbrace{\begin{bmatrix} b_x & b_y & b_z & 0 & 0 & 0 \\ n_x & n_y & n_z & 0 & 0 & 0 \\ t_x & t_y & t_z & 0 & 0 & 0 \\ 0 & 0 & 0 & b_x & b_y & b_z \\ 0 & 0 & 0 & n_x & n_y & n_z \\ 0 & 0 & 0 & t_x & t_y & t_z \end{bmatrix}}_{\to =: \mathbf{T}^Z} \underbrace{\begin{bmatrix} P_{kx} \\ P_{ky} \\ P_{kz} \\ M_{kx} \\ M_{ky} \\ M_{kz} \end{bmatrix}}_{\to =: \mathbf{S}} \tag{B.115}$$

Mit den Definitionen in Gleichung (B.115) darf man kurz schreiben

$$\mathbf{S}_T = \mathbf{T}^Z \cdot \mathbf{S} = \mathbf{T} \cdot \mathbf{S}, \tag{B.116}$$

wobei der Kopfzeiger Z darauf hinweist, daß die Matrix $\mathbf{T}^Z$ aus einzelnen Matrizen $\mathbf{T}$ zusammengesetzt ist. Der Kopfzeiger wird jedoch nur mitgeführt, wenn Verwechslungen möglich sind. Da die tranformierten Schnittkraftkomponenten nun in Richtung der lokalen Basisvektoren orientiert sind, wird der transformierte Schnittkraftvektor $\mathbf{S}_T$ auch als *lokaler Schnittkraftvektor* bezeichnet.

B.2.6. Selektionsprozeß *E*

Für die geforderte Normalspannungsverteilung über dem Querschnitt k sind nur die Koordinaten $P_{k\bar{z}}$, $M_{k\bar{x}}$ und $M_{k\bar{y}}$ erforderlich. Natürlich können diese Koordinaten aus dem Vektor $\mathbf{S}_T$ einfach herausgenommen werden. Will man jedoch auch diesen zweiten Selektionsprozeß durch eine Matrizenoperation steuern, so muß man wiederum eine geeignete Selektionsmatrix (mit drei Zeilen und sechs Spalten) einführen, die wir mit $\mathbf{\Gamma}_E$ bezeichnen. Bezeichnen wir die durch diesen zweiten Selektionsprozeß entstehende zweite Matrix der selektierten Schnittkräfte mit $\mathbf{S}_E$, so gilt offenbar

$$\mathbf{\Gamma}_E \cdot \mathbf{S}_T = \mathbf{S}_E \,. \tag{B.117}$$

Den Aufbau der Selektionsmatrix entnehmen wir Tafel B.6.b. Die Koordinaten dieser Matrix $\mathbf{S}_E$ entsprechen der linken Seite von Gleichung (7.127), S. 165,

$$\mathbf{S}_E = \begin{pmatrix} P_{k\bar{z}} \\ M_{k\bar{x}} \\ M_{k\bar{y}} \end{pmatrix} \mathrel{\hat{=}} \begin{pmatrix} R_{s\bar{z}} \\ M_{s\bar{x}} \\ M_{s\bar{y}} \end{pmatrix}, \tag{B.118}$$

Tafel B.6.b. **Selektion der effektiven Schnittkraftkoordinaten (*E*)**

Symbolische Darstellung:

$$\boxed{\mathbf{\Gamma}_E \cdot \mathbf{S}_T = \mathbf{S}_E}$$

Koordinatendarstellung:

$$\underbrace{\begin{pmatrix} 0 & 0 & 1 & 0 & 0 & 0 \\ 0 & 0 & 0 & 1 & 0 & 0 \\ 0 & 0 & 0 & 0 & 1 & 0 \end{pmatrix}}_{\substack{\text{Selektionsmatrix } \mathbf{\Gamma}_E \\ \text{zur Ermittlung des} \\ \text{effektiven Schnitt-} \\ \text{kraftvektors}}} \cdot \underbrace{\begin{pmatrix} P_{k\bar{x}} \\ P_{k\bar{y}} \\ P_{k\bar{z}} \\ M_{k\bar{x}} \\ M_{k\bar{y}} \\ M_{k\bar{z}} \end{pmatrix}}_{\substack{\text{(transfor-} \\ \text{mierter)} \\ \text{lokaler} \\ \text{Schnitt-} \\ \text{kraft-} \\ \text{vektor } \mathbf{S}_T}} = \underbrace{\begin{pmatrix} P_{k\bar{z}} \\ M_{k\bar{x}} \\ M_{k\bar{y}} \end{pmatrix}}_{\substack{\text{effek-} \\ \text{tiver} \\ \text{Schnitt-} \\ \text{kraft} \\ \text{vektor } \mathbf{S}_E}}$$

da $s = k$ und $P_{k\bar{z}}$ als Resultierende des Spannungsfeldes angesehen werden kann. Die Spaltenmatrix $\mathbf{S}_E$ wird *effektiver Schnittkraftvektor* genannt.

B.2.7. Disduktionsprozeß

Mit Hilfe der spezialisierten Bereichsmatrix (vgl. auch Gleichung (7.124), S. 164)

$$\mathbf{A} = \begin{pmatrix} A & 0 & 0 \\ 0 & J_{\bar{x}\bar{x}} & -J_{\bar{y}\bar{x}} \\ 0 & -J_{\bar{x}\bar{y}} & J_{\bar{y}\bar{y}} \end{pmatrix} \tag{B.119}$$

erhalten wir die Matrix $\mathbf{N}$ der erzeugenden (induzierenden) Größen

$$\mathbf{N} = \begin{pmatrix} K_{k\bar{z}} \\ C_{k\bar{x}} \\ C_{k\bar{y}} \end{pmatrix} = \begin{pmatrix} \sigma_s \\ C_{s\bar{x}} \\ C_{s\bar{y}} \end{pmatrix} \tag{B.120}$$

durch Disduktion aus Gleichung (7.127), S. 165, indem wir diese ursprünglich durch Reduktion des Normalspannungsfeldes gewonnene Gleichung (7.127), die mit unseren Bezeichnungen die folgende Form annimmt:

$$\mathbf{S}_E = \mathbf{A} \cdot \mathbf{N}\,, \tag{B.121}$$

mit der invertierten Bereichsmatrix $\mathbf{A}^{-1}$ von links multiplizieren:

$$\mathbf{A}^{-1} \cdot \mathbf{S}_E = \mathbf{A}^{-1} \cdot \mathbf{A} \cdot \mathbf{N} = \mathbf{N}\,. \tag{B.122}$$

Die Spaltenmatrix **N** nennen wir im folgenden ***Induktionsvektor***.

B.2.8. Induktionsprozeß

Der Induktionsvektor **N** induziert entsprechend den Gleichungen (7.120) bis (7.123), S. 164, das gesuchte Normalspannungsfeld. Im beliebigen Punkt Q mit den Koordinaten $\bar{x}$, $\bar{y}$ erhalten wir nach Gleichung (7. 123) mit $s = k$ und $\sigma_s = K_{k\bar{z}}$ die Spannung

$$\sigma_Q = K_{k\bar{z}} + C_{k\bar{x}} \cdot \bar{y} - C_{k\bar{y}} \cdot \bar{x} = \sigma_{\bar{z}\bar{z}}(\bar{x}, \bar{y})\,. \tag{B.123}$$

Für die Punkte I, II, III und IV gilt demnach

$$\begin{aligned}
\sigma_{\mathrm{I}} &= K_{k\bar{z}} + C_{k\bar{x}} \cdot \bar{y}_{\mathrm{I}} - C_{k\bar{y}} \cdot \bar{x}_{\mathrm{I}}\,,\\
\sigma_{\mathrm{II}} &= K_{k\bar{z}} + C_{k\bar{x}} \cdot \bar{y}_{\mathrm{II}} - C_{k\bar{y}} \cdot \bar{x}_{\mathrm{II}}\,,\\
\sigma_{\mathrm{III}} &= K_{k\bar{z}} + C_{k\bar{x}} \cdot \bar{y}_{\mathrm{III}} - C_{k\bar{y}} \cdot \bar{x}_{\mathrm{III}}\,,\\
\sigma_{\mathrm{IV}} &= K_{k\bar{z}} + C_{k\bar{x}} \cdot \bar{y}_{\mathrm{IV}} - C_{k\bar{y}} \cdot \bar{x}_{\mathrm{IV}}\,,
\end{aligned} \tag{B.124}$$

oder in Form eines Matrizenproduktes

$$\underbrace{\begin{pmatrix} \sigma_{\mathrm{I}} \\ \sigma_{\mathrm{II}} \\ \sigma_{\mathrm{III}} \\ \sigma_{\mathrm{IV}} \end{pmatrix}}_{=:\,\boldsymbol{\sigma}} = \underbrace{\begin{pmatrix} 1 & +\bar{y}_{\mathrm{I}} & -\bar{x}_{\mathrm{I}} \\ 1 & +\bar{y}_{\mathrm{II}} & -\bar{x}_{\mathrm{II}} \\ 1 & +\bar{y}_{\mathrm{III}} & -\bar{x}_{\mathrm{III}} \\ 1 & +\bar{y}_{\mathrm{IV}} & -\bar{x}_{\mathrm{IV}} \end{pmatrix}}_{=:\,\mathbf{K}} \underbrace{\begin{pmatrix} K_{k\bar{z}} \\ C_{k\bar{x}} \\ C_{k\bar{y}} \end{pmatrix}}_{=:\,\mathbf{N}} \tag{B.125}$$

bzw. mit den Definitionen in Gleichung (B.125)

$$\boldsymbol{\sigma} = \mathbf{K} \cdot \mathbf{N}\,. \tag{B.126}$$

Die Matrix **K** wird *Koordinatenmatrix*, die Spaltenmatrix $\boldsymbol{\sigma}$ *Spannungsvektor* genannt.

Damit ist die Aufgabe prinzipiell gelöst.

B.3. Lösung

Für die Durchführung der Lösung stehen offenbar zwei Verfahren zur Verfügung, nämlich

- **die segmentierte Lösung, die den gesamten Lösungsprozeß in einzelne Segmente zerlegt und die Ergebnisse eines jeden Segmentes als Zwischenergebnisse der Gesamtlösung angibt,**
- **die nichtsegmentierte Lösung, in der auf Zwischenergebnisse verzichtet wird.**

Wir bereiten beide Lösungswege für die numerische Lösung auf. Den Abschluß der Berechnung bilden stets eine hinreichende Anzahl von Kontrollrechnungen. Dabei sollte der prüfende Ingenieur überschlägliche (oder auch nur qualitative) Plausibilitätskontrollen nie ausschließen.

B.3.1. Segmentierte Lösung

Für den noch Ungeübten ist es ratsam, einen so langen Lösungsprozeß in kleine Segmente zu zerlegen. Für jedes dieser Segmente sollte er (obwohl das nicht erforderlich ist) Teilergebnisse ermitteln und diese Teilergebnisse überprüfen sowie interpretieren. Auf diese Weise kann er (wie auf einem Treppenpodest verweilend, geistig gewissermaßen ein wenig ausruhen und) das bisher Geleistete überblicken, ehe das nächste Segment betrachtet wird.

In unserem Beispiel bietet sich die folgende Segmentierung an:

1. Reduktion der Aktionen,
2. Reduktion der Reaktionen,
3. Aufstellung und Lösung des Gleichungssystems,
4. Selektion der globalen Schnittkräfte,
5. Transformation der globalen Schnittkräfte auf die lokale Basis,
6. Selektion der effektiven Schnittkräfte,
7. Ermittlung der Koordinaten des Induktionsvektors,.
8. Ermittlung der Gleichung des gesuchten Normalspannungsfeldes und Angabe der Spannungen in ausgezeichneten Querschnittspunkten.

Im folgenden werden diese acht Segmente für die numerische Lösung aufbereitet.

B.3.1.1. Segment 1: Reduktion der Aktionen

Wenn der Aktionsvektor, im vorliegenden Fall also der Belastungsvektor, nur aus (bekannten) Kräften besteht, so erfolgt die Reduktion für die drei Systemteile J nach Gleichung (B.77b)

$$\mathbf{R}_{b/J} = \mathbf{\Lambda}_{b/J} \cdot \mathbf{F}_{b/J} \mid J = \text{I, II, III}$$

mit Hilfe der Tafel B.7.a. Die Substitution (Stufe I, S. 157) ist in den Spalten zu erkennen, während die Superposition (Stufe II) in den Zeilen 7 erfolgt. Da die Koordinaten bekannt sind, kann die Addition ausgeführt werden.

Diese Reduktion darf erst nach dem Befreiungsprozeß *begonnen werden und ist getrennt für jeden Systemteil durchzuführen.*

Für das ganze System erhalten wir den Aktionsvektor $\mathbf{B}$, die Aktionsmatrix $\mathbf{\Lambda}$ und den Reduktionsvektor der bekannten Aktionen $\mathbf{R}_b$ (vgl. Gleichung (B.77f), (B.77g), (B.77h)) entsprechend Gleichung (B.77d).

B.3.1.2. Segment 2: Reduktion der Reaktionen

Wenn der Reaktionsvektor — wie im vorliegenden Fall — sowohl unbekannte Kräfte als auch unbekannte Elementarpaare enthält, (an der Stelle k treten

Tafel B.7.a. **Reduktion eines Systems bekannter Kräfte (RK, Systemteil J)**

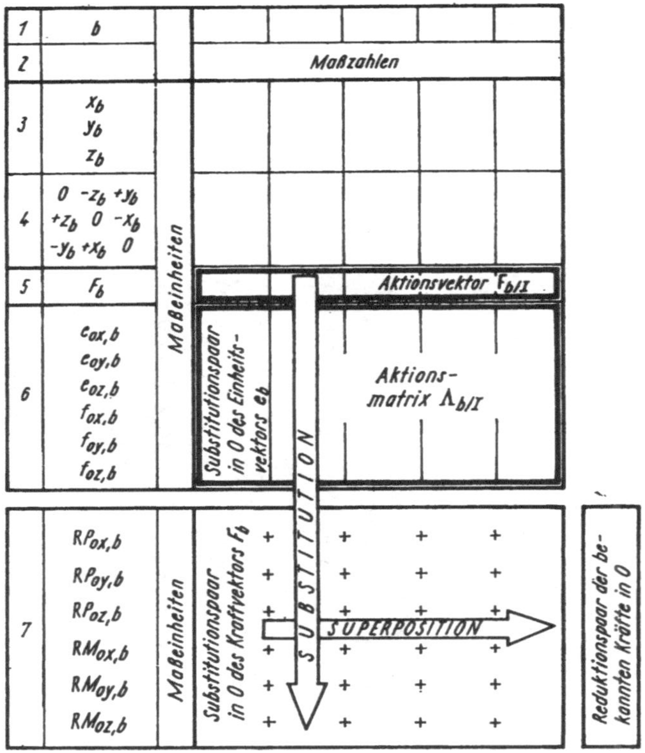

Tafel B.7.b. **Reduktion eines Systems unbekannter Elementarpaare (RE, Systemteil J)**

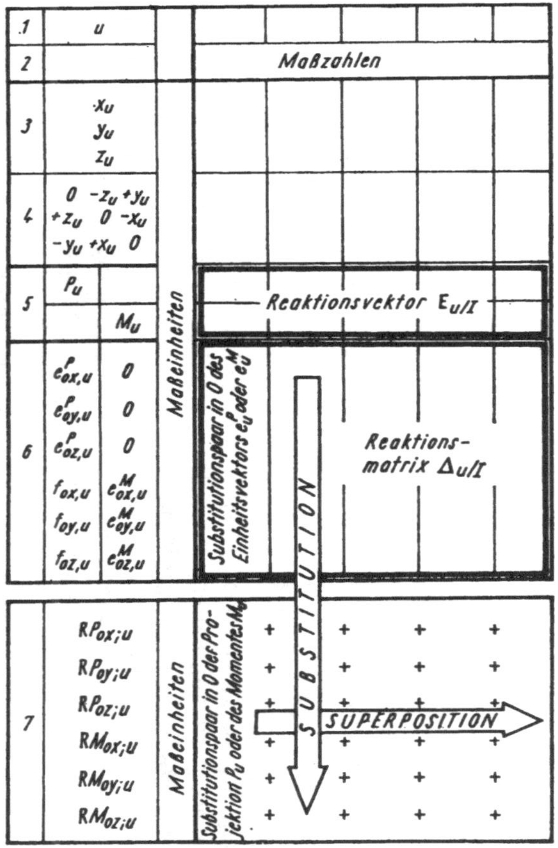

Projektionen und Momente auf), so erfolgt die Reduktion nach Gleichung (B.83b)

$$\mathbf{RE}_{u/J} = \mathbf{\Delta}_{u/J} \cdot \boldsymbol{E}_{u/J} \mid J = \mathrm{I, II, III}$$

mit Hilfe der Tafel B.7.b. Die Substitution (Stufe I, S. 157) erfolgt wiederum in den Spalten, die Superposition (Stufe II) in den Zeilen 7. Dabei muß beachtet werden, daß das Substitutionspaar des Einheitsvektors der polaren Projektion

$$\boldsymbol{e}_u^P \Leftrightarrow \begin{bmatrix} \boldsymbol{e}_{0;u}^P \\ \boldsymbol{f}_{0;u} \end{bmatrix}^{\perp}$$

gleich dem Paar der normierten PLÜCKER-Vektoren ist, während sich das Substitutionsppar des Einheitsvektors des polaren Momentes zu

$$\boldsymbol{e}_u^M \Leftrightarrow \begin{bmatrix} \boldsymbol{0} \\ \boldsymbol{e}_{0;u}^M \end{bmatrix}$$

ergibt (vgl. Gleichungen (7.42), (7.42a), (7. 42b), S. 135). Um Tafel B.7.b nicht unnötig mit Nullspalten zu versehen, sind alle die Spalten, in denen entweder P_u oder M_u Null sind, wegzulassen.

Da die Koordinaten P_u und M_u voraussetzungsgemäß unbekannt sind, kann die Addition nicht ausgeführt werden, so daß in den Zeilen 7 die Koordinaten des Reduktionsvektors der Reaktionen als Produktsumme stehen bleiben müssen.

Diese Reduktion darf erst nach dem Befreiungsprozeß *begonnen werden und ist getrennt für jeden Systemteil durchzuführen.*

Für das ganze System kann die Reaktionsmatrix $\mathbf{\Delta}$ entsprechend Gleichung (B. 83.d) aufgebaut werden, während der Reaktionsvektor $\mathbf{U}$ der Tafel B.2.d zu entnehmen ist.

B.3.1.3. Segment 3: Aufstellung und Lösung des Gleichungssystems

Der Reduktionsvektor der bekannten Aktionen $\mathbf{R}_b$ ist dem Reduktionsvektor der unbekannten Reaktionen gegengleich, ihre Summe ist gleich dem Nullvektor (vgl. Gleichung (B.84)):

$$\mathbf{R}_b + \mathbf{R}_u = \mathbf{0}\,.$$

Die daraus folgenden Gleichgewichtsbedingungen können wir für jedes Systemteil mit Hilfe der Zeilen 7 in den Tabellen RK und RE angeben; denn es gilt

$$\left.\begin{aligned} \mathrm{R}P_{0x,b/J} + \mathrm{R}P_{0x;u/J} &= 0 \\ \mathrm{R}P_{0y,b/J} + \mathrm{R}P_{0y;u/J} &= 0 \\ \mathrm{R}P_{0z,b/J} + \mathrm{R}P_{0z;u/J} &= 0 \\ \mathrm{R}M_{0x,b/J} + \mathrm{R}M_{0x;u/J} &= 0 \\ \mathrm{R}M_{0y,b/J} + \mathrm{R}M_{0y;u/J} &= 0 \\ \mathrm{R}M_{0z,b/J} + \mathrm{R}M_{0z;u/J} &= 0 \end{aligned}\right| \; J = \mathrm{I, II, III}\,. \tag{B.130}$$

Im vorliegenden Fall erhalten wir 18 Gleichungen zur Ermittlung der 27 unbekannten Koordinaten des Reaktionsvektors $\mathbf{U}$. Beachten wir die Kopplungsbedingungen (Tafel B.2.e), so läßt sich der Reaktionsvektor $\mathbf{U}$ in den Vektor $\mathbf{X}$

überführen (Tafel B.2.d), dessen 18 Koordinaten aus den 18 Gleichgewichtsbedingungen eindeutig berechnet werden können. Soll die Lösung mit Hilfe der Matrizengleichung (B.97) erfolgen,

$$\mathbf{X} = \mathbf{Q}^{-1} \cdot \mathbf{Y} \cdot \mathbf{\Lambda} \cdot \mathbf{B} ,$$

so müssen für das ganze System zunächst der Aktionsvektor **B** und die Aktionsmatrix $\mathbf{\Lambda}$ nach Gleichung (B.77d) unter Beachtung von Gleichung (B.77f) und (B.77g) sowie die Reaktionsmatrix $\mathbf{\Delta}$ nach Gleichung (B.83d) unter Beachtung von Gleichung (B.83g) aufgebaut werden.
Danach ist die Reaktionsmatrix zu „quadrieren“:

$$\mathbf{\Delta} \rightarrow \mathbf{Q} .$$

Die Matrizenmultiplikation wird einer EDVA übergeben.

B.3.1.4. Segment 4: Selektion der globalen Schnittkräfte

Die Selektion der globalen Schnittkräfte erfolgt nach Gleichung (B.99),

$$\mathbf{\Gamma}_S \cdot \mathbf{X} = \mathbf{S} ,$$

und wird in Tafel B.6.a durchgeführt.

B.3.1.5. Segment 5: Transformation der globalen Schnittkräfte auf die lokale Basis

Die Transformation erfolgt nach Gleichung (B.116):

$$\mathbf{T} \cdot \mathbf{S} = \mathbf{S}_T .$$

B.3.1.6. Segment 6: Selektion der effektiven Schnittkräfte

Die Selektion der effektiven lokalen Schnittkräfte erfolgt nach Gleichung (B.117);

$$\mathbf{\Gamma}_E \cdot \mathbf{S}_T = \mathbf{S}_E ,$$

und wird in Tafel B.6.b durchgeführt.

B.3.1.7. Segment 7: Ermittlung der Koordinaten des Induktionsvektors

Die Koordinaten des Induktionsvektors werden durch Disduktion nach Gleichung (B.122) ermittelt:

$$\mathbf{A}^{-1} \cdot \mathbf{S}_E = \mathbf{N} .$$

Im vorliegenden Fall ist der Querschnitt doppelt symmetrisch, also $J_{\bar{x}\bar{y}} = J_{\bar{y}\bar{x}} = 0$ und die Bereichsmatrix demnach eine Diagonalmatrix, deren Inverse sich leicht angeben läßt:

$$\mathbf{A} = \begin{pmatrix} A & 0 & 0 \\ 0 & J_{\bar{x}\bar{x}} & 0 \\ 0 & 0 & J_{\bar{y}\bar{y}} \end{pmatrix} \quad \text{Bereichsmatrix,} \tag{B.131}$$

$$\mathbf{A}^{-1} = \begin{bmatrix} \frac{1}{A} & 0 & 0 \\ 0 & \frac{1}{J_{\bar{x}\bar{x}}} & 0 \\ 0 & 0 & \frac{1}{J_{\bar{y}\bar{y}}} \end{bmatrix} \quad \text{invertierte Bereichsmatrix.} \tag{B.132}$$

Aus Gleichung (B.122),

$$\begin{bmatrix} K_{k\bar{z}} \\ C_{k\bar{x}} \\ C_{k\bar{y}} \end{bmatrix} = \begin{bmatrix} \frac{1}{A} & 0 & 0 \\ 0 & \frac{1}{J_{\bar{x}\bar{x}}} & 0 \\ 0 & 0 & \frac{1}{J_{\bar{y}\bar{y}}} \end{bmatrix} \begin{bmatrix} P_{k\bar{z}} \\ M_{k\bar{x}} \\ M_{k\bar{y}} \end{bmatrix}, \tag{B.133}$$

ergeben sich die gesuchten Koordinaten des Induktionsvektors zu

$$K_{k\bar{z}} = \frac{P_{k\bar{z}}}{A}, \tag{B.134a}$$

$$C_{k\bar{x}} = \frac{M_{k\bar{x}}}{J_{\bar{x}\bar{x}}}, \tag{B.134b}$$

$$C_{k\bar{y}} = \frac{M_{k\bar{y}}}{J_{\bar{y}\bar{y}}}. \tag{B.134c}$$

Das Induktionspaar hat demnach die Form (vgl. Gleichung (7.121), S. 163)

$$\begin{bmatrix} \boldsymbol{K}_k \\ \boldsymbol{C}_k \end{bmatrix}^{\perp} = \begin{bmatrix} \begin{pmatrix} 0 \\ 0 \\ K_{k\bar{z}} \end{pmatrix} \\ \begin{pmatrix} M_{k\bar{x}} \\ M_{k\bar{y}} \\ 0 \end{pmatrix} \end{bmatrix}^{\perp}. \tag{B.135}$$

B.3.1.8. Segment 8: Spannungsermittlung

Die Spannungen σ_Q in den Punkten C werden mit Hilfe der Koordinatenmatrix $\boldsymbol{K}$ und des Induktionsvektors N (vgl. Gleichung (B.125)) nach Gleichung (B.126) ermittelt:

$$\boldsymbol{K} \cdot \mathrm{N} = \boldsymbol{\sigma}.$$

B.3.2. Nichtsegmentierte Lösung

Der Geübtere wird die einzelnen Segmente nicht abarbeiten. Er wird die Zwischenergebnisse – da sie nicht gesucht sind – auch nicht ermitteln. Durch Kopplung der einzelnen Segmente wird er vielmehr versuchen, die Spannungen ausschließlich aus Geometrie und Belastung zu berechnen. Um die dafür erforderliche Gleichung zu gewinnen, fassen wir zunächst die Zwischenergebnisse für die einzelnen Segmente noch einmal überichtlich in Tafel B.8. zusammen. Da jedes Zwischenergebnis der Segmente 3 bis 7 jeweils Eingabegrößen für das nachfolgende Segment enthält, kann man das folgende Produkt bilden:

$$\boldsymbol{\sigma} = \boldsymbol{K} \cdot \boldsymbol{A}^{-1} \cdot \boldsymbol{\Gamma}_E \cdot \mathbf{T} \cdot \boldsymbol{\Gamma}_S \cdot \mathbf{Q}^{-1} \cdot \mathbf{Y} \cdot \boldsymbol{\Lambda} \cdot \mathbf{B}\,. \tag{B.136}$$

Damit lassen sich die gesuchten Spannungen ausschließlich mit Hilfe der bekannten Kräfte und der System- bzw. Querschnittsgeometrie angeben.

Tafel B.8. **Segmentergebnisse**

Segment Nr.	Gleichung Nr.	Segmentergebnis	Name
1	(B. 77i)	$\boldsymbol{\Lambda} \cdot \mathbf{B} = \mathbf{R}_b$	$\mathbf{B}$: Aktionsvektor $\boldsymbol{\Lambda}$: Aktionsmatrix $\mathbf{R}_b$: Reduktionsvektor der Aktionen
2	(B. 83i)	$\boldsymbol{\Delta} \cdot \mathbf{U} = \mathbf{R}_u$	$\mathbf{U}$: vollständiger Reaktionsvektor $\boldsymbol{\Delta}$: Reaktionsmatrix $\mathbf{R}_u$: Reduktionsvektor der Reaktionen
3	(B. 91) (B. 92)	$\mathbf{U} \to \mathbf{X}$ $\Delta \to \mathbf{Q}$	$\mathbf{X}$: vereinfachter Reaktionsvektor $\mathbf{Q}$: quadrierte Reaktionsmatrix
	(B. 97)	$\mathbf{Q}^{-1} \cdot \mathbf{Y} \cdot \mathbf{R}_b = \mathbf{X}$	$\mathbf{Y}$: Antivalenzmatrix
4	(B. 99)	$\boldsymbol{\Gamma}_S \cdot \mathbf{X} = \mathbf{S}$	$\boldsymbol{\Gamma}_S$: Selektionsmatrix $\mathbf{S}$: globaler Schnittkraftvektor
5	(B. 116)	$\mathbf{T} \cdot \mathbf{S} = \mathbf{S}_T$	$\mathbf{T}$: Transformationsmatrix $\mathbf{S}_T$: lokaler Schnittkraftvektor
6	(B. 117)	$\boldsymbol{\Gamma}_E \cdot \mathbf{S}_T = \mathbf{S}_E$	$\boldsymbol{\Gamma}_E$: Selektionsmatrix $\mathbf{S}_E$: effektiver Schnittkraftvektor
7	(B. 122)	$\boldsymbol{A}^{-1} \cdot \mathbf{S}_E = \mathbf{N}$	$\boldsymbol{A}$: Bereichsmatrix $\mathbf{N}$: Induktionsvektor
8	(B. 126)	$\mathbf{K} \cdot \mathbf{N} = \boldsymbol{\sigma}$	$\mathbf{K}$: Koordinatenmatrix $\boldsymbol{\sigma}$: Spannungsvektor

B.4. Zahlenrechnung

B.4.1. Vorbereitung

In der Vorbereitungsphase werden die Richtungsvektoren ermittelt und die zentralen Kräftesysteme sowie die Linien- und Flächenlasten – *selbstverständlich nach der Durchführung des Befreiungsprozesses* – durch ihre Gesamtlasten ersetzt.

Tafel B.9. **Richtungsvektoren**

v/w		21/2	23/2	27/12	29/13	40/a	Erläuterung
x_v	m	18	21	0	9	14	
y_v	m	20	16	28	28	4	
z_v	m	0	0	0	0	4	
x_w	m	18	18	0	9	6	
y_w	m	16	16	24	24	0	
z_w	m	2	2	2	2	6	
x_{vw}	m	0	−3	0	0	−8	$x_w - x_v$
y_{vw}	m	−4	0	−4	−4	−4	$y_w - y_v$
z_{vw}	m	2	2	2	2	2	$z_w - z_v$
r_{vw}	m	4,4721	3,6056	4,4721	4,4721	9,1652	$\sqrt{x_{vw}^2 + y_{vw}^2 + z_{vw}^2}$
e_{vx}	—	0	−0,8321	0	0	−0,8729	x_{vw}/r_{vw}
e_{vy}	—	−0,8944	0	−0,8944	−0,8944	−0,4364	y_{vw}/r_{vw}
e_{vz}	—	0,4472	0,5547	0,4472	0,4472	0,2182	z_{vw}/r_{vw}

B.4.1.1. Ermittlung der Richtungsvektoren

Für die Darstellung der Kräfte, deren Einheitsvektoren benötigt werden, ist es zweckmäßig, die Richtungsvektoren ihrer Wirkungslinien bereitzustellen. Die Berechnung erfolgt in Tafel B.9.

B.4.1.2. Reduktion des zentralen Kräftesystems am Punkt 40

Geometrie

$$r_{40} = \begin{pmatrix} x_{40} \\ y_{40} \\ z_{40} \end{pmatrix} = \begin{pmatrix} +14{,}00 \\ +\ 4{,}00 \\ +\ 4{,}00 \end{pmatrix} \text{m}\,.$$

Belastung Tafel B.1

Reduktion Tafel B.10

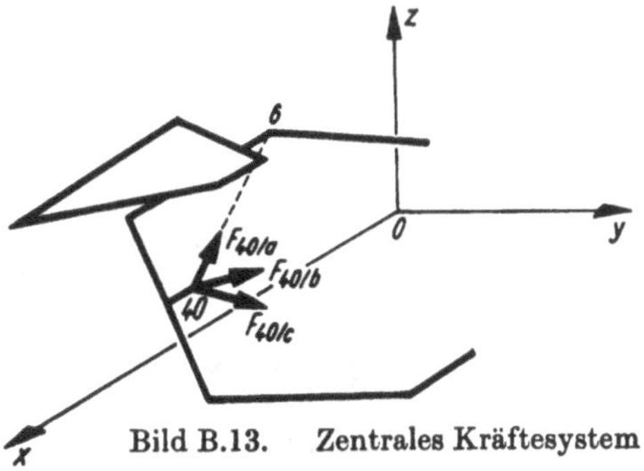

Bild B.13. Zentrales Kräftesystem

Tafel B.10. **Reduktion des zentralen Kräftesystems**

j	Maß-einheit	a	b	c
		Maßzahlen		
$F_{40/j}$	kN	$F_{40/a}$	$F_{40/b}$	$F_{40/c}$
		−50	80	100
$e_{40/jx}$	1	−0,8729	−0,9526	−0,6623
$e_{40/jy}$	1	−0,4364	0,2722	0,5298
$e_{40/jz}$	1	0,2182	−0,1361	−0,5298

$RP_{40/jx}$	kN	(+43,6450) + (−76,2080) + (−66,2300)	−98,7930
$RP_{40/jy}$	kN	(+21,8200) + (+21,7760) + (+52,9800)	+96,5760
$RP_{40/jz}$	kN	(−10,9100) + (−10,8880) + (−52,9800)	−74,7780

Gesamtlast

$$G_{40} = \sqrt{RP_{40/x}^2 + RP_{40/y}^2 + RP_{40/z}^2} =$$

$$= \sqrt{(-98{,}793)^2 + (96{,}576)^2 + (-74{,}778)^2}\ \text{kN} = 157{,}0946\ \text{kN}\,.$$

Richtungsvektor der Gesamtlast

$$e_{40}^G = \frac{1}{G_{40}} \begin{pmatrix} RP_{40/x} \\ RP_{40/y} \\ RF_{40/z} \end{pmatrix} = \frac{1}{157\ \text{kN}} \begin{pmatrix} -98{,}793 \\ +96{,}576 \\ -74{,}778 \end{pmatrix} \text{kN} = \begin{pmatrix} -0{,}6296 \\ +0{,}6154 \\ -0{,}4742 \end{pmatrix}.$$

In die Reduktion des spatialen Kräftesystems werden die folgenden Größen aufgenommen:

$$r_{40} = \begin{pmatrix} +14{,}00 \\ +\ 4{,}00 \\ +\ 4{,}00 \end{pmatrix} \text{m}; \qquad G_{40} = 157\ \text{kN}; \qquad e_{40}^G = \begin{pmatrix} -0{,}6296 \\ +0{,}6154 \\ -0{,}4742 \end{pmatrix}.$$

B.4.1.3. *Reduktion der konstanten Linienlast im Bereich L: 62—63*

Geometrie

$$\boldsymbol{r}_{62} = \begin{pmatrix} x_{62} \\ y_{62} \\ z_{62} \end{pmatrix} = \begin{pmatrix} -\ 1{,}00 \\ +11{,}00 \\ +\ 2{,}00 \end{pmatrix} \text{m}\,.$$

$$l = b + \frac{b}{4} = 5{,}00 \text{ m}.$$

Belastung Tafel B.1

Reduktion Tafel B.3

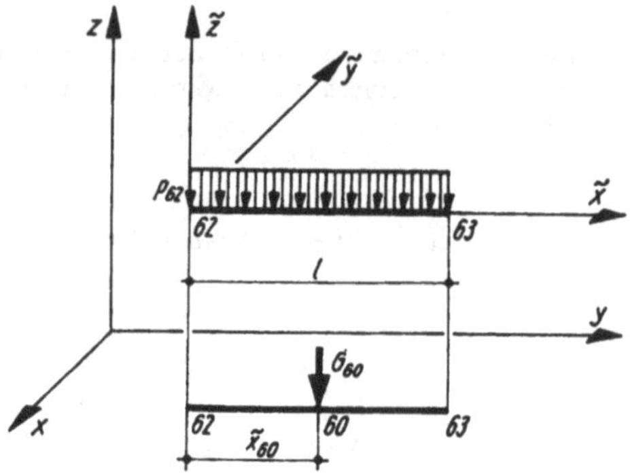

Bild B.14. Konstante Linienlast

Gesamtlast

$$G_{60} = p_{62} \cdot l = 20 \text{ kN/m} \cdot 5 \text{ m} = 100 \text{ kN}.$$

Richtungsvektor der Gesamtlast

$$\boldsymbol{e}_{60}^{G} = \begin{pmatrix} 0 \\ 0 \\ -1 \end{pmatrix} \quad \text{(s. Bild B.14).}$$

Angriffspunkt der Gesamtlast

$$\tilde{x}_{60} = \tfrac{1}{2} \cdot l = \tfrac{1}{2} \cdot 5 \text{ m} = 2{,}50 \text{ m}\,,$$

$$\boldsymbol{r}_{60} = \begin{pmatrix} x_{62} \\ y_{62} + \tilde{x}_{60} \\ z_{62} \end{pmatrix} = \begin{pmatrix} -\ 1{,}00 \\ +11{,}00 + 2{,}50 \\ +\ 2{,}00 \end{pmatrix} \text{m} = \begin{pmatrix} -\ 1{,}00 \\ +13{,}50 \\ +\ 2{,}00 \end{pmatrix} \text{m}\,.$$

In die Reduktion des spatialen Kräftesystems werden die folgenden Größen aufgenommen:

$$\boldsymbol{r}_{60} = \begin{pmatrix} -\ 1{,}00 \\ +13{,}50 \\ +\ 2{,}00 \end{pmatrix} \text{m}; \qquad G_{60} = 100 \text{ kN}; \qquad \boldsymbol{e}_{60}^{G} = \begin{pmatrix} 0 \\ 0 \\ -1 \end{pmatrix}.$$

B.4.1.4. *Reduktion der linearen Linienlast im Bereich L: 91—14*

Geometrie

$$\boldsymbol{r}_{14} = \begin{pmatrix} x_{14} \\ y_{14} \\ z_{14} \end{pmatrix} = \begin{pmatrix} +12{,}00 \\ +24{,}00 \\ +\ 2{,}00 \end{pmatrix} \text{m}\,.$$

$$l = 3a = 9{,}00 \text{ m}.$$

Belastung Tafel B.1

Reduktion Tafel B.3

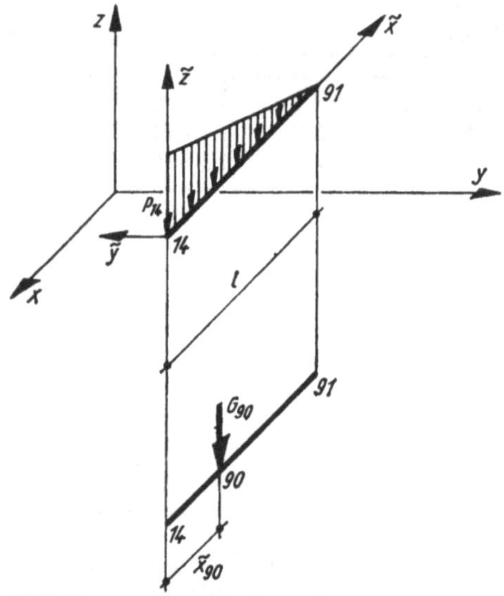

Bild B.15. Lineare Linienlast

Gesamtlast

$$G_{90} = \tfrac{1}{2}\, p_{14} \cdot l = \tfrac{1}{2} \cdot 20\ \text{kN/m} \cdot 9\ \text{m} = 90\ \text{kN} = G_{13}\,.$$

Richtungsvektor der Gesamtlast

$$\boldsymbol{e}_{90}^{G} = \begin{pmatrix} 0 \\ 0 \\ -1 \end{pmatrix} \quad \text{(s. Bild B.15).}$$

Angriffspunkt der Gesamtlast

$$\tilde{x}_{90} = \tfrac{1}{3} \cdot l = \tfrac{1}{3} \cdot 9\ \text{m} = 3\ \text{m},$$

$$\boldsymbol{r}_{90} = \begin{pmatrix} x_{14} - \tilde{x}_{90} \\ y_{14} \\ z_{14} \end{pmatrix} = \begin{pmatrix} +12 - 3 \\ +24 \\ +\ 2 \end{pmatrix} \text{m} = \begin{pmatrix} +\ 9 \\ +24 \\ +\ 2 \end{pmatrix} \text{m} = r_{13}\,.$$

In die Reduktion des spatialen Kräftesyste ms werden die folgenden Größen aufgenommen:

$$\boldsymbol{r}_{90} = \begin{pmatrix} +\ 9 \\ +24 \\ +\ 2 \end{pmatrix} \text{m}; \qquad G_{90} = 90\ \text{kN}; \qquad \boldsymbol{e}_{90}^{G} = \begin{pmatrix} 0 \\ 0 \\ -1 \end{pmatrix}.$$

B.4.1.5. *Reduktion der parabolischen Linienlast im Bereich L: 11–71*

Geometrie

$$\boldsymbol{r}_{11} = \begin{pmatrix} x_{11} \\ y_{11} \\ z_{11} \end{pmatrix} = \begin{pmatrix} 0 \\ +16 \\ +\ 2 \end{pmatrix} \text{m}\,.$$

$$l = b + \frac{b}{2} = 6\ \text{m}.$$

Belastung Tafel B.1

Reduktion Tafel B.3

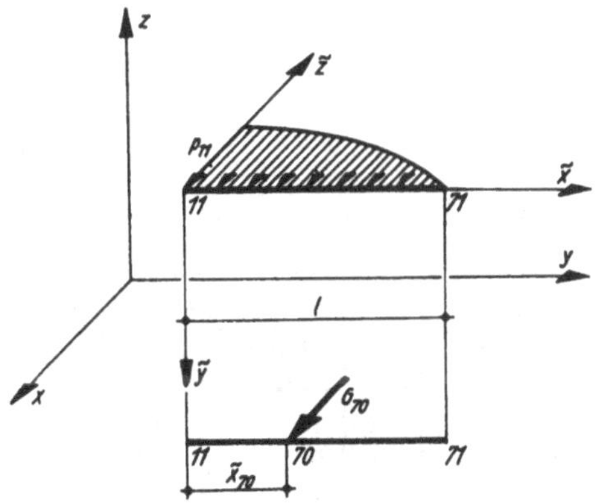

Bild B.16. Parabolische Linienlast

Gesamtlast

$$G_{70} = \tfrac{2}{3}\, p_{11} \cdot l = \tfrac{2}{3} \cdot 10\ \text{kN/m} \cdot 6\ \text{m} = 40\ \text{kN}\,.$$

Richtungsvektor der Gesamtlast

$$\boldsymbol{e}_{70}^{G} = \begin{pmatrix} +1 \\ 0 \\ 0 \end{pmatrix} \quad \text{(s. Bild B.16).}$$

Angriffspunkt der Gesamtlast

$$\tilde{x}_{70} = \tfrac{3}{8}\, l = \tfrac{3}{8} \cdot 6\ \text{m} = 2{,}25\ \text{m}\,,$$

$$\boldsymbol{r}_{70} = \begin{pmatrix} x_{11} \\ y_{11} + \tilde{x}_{70} \\ z_{11} \end{pmatrix} = \begin{pmatrix} 0 \\ +16 + 2{,}25 \\ +\ 2 \end{pmatrix} \text{m} = \begin{pmatrix} 0 \\ +18{,}25 \\ +\ 2 \end{pmatrix} \text{m}\,.$$

In die Reduktion des spatialen Kräftesystems werden die folgenden Größen aufgenommen:

$$\boldsymbol{r}_{70} = \begin{pmatrix} 0 \\ +18{,}25 \\ +\ 2 \end{pmatrix} \text{m}; \qquad G_{70} = 40\ \text{kN}; \qquad \boldsymbol{e}_{70}^{G} = \begin{pmatrix} +1 \\ 0 \\ 0 \end{pmatrix}.$$

B.4.1.6. Reduktion der ebenen Flächenlast im Bereich A: 54–55–56–57

Geometrie

$$\boldsymbol{r}_a = \boldsymbol{r}_{52} = \begin{pmatrix} x_{52} \\ y_{52} \\ z_{52} \end{pmatrix} = \begin{pmatrix} +9{,}00 \\ 0 \\ +6{,}00 \end{pmatrix} \text{m}.$$

$q = 8$ m, $s = 2$ m,

$u = 4$ m, $t = 1$ m.

$r = 1$ m,

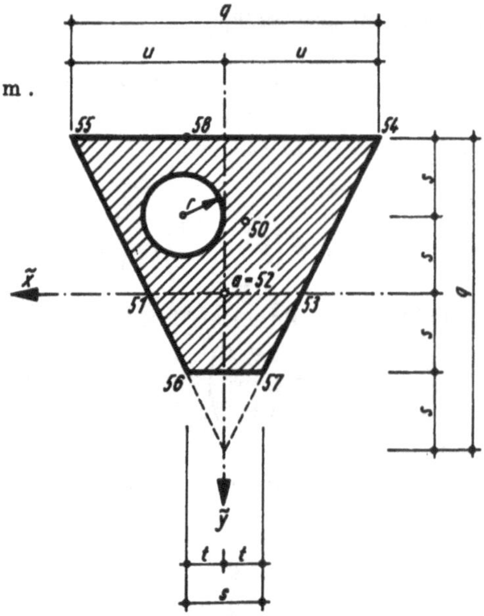

Bild B.17. Bereich der Flächenlast

Belastung Tafel B.1

i	$\tilde{x}_i$	$\tilde{y}_i$	p_i	σ_i
	m	m	kN/m²	kN/m²
54	−4	−4	10	−10
55	+4	−4	5	− 5
56	+1	+2	2	− 2

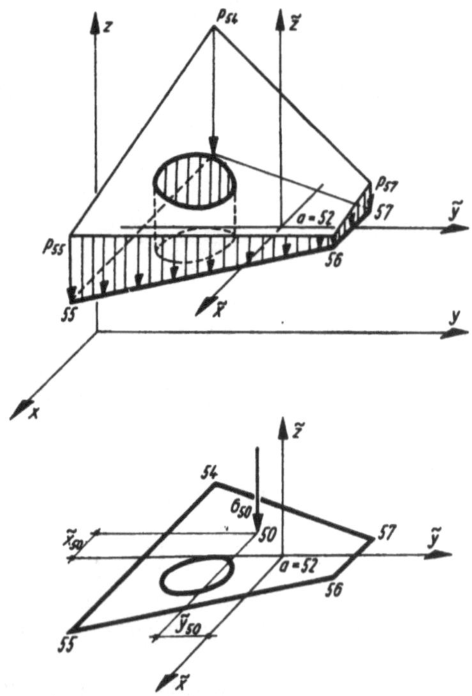

Reduktion

- Aufteilung des Bereiches: Tafel B.11
- Ermittlung der Bereichswerte: Tafel B.12
- Ermittlung der Koordinaten der erzeugenden Vektoren: Tafel B.13

Bild B.18. Ebene Flächenlast

Tafel B.11. **Aufteilung des Bereiches der Flächenlast und Ermittlung der Bereichswerte für die Bereichsteile (Flächenteile sowie Aussparungen)**

	Flächenteil I ($A_{\text{I}} > 0$)	Aussparung II ($A_{\text{II}} < 0$)	Aussparung III ($A_{\text{III}} < 0$)
	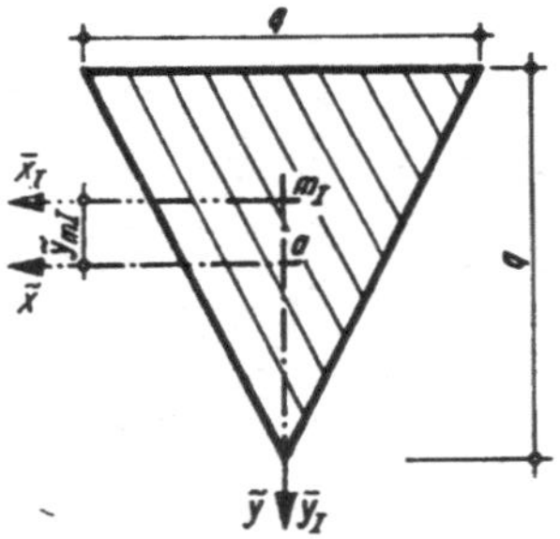	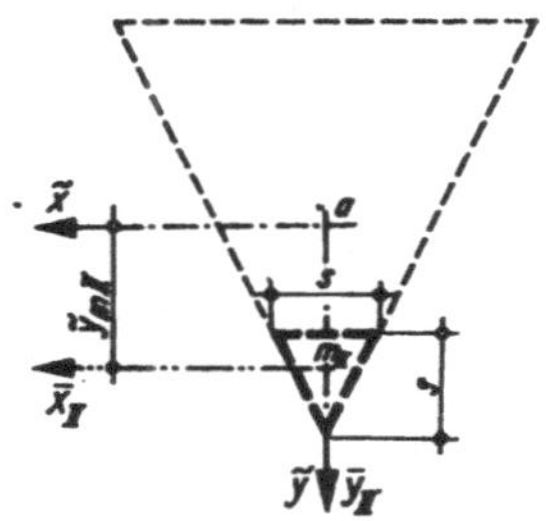	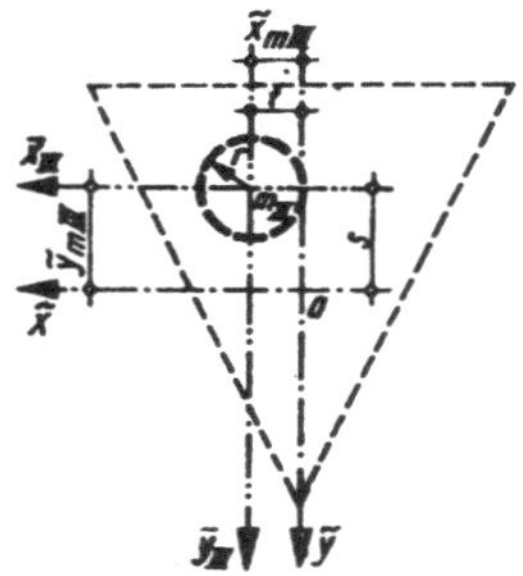
Q	I	II	III
A_Q	$\frac{1}{2}\,q^2 = \frac{1}{2}\,(8\text{ m})^2 = 32\ \text{m}^2$	$-\frac{1}{2}\,s^2 = -\frac{1}{2}\,(2\text{ m})^2 = -2\ \text{m}^2$	$-\pi r^2 = -3{,}14 \cdot (1\text{ m})^2 = -3{,}142\ \text{m}^2$,
$\tilde{x}_{mQ}$	$0\ \text{m}$	$0\ \text{m}$	$+t = +1\ \text{m}$
$\tilde{y}_{mQ}$	$-\frac{1}{6}\,q = -\frac{1}{6}\,(8\text{ m}) = -1{,}33\bar{3}\ \text{m}$	$+\frac{4}{3}\,s = +\frac{4}{3}\,(2\text{ m}) = +2{,}66\bar{6}\ \text{m}$	$-s = -2\ \text{m}$
$J_{\bar{x}\bar{x},\,Q}$	$+\frac{1}{36}\,q^4 = +\frac{1}{36}\,(8\text{ m})^4 = +113{,}77\bar{7}\ \text{m}^4$	$-\frac{1}{36}\,s^4 = -\frac{1}{36}\,(2\text{ m})^4 = -0{,}44\bar{4}\ \text{m}^4$	$-\frac{1}{4}\,\pi\,r^4 = -\frac{1}{4}\cdot 3{,}14\cdot(1\text{ m})^4 = -0{,}785\ \text{m}^4$
$J_{\bar{y}\bar{y},\,Q}$	$+\frac{1}{45}\,q^4 = +\frac{1}{48}\,(8\text{ m})^4 = +85{,}33\bar{3}\ \text{m}^4$	$-\frac{1}{48}\,s^4 = -\frac{1}{48}\,(2\text{ m})^4 = -0{,}33\bar{3}\ \text{m}^4$	$-\frac{1}{4}\,\pi\,r^4 = -\frac{1}{4}\cdot 3{,}14\cdot(1\text{ m})^4 = -0{,}785\ \text{m}^4$
$J_{\bar{x}\bar{y},\,Q}$	$0\ \text{m}^4$	$0\ \text{m}^4$	$0\ \text{m}^4$

Tafel B.12. Ermittlung der Bereichswerte für den gesamten Bereich der Flächenlast

Fläche

$$A = \sum_Q A_Q$$

$$A = 32\,\mathrm{m}^2 - 2\,\mathrm{m}^2 - 3{,}14\,\mathrm{m}^2 = 26{,}86\,\mathrm{m}^2$$

Statische Momente

$$S_{\tilde{x}} = \sum_Q A_Q \cdot \tilde{y}_{mQ}$$

$$S_{\tilde{x}} = 32\,\mathrm{m}^2 \cdot (-1{,}33\,\mathrm{m}) + (-2\,\mathrm{m}^2) \cdot (+2{,}67\,\mathrm{m}) + (-3{,}14\,\mathrm{m}^2) \cdot (-2\,\mathrm{m}) = -41{,}72\,\mathrm{m}^3$$

$$S_{\tilde{y}} = \sum_Q A_Q \cdot \tilde{x}_{mQ}$$

$$S_{\tilde{y}} = 32\,\mathrm{m}^2 \cdot 0\,\mathrm{m} + (-2\,\mathrm{m}^2) \cdot 0\,\mathrm{m} + (-3{,}14\,\mathrm{m}^2) \cdot (1\,\mathrm{m}) = -3{,}14\,\mathrm{m}^3$$

Trägheitsmomente

$$J_{\tilde{x}\tilde{x}} = \sum_Q J_{xx,Q} + \sum_Q A_Q \cdot \tilde{y}^2_{mQ}$$

$$J_{\tilde{x}\tilde{x}} = 113{,}78\,\mathrm{m}^4 + 32\,\mathrm{m}^2 \cdot (1{,}33\,\mathrm{m})^2 - 0{,}44\,\mathrm{m}^4 - (-2\,\mathrm{m}^2) \cdot (2{,}67\,\mathrm{m})^2 - 0{,}79\,\mathrm{m}^4 - 3{,}14\,\mathrm{m}^2 \cdot (2\,\mathrm{m})^2 = 142{,}65\,\mathrm{m}^4$$

$$J_{\tilde{y}\tilde{y}} = \sum_Q J_{yy,Q} + \sum_Q A_Q \cdot \tilde{x}^2_{mQ}$$

$$J_{\tilde{y}\tilde{y}} = 85{,}33\,\mathrm{m}^4 + 32\,\mathrm{m}^2 \cdot 0\,\mathrm{m} - 0{,}33\,\mathrm{m}^4 - (-2\,\mathrm{m}^2) \cdot 0\,\mathrm{m} - 0{,}79\,\mathrm{m}^4 - 3{,}14\,\mathrm{m}^2 \cdot (1\,\mathrm{m})^2 = 81{,}97\,\mathrm{m}^4$$

Deviationsmomente

$$J_{\tilde{x}\tilde{y}} = \sum_Q J_{xy,Q} + \sum_Q A_Q \cdot \tilde{x}_{mQ} \cdot \tilde{y}_{mQ}$$

$$J_{\tilde{x}\tilde{y}} = 0\,\mathrm{m}^4 + 32\,\mathrm{m}^2 \cdot 0\,\mathrm{m} \cdot (-1{,}33\,\mathrm{m}) - 0\,\mathrm{m}^4 - (-2\,\mathrm{m}^2) \cdot 0\,\mathrm{m} \cdot 2{,}67\,\mathrm{m} - 0\,\mathrm{m}^4 - 3{,}14\,\mathrm{m}^2 \cdot 1\,\mathrm{m} \cdot (-2\,\mathrm{m}) = 6{,}28\,\mathrm{m}^4$$

Tafel B.13. Ermittlung der Koordinaten der erzeugenden Vektoren[1] (S. S. 243)

$$\det \boldsymbol{\Lambda}_n = \begin{vmatrix} 1 & \tilde{y}_{54} & -\tilde{x}_{54} \\ 1 & \tilde{y}_{55} & -\tilde{x}_{55} \\ 1 & \tilde{y}_{56} & -\tilde{x}_{56} \end{vmatrix} = \begin{vmatrix} 1 & -4 & +4 \\ 1 & -4 & -4 \\ 1 & +2 & -1 \end{vmatrix} \mathrm{m}^2 = +48\,\mathrm{m}^2$$

$$\det \boldsymbol{\Lambda}_{\tilde{z}} = \begin{vmatrix} \sigma_{54} & \tilde{y}_{54} & -\tilde{x}_{54} \\ \sigma_{55} & \tilde{y}_{55} & -\tilde{x}_{55} \\ \sigma_{56} & \tilde{y}_{56} & -\tilde{x}_{56} \end{vmatrix} = \begin{vmatrix} -10 & -4 & +4 \\ -5 & -4 & -4 \\ -2 & +2 & -1 \end{vmatrix} \mathrm{kN} = -204\,\mathrm{kN}$$

$$\det \boldsymbol{\Lambda}_{\tilde{x}} = \begin{vmatrix} 1 & \sigma_{54} & -\tilde{x}_{54} \\ 1 & \sigma_{55} & -\tilde{x}_{55} \\ 1 & \sigma_{56} & -\tilde{x}_{56} \end{vmatrix} = \begin{vmatrix} 1 & -10 & +4 \\ 1 & -5 & -4 \\ 1 & -2 & -1 \end{vmatrix} \mathrm{kN/m} = +39\,\mathrm{kN/m}$$

$$\det \boldsymbol{\Lambda}_{\tilde{y}} = \begin{vmatrix} 1 & \tilde{y}_{54} & \sigma_{54} \\ 1 & \tilde{y}_{55} & \sigma_{55} \\ 1 & \tilde{y}_{56} & \sigma_{56} \end{vmatrix} = \begin{vmatrix} 1 & -4 & -10 \\ 1 & -4 & -5 \\ 1 & +2 & -2 \end{vmatrix} \mathrm{kN/m} = -30\,\mathrm{kN/m}$$

$$K_{a\tilde{z}} = \frac{\det \boldsymbol{\Lambda}_{\tilde{z}}}{\det \boldsymbol{\Lambda}_n} = \frac{-204\,\mathrm{kN}}{+48\,\mathrm{m}^2} = -4{,}2500\,\mathrm{kN/m}^2$$

$$C_{a\tilde{x}} = \frac{\det \boldsymbol{\Lambda}_{\tilde{x}}}{\det \boldsymbol{\Lambda}_n} = \frac{+39\,\mathrm{kN/m}}{+48\,\mathrm{m}^2} = +0{,}8125\,\mathrm{kN/m}^3$$

$$C_{a\tilde{y}} = \frac{\det \boldsymbol{\Lambda}_{\tilde{y}}}{\det \boldsymbol{\Lambda}_n} = \frac{-30\,\mathrm{kN/m}}{+48\,\mathrm{m}^2} = -0{,}6250\,\mathrm{kN/m}^3$$

Ermittlung der von Null verschiedenen Koordinaten des Reduktionspaares

$$\begin{pmatrix} \mathrm{R}P_{\tilde{a}\tilde{z}} \\ \mathrm{R}M_{\tilde{a}\tilde{x}} \\ \mathrm{R}M_{\tilde{a}\tilde{y}} \end{pmatrix} = \begin{pmatrix} A & +S_{\tilde{x}} & -S_{\tilde{y}} \\ +S_{\tilde{x}} & +J_{\tilde{x}\tilde{x}} & -J_{\tilde{y}\tilde{x}} \\ -S_{\tilde{y}} & -J_{\tilde{x}\tilde{y}} & +J_{\tilde{y}\tilde{y}} \end{pmatrix} \cdot \begin{pmatrix} K_{a\tilde{z}} \\ C_{a\tilde{x}} \\ C_{a\tilde{y}} \end{pmatrix}$$

$$= \begin{pmatrix} +26{,}86\ \mathrm{m}^2 & -\ 41{,}72\ \mathrm{m}^3 & +\ 3{,}14\ \mathrm{m}^3 \\ -41{,}72\ \mathrm{m}^3 & +\ 142{,}65\ \mathrm{m}^4 & -\ 6{,}28\ \mathrm{m}^4 \\ +\ 3{,}14\ \mathrm{m}^3 & -\ 6{,}28\ \mathrm{m}^4 & +\ 81{,}07\ \mathrm{m}^4 \end{pmatrix} \cdot \begin{pmatrix} -4{,}2500\ \mathrm{kN/m^2} \\ +0{,}8125\ \mathrm{kN/m^3} \\ -0{,}6250\ \mathrm{kN/m^3} \end{pmatrix}$$

$$= \begin{pmatrix} -150{,}015\ \mathrm{kN} \\ +297{,}138\ \mathrm{kNm} \\ -\ 69{,}116\ \mathrm{kNm} \end{pmatrix}.$$

Ermittlung der Koordinaten des Zentralpaares

$$\begin{pmatrix} \mathrm{Z}P_{d\tilde{x}} \\ \mathrm{Z}P_{d\tilde{y}} \\ \mathrm{Z}P_{d\tilde{z}} \end{pmatrix} = \begin{pmatrix} \mathrm{R}P_{a\tilde{x}} \\ \mathrm{R}P_{a\tilde{y}} \\ \mathrm{R}P_{a\tilde{z}} \end{pmatrix} = \begin{pmatrix} 0 \\ 0 \\ -150{,}015\ \mathrm{kN} \end{pmatrix}.$$

---

[1]) (zu Tafel B.13, S. 242) Um die erzeugenden Vektoren mit Hilfe von Bild B.10 berechnen zu können, muß zunächst die Feldkoordinate im Punkt 58 (Bild B.11) ausgerechnet werden:

$$\tilde{\boldsymbol{r}}_{58} = \begin{pmatrix} +1 \\ -4 \end{pmatrix} \mathrm{m}\,.$$

Aus der Beziehung

$$\frac{\sigma_{58} - \sigma_{55}}{u - t} = \frac{\sigma_{54} - \sigma_{55}}{q}$$

ergibt sich

$$\sigma_{58} = \frac{\sigma_{54} - \sigma_{55}}{q}\,(u - t) + \sigma_{55}$$

$$= \frac{(-10\ \mathrm{kN/m^2}) - (-5\ \mathrm{kN/m^2})}{8\ \mathrm{m}}\,(4\ \mathrm{m} - 1\mathrm{m}) + (-5\ \mathrm{kN/m^2})$$

$$= -6{,}8750\ \mathrm{kN/m^2}\,.$$

Damit ergibt sich nach Bild B.10

$$C_{a\tilde{x}} = +\,\frac{\sigma_{56} - \sigma_{58}}{3s} = +\,\frac{(-2\,\mathrm{kN/m^2} - (-6{,}8750\,\mathrm{kN/m^2})}{3 \cdot 2\ \mathrm{m}} = +0{,}8125\,\mathrm{kN/m^3};$$

$$C_{a\tilde{y}} = -\,\frac{\sigma_{55} - \sigma_{54}}{q} = -\,\frac{(-5\ \mathrm{kN/m^2}) - (-10\ \mathrm{kN/m^2})}{8\ \mathrm{m}} = -0{,}6520\mathrm{kN/m^3}\,.$$

$K_{a\tilde{z}}$ folgt aus der Feldgleichung entsprechend Gleichung (B.47) für $i = 54$, 55 oder 56; (gewählt wurde $i = 54$):

$$K_{a\tilde{z}} = \sigma_{54} - C_{a\tilde{x}} \cdot \tilde{y}_{54} + C_{a\tilde{y}} \cdot \tilde{x}_{54}$$
$$= (-10\ \mathrm{kN/m^2}) - (+0{,}8125\ \mathrm{kN/m^3}) \cdot (-4\ \mathrm{m}) +$$
$$+ (-0{,}6250\ \mathrm{kN/m^3}) \cdot (-4\ \mathrm{m}) = -4{,}25\ \mathrm{kN/m^2}\,.$$

Anmerkung (vgl. Bild B.10)

Wegen $\tan \xi = +0{,}8125$ ist $\xi_\sigma > 0,\ \xi_p < 0$,
Wegen $\tan \eta = +0{,}6250$ ist $\eta_\sigma > 0,\ \eta_p < 0$.

Gesamtlast

$$G_{50} = -ZP_{50/z} = -(-150{,}015)\ \mathrm{kN} = +150\ \mathrm{kN}.$$

Richtungsvektor der Gesamtlast

$$e_{50}^{G} = \begin{pmatrix} 0 \\ 0 \\ -1 \end{pmatrix} \quad \text{(s. Bild B.18).}$$

Angriffspunkt der Gesamtlast

$$\tilde{x}_{50} = \tilde{x}_{50}^{(\tilde{x},\tilde{y})} = -\frac{\mathrm{R}M_{a\tilde{y}}}{\mathrm{R}P_{a\tilde{z}}} = -\frac{-\ 69{,}116\ \mathrm{kNm}}{-150{,}015\ \mathrm{kN}} = -0{,}4607\ \mathrm{m}\,,$$

$$\tilde{y}_{50} = \tilde{y}_{50}^{(\tilde{x},\tilde{y})} = +\frac{\mathrm{R}M_{a\tilde{x}}}{\mathrm{R}P_{a\tilde{z}}} = +\frac{+297{,}138\ \mathrm{kNm}}{-150{,}015\ \mathrm{kN}} = -1{,}9807\ \mathrm{m}\,,$$

$$r_{50} = \begin{pmatrix} x_{52} + x_{50} \\ y_{52} + y_{50} \\ z_{52} \end{pmatrix} = \begin{pmatrix} +9{,}00 - 0{,}46 \\ 0{,}00 - 1{,}98 \\ +6{,}00 \end{pmatrix} \mathrm{m} = \begin{pmatrix} +8{,}65 \\ -1{,}98 \\ +6{,}00 \end{pmatrix} \mathrm{m}\,.$$

In die Reduktion des spatialen Kräftesystems werden die folgenden Größen aufgenommen:

$$r_{50} = \begin{pmatrix} +8{,}54 \\ -1{,}98 \\ +6{,}00 \end{pmatrix} \mathrm{m};\quad G_{50} = 150\ \mathrm{kN};\quad e_{50}^{G} = \begin{pmatrix} 0 \\ 0 \\ -1 \end{pmatrix}.$$

B.4.2. Segmentierte Lösung

Die im Rahmen der Vorbereitung ermittelten Gesamtlasten werden mit ihren Angriffspunkten in das System der Aktionen (der bekannten Kräfte, im Beispiel also der Belastung) aufgenommen.

Tafel B.14. **Reduktion der bekannten Kräfte: Systemteil I**

b		1	3	40	50	
	Maßeinheiten	Maßzahlen				
x_b	m	15	18	14	8,54	
y_b	m	16	8	4	−1,98	
z_b	m	2	2	4	6,00	
$0 \quad -z_b \quad y_b$	m	0 −2 16	0 −2 8	0 −4 4	0 −6 −1,98	
$z_b \quad 0 \quad -x_b$	m	2 0 −15	2 0 −18	4 0 −14	6 0 −8,54	
$-y_b \quad x_b \quad 0$	m	−16 15 0	−8 18 0	−4 14 0	1,98 8,54 0	
F_b		$\{K_1\}$	$\{K_3\}$	$\{G_{40}\}$	$\{G_{50}\}$	
	kN	50	150	157	150	
$e_{ox,b}$	1	0	−1	−0,6296	0	
$e_{oy,b}$	1	−1	0	0,6154	0	
$e_{oz,b}$	1	0	0	−0,4742	−1,00	
$f_{ox,b}$	m	2	0	−4,3584	1,98	
$f_{oy,b}$	m	0	−2	4,1204	8,54	
$f_{oz,b}$	m	−15	8	11,1340	0	
$RP_{ox,b}$	kN	0	− 150	− 98,847	+ 0	−248,847
$RP_{oy,b}$	kN	−50	+ 0	+ 96,618	+ 0	+ 46,618
$RP_{oz,b}$	kN	0	+ 0	− 74,449	− 150	−224,449
$RM_{ox,b}$	kNm	100	+ 0	− 684,269	+ 297·	−287,269
$RM_{oy,b}$	kNm	0	− 300	+ 646,903	+ 1281	+1627,903
$RM_{oz,b}$	kNm	−750	+ 1200	+ 1748,038	+ 0	+2198,038

B.4.2.1. Segment 1: Reduktionspaare der Aktionen für die Teilsysteme

Die Reduktion erfolgt in den Tafeln B.14, B.15 und B.16.

Tafel B.15. **Reduktion der bekannten Kräfte: Systemteil II**

b		60	
	Maßeinheiten	Maßzahlen	
x_b	m	-1	
y_b	m	13,50	
z_b	m	2	
$0 \quad -z_b \quad y_b$	m	0 -2 13,5	
$z_b \quad 0 \quad -x_b$	m	2 0 1	
$-y_b \quad x_b \quad 0$	m	-13,5 -1 0	
F_b		$\{G_{60}\}$	
	kN	100	
$e_{ox,b}$	1	0	
$e_{oy,b}$	1	0	
$e_{oz,b}$	1	-1,0	
$f_{ox,b}$	m	-13,5	
$f_{oy,b}$	m	-1,0	
$f_{oz,b}$	m	0	
$RP_{ox,b}$	kN	0	0
$RP_{oy,b}$	kN	0	0
$RP_{oz,b}$	kN	-100	-100
$RM_{ox,b}$	kNm	-1350	-1350
$RM_{oy,b}$	kNm	-100	-100
$RM_{oz,b}$	kNm	0	0

Tafel B.16. **Reduktion der bekannten Kräfte: Systemteil III**

b		70	84	83	81	90	
	Maßeinheiten	Maßzahlen					
x_b	m	0	-3	-3	0	9	
y_b	m	18,25	30	32	32	24	
z_b	m	2	6	6	4	2	
$0 \quad -z_b \quad y_b$	m	0 -2 18,25	0 -6 30	0 -6 32	0 -4 32	0 -2 24	
$z_b \quad 0 \quad -x_b$	m	2 0 0	6 0 3	6 0 3	4 0 0	2 0 -9	
$-y_b \quad x_b \quad 0$	m	-18,25 0 0	-30 -3 0	-32 -3 0	-32 0 0	-24 9 0	
F_b		$\{G_{70}\}$	$\{K_{84}\}$	$\{K_{83}\}$	$\{K_{81}\}$	$\{G_{90}\}$	
	kN	40	62,5	70	30	90	
$e_{ox,b}$	1	1,00	0	1	0	0	
$e_{oy,b}$	1	0,00	0	0	1	0	
$e_{oz,b}$	1	0,00	1	0	0	-1	
$f_{ox,b}$	m	0,00	30	0	-4	-24	
$f_{oy,b}$	m	2,00	3	6	0	9	
$f_{oz,b}$	m	-18,25	0	-32	0	0	
$RP_{ox,b}$	kN	40	+ 0,0	+ 70	+ 0	+ 0	110,0
$RP_{oy,b}$	kN	0	+ 0,0	+ 0	+ 30	+ 0	30,0
$RP_{oz,b}$	kN	0	+ 62,5	+ 0	+ 0	− 90	-27,5
$RM_{ox,b}$	kNm	0	+ 187,5	+ 0	− 120	− 2160	-405,0
$RM_{oy,b}$	kNm	80	+ 187,5	+ 420	+ 0	+ 810	1497,5
$RM_{oz,b}$	kNm	-730	+ 0,0	− 2240	+ 0	+ 0	-2970,0

B.4.2.2. *Segment 2: Reduktionspaare der Reaktionen für die Teilsysteme*

Die Reduktion erfolgt in den Tafeln B.17, B.18 und B.19. Die Koordinaten der Reduktionspaare bleiben als Produktsumme stehen.

Durch die Einführung gegengleicher Einheitsvektoren für die Komponenten der Kopplungskräfte in k und g werden die Kopplungsbedingungen berücksichtigt. Die Koordinaten der gegengleichen Kopplungskräfte sind dann gleich und brauchen nicht mehr unterschieden

Tafel B.17. **Reduktion der unbekannten Elementarpaare: Systemteil I**

u				21	22	23	24	k	k	k	k	k	k
		Maßeinheiten		Maßzahlen									
x_u		m		18	18	21	18	3	3	3	3	3	3
y_u		m		20	16	16	8	4	4	4	4	4	4
z_u		m		0	0	0	0	4	4	4	4	4	4
$0 \quad -z_u \quad y_u$		m		0 0 20	0 0 16	0 0 16	0 0 8	0 -4 4	0 -4 4	0 -4 4	0 -4 4	0 -4 4	0 -4 4
$z_u \quad 0 \quad -x_u$		m		0 0 -18	0 0 -18	0 0 -21	0 0 -18	4 0 -3	4 0 -3	4 0 -3	4 0 -3	4 0 -3	4 0 -3
$-y_u \quad x_u \quad 0$		m		-20 18 0	-16 18 0	-16 21 0	-8 18 0	-4 3 0	-4 3 0	-4 3 0	-4 3 0	-4 3 0	-4 3 0
P_u		kN		C_{21}	C_{22}	C_{23}	C_{24}	P_{kx}	P_{ky}	P_{kz}			
	M_u		kNm								M_{kx}	M_{ky}	M_{kz}
$e^P_{ox,u}$	0	1		0	0	-0,8321	0	1	0	0	0	0	0
$e^P_{oy,u}$	0	1		-0,8944	0	0	0	0	1	0	0	0	0
$e^P_{oz,u}$	0	1		0,4472	1	0,5547	1	0	0	1	0	0	0
$f_{ox,u}$	$e^M_{ox,u}$	m	1	8,9440	16	8,8752	8	0	-4	4	1	0	0
$f_{oy,u}$	$e^M_{oy,u}$	m	1	-8,0496	-18	-11,6487	-18	4	0	-3	0	1	0
$f_{oz,u}$	$e^M_{oz,u}$	m	1	-16,0992	0	-13,3136	0	-4	3	0	0	0	1

$RP_{ox;u}$	kN	0	+ 0	$- C_{23} \cdot 0{,}8321$	+ 0	$+ P_{kx} \cdot 1$	+ 0	+ 0	+ 0	+ 0	+ 0
$RP_{oy;u}$	kN	$-C_{21} \cdot 0{,}8944$	+ 0	+ 0	+ 0	+ 0	$+ P_{ky} \cdot 1$	+ 0	+ 0	+ 0	+ 0
$RP_{oz;u}$	kN	$C_{21} \cdot 0{,}4472$	$+ C_{22} \cdot 1$	$+ C_{23} \cdot 0{,}5547$	$+ C_{24} \cdot 1$	+ 0	+ 0	$+ P_{kz} \cdot 1$	+ 0	+ 0	+ 0
$RM_{ox;u}$	kNm	$C_{21} \cdot 8{,}9440$	$+ C_{22} \cdot 16$	$+ C_{23} \cdot 8{,}8752$	$+ C_{24} \cdot 8$	+ 0	$- P_{ky} \cdot 4$	$+ P_{kz} \cdot 4$	$+ M_{kx} \cdot 1$	+ 0	+ 0
$RM_{oy;u}$	kNm	$-C_{21} \cdot 8{,}0496$	$- C_{22} \cdot 18$	$- C_{23} \cdot 11{,}6487$	$- C_{24} \cdot 18$	$+ P_{kx} \cdot 4$	+ 0	$- P_{kz} \cdot 3$	+ 0	$+ M_{ky} \cdot 1$	+ 0
$RM_{oz;u}$	kNm	$-C_{21} \cdot 16{,}0992$	+ 0	$- C_{23} \cdot 13{,}3136$	+ 0	$- P_{kx} \cdot 4$	$+ P_{ky} \cdot 3$	+ 0	+ 0	+ 0	$+ M_{kz} \cdot 1$

Tafel B.18. **Reduktion der unbekannten Elementarpaare: Systemteil II**

u				k	k	k	k	k	k	25	g	g	g
		Maßeinheiten		Maßzahlen									
x_u		m		3	3	3	3	3	3	0	0	0	0
y_u		m		4	4	4	4	4	4	8	16	16	16
z_u		m		4	4	4	4	4	4	0	2	2	2
$0 \quad -z_u \quad y_u$		m		0 -4 4	0 -4. 4	0 -4 4	0 -4 4	0 -4 4	0 -4 4	0 0 8	0 -2 16	0 -2 16	0 -2 16
$z_u \quad 0 \quad -x_u$		m		4 0 -3	4 0 -3	4 0 -3	4 0 -3	4 0 -3	4 0 -3	0 0 0	2 0 0	2 0 0	2 0 0
$-y_u \quad x_u \quad 0$		m		-4 3 0	-4 3 0	-4 3 0	-4 3 0	-4 3 0	-4 3 0	-8 0 0	-16 0 0	-16 0 0	-16 0 0
P_u		kN		P_{kx}	P_{ky}	P_{kz}				C_{25}	P_{gx}	P_{gy}	P_{gz}
	M_u		kNm				M_{kx}	M_{ky}	M_{kz}				
$e^P_{ox,u}$	0	1		-1	0	0	0	0	0	0	1	0	0
$e^P_{oy,u}$	0	1		0	-1	0	0	0	0	0	0	1	0
$e^P_{oz,u}$	0	1		0	0	-1	0	0	0	1	0	0	1
$f_{ox,u}$	$e^M_{ox,u}$	m	1	0	4	-4	-1	0	0	8	0	-2	-16
$f_{oy,u}$	$e^M_{oy,u}$	m	1	-4	0	3	0	-1	0	0	2	0	0
$f_{oz,u}$	$e^M_{oz,u}$	m	1	4	-3	0	0	0	-1	0	-16	0	0

$RP_{ox;u}$	kN	$-P_{kx} \cdot 1$	+ 0	+ 0	+ 0	+ 0	+ 0	+ 0	$+ P_{gx} \cdot 1$	+ 0	+ 0
$RP_{oy;u}$	kN	0	$- P_{ky} \cdot 1$	+ 0	+ 0	+ 0	+ 0	+ 0	+ 0	$+ P_{gy} \cdot 1$	+ 0
$RP_{oz;u}$	kN	0	+ 0	$- P_{kz} \cdot 1$	+ 0	+ 0	+ 0	$+ C_{25} \cdot 1$	+ 0	+ 0	$+ P_{gz} \cdot 1$
$RM_{ox;u}$	kNm	0	$+ P_{ky} \cdot 4$	$- P_{kz} \cdot 4$	$- M_{kx} \cdot 1$	+ 0	+ 0	$+ C_{25} \cdot 8$	+ 0	$- P_{gy} \cdot 2$	$+ P_{gz} \cdot 16$
$RM_{oy;u}$	kNm	$-P_{kx} \cdot 4$	+ 0	$+ P_{kz} \cdot 3$	+ 0	$- M_{ky} \cdot 1$	+ 0	+ 0	$+ P_{gx} \cdot 2$	+ 0	+ 0
$RM_{oz;u}$	kNm	$P_{kx} \cdot 4$	$- P_{ky} \cdot 3$	+ 0	+ 0	+ 0	$- M_{kz} \cdot 1$	+ 0	$- P_{gx} \cdot 16$	+ 0	+ 0

Tafel B.19. **Reduktion der unbekannten Kräfte: Systemteil III**

u		g	g	g	26	27	28	29
	Maßeinheiten	Maßzahlen						
x_u	m	0	0	0	0	0	9	9
y_u	m	16	16	16	24	28	24	28
z_u	m	2	2	2	0	0	0	0
$0 \quad -z_u \quad y_u$	m	0 -2 16	0 -2 16	0 -2 16	0 0 24	0 0 28	0 0 24	0 0 28
$z_u \quad 0 \quad -x_u$	m	2 0 0	2 0 0	2 0 0	0 0 0	0 0 0	0 0 -9	0 0 -9
$-y_u \quad x_u \quad 0$	m	-16 0 0	-16 0 0	-16 0 0	-24 0 0	-28 0 0	-24 9 0	-28 9 0
P_u	kN	P_{gx}	P_{gy}	P_{gz}	C_{26}	C_{27}	C_{28}	C_{29}
$e_{ox,u}$	1	-1	0	0	0	0	0	0
$e_{oy,u}$	1	0	-1	0	0	-0,8944	0	-0,8944
$e_{oz,u}$	1	0	0	-1	1	0,4472	1	0,4472
$f_{ox,u}$	m	0	2	-16	24	12,5216	24	12,5216
$f_{oy,u}$	m	0	0	0	0	0	-9	-4,0248
$f_{oz,u}$	m	16	0	0	0	0	0	-8,0496
$RP_{ox,u}$	kN	$-P_{gx}\cdot 1$	$+ \; 0$	$+ \; 0$	$+ \; 0$	$+ \; 0$	$+ \; 0$	$+ \; 0$
$RP_{oy,u}$	kN	0	$- P_{gy}\cdot 1$	$+ \; 0$	$+ \; 0$	$- C_{27}\cdot 0{,}8944$	$+ \; 0$	$- C_{29}\cdot 0{,}8944$
$RP_{oz,u}$	kN	0	$+ \; 0$	$- P_{gz}\cdot 1$	$+ C_{26}\cdot 1$	$+ C_{27}\cdot 0{,}4472$	$+ C_{28}\cdot 1$	$+ C_{29}\cdot 0{,}4472$
$RM_{ox,u}$	kNm	0	$+ P_{gy}\cdot 2$	$- P_{gz}\cdot 16$	$+ C_{26}\cdot 24$	$+ C_{27}\cdot 12{,}5216$	$+ C_{28}\cdot 24$	$+ C_{29}\cdot 12{,}5216$
$RM_{oy,u}$	kNm	$-P_{gx}\cdot 2$	$+ \; 0$	$+ \; 0$	$+ \; 0$	$+ \; 0$	$- C_{28}\cdot 9$	$- C_{29}\cdot 4{,}0248$
$RM_{oz,u}$	kNm	$P_{gx}\cdot 16$	$+ \; 0$	$+ \; 0$	$+ \; 0$	$+ \; 0$	$+ \; 0$	$- C_{29}\cdot 8{,}0496$

zu werden (vgl. Abschnitt B.1.2.4.), weshalb der Index J, der die Zugehörigkeit zum Systemteil J ausdrückt, weggelassen werden konnte.

B.4.2.3. *Segment 3: Gleichungssystem und Reaktionsvektor*

Das Gleichungssystem ist in Tafel B.20 aufgestellt. Seine Lösung erfolgt mittels einer EDVA und ergibt den ebenfalls in Tafel B.20 angegebenen (vereinfachten) Reaktionsvektor **X**.

B.4.2.4. *Segment 4: Globaler Schnittkraftvektor*

Für die Ermittlung des Normalspannungsfeldes über dem Querschnitt k senkrecht zur Stabachse in k werden die Schnittkräfte in k benötigt. Wir entnehmen sie dem Vektor **X** in Tafel B.20.

B.4.2.5. *Segment 5: Lokaler Schnittkraftvektor*

Die Transformationsvektoren $\boldsymbol{b}_k$, $\boldsymbol{n}_k$ und $\boldsymbol{t}_k$ ergeben sich mit den Ortsvektoren

$$\boldsymbol{r}_{06} = \begin{pmatrix} x_6 \\ y_6 \\ z_6 \end{pmatrix} = \begin{pmatrix} +6 \\ 0 \\ +6 \end{pmatrix} \mathrm{m}, \qquad \boldsymbol{r}_{0k} = \begin{pmatrix} x_k \\ y_k \\ z_k \end{pmatrix} = \begin{pmatrix} +3 \\ +4 \\ +4 \end{pmatrix} \mathrm{m}$$

und dem Abstandsvektor

$$\boldsymbol{r}_{6k} = \begin{pmatrix} x_{6k} \\ y_{6k} \\ z_{6k} \end{pmatrix} = \begin{pmatrix} x_k - x_6 \\ y_k - y_6 \\ z_k - z_6 \end{pmatrix} = \begin{pmatrix} -3 \\ +4 \\ -2 \end{pmatrix} \mathrm{m}$$

Tafel B.20. **Gleichgewichtsbedingungen**

a) Aufstellung des Gleichungssystems

Systemteil J	Koordinaten der Reduktionspaare im Ursprung infolge der Aktionen + Reaktionen	$\overset{!}{=} 0$
I	$-248{,}847 + (-C_{23} \cdot 0{,}8321 + P_{kx} \cdot 1)$	$= 0$
	$46{,}618 + (-C_{21} \cdot 0{,}8944 + P_{ky} \cdot 1)$	$= 0$
	$-224{,}449 + (+C_{21} \cdot 0{,}4472 + C_{22} \cdot 1) \quad + C_{23} \cdot 0{,}5547 + C_{24} \cdot 1 + P_{kz} \cdot 1)$	$= 0$
	$-287{,}269 + (+C_{21} \cdot 8{,}9440 + C_{22} \cdot 16) \quad + C_{23} \cdot 8{,}8752 + C_{24} \cdot 8 - P_{ky} \cdot 4 + P_{kz} \cdot 4 + M_{kx} \cdot 1)$	$= 0$
	$1627{,}903 + (-C_{21} \cdot 8{,}0496 - C_{22} \cdot 18) \quad - C_{23} \cdot 11{,}6487 - C_{24} \cdot 18 + P_{kx} \cdot 4 - P_{kz} \cdot 3 + M_{ky} \cdot 1)$	$= 0$
	$2198{,}038 + (-C_{21} \cdot 16{,}0992 - C_{23} \cdot 13{,}3136 - P_{kx} \cdot 4 \quad + P_{ky} \cdot 3 + M_{kz} \cdot 1)$	$= 0$
II	$0 \quad + (-P_{kx} \cdot 1 + P_{gx} \cdot 1)$	$= 0$
	$0 \quad + (-P_{ky} \cdot 1 + P_{gy} \cdot 1)$	$= 0$
	$-100 \quad + (-P_{kz} \cdot 1 + C_{25} \cdot 1 + P_{gz} \cdot 1)$	$= 0$
	$-1350 \quad + (+P_{ky} \cdot 4 - P_{kz} \cdot 4 - M_{kx} \cdot 1 + C_{25} \cdot 8 \quad - P_{gy} \cdot 2 + P_{gz} \cdot 16)$	$= 0$
	$-100 \quad + (-P_{kx} \cdot 4 + P_{kz} \cdot 3 - M_{ky} \cdot 1 + P_{gx} \cdot 2)$	$= 0$
	$0 \quad + (+P_{kx} \cdot 4 - P_{ky} \cdot 3 - M_{kz} \cdot 1 - P_{gx} \cdot 16)$	$= 0$
III	$110 \quad + (-P_{gx} \cdot 1)$	$= 0$
	$30 \quad + (-P_{gy} \cdot 1 - C_{27} \cdot 0{,}8944 - C_{29} \cdot 0{,}8944)$	$= 0$
	$-27{,}5 \quad + (-P_{gz} \cdot 1 + C_{26} \cdot 1 \quad + C_{27} \cdot 0{,}4472 \quad + C_{28} \cdot 1 \quad + C_{29} \cdot 0{,}4472)$	$= 0$
	$-405{,}0 \quad + (+P_{gy} \cdot 2 - P_{gz} \cdot 16 \quad + C_{26} \cdot 24 \quad + C_{27} \cdot 12{,}5216 + C_{28} \cdot 24 \quad + C_{29} \cdot 12{,}5216)$	$= 0$
	$1497{,}5 \quad + (-P_{gx} \cdot 2 - C_{28} \cdot 9 \quad - C_{29} \cdot 4{,}0248)$	$= 0$
	$-2970{,}0 \quad + (+P_{gx} \cdot 16 - C_{29} \cdot 8{,}0496)$	$= 0$

b) Vereinfachter Reaktionsvektor X

C_{21}	C_{22}	C_{23}	C_{24}	P_{kx}	P_{ky}	P_{kz}	M_{kx}	M_{ky}	M_{kz}	C_{25}	P_{gx}	P_{gy}	P_{gz}	C_{26}	C_{27}	C_{28}	C_{29}
-110,7827	50,0313	-166,8633	204,6021	110,0000	-145,7020	111,9168	-708,7369	15,7502	-882,8939	251,2917	110,0000	-145,7020	-39,3750	-308,8927	346,7649	209,1667	-150,3180
kN	kN	kN	kN	kN	kN	kN	kNm	kNm	kNm	kN	kN	kN	kN	kN	kN	kN	kN
				globaler Schnittkraftvektor													

sowie den Größen

$$t_{6k} = \frac{1}{\sqrt{x_{6k}^2 + y_{6k}^2 + z_{6k}^2}} = \frac{1}{\sqrt{(-3)^2 + (+4)^2 + (-2)^2}\,\mathrm{m}} = 0{,}1875\ \mathrm{m}^{-1},$$

$$b_{6k} = \frac{1}{\sqrt{x_{6k}^2 + y_{6k}^2}} = \frac{1}{\sqrt{(-3)^2 + (4)^2}\ \mathrm{m}} = 0{,}2000\ \mathrm{m}^{-1},$$

$$n_{6k} = t_{6k} \cdot b_{6k} = 0{,}1875\ \mathrm{m}^{-1} \cdot 0{,}2000\ \mathrm{m}^{-1} = 0{,}0375\ \mathrm{m}^{-2}$$

mit Hilfe der Gleichungen (B.107), (B.108) und (B.100) zu

$$\boldsymbol{b} = b_{6k} \cdot \begin{pmatrix} +y_{6k} \\ -x_{6k} \\ 0 \end{pmatrix} = 0{,}2000\ \mathrm{m}^{-1} \cdot \begin{pmatrix} +4 \\ -(-3) \\ 0 \end{pmatrix} \mathrm{m} = \begin{pmatrix} +0{,}8000 \\ +0{,}6000 \\ 0{,}0000 \end{pmatrix},$$

$$\boldsymbol{n} = n_{6k} \cdot \begin{pmatrix} +x_{6k} \cdot z_{6k} \\ +y_{6k} \cdot z_{6k} \\ -x_{6k}^2 - y_{6k}^2 \end{pmatrix} = 0{,}0375\ \mathrm{m}^{-2} \cdot \begin{pmatrix} +(-3)(-2) \\ +(+4)(-2) \\ -(-3)^2 - (+4)^2 \end{pmatrix} \mathrm{m}^2$$

$$= \begin{pmatrix} +0{,}2228 \\ -0{,}2971 \\ -0{,}9285 \end{pmatrix},$$

$$\boldsymbol{t} = t_{6k} \cdot \begin{pmatrix} +x_{6k} \\ +y_{6k} \\ +z_{6k} \end{pmatrix} = 0{,}1875\ \mathrm{m}^{-1} \cdot \begin{pmatrix} -3 \\ +4 \\ -2 \end{pmatrix} \mathrm{m} = \begin{pmatrix} -0{,}5571 \\ +0{,}7428 \\ -0{,}3714 \end{pmatrix}.$$

Die Transformatrionsmatrix **T** hat dann entsprechend Gleichung (B.112) die Form

$$\mathbf{T} = \begin{pmatrix} b_x & b_y & b_z \\ n_x & n_y & n_z \\ t_x & t_y & t_z \end{pmatrix} = \begin{pmatrix} +0{,}8000 & +0{,}6000 & 0{,}0000 \\ +0{,}2228 & -0{,}2971 & -0{,}9285 \\ -0{,}5571 & +0{,}7428 & -0{,}3714 \end{pmatrix}.$$

Die Transformation selbst wird nach Gleichung (B. 115) in Tafel B. 21 durchgeführt.

B.4.2.6. *Segment 6: Effektiver Schnittkraftvektor*

Diejenigen lokalen Schnittkräfte, die dem gesuchten Normalspannungsfeld äquivalent und deshalb allein für die weitere Rechnung wirksam (effektiv) sind, werden dem lokalen Schnittkraftvektor in Tafel B.21 entnommen.

B.4.2.7. *Segment 7: Induktionsvektor*

Für die Ermittlung der von Null verschiedenen Koordinaten des Induktionspaares sind die Bereichswerte für den Querschnitt k nach Bild B.3 (vgl. S. 190) erforderlich. Wir entnehmen sie Tafel B.22 und erhalten die gesuchten Koordinaten mit Hilfe der Gleichungen (B.134a), (B.134b) und (B.134c) zu

$$K_{k\bar{z}} = \frac{P_{k\bar{z}}}{A} = \frac{-211{,}0743\ \mathrm{kN}}{0{,}058400\ \mathrm{m}^2} = -3614{,}29\ \mathrm{kN/m^2},$$

$$C_{k\bar{x}} = \frac{M_{k\bar{x}}}{J_{\bar{x}\bar{x}}} = \frac{-557{,}5394\ \mathrm{kNm}}{0{,}005723\ \mathrm{m}^4} = -97\,420{,}83\ \mathrm{kN/m^3},$$

$$C_{k\bar{y}} = \frac{M_{k\bar{y}}}{J_{\bar{y}\bar{y}}} = \frac{+657{,}1810\ \mathrm{kNm}}{0{,}004\,659\ \mathrm{m}^4} = +141\,056{,}23\ \mathrm{kN/m^3}.$$

Tafel B.21. **Transformation der Schnittkräfte**

$$\begin{Bmatrix} P_{k\bar{x}} \\ P_{k\bar{y}} \\ P_{k\bar{z}} \\ M_{k\bar{x}} \\ M_{k\bar{y}} \\ M_{k\bar{z}} \end{Bmatrix} = \begin{bmatrix} +0{,}8000 & +0{,}6000 & 0{,}0000 & 0 & 0 & 0 \\ +0{,}2228 & -0{,}2971 & -0{,}9285 & 0 & 0 & 0 \\ -0{,}5571 & +0{,}7428 & -0{,}3714 & 0 & 0 & 0 \\ 0 & 0 & 0 & +0{,}8000 & +0{,}6000 & 0{,}0000 \\ 0 & 0 & 0 & +0{,}2228 & -0{,}2971 & -0{,}9285 \\ 0 & 0 & 0 & -0{,}5571 & +0{,}7428 & -0{,}3714 \end{bmatrix} \cdot \begin{Bmatrix} +110{,}0000\ \text{kN} \\ -145{,}7020\ \text{kN} \\ +111{,}9168\ \text{kN} \\ -708{,}7369\ \text{kNm} \\ +\ 15{,}7502\ \text{kNm} \\ -882{,}8939\ \text{kNm} \end{Bmatrix} = \begin{Bmatrix} +\ \ 0{,}5788\ \text{kN} \\ -\ \ 36{,}1187\ \text{kN} \\ -211{,}0743\ \text{kN} \\ -557{,}5394\ \text{kNm} \\ +657{,}1810\ \text{kNm} \\ +734{,}4434\ \text{kNm} \end{Bmatrix}$$

Transformationsmatrix **T**

(Vektor der Schnittkräfte im globalen Koordinatensystem)
S
globaler Schnittkraftvektor

(Vektor der transformierten Schnittkräfte im lokalen Koordinatensystem)
$\mathbf{S}_T$
lokaler Schnittkraftvektor

(Zeilen 3 bis 5 des Ergebnisvektors, gestrichelt umrahmt:) effektiver-Schnittkraftvektor $\mathbf{S}_E$

Tafel B.22. **Bereichswerte für den Querschnitt nach Bild B.3 (vgl. S. 190)**

Fläche

$$A = a \cdot b - v \cdot w$$
$$= 0{,}70\ \text{m} \cdot 0{,}80\ \text{m} - 0{,}66\ \text{m} \cdot 0{,}76\ \text{m} = 0{,}058400\ \text{m}^2$$

Trägheitsmomente

$$J_{\bar{x}\bar{x}} = \tfrac{1}{12}\,(a \cdot b^3 - v \cdot w^3)$$
$$= \tfrac{1}{12}\,(0{,}70\ \text{m} \cdot (0{,}80\ \text{m})^3 - 0{,}66\ \text{m} \cdot (0{,}76\ \text{m})^3) = 0{,}005723\ \text{m}^4$$
$$J_{\bar{y}\bar{y}} = \tfrac{1}{12}\,(b \cdot a^3 - w \cdot v^3)$$
$$= \tfrac{1}{12}\,(0{,}80\ \text{m} \cdot (0{,}70\ \text{m})^3 - 0{,}76\ \text{m} \cdot (0{,}66\ \text{m})^3) = 0{,}004659\ \text{m}^4$$

Deviationsmoment

$$J_{\bar{x}\bar{y}} = J_{\bar{y}\bar{x}} = 0\ \text{m}^4$$

Bereichsmatrix

$$\mathbf{A} = \begin{pmatrix} A & 0 & 0 \\ 0 & J_{\bar{x}\bar{x}} & -J_{\bar{y}\bar{x}} \\ 0 & -J_{\bar{x}\bar{y}} & J_{\bar{y}\bar{y}} \end{pmatrix} = \begin{pmatrix} 0{,}058400\ \text{m}^2 & 0 & 0 \\ 0 & 0{,}005723\ \text{m}^4 & 0 \\ 0 & & 0{,}004659\ \text{m}^4 \end{pmatrix}$$

B.4.2.8. *Segment 8: Spannungsvektor*

Die Gleichung des Normalspannungsfeldes lautet nach Gleichung (B.123)

$$\sigma_{\bar{z}\bar{z}}(\bar{x}, \bar{y}) = K_{k\bar{z}} + C_{k\bar{x}} \cdot \bar{y} - C_{k\bar{y}} \cdot \bar{x}\,,$$
$$\sigma_{\bar{z}\bar{z}}(\bar{x}, \bar{y}) = -3614{,}29\ \text{kN/m}^2 - 97420{,}83\ \text{kN/m}^3 \cdot \bar{y} - 141056{,}23\ \text{kN/m}^3 \cdot \bar{x}\,.$$

Sollen die Normalspannungen in mehreren Punkten des Querschnittes k nach Bild B.3 ermittelt werden, so wird man Gleichung (B.125) benutzen. Für die Punkte I, II, III und IV gilt:

$$\begin{pmatrix} \sigma_{\text{I}} \\ \sigma_{\text{II}} \\ \sigma_{\text{III}} \\ \sigma_{\text{IV}} \end{pmatrix} = \begin{pmatrix} 1 & +0{,}40\ \text{m} & -0{,}35\ \text{m} \\ 1 & +0{,}40\ \text{m} & +0{,}35\ \text{m} \\ 1 & -0{,}40\ \text{m} & +0{,}35\ \text{m} \\ 1 & -0{,}40\ \text{m} & -0{,}35\ \text{m} \end{pmatrix} \cdot \begin{pmatrix} -\ \ 3614{,}29\ \text{kN/m}^2 \\ -\ \ 97420{,}83\ \text{kN/m}^3 \\ +141056{,}23\ \text{kN/m}^3 \end{pmatrix}$$
$$= \begin{pmatrix} -91952{,}30 \\ +\ \ 6787{,}06 \\ +84723{,}72 \\ -14015{,}64 \end{pmatrix} \text{kN/m}^2\,.$$

Sollen die Spannungen in kN/cm² oder Pa angegeben werden, so sind die Koordinaten umzurechnen. Da

$$1\ \text{kN/m}^2 = 10^{-4}\ \text{kN/cm}^2 = 10^{-3}\ \text{Pa}$$

ist, folgt

$$\begin{pmatrix} \sigma_{\text{I}} \\ \sigma_{\text{II}} \\ \sigma_{\text{III}} \\ \sigma_{\text{IV}} \end{pmatrix} = \begin{pmatrix} -9{,}1952 \\ +0{,}6787 \\ +8{,}4724 \\ -1{,}4016 \end{pmatrix} \text{kN/cm}^2 = \begin{pmatrix} -91{,}95 \\ +\ \ 6{,}79 \\ +84{,}72 \\ -14{,}02 \end{pmatrix} \text{Pa}\,.$$

Mit der Angabe der Gleichung des Normalspannungsfeldes (Bild B. 19) und der Normalspannungen in ausgezeichneten Punkten Q (z. B. Q = I, II, III, IV) ist die Aufgabe gelöst.

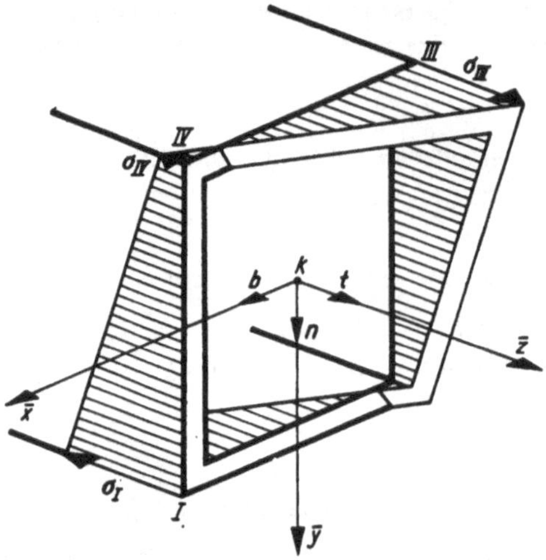

Bild B.19. Normalspannungsfeld

B.4.3. Nichtsegmentierte Lösung Q

Für die nichtsegmentierte Lösung werden nur die nach Gleichung (B.136) erforderlichen Matrizen aufgebaut. Die Matrizenmultiplikation wird schematisch in Tafel B.23 vorgestellt. Die Rechnung erfolgt mit einer EDVA; den originalen Ergebnisausdruck (BESM-6, RZ der TU Dresden) zeigt Tafel B.24 (s. Beilage).

Für die Eingabe sind die folgenden Matrizen erforderlich:

Der Aktionsvektor **B**

wird (nach Tafel B.7a) durch Aneinanderreihen der Zeilen 5 für die Systemteile I, II und III aus den Tafeln B.14, B.15 und B.16 erhalten. Er ist in transponierter Form in Tafel B.25 angegeben.

Die Aktionsmatrix $\mathbf{\Lambda}$

ergibt sich nach Gleichung (B.77d) durch Staffelung der Aktionsmatrizen $\mathbf{\Lambda}_{b/J}$ (vgl. Tafel B.7a) für die einzelnen Systemteile J (J = I, II, III), die wir den Tafeln B.14, B.15 und B.16 entnehmen und zusammensetzen (vgl. Tafel B.25).

Die Antivalenzmatrix **Y**

bauen wir entsprechend Gleichung (B.95) mit 18 Spalten und 18 Zeilen auf.

Die quadrierte Reaktionsmatrix **Q**

erhalten wir entsprechend den Ausführungen in Abschnitt B.2.3., indem wir zunächst nach (Tafel B.5.a) die vollständige Reaktionsmatrix $\mathbf{\Delta}$ durch Staffelung der Reaktionsmatrizen $\mathbf{\Delta}_{u/J}$ für die Systemteile J (J = I, II, III), die wir den Tafeln B.17, B.18 und B.19 entnehmen, aufbauen (Tafel B.26), diese Matrix $\mathbf{\Delta}$ um die Kopplungsmatrizen $\mathbf{V}_S$ und $\mathbf{V}_G$ erweitern (Tafel B.5.d) und danach diese vollständige Reaktionsmatrix $\mathbf{\Xi}$ quadrieren (Tafel B.5.e, Tafel B.27).

Die Selektionsmatrizen $\mathbf{\Gamma}_S$ und $\mathbf{\Gamma}_E$

entnehmen wir den Tafeln B.6.a und B.6.b.

Tafel B.23. **Schematische Darstellung der Matrizenmultiplikation in Gleichung (B.136)**

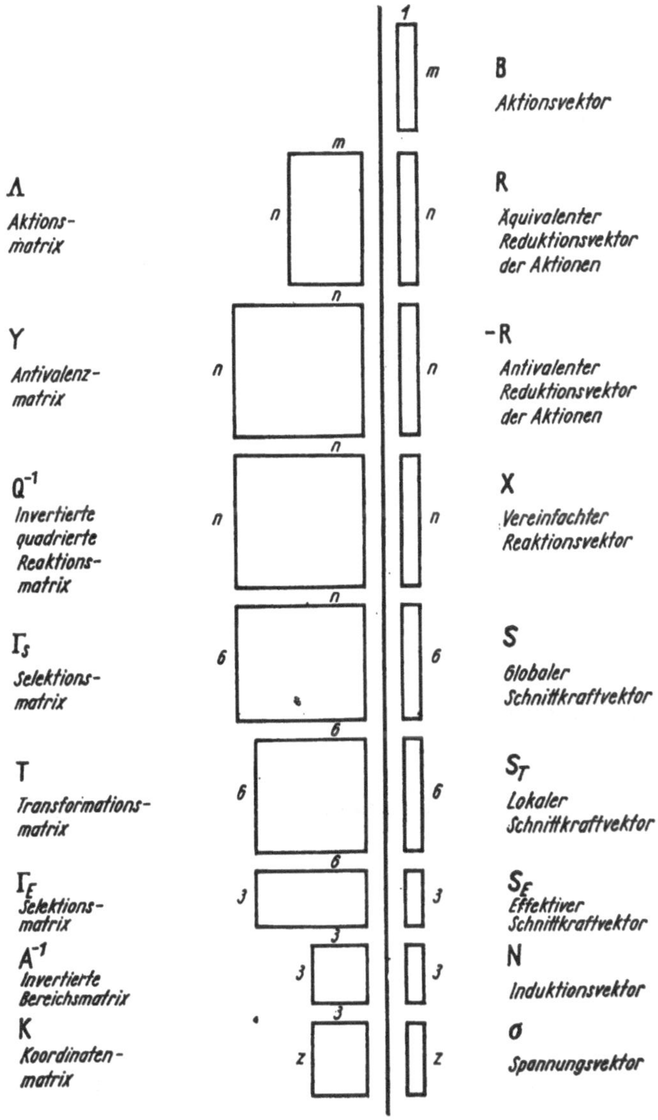

Tafel B.25. **Aufbau der Matrizen B, Λ, R_b für Gleichung (B.77i)**

Aktionsvektor - Transponiert B^T

50	150	157	150	100	40	62,5	70	30	90

Aktionsmatrix Λ

										Äquivalenter Reduktionsvektor der Aktionen $+ R_b$
0	-1	-0,6296	0,00	0	0					-248,847
-1	0	0,6154	0,00							+ 46,618
0	0	-0,4742	-1,00							-224,449
2	0	-4,3584	1,98							-287,269
0	-2	4,1204	8,54							+1627,903
-15	8	11,1340	0,00							+2198,038
0				0,0	0					0,000
				0,0						0,000
				-1,0						-100,000
				-13,5						-1350,000
				-1,0						-100,000
				0,0						0,000
0				0	1,00	0	1	0	0	+110,000
					0,00	0	0	1	0	+ 30,000
					0,00	1	0	0	-1	- 27,500
					0,00	30	0	-4	-24	-405,000
					2,00	3	6	0	9	+1497,500
					-18,25	0	-32	0	0	-2970,000

Die Transformationsmatrix **T**

finden wir in Tafel B.21.

Die Bereichsmatrix **A**

wird Tafel B.22 entnommen.

Die Koordinatenmatrix **K**

bauen wir nach Gleichung (B.125) auf. Wir finden sie in Abschnitt B.4.2.8.

Nach der Ermittlung des Spannungsvektors $\boldsymbol{\sigma}$, dessen Koordinaten σ_Q die gesuchten Normalspannungen in den vorgegebenen Punkten Q ($Q = \text{I, II, III, IV}$) angeben, ist die Aufgabe gelöst.

B.4.4. Kontrollen

Nach (oder besser noch bereits während) der Berechnung sind alle berechneten Größen zu kontrollieren. Im vorliegenden Beispiel betrifft dies

- die Stützkräfte,
- die Gelenkkräfte,
- die Schnittkräfte vor und nach der Transformation sowie das
- Spannungsfeld.

Selbstverständlich müssen vor der Berechnung alle Belastungsgrößen — also sowohl die Kräfte $\boldsymbol{K}_i$ als auch die Gesamtlasten $\boldsymbol{G}_d$ — überprüft werden. Wir wollen annehmen, daß dies geschehen ist, und beginnen mit der Kontrolle der Kopplungskräfte.

Tafel B.26. **Aufbau der Matrizen U, Δ, R_b für Gleichung (B.83i)**

Vollständiger Reaktionsvektor - Transponiert U^T

Antivalenter Reduktionsvektor der Aktionen $-R_b$

C_{21}	C_{22}	C_{23}	C_{24}	P_{kx}^{I}	P_{ky}^{I}	P_{kz}^{I}	M_{kx}^{I}	M_{ky}^{I}	M_{kz}^{I}	P_{kx}^{II}	P_{ky}^{II}	P_{kz}^{II}	M_{kx}^{II}	M_{ky}^{II}	M_{kz}^{II}	C_{25}	P_{gx}^{II}	P_{gy}^{II}	P_{gz}^{II}	P_{gx}^{III}	P_{gy}^{III}	P_{gz}^{III}	C_{26}	C_{27}	C_{28}	C_{29}	$-R_b$
0	0	-0,8321	0	1	0	0	0	0	0																		+ 248,847
-0,8944	0	0	0	0	1	0	0	0	0																		- 46,618
0,4472	1	0,5547	1	0	0	1	0	0	0	0										0							+ 224,449
8,9440	16	8,8752	8	0	-4	4	1	0	0																		+ 287,269
-8,0496	-18	-11,6487	-18	4	0	-3	0	1	0																		- 1627,903
-16,0992	0	-13,3136	0	-4	3	0	0	0	1																		- 2198,038
										-1	0	0	0	0	0	0	1	0	0								0,000
										0	-1	0	0	0	0	0	0	1	0								0,000
0										0	0	-1	0	0	0	1	0	0	1	0							+ 100,000
										0	4	-4	-1	0	0	8	0	-2	16								+ 1350,000
										-4	0	3	0	-1	0	0	2	0	0								+ 100,000
										4	-3	0	0	0	-1	0	-16	0	0								0,000
																				-1	0	0	0	0	0	0	- 110,000
																				0	-1	0	0	-0,8944	0	-0,8944	- 30,000
0										0										0	0	-1	1	0,4472	1	0,4472	+ 27,500
																				0	2	-16	24	12,5216	24	12,5216	+ 405,000
																				-2	0	0	0	0	-9	-4,0248	- 1497,500
																				16	0	0	0	0	0	-8,0496	+ 2970,000

Reaktionsmatrix Δ

Um die Zugehörigkeit der Schnitt- und Gelenkkräfte zum Systemteil J (J = I, II, III) besonders hervorzuheben, wird das Symbol J (J = I, II, III) als Kopfzeiger angeordnet.

Tafel B.27. Aufbau der Matrizen X, Q, R_b für Gleichung (B.94)

Vereinfachter Reaktionsvektor – Transponiert X^T

C_{21}	C_{22}	C_{23}	C_{24}	P_{kx}	P_{ky}	P_{kz}	M_{kx}	M_{ky}	M_{kz}	C_{25}	P_{gx}	P_{gy}	P_{gz}	C_{26}	C_{27}	C_{28}	C_{29}

Quadrierte Reaktionsmatrix Q | *Antivalenter Reduktionsvektor der Aktionen $-R_b$*

																		$-R_b$
0	0	-0,8321	0	1	0	0	0	0	0	0				0				+248,847
-0,8944	0	0	0	0	1	0	0	0	0									-46,618
0,4472	1	0,5547	1	0	0	1	0	0	0									+224,449
8,9440	16	8,8752	8	0	-4	4	1	0	0									+287,269
-8,0496	-18	-11,6487	-18	4	0	-3	0	1	0									-1627,903
-16,0992	0	-13,3136	0	-4	3	0	0	0	1									-2198,038
0				-1	0	0	0	0	0	0	1	0	0	0				0,000
				0	-1	0	0	0	0	0	0	1	0					0,000
				0	0	-1	0	0	0	1	0	0	1					+100,000
				0	4	-4	-1	0	0	8	0	-2	16					+1350,000
				-4	0	3	0	-1	0	0	2	0	0					+100,000
				4	-3	0	0	0	-1	0	-16	0	0					0,000
0				0							-1	0	0	0	0	0	0	-110,000
											0	-1	0	0	-0,8944	0	-0,8944	-30,000
											0	0	-1	1	0,4472	1	0,4472	+27,500
											0	2	-16	24	12,5216	24	12,5216	+405,000
											-2	0	0	0	0	-9	-4,0248	-1497,500
											16	0	0	0	0	0	-8,0496	+2970,000

B.4.4.1. Kontrolle der Stütz-, Gelenk- und Schnittkräfte im globalen Koordinatensystem

Zur Kontrolle wird das Gleichgewicht sowohl des gesamten Systems als auch der einzelnen Systemteile überprüft.

● *Gesamtsystem*

Nach der Befreiung von der Stützung wirken auf (die sowohl in k als auch in g noch gekoppelten Systemteile I, II und III, also auf) das gesamte System

– die Kräfte $\boldsymbol{K}_i \mid i = 1, 3, 81, 83, 84,$
– die Gesamtlasten $\boldsymbol{G}_d \mid d = 40, 50, 60, 70, 90,$
– die Stützkräfte $\boldsymbol{C}_j \mid j = 21, \ldots, 29$

ein (Bilder B.1, B.5b), B.6b), B.7b)). Aus Platzgründen reduzieren wir zunächst in Tafel B.28 die Kräfte $\boldsymbol{K}_i$ und $\boldsymbol{G}_d$ und danach in Tafel B.29 die Stützkräfte $\boldsymbol{C}_j$ in bezug auf das gleiche, beliebig gewählte Reduktionszentrum r.

Die Summe der Koordinaten der Reduktionspaare ergibt die folgenden Maßzahlen

$$\begin{array}{c} \\ \\ \end{array}\qquad\qquad \begin{array}{cc}\text{Tafel} & \text{Tafel}\\ \text{B.28} & \text{B.29}\end{array}$$

$$\begin{pmatrix}\{\mathrm{R}P_{rx}\}\\ \{\mathrm{R}P_{ry}\}\\ \{\mathrm{R}P_{rz}\}\\ \{\mathrm{R}M_{rx}\}\\ \{\mathrm{R}M_{ry}\}\\ \{\mathrm{R}M_{rz}\}\end{pmatrix} = \begin{pmatrix}-\ 138{,}8472 + 138{,}84695\\ +\ 76{,}6178 - 76{,}61806\\ -\ 351{,}9494 + 351{,}94906\\ -\ 481{,}2356 + 481{,}23871\\ +\ 2247{,}249 - 2247{,}2514\\ -1557{,}3049 + 1557{,}2034\end{pmatrix} = \begin{pmatrix}-0{,}00025\\ -0{,}00026\\ -0{,}00034\\ +0{,}00311\\ -0{,}0024\\ -0{,}0015\end{pmatrix}.$$

● *Systemteil* I

Reduzieren wir die entsprechend Bild B.5b) am Systemteil I angreifenden Kräfte

$$\boldsymbol{K}_1, \boldsymbol{K}_3, \boldsymbol{G}_{40}, \boldsymbol{G}_{50}, \boldsymbol{C}_{21}, \boldsymbol{C}_{22}, \boldsymbol{C}_{23}, \boldsymbol{C}_{24}$$

in bezug auf den Punkt k als Reduktionszentrum, so müssen die Koordinaten des Reduktionspaares (Tafel B.30) den entsprechenden Schnittkraftkoordinaten (Tafel B.20.b, Reaktionsvektor **X**) entgegengesetzt gleich sein. Bilden wir die Summe, so erhalten wir die folgenden Maßzahlen

$$\begin{array}{cc}\text{Tafel} & \text{Tafel}\\ \text{B.30} & \text{B.20.b}\end{array}$$

$$\begin{pmatrix}\{\mathrm{R}P_{kx}\}\\ \{\mathrm{R}P_{ky}\}\\ \{\mathrm{R}P_{kz}\}\\ \{\mathrm{R}M_{kx}\}\\ \{\mathrm{R}M_{ky}\}\\ \{\mathrm{R}M_{kz}\}\end{pmatrix} = \begin{pmatrix}-110{,}0003 + 110{,}0000\\ 145{,}7019 - 145{,}7020\\ -111{,}9171 + 111{,}9168\\ 708{,}7389 - 708{,}7369\\ -\ 15{,}7518 + 15{,}7502\\ 882{,}8931 - 882{,}8939\end{pmatrix} = \begin{pmatrix}-0{,}0003\\ -0{,}0001\\ -0{,}0003\\ +0{,}0020\\ -0{,}0016\\ -0{,}0008\end{pmatrix}.$$

● *Systemteil* II

Reduzieren wir die entsprechend Bild B.6b) am Systemteil II angreifenden Kräfte

$$\boldsymbol{C}_{25}, \boldsymbol{G}_{60}, \boldsymbol{P}_{gx}, \boldsymbol{P}_{gy}, \boldsymbol{P}_{gz}$$

in bezug auf den Punkt k als Reduktionszentrum, so müssen die Koordinaten des Reduktionspaares (Tafel B.31) den entsprechenden, im Reaktionsvektor **X** der Tafel B.20.b angegebenen Schnittkraftkoordinaten gleich sein, da die Schnittkräfte am Schnitt k des

Tafel B.28. **Kontrolle der Stützkräfte am Gesamtsystem — Reduktion der Belastung**

Reduktionszentrum $\mathfrak{r} = \begin{pmatrix} 3 \\ 4 \\ 2 \end{pmatrix}$ m

b		1	3	40	50	60	70	81	83	84	90
	[illegible]	Maßzahlen									
$x_{rb} = \Delta x$ $y_{rb} = \Delta y$ $z_{rb} = \Delta z$	m m m	12 12 0	15 4 0	11 0 2	5,54 -5,98 4	-4 9,50 0	-3 14,25 0	-3 28 2	-6 28 4	-6 25 4	6 20 0
0 -Δz Δy Δz 0 -Δx -Δy Δx 0	m m m	0 0 12 0 0 -12 -12 12 0	0 0 4 0 0 -15 -4 15 0	0 -2 0 2 0 -11 0 11 0	0 -4 -5,98 4 0 -5,54 5,98 5,54 0	0 0 9,5 0 0 4 -9,5 -4 0	0 0 14,25 0 0 3 -14,25 -3 0	0 -2 28 2 0 3 -28 -3 0	0 -4 28 4 0 6 -28 -6 0	0 -4 26 4 0 6 -26 -6 0	0 0 20 0 0 -6 -20 6 0
F_b	 kN	$\{K_1\}$ 50	$\{K_3\}$ 150	$\{G_{40}\}$ 157	$\{G_{50}\}$ 150	$\{G_{60}\}$ 100	$\{G_{70}\}$ 40	$\{K_{81}\}$ 30	$\{K_{83}\}$ 70	$\{K_{84}\}$ 62,5	$\{G_{90}\}$ 90
$e_{rx,b}$	1	0	-1	-0,6296	0	0		0	1	0	0
$e_{ry,b}$	1	-1	0	0,6154	0	0	0	1	0	0	0
$e_{rz,b}$	1	0	0	-0,4742	-1	-1	0	0	0	1	-1
$f_{rx,b}$	m	0	0	-1,2308	5,98	-9,5	0	-2	0	26	-20
$f_{ry,b}$	m	0	0	3,9570	5,54	-4	0	0	4	6	6
$f_{rz,b}$	m	-12	4	6,7694	0	0	-14,25	-3	-28	0	0

$RP_{rx,b}$	− 138,8472	kN
$RP_{ry,b}$	+ 76,6178	kN
$RP_{rz,b}$	− 351,9494	kN
$RM_{rx,b}$	− 481,2356	kNm
$RM_{ry,b}$	+ 2247,249	kNm
$RM_{rz,b}$	− 1557,2049	kNm

Tafel B.29. **Kontrolle der Stützkräfte am Gesamtsystem — Reduktion der Stützkräfte**

$$\textbf{Reduktionszeitraum } \boldsymbol{r} = \begin{pmatrix} 3 \\ 4 \\ 2 \end{pmatrix} \text{m}$$

u		21	22	23	24	25	26	27	28	29
	Maßeinheiten	Maßzahlen								
$x_{ru} = \Delta x$	m	15	15	18	15	−3	−3	−3	6	6
$y_{ru} = \Delta y$	m	16	12	12	4	4	20	24	20	24
$z_{ru} = \Delta z$	m	−2	−2	−2	2	−2	−2	−2	−2	−2
$0 \quad -\Delta z \quad \Delta y$	m	0 2 16	0 2 12	0 2 12	0 2 4	0 2 4	0 2 20	0 2 24	0 2 20	0 2 −24
$\Delta z \quad 0 \quad -\Delta x$	m	−2 0 −15	−2 0 −15	−2 0 −18	−2 0 −15	−2 0 3	−2 0 3	−2 0 3	−2 0 −6	−2 0 −6
$-\Delta y \quad \Delta x \quad 0$	m	−16 15 0	−12 15 0	−12 18 0	−4 15 0	−4 −3 0	−20 −3 0	−24 −3 0	−20 6 0	−24 6 0
F_u		$\{C_{21}\}$	$\{C_{22}\}$	$\{C_{23}\}$	$\{C_{24}\}$	$\{C_{25}\}$	$\{C_{26}\}$	$\{C_{27}\}$	$\{C_{28}\}$	$\{C_{29}\}$
	kN	−110,7827	50,0313	−166,0633	204,6021	251,2917	−308,0927	346,7649	209,1667	−150,3180
$e_{rx,u}$	1	0	0	−0,8321	0	0	0	0	0	0
$e_{ry,u}$	1	−0,8944	0	0	0	0	0	−0,8944	0	−0,8944
$e_{rz,u}$	1	0,4472	1	0,5547	1	1	1	0,4472	1	0,4472
$f_{rx,u}$	m	5,3664	12	6,6564	4	4	20	8,944	20	8,944
$f_{ry,u}$	m	−6,708	−15	−8,3204	−15	3	3	1,3416	−6	−2,6832
$f_{rz,u}$	m	−13,416	0	9,9852	0	0	0	2,6832	0	−5,3664

$RP_{rx,u}$	+ 138,84695	kN
$RP_{ry,u}$	− 76,61806	kN
$RP_{rz,u}$	+ 351,94906	kN
$RM_{rx,u}$	+ 481,23877	kNm
$RM_{ry,u}$	− 2247,2514	kNm
$RM_{rz,u}$	+ 1557,2034	kNm

Tafel B.30. **Kontrolle der Stütz- und Schnittkräfte am Systemteil I**

Reduktionszentrum $\boldsymbol{r} = \boldsymbol{r}_{0k} = \begin{pmatrix} 3 \\ 4 \\ 4 \end{pmatrix}$ m

a		1	3	40	50	21	22	23	24
	Maßeinheiten	Maßzahlen							
$x_{ka} = \Delta x$	m	12	15	11	5,54	15	15	18	15
$y_{ka} = \Delta y$	m	12	4	0	-5,98	16	12	12	4
$z_{ka} = \Delta z$	m	-2	-2	0	2	-4	-4	-4	-4
$0 \quad -\Delta z \quad \Delta y$	m	0 2 12	0 2 4	0 0 0	0 -2 -5,98	0 4 16	0 4 12	0 4 12	0 4 4
$\Delta z \quad 0 \quad -\Delta x$	m	-2 0 -12	-2 0 -15	0 0 -11	2 0 -5,54	-4 0 -15	-4 0 -15	-4 0 -18	-4 0 -15
$-\Delta y \quad \Delta x \quad 0$	m	-12 12 0	-4 15 0	0 11 0	5,98 5,54 0	-16 15 0	-12 15 0	-12 18 0	-4 15 0
F_a	kN	$\{K_1\}$ 50	$\{K_3\}$ 150	$\{G_{40}\}$ 157	$\{G_{50}\}$ 150	$\{C_{21}\}$ -110,7827	$\{C_{22}\}$ 50,0313	$\{C_{23}\}$ -166,8633	$\{C_{24}\}$ 204,6027
$e_{kx,a}$	1	0	-1	-0,6296	0	0	0	-0,8321	0
$e_{ky,a}$	1	-1	0	0,6154	0	-0,8944	0	0	0
$e_{kz,a}$	1	0	0	-0,4742	-1	0,4472	1	0,5547	1
$f_{kx,a}$	m	-2	0	0	5,98	3,5776	12	6,6564	4
$f_{ky,a}$	m	0	2	5,2162	5,54	-6,708	-15	-6,6562	-15
$f_{kz,a}$	m	-12	4	6,7694	0	-13,416	0	9,9852	0

$RP_{kx,a}$	-110,00025	kN
$RP_{ky,a}$	145,70185	kN
$RP_{kz,a}$	-111,91710	kN
$RM_{kx,a}$	708,73894	kNm
$RM_{ky,a}$	-15,75176	kNm
$RM_{kz,a}$	882,89308	kNm

Tafel B.31. **Kontrolle der Stütz-, Schnitt- und Gelenkkräfte am Systemteil II**

$$\textbf{Reduktionszentrum}\ \boldsymbol{r} = \boldsymbol{r}_{0k} = \begin{pmatrix} 3 \\ 4 \\ 4 \end{pmatrix} \text{m}$$

a		25	60	g	g	g
	Maßeinheiten	Maßzahlen				
$x_{ka} = \Delta x$	m	−3	−4	−3	−3	−3
$y_{ka} = \Delta y$	m	4	9,50	12	12	12
$z_{ka} = \Delta z$	m	−4	−2	−2	−2	−2
$0 \quad -\Delta z \quad \Delta y$	m	0 4 4	0 2 9,5	0 2 12	0 2 12	0 2 12
$\Delta z \quad 0 \quad -\Delta x$	m	−4 0 3	−2 0 4	−2 0 3	−2 0 3	−2 0 3
$-\Delta y \quad \Delta x \quad 0$	m	−4 −3 0	−9,5 −4 0	−12 −3 0	−12 −3 0	−12 −3 0
F_a	kN	$\{C_{25}\}$ 251,2917	$\{G_{60}\}$ 100	$\{P_{gx}\}$ 110	$\{P_{gy}\}$ −145,702	$\{P_{gz}\}$ −39,375
$e_{kx,a}$	1	0	0	1	0	0
$e_{ky,a}$	1	0	0	0	1	0
$e_{kz,a}$	1	1	−1	0	0	1
$f_{kx,a}$	m	4	−9,5	0	2	12
$f_{ky,a}$	m	3	−4	−2	0	3
$f_{kz,a}$	m	0	0	−12	−3	0

$RP_{rx,a}$	110,000 kN
$RP_{ry,a}$	−145,702 kN
$RP_{rz,a}$	111,9167 kN
$RM_{rx,a}$	−708,7372 kNm
$RM_{ry,a}$	15,7501 kNm
$RM_{rz,a}$	−882,894 kNm

Systemteils II einen den globalen Basisvektoren entgegengesetzten Richtungssinn haben und demnach auch den im Lösungsvektor angegebenen Schnittkräften gegengleich sind.

Die Differenz der Koordinaten des Reduktionspaares nach Tafel B.31 und der entsprechenden Koordinaten der Schnittkräfte des Reaktionsvektors **X** nach Tafel B.20.b ergibt die folgenden Maßzahlen:

$$\begin{matrix} & & \text{Tafel} & & \text{Tafel} & & \\ & & \text{B.31} & & \text{B.20.b} & & \end{matrix}$$

$$\begin{pmatrix} \{RP_{kx}\} \\ \{RP_{ky}\} \\ \{RP_{kz}\} \\ \{RM_{kx}\} \\ \{RM_{ky}\} \\ \{RM_{kz}\} \end{pmatrix} = \begin{pmatrix} +110{,}0000 - (+110{,}0000) \\ -145{,}7020 - (-145{,}7020) \\ +111{,}9167 - (+111{,}9168) \\ -708{,}7372 - (-708{,}7369) \\ +\ 15{,}7501 - (+\ 15{,}7502) \\ -882{,}8940 - (-882{,}8939) \end{pmatrix} = \begin{pmatrix} 0{,}0000 \\ 0{,}0000 \\ -0{,}0001 \\ -0{,}0003 \\ -0{,}0001 \\ -0{,}0001 \end{pmatrix}.$$

● *Systemteil* III

Reduzieren wir die entsprechend Bild B.7.b) am Systemteil III angreifenden Kräfte

$$\boldsymbol{G}_{70},\ \boldsymbol{G}_{90},\ \boldsymbol{K}_{81},\ \boldsymbol{K}_{83},\ \boldsymbol{K}_{84},\ \boldsymbol{C}_{26},\ \boldsymbol{C}_{27},\ \boldsymbol{C}_{28},\ \boldsymbol{C}_{29}$$

in bezug auf den Punkt g als Reduktionszentrum, so müssen die Koordinaten der reduzierten Projektion (Tafel B.32) den entsprechenden im Reaktionsvektor **X** der Tafel B.20.b angegebenen Gelenkkraftkoordinaten gleich sein, da die Gelenkkraftkomponenten am Systemteil III den Gelenkkraftkomponenten am Systemteil II (deren Koordinaten im Reaktionsvektor **X** angegeben werden) gegengleich sind. Die Koordinaten des reduzierten Moments müssen verschwinden, da das Moment im Gelenk Null ist.

Die Differenz der Koordinaten des Reduktionspaares nach Tafel B.32 und der entsprechenden Koordinaten der Gelenkkraft (Tafel B.20.b, Reaktionsvektor **X**) ergibt die folgenden Maßzahlen

Tafel B.32. **Kontrolle der Stütz- und Gelenkkräfte am Systemteil III**

Reduktionszentrum $\boldsymbol{r} = \boldsymbol{r}_{0g} = \begin{pmatrix} 0 \\ 16 \\ 2 \end{pmatrix}$ m

a		70	84	83	81	90	26	27	28	29
	Maßeinheiten	Maßzahlen								
$x_{ga} = \Delta x$	m	0	-3	-3	0	9	0	0	9	9
$y_{ga} = \Delta y$	m	2,25	14	16	16	8	8	12	8	12
$z_{ga} = \Delta z$	m	0	4	4	2	0	-2	-2	-2	-2
$0 \;\; -\Delta z \;\; \Delta y$	m	0 0 2,25	0 -4 14	0 -4 16	0 -2 16	0 0 8	0 2 8	0 2 12	0 2 8	0 2 12
$\Delta z \;\; 0 \;\; -\Delta x$	m	0 0 0	4 0 3	4 0 3	2 0 0	0 0 -9	-2 0 0	-2 0 0	-2 0 -9	-2 0 -9
$-\Delta y \;\; \Delta x \;\; 0$	m	-2,25 0 0	-14 -3 0	-16 -3 0	-16 0 0	-8 9 0	-8 0 0	-12 0 0	-8 9 0	-12 9 0
F_a		$\{G_{70}\}$	$\{K_{84}\}$	$\{K_{83}\}$	$\{K_{81}\}$	$\{G_{90}\}$	$\{C_{26}\}$	$\{C_{27}\}$	$\{C_{28}\}$	$\{C_{29}\}$
	kN	40	62,5	70	30	90	-308,8927	346,7649	209,1667	-150,3180
$e_{gx,a}$	1	1	0	1	0	0	0	0	0	0
$e_{gy,a}$	1	0	0	0	1	0	0	-0,8944	0	-0,8944
$e_{gz,a}$	1	0	1	0	0	-1	1	0,4472	1	0,4472
$f_{gx,a}$	m	0	14	0	-2	-8	8	3,5776	8	3,5776
$f_{gy,a}$	m	0	3	4	0	9	0	0	-9	-4,0248
$f_{gz,a}$	m	-2,25	0	-16	0	0	0	0	0	-8,0496

$RP_{gx,a}$	110	kN
$RP_{gy,a}$	- 145,70211	kN
$RP_{gz,a}$	- 39,374947	kN
$RM_{gx,a}$	0,000424	kNm
$RM_{gy,a}$	- 0,000414	kNm
$RM_{gz,a}$	- 0,00023	kNm

$$\begin{array}{c} \\ \\ \left\{\begin{matrix}\{\mathrm{R}P_{kx}\}\\ \{\mathrm{R}P_{ky}\}\\ \{\mathrm{R}P_{kz}\}\\ \{\mathrm{R}M_{kx}\}\\ \{\mathrm{R}M_{ky}\}\\ \{\mathrm{R}M_{kz}\}\end{matrix}\right\}\end{array} = \begin{array}{c}\text{Tafel B.32} \quad \text{Tafel B.20.b}\\ \left\{\begin{matrix}+110{,}0000 - (+110{,}0000)\\ -145{,}7021 - (-145{,}7020)\\ -\ 39{,}3749 - (-\ 39{,}3750)\\ +\ 0{,}0004 - 0\\ -\ 0{,}0004 - 0\\ -\ 0{,}0002 - 0\end{matrix}\right\}\end{array} = \left\{\begin{matrix}0{,}0000\\ -0{,}0001\\ 0{,}0000\\ +0{,}0004\\ -0{,}0004\\ -0{,}0002\end{matrix}\right\}.$$

Die Kontrollen zeigen, daß die Gleichgewichtsbedingungen sowohl für das Gesamtsystem als auch für die Systemteile I, II und III mit ausreichender Genauigkeit erfüllt sind. Die im Reaktionsvektor **X**, Tafel B.20.b angegebenen Stütz-, Gelenk- und Schnittkräfte sind also brauchbar und können weiteren Untersuchungen als Ausgangsgrößen dienen.

B.4.4.2. Kontrolle der Schnittkrafttransformation

Das Elementarpaar der Schnittkräfte ist koordinateninvariant. Beim Übergang vom globalen zum lokalen Koordinatensystem ändern sich zwar die Koordinaten sowohl der polaren Schnittkraftprojektion $\boldsymbol{P}_k$ als auch des polaren Schnittkraftmomentes $\boldsymbol{M}_k$, die Beträge beider Vektoren $|\boldsymbol{P}_k|$ und $|\boldsymbol{M}_k|$ sowie der von ihnen eingeschlossene Winkel ψ_k bleiben aber erhalten.

Ermittlung der drei Größen $|\boldsymbol{P}_k|$, $|\boldsymbol{M}_k|$ und ψ_k

- allgemein:

$$|\boldsymbol{P}_k| = \sqrt{\{P_{kx}\}^2 + \{P_{ky}\}^2 + \{P_{kz}\}^2}\,[P_k]\,,$$

$$|\boldsymbol{M}_k| = \sqrt{\{M_{kx}\}^2 + \{M_{ky}\}^2 + \{M_{kz}\}^2}\,[M_k]\,,$$

$$\psi_k = \arccos \frac{\{P_{kx}\}\cdot\{M_{kx}\} + \{P_{ky}\}\cdot\{M_{ky}\} + \{P_{kz}\}\cdot\{M_{kz}\}}{\{|\boldsymbol{P}_k|\}\cdot\{|\boldsymbol{M}_k|\}}\,;$$

- vor der Transformation (globales KS):

$$|P_k| = \sqrt{110{,}0000^2 + (-145{,}7020)^2 + 111{,}9168^2}\ \mathrm{kN} = 214{,}1365\ \mathrm{kN}\,,$$

$$|\boldsymbol{M}_k| = \sqrt{(-708{,}7369)^2 + 15{,}7502^2 + (-882{,}8939)^2}\ \mathrm{kNm} = 1132{,}2898\ \mathrm{kNm}\,,$$

$$\psi_k = \arccos \frac{110{,}0000\cdot(-708{,}7369) + (145{,}7020)\cdot 15{,}7502 + 111{,}9168\cdot(-882{,}8939)}{214{,}1365\cdot 1132{,}2798} = 137{,}6066°;$$

- nach der Transformation (lokales KS):

$$|\boldsymbol{P}_k| = \sqrt{0{,}5788^2 + (-36{,}1187)^2 + (-211{,}0743)^2}\ \mathrm{kN} = 214{,}1431\ \mathrm{kN}\,,$$

$$|M_k| = \sqrt{(-557{,}5394)^2 + 657{,}1810^2 + 734{,}4434^2}\,\text{kNm}$$
$$= 1132{,}318 \text{ kNm}\,,$$
$$\psi_k = \text{arc cos}$$
$$\frac{0{,}5788 \cdot (-557{,}5394) + (-36{,}1187) \cdot 657{,}1810 + (-211{,}0743) \cdot 734{,}4434}{214{,}1431 \cdot 1132{,}318}$$
$$= 137{,}6077^\circ\,.$$

Vergleich der Maßzahlen:

Größe	vor Transformation	nach	Differenz
$\{\lvert P_k \rvert\}$	214,1365	214,1431	0,0066
$\{\lvert M_k \rvert\}$	1132,2798	1132,3180	0,0382
$\{\psi_k\}$	137,6066	137,6077	0,0011

Der Vergleich zeigt, daß die Schnittkraftvektoren P_k und M_k durch die Transformation nicht verfälscht worden sind.

B.4.4.3. *Kontrolle des Spannungsfeldes*

Die Reduktion des ermittelten Spannungsfeldes in bezug auf einen beliebigen Punkt muß ein Reduktionspaar ergeben, das den transformierten Schnittkräften äquivalent ist. Wir wählen in Bild B. 20 den Punkt III als Reduktionszentrum und teilen die Querschnittsfläche anders auf, um auch die Bereichsmatrix zu kontrollieren.

- Aufteilung des Bereiches

$$A = \{A_1, A_2, A_3, A_4)\}\,.$$

- Ermittlung der Bereichswerte nach den Gleichungen (B.56) bis (B.62)

$$A = A_1 + A_2 + A_3 + A_4 = ad + ad + wd + wd\,,$$
$$A = 0{,}014 \text{ m}^2 + 0{,}014 \text{ m}^2 + 0{,}0152 \text{ m}^2 + 0{,}0152 \text{ m}^2,$$
$$A = 0{,}0584 \text{ m}^2\,,$$
$$S_{\tilde{x}} = A_1 \cdot \tilde{y}_1 + A_2 \cdot \tilde{y}_2 + A_3 \cdot \tilde{y}_3 + A_4 \cdot \tilde{y}_4\,,$$
$$S_{\tilde{x}} = 0{,}014 \text{ m}^2 \cdot 0{,}79 \text{ m} + 0{,}014 \text{ m}^2 \cdot 0{,}01 \text{ m} + 0{,}0152 \text{ m}^2 \cdot 0{,}40 \text{ m} +$$
$$+ 0{,}0152 \text{ m}^2 \cdot 0{,}40 \text{ m}\,,$$
$$S_{\tilde{x}} = 0{,}02336 \text{ m}^3\,,$$
$$S_{\tilde{y}} = A_1 \cdot \tilde{x}_1 + A_2 \cdot \tilde{x}_2 + A_3 \cdot \tilde{x}_3 + A_4 \cdot \tilde{x}_4,$$
$$= 0{,}014 \text{ m}^2 \cdot 0{,}35 \text{ m} + 0{,}014 \text{ m}^2 \cdot 0{,}35 \text{ m} + 0{,}0152 \text{ m}^2 \cdot 0{,}69 \text{ m} +$$
$$+ 0{,}052 \text{ m}^2 \cdot 0{,}01 \text{ m},$$
$$S_{\tilde{y}} = 0{,}021440 \text{ m}^3\,,$$
$$J_{\tilde{x}\tilde{x}} = \frac{ad^3}{12} + A_1 \cdot \tilde{y}_1^2 + \frac{ad^3}{12} + A_2 \cdot \tilde{y}_2^2 + \frac{dw^3}{12} + A_3 \cdot \tilde{y}_3^2 + \frac{dw^3}{12} + A_4 \cdot \tilde{y}_4^2\,,$$

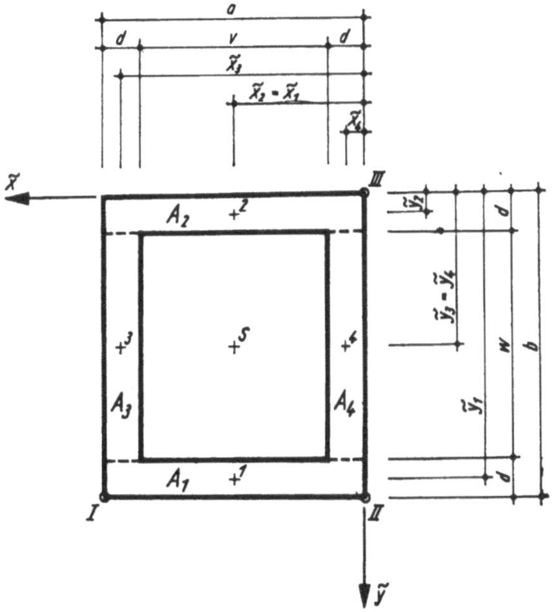

Bild B.20. Geometrie und Belastung für den Querschnitt k nach Bild B.3.

Geometrie:

$a = 0{,}70$ m	$\tilde{x}_1 = 0{,}35$ m	$\tilde{y}_1 = 0{,}79$ m
$b = 0{,}80$ m	$\tilde{x}_2 = 0{,}35$ m	$\tilde{y}_2 = 0{,}01$ m
$d = 0{,}02$ m	$\tilde{x}_3 = 0{,}69$ m	$\tilde{y}_3 = 0{,}40$ m
$v = 0{,}66$ m	$\tilde{x}_4 = 0{,}01$ m	$\tilde{y}_4 = 0{,}40$ m

Belastung:

$\sigma_{\mathrm{I}} = -9{,}1952$ kN/cm² $\quad \sigma_{\mathrm{II}} = +0{,}6787$ kN/cm² $\quad \sigma_{\mathrm{III}} = +8{,}4724$ kN/cm²

$$J_{\tilde{x}\tilde{x}} = \frac{0{,}70\ \mathrm{m} \cdot (0{,}02\ \mathrm{m})^3}{12} + 0{,}014\ \mathrm{m}^2 \cdot (0{,}79\ \mathrm{m})^2 +$$

$$+ \frac{0{,}70\ \mathrm{m} \cdot (0{,}02\ \mathrm{m})^3}{12} + 0{,}014\ \mathrm{m}^2 \cdot (0{,}01\ \mathrm{m})^2 +$$

$$+ \frac{0{,}02\ \mathrm{m} \cdot (0{,}76\ \mathrm{m})^3}{12} + 0{,}0152\ \mathrm{m}^2 \cdot (0{,}40\ \mathrm{m})^2 +$$

$$+ \frac{0{,}02\ \mathrm{m} \cdot (0{,}76\ \mathrm{m})^3}{12} + 0{,}0152\ \mathrm{m}^2 \cdot (0{,}40\ \mathrm{m})^2 ,$$

$$J_{\tilde{x}\tilde{x}} = 0{,}0150668\ \mathrm{m}^4 ,$$

$$J_{\tilde{y}\tilde{y}} = \frac{da^3}{12} + A_1 \cdot \tilde{x}_1^2 + \frac{da^3}{12} + A_2 \cdot \tilde{x}_2^2 + \frac{wd^3}{12} + A_3 \cdot \tilde{x}_3^2 +$$

$$+ \frac{wd^3}{12} + A_4 \cdot \tilde{x}_4^2 ,$$

$$J_{\tilde{y}\tilde{y}} = \frac{0{,}02\,\mathrm{m}\cdot(0{,}70\,\mathrm{m})^3}{12} + 0{,}014\,\mathrm{m}^2\cdot(0{,}35\,\mathrm{m})^2$$
$$+ \frac{0{,}02\,\mathrm{m}\cdot(0{,}70\,\mathrm{m})^3}{12} + 0{,}014\,\mathrm{m}^2\cdot(0{,}35\,\mathrm{m})^2$$
$$+ \frac{0{,}76\,\mathrm{m}\cdot(0{,}02\,\mathrm{m})^3}{12} + 0{,}0152\,\mathrm{m}^2\cdot(0{,}69\,\mathrm{m})^2$$
$$+ \frac{0{,}76\,\mathrm{m}\cdot(0{,}02\,\mathrm{m})^3}{12} + 0{,}0152\,\mathrm{m}^2\cdot(0{,}01\,\mathrm{m})^2\,,$$

$$J_{\tilde{y}\tilde{y}} = 0{,}0118124\,\mathrm{m}^4\,,$$

$$J_{\tilde{x}\tilde{y}} = A_1\cdot\tilde{x}_1\cdot\tilde{y}_1 + A_2\cdot\tilde{x}_2\cdot\tilde{y}_2 + A_3\cdot\tilde{x}_3\cdot\tilde{y}_3 + A_4\cdot\tilde{x}_4\cdot\tilde{y}_4\,,$$

$$J_{\tilde{x}\tilde{y}} = 0{,}014\,\mathrm{m}^2\cdot 0{,}35\,\mathrm{m}\cdot 0{,}79\,\mathrm{m} + 0{,}014\,\mathrm{m}^2\cdot 0{,}35\,\mathrm{m}\cdot 0{,}01\,\mathrm{m} +$$
$$+ 0{,}0152\,\mathrm{m}^2\cdot 0{,}69\,\mathrm{m}\cdot 0{,}40\,\mathrm{m} +$$
$$+ 0{,}0152\,\mathrm{m}^2\cdot 0{,}01\,\mathrm{m}\cdot 0{,}40\,\mathrm{m} = 0{,}008176\,\mathrm{m}^4\,.$$

- Ermittlung der Koordinaten der erzeugenden Vektoren nach den Gleichungen (B.37) bis (B.43)

$$\det \boldsymbol{\Lambda}_n = \begin{vmatrix} 1 & \tilde{y}_{\mathrm{I}} & -\tilde{x}_{\mathrm{I}} \\ 1 & \tilde{y}_{\mathrm{II}} & -\tilde{x}_{\mathrm{II}} \\ 1 & \tilde{y}_{\mathrm{III}} & -\tilde{x}_{\mathrm{III}} \end{vmatrix} = \begin{vmatrix} 1 & 0{,}80\,\mathrm{m} & -0{,}70\,\mathrm{m} \\ 1 & 0{,}80\,\mathrm{m} & 0 \\ 1 & 0 & 0 \end{vmatrix} = +0{,}56\,\mathrm{m}^2\,,$$

$$\det \boldsymbol{\Lambda}_{\tilde{x}} = \begin{vmatrix} 1 & \sigma_{\mathrm{I}} & -x_{\mathrm{I}} \\ 1 & \sigma_{\mathrm{II}} & -x_{\mathrm{II}} \\ 1 & \sigma_{\mathrm{III}} & -x_{\mathrm{III}} \end{vmatrix} = \begin{vmatrix} 1 & -91\,952\,\mathrm{kN/m^2} & -0{,}70\,\mathrm{m} \\ 1 & 6\,787\,\mathrm{kN/m^2} & 0 \\ 1 & 84\,724\,\mathrm{kN/m^2} & 0 \end{vmatrix} =$$
$$= -54\,555{,}9\,\mathrm{kN/m}\,,$$

$$\det \boldsymbol{\Lambda}_{\tilde{y}} = \begin{vmatrix} 1 & \tilde{y}_{\mathrm{I}} & \sigma_{\mathrm{I}} \\ 1 & \tilde{y}_{\mathrm{II}} & \sigma_{\mathrm{II}} \\ 1 & \tilde{y}_{\mathrm{III}} & \sigma_{\mathrm{III}} \end{vmatrix} = \begin{vmatrix} 1 & 0{,}80\,\mathrm{m} & -91\,952\,\mathrm{kN/m^2} \\ 1 & 0{,}80\,\mathrm{m} & 6\,787\,\mathrm{kN/m^2} \\ 1 & 0 & 84\,724\,\mathrm{kN/m^2} \end{vmatrix} =$$
$$= 78\,991{,}2\,\mathrm{kN/m}\,,$$

$$\det \boldsymbol{\Lambda}_{\tilde{z}} = \begin{vmatrix} \sigma_{\mathrm{I}} & \tilde{y}_{\mathrm{I}} & -\tilde{x}_{\mathrm{I}} \\ \sigma_{\mathrm{II}} & \tilde{y}_{\mathrm{II}} & -\tilde{x}_{\mathrm{II}} \\ \sigma_{\mathrm{III}} & \tilde{y}_{\mathrm{III}} & -\tilde{x}_{\mathrm{III}} \end{vmatrix} = \begin{vmatrix} -91\,952\,\mathrm{kN/m^2} & 0{,}80\,\mathrm{m} & -0{,}70\,\mathrm{m} \\ 6\,787\,\mathrm{kN/m^2} & 0{,}80\,\mathrm{m} & 0 \\ 84\,724\,\mathrm{kN/m^2} & 0 & 0 \end{vmatrix} =$$
$$= 47\,445{,}44\,\mathrm{kN}\,,$$

$$K_{\mathrm{III}\tilde{z}} = \frac{\det \boldsymbol{\Lambda}_{\tilde{z}}}{\det \boldsymbol{\Lambda}_n} = \frac{47\,445{,}44\,\mathrm{kN}}{0{,}56\,\mathrm{m}^2} = 84\,724\,\mathrm{kN/m^2}\,,$$

$$C_{\mathrm{III}\tilde{x}} = \frac{\det \boldsymbol{\Lambda}_{\tilde{x}}}{\det \boldsymbol{\Lambda}_n} = \frac{-54\,555{,}9\,\mathrm{kN/m}}{0{,}56\,\mathrm{m}^2} = -97\,421{,}25\,\mathrm{kN/m^3}\,,$$

$$C_{\mathrm{III}\tilde{y}} = \frac{\det \boldsymbol{\Lambda}_{\tilde{y}}}{\det \boldsymbol{\Lambda}_n} = \frac{78\,991{,}2\,\mathrm{kN/m}}{0{,}56\,\mathrm{m}^2} = 141\,055{,}71\,\mathrm{kN/m^3}\,.$$

- Formulierung der Spannungsfeldgleichung nach Gleichung (B.35c)

$$\sigma_{\tilde{z}\tilde{z}} = 84\,724\,\mathrm{kN/m^2} - 97\,421{,}25\,\mathrm{kN/m^3}\cdot\tilde{y} - 141\,055{,}71\,\mathrm{kN/m^3}\cdot\tilde{x}\,.$$

- Durchführung der Reduktion nach Gleichung (B.51)

$$\begin{pmatrix} \mathrm{R}P_{\mathrm{III}\tilde{z}} \\ \mathrm{R}M_{\mathrm{III}\tilde{x}} \\ \mathrm{R}M_{\mathrm{III}\tilde{y}} \end{pmatrix} = \begin{pmatrix} 0{,}0584\ \mathrm{m}^2 & 0{,}02336\ \mathrm{m}^3 & -0{,}020440\ \mathrm{m}^3 \\ 0{,}02336\ \mathrm{m}^3 & 0{,}0150668\ \mathrm{m}^4 & -0{,}008176\ \mathrm{m}^4 \\ -0{,}020440\ \mathrm{m}^3 & -0{,}008176\ \mathrm{m}^4 & 0{,}0118124\ \mathrm{m}^4 \end{pmatrix}$$

$$\times \begin{pmatrix} 84724\ \mathrm{kN/m}^2 \\ -97421{,}25\ \mathrm{kN/m}^3 \\ 141055{,}71\ \mathrm{kN/m}^3 \end{pmatrix} = \begin{pmatrix} -211,\ 0575\ \mathrm{kN} \\ -641{,}9452\ \mathrm{kNm} \\ 730{,}9640\ \mathrm{kNm} \end{pmatrix}.$$

- Ermittlung des äquivalenten Elementarpaares im Bereichsmittelpunkt S analog Gleichung (7.43), S. 135 (nach Streichung der 1., 2. und 6. Zeile sowie der 1., 2. und 6. Spalte) mit

$$\Delta x \mathrel{\hat{=}} \Delta\tilde{x} = \tilde{x}_{S\,\mathrm{III}} = \tilde{x}_{\mathrm{III}} - \tilde{x}_S = 0 - 0{,}35\ \mathrm{m} = -0{,}35\ \mathrm{m},$$

$$\Delta y \mathrel{\hat{=}} \Delta\tilde{y} = \tilde{y}_{S\,\mathrm{III}} = \tilde{y}_{\mathrm{III}} - \tilde{y}_S = 0 - 0{,}40\ \mathrm{m} = -0{,}40\ \mathrm{m}\ ,$$

$$\begin{pmatrix} \mathrm{R}P_{S\tilde{z}} \\ \mathrm{R}M_{S\tilde{x}} \\ \mathrm{R}M_{S\tilde{y}} \end{pmatrix} = \begin{pmatrix} 1 & 0 & 0 \\ -0{,}40\ \mathrm{m} & 1 & 0 \\ +0{,}35\ \mathrm{m} & 0 & 1 \end{pmatrix} \begin{pmatrix} -211{,}0575\ \mathrm{kN} \\ -641{,}9452\ \mathrm{kNm} \\ 730{,}9640\ \mathrm{kNm} \end{pmatrix} = \begin{pmatrix} -211{,}0575\ \mathrm{kN} \\ -557{,}5222\ \mathrm{kNm} \\ 657{,}0939\ \mathrm{kNm} \end{pmatrix}.$$

- Vergleich der Maßzahlen

Größe	Rechnung	Kontrolle	Differenz
$\{\mathrm{R}P_{S\tilde{z}}\}$	−211,0743	−211,0575	0,0168
$\{\mathrm{R}M_{S\tilde{x}}\}$	−557,5394	−557,5222	0,0172
$\{\mathrm{R}M_{S\tilde{y}}\}$	+654,1810	+657,0939	0,0861

Der Vergleich zeigt eine gute Übereinstimmung.

Damit sind alle wesentlichen Ergebnisse überprüft. Sie sind hinreichend genau. Die Berechnung kann abgeschlossen werden.

B.5. Ausblick

Während der Nutzung eines Tragwerkes treten häufig völlig unabhängig voneinander Belastungenauf, die als „Lastfälle" einzeln untersucht und kombiniert werden müssen, um die ungünstigste Beanspruchung des Tragwerkes zu ermitteln. Für diese Untersuchungen wird das dem Aktionsvektor **B** folgende Matrizenprodukt zu einer Einflußmatrix zusammengefaßt. Soll beispielsweise der Reaktionsvektor **X** für den Lastafll (i) ermittelt werden, so ist mit Hilfe von Gleichung (B.97)

$$\mathbf{X} = \underbrace{\mathbf{Q}^{-1} \cdot \mathbf{Y} \cdot \boldsymbol{\Lambda}}_{\to =:\, \boldsymbol{\epsilon}_x} \cdot \mathbf{B}$$

zunächst die Einflußmatrix $\boldsymbol{\epsilon}_x$ für den Reaktionsvektor **X** zu bestimmen:

$$\boldsymbol{\epsilon}_x := \mathbf{Q}^{-1} \cdot \mathbf{Y} \cdot \boldsymbol{\Lambda} . \tag{B.137}$$

Für den Lastfall (i) — der durch den Aktionsvektor $\mathbf{B}^{(i)}$ repräsentiert wird — ergibt sich dann der Reaktionsvektor $\mathbf{X}^{(i)}$ zu

$$\mathbf{X}^{(i)} = \boldsymbol{\epsilon}_x \cdot \mathbf{B}^{(i)} . \tag{B.138}$$

Interessieren wir uns dagegen für den Spannungsvektor $\boldsymbol{\sigma}$, so müssen wir die Einflußmatrix $\boldsymbol{\epsilon}_\sigma$ aus Gleichung (B. 136), S. 235,

$$\boldsymbol{\sigma} = \underbrace{\boldsymbol{K} \cdot \mathbf{A}^{-1} \cdot \boldsymbol{\Gamma}_E \cdot \mathbf{T} \cdot \boldsymbol{\Gamma}_S \cdot \mathbf{Q}^{-1} \cdot \mathbf{Y} \cdot \boldsymbol{\Lambda}}_{\rightarrow =: \boldsymbol{\epsilon}_\sigma} \cdot \mathbf{B}$$

aufbauen. Sie ergibt sich zu

$$\boldsymbol{\epsilon}_\sigma := \boldsymbol{K} \cdot \mathbf{A}^{-1} \cdot \boldsymbol{\Gamma}_E \cdot \mathbf{T} \cdot \boldsymbol{\Gamma}_S \cdot \mathbf{Q}^{-1} \cdot \mathbf{Y} \cdot \boldsymbol{\Lambda} \tag{B.139}$$

und ermöglicht die folgende einfache Berechnung des Spannungsvektors $\boldsymbol{\sigma}^{(i)}$ für den Lastfall (i):

$$\boldsymbol{\sigma}^{(i)} = \boldsymbol{\epsilon}_\sigma \cdot \mathbf{B}^{(i)} . \tag{B.140}$$

Tafel B.33. **Schematische Darstellung der Gleichung (B.140)**

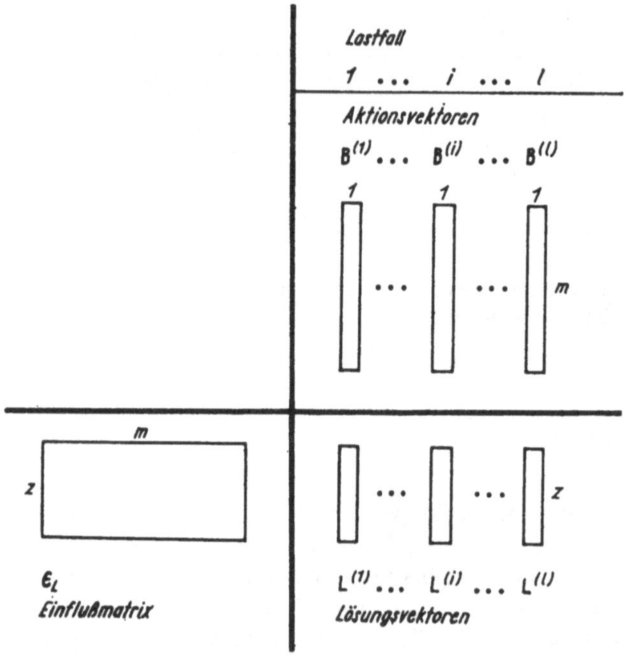

Wir erhalten also — wenn wir die bisherigen Überlegungen verallgemeinern — den Lösungsvektor **L** ($\mathbf{L} = \mathbf{X}$, $\boldsymbol{\sigma}$ etc.) für den Lastfall (i) mit Hilfe der Einflußmatrix $\boldsymbol{\epsilon}_L$ aus der Gleichung

$$\mathbf{L}^{(i)} = \boldsymbol{\epsilon}_L \cdot \mathbf{B}^{(i)} . \tag{B.141}$$

Den schematischen Aufbau der Rechnung zeigt Tafel B.33. Um in unserem Beispiel den Einfluß jeder einzelnen der 10 Koordinaten des Aktionsvektors zu verfolgen, spalten wir den Aktionsvektor in 10 Lastfälle auf, indem wir im Lastfall (i) die i. Koordinate des Aktionsvektors stehen lassen, alle übrigen aber durch eine Null ersetzen:

$$\mathbf{B} = \mathbf{B}^{(1)} + \dots\dots\dots + \mathbf{B}^{(10)}$$

$$\begin{Bmatrix} 50{,}0 \\ 150{,}0 \\ 157{,}0 \\ 150{,}0 \\ 100{,}0 \\ 40{,}0 \\ 62{,}5 \\ 70{,}0 \\ 30{,}0 \\ 90{,}0 \end{Bmatrix} = \begin{Bmatrix} 50{,}0 \\ 0 \\ 0 \\ 0 \\ 0 \\ 0 \\ 0 \\ 0 \\ 0 \\ 0 \end{Bmatrix} + \dots\dots\dots + \begin{Bmatrix} 0 \\ 0 \\ 0 \\ 0 \\ 0 \\ 0 \\ 0 \\ 0 \\ 0 \\ 90{,}0 \end{Bmatrix}.$$

Die Ermittlung der Spannungsvektoren $\sigma^{(i)}$ zeigt Tafel B.34, die den originalen Ergebnisausdruck der EDVA BESM–6 des RZ der TU Dresden wiedergibt.

Weitere Beispiele, insbesondere die Anwendung der Darlegungen in den Abschnitten 4., 5., 6. und 7. auf Sonderfälle, die in der Praxis ja die Regelfälle sind, bleiben dem Band 3 vorbehalten.

Sachverzeichnis

Das Sachverzeichnis enthält keine Stichwörter aus dem nur in der 2. Auflage enthaltenen Teil B. Beispiel

Tafel 7.10. Sonderfälle der Systemreduktion

Problem				Anschauliche Darstellung des Vektorsystems $S_P = \{P_1, \ldots P_m\}$	Gleichungssystem
Allgemeine Anordnung	Spatial Beliebig		Fall a	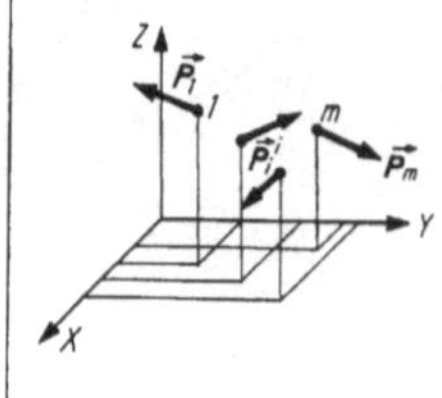	$\begin{pmatrix} e_{1x} \ldots e_{mx} \\ e_{1y} \ldots e_{my} \\ e_{1z} \ldots e_{mz} \\ f_{1x} \ldots f_{mx} \\ f_{1y} \ldots f_{my} \\ f_{1z} \ldots f_{mz} \end{pmatrix} \begin{pmatrix} P_1 \\ \vdots \\ P_m \end{pmatrix} = \begin{pmatrix} R_{0x,P} \\ R_{0y,P} \\ R_{0z,P} \\ M_{0x,P} \\ M_{0y,P} \\ M_{0z,P} \end{pmatrix}$
Spezielle Anordnung der Vektorwirkungslinien	Spatial	Zentral	Fall b	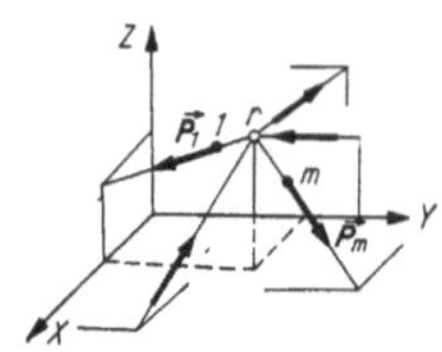	$f^*_{ix} = f^*_{iy} = f^*_{iz} = 0 \mid i = 1, \ldots, m$ $\begin{pmatrix} e^*_{1x} \ldots e^*_{mx} \\ e^*_{1y} \ldots e^*_{my} \\ e^*_{1z} \ldots e^*_{mz} \\ 0 \ldots 0 \\ 0 \ldots 0 \\ 0 \ldots 0 \end{pmatrix} \begin{pmatrix} P_1 \\ \vdots \\ P_m \end{pmatrix} = \begin{pmatrix} R_{rx,P} \\ R_{ry,P} \\ R_{rz,P} \\ M_{rx,P} \\ M_{ry,P} \\ M_{rz,P} \end{pmatrix}$
		Parallel	Fall c	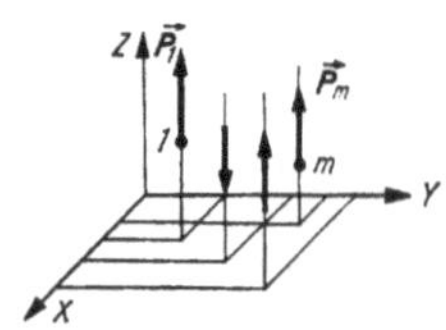	$e_{ix} = e_{iy} = f_{iz} = 0 \mid i = 1, \ldots, m$ $\begin{pmatrix} 0 \ldots 0 \\ 0 \ldots 0 \\ e_{1z} \ldots e_{mz} \\ f_{1x} \ldots f_{mx} \\ f_{1y} \ldots f_{my} \\ 0 \ldots 0 \end{pmatrix} \begin{pmatrix} P_1 \\ \vdots \\ P_m \end{pmatrix} = \begin{pmatrix} R_{0x,P} \\ R_{0y,P} \\ R_{0z,P} \\ M_{0x,P} \\ M_{0y,P} \\ M_{0z,P} \end{pmatrix}$
	Komplanar	Beliebig	Fall d	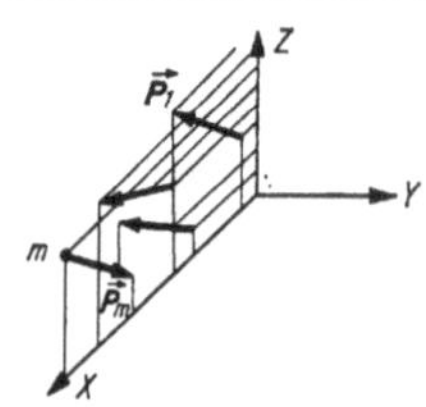	$e_{iy} = f_{ix} = f_{iz} = 0 \mid i = 1, \ldots, m$ $\begin{pmatrix} e_{1x} \ldots e_{mx} \\ 0 \ldots 0 \\ e_{1z} \ldots e_{mz} \\ 0 \ldots 0 \\ f_{1y} \ldots f_{my} \\ 0 \ldots 0 \end{pmatrix} \begin{pmatrix} P_1 \\ \vdots \\ P_m \end{pmatrix} = \begin{pmatrix} R_{0x,P} \\ R_{0y,P} \\ R_{0z,P} \\ M_{0x,P} \\ M_{0y,P} \\ M_{0z,P} \end{pmatrix}$
		Zentral	Fall e	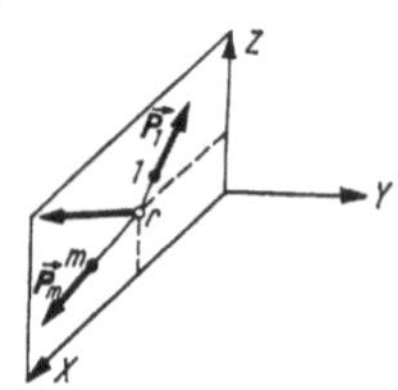	$e^*_{iy} = f^*_{ix} = f^*_{iy} = f^*_{iz} = 0 \mid i = 1, \ldots$ $\begin{pmatrix} e^*_{1x} \ldots e^*_{mx} \\ 0 \ldots 0 \\ e^*_{1z} \ldots e^*_{mz} \\ 0 \ldots 0 \\ 0 \ldots 0 \\ 0 \ldots 0 \end{pmatrix} \begin{pmatrix} P_1 \\ \vdots \\ P_m \end{pmatrix} = \begin{pmatrix} R_{rx,P} \\ R_{ry,P} \\ R_{rz,P} \\ M_{rx,P} \\ M_{ry,P} \\ M_{rz,P} \end{pmatrix}$
		Parallel	Fall f	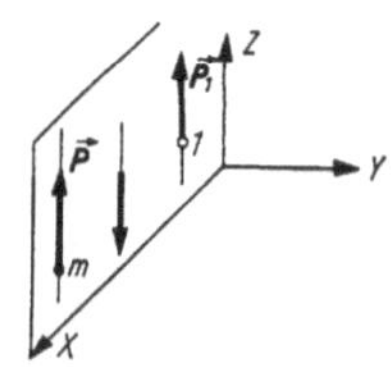	$e_{ix} = e_{iy} = f_{ix} = f_{iz} = 0 \mid i = 1, \ldots$ $\begin{pmatrix} 0 \ldots 0 \\ 0 \ldots 0 \\ e_{1z} \ldots e_{mz} \\ 0 \ldots 0 \\ f_{1y} \ldots f_{my} \\ 0 \ldots 0 \end{pmatrix} \begin{pmatrix} P_1 \\ \vdots \\ P_m \end{pmatrix} = \begin{pmatrix} R_{0x,P} \\ R_{0y,P} \\ R_{0z,P} \\ M_{0x,P} \\ M_{0y,P} \\ M_{0z,P} \end{pmatrix}$
	Kollinear		Fall g	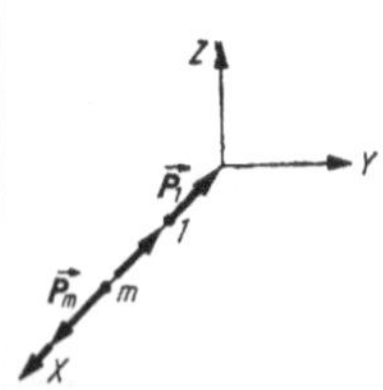	$e_{iy} = e_{iz} = f_{ix} = f_{iy} = f_{iz} = 0 \mid i = 1, \ldots$ $\begin{pmatrix} e_{1x} \ldots e_{mx} \\ 0 \ldots 0 \\ 0 \ldots 0 \\ 0 \ldots 0 \\ 0 \ldots 0 \\ 0 \ldots 0 \end{pmatrix} \begin{pmatrix} P_1 \\ \vdots \\ P_m \end{pmatrix} = \begin{pmatrix} R_{0x,P} \\ R_{0y,P} \\ R_{0z,P} \\ M_{0x,P} \\ M_{0y,P} \\ M_{0z,P} \end{pmatrix}$

	Äquivalente reduzierte Systeme (Beispiele)	
	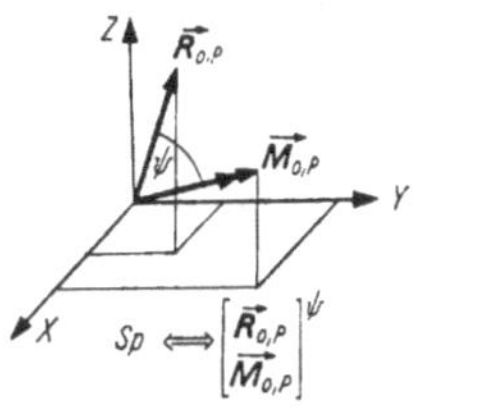	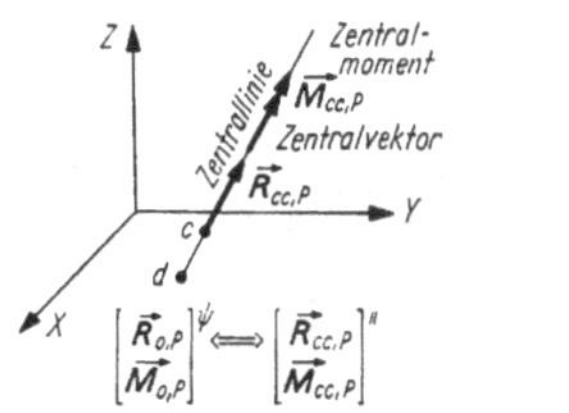
P = 0 P = 0 P = 0	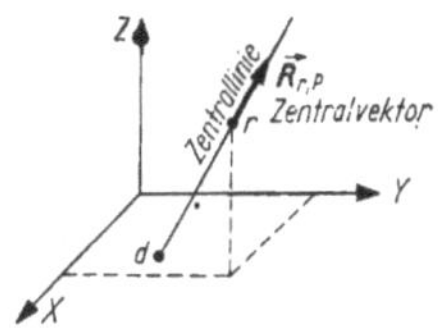	
P = 0 P = 0 P = 0	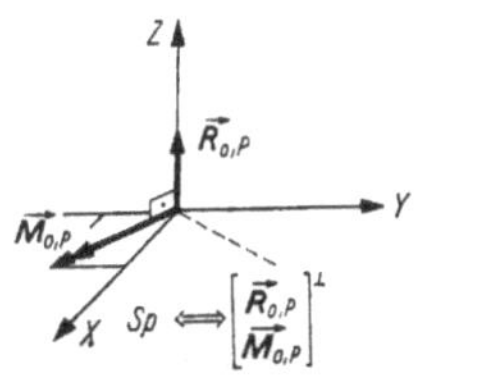	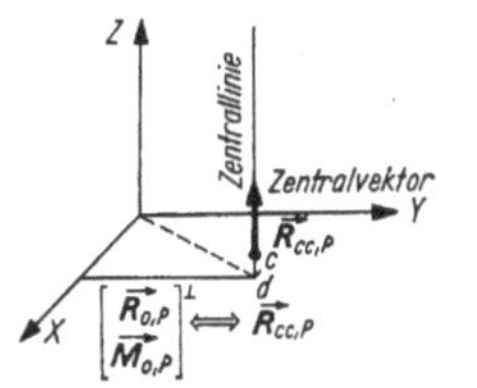
P = 0 P = 0 P = 0	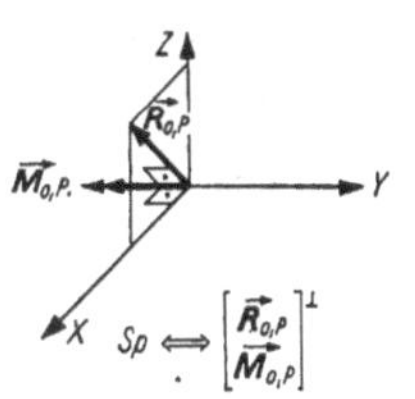	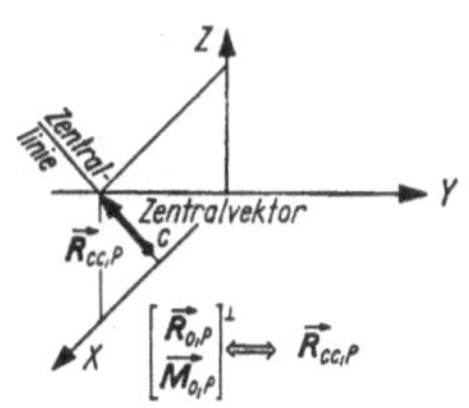
P = 0 P = 0 P = 0 P = 0	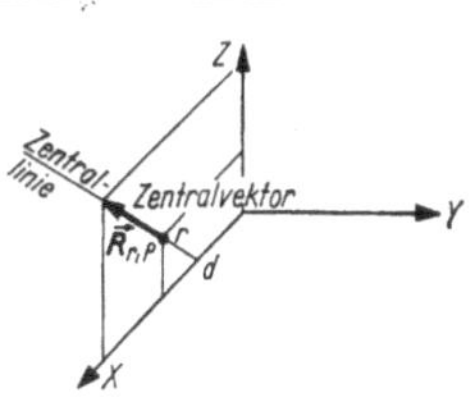	
P = 0 P = 0 P = 0 P = 0	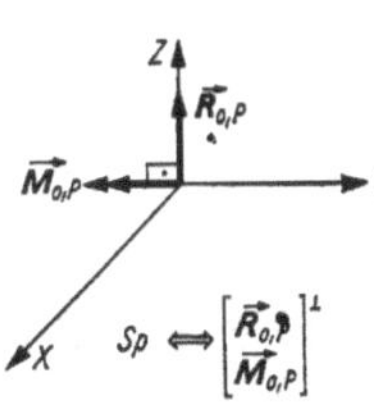	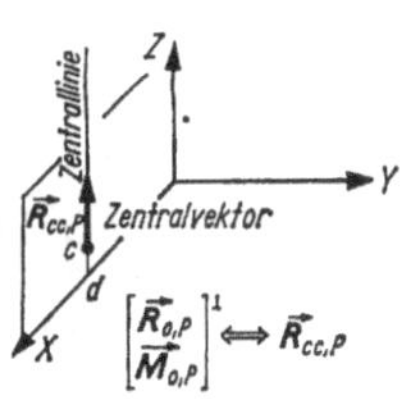
P = 0 P = 0 P = 0 P = 0 P = 0	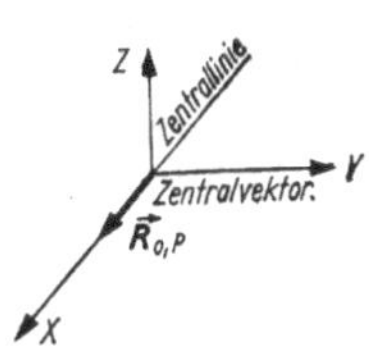	

Tafel 7.11. Sonderfälle der Systemdisduktion

Problem				Anschauliche Darstellung	Das vollständige Gleichungssystem der speziellen Disduktionsbedingung
Die Zentrallinie $\overline{cc}$ und alle (*A*) oder einige (*B*, ..., *G*) Disduktionsgeraden $\overline{dd}$ bilden ein: Spatiales	Beliebiges Geradensystem	Fall *A*	$d = 1, ..., 6$	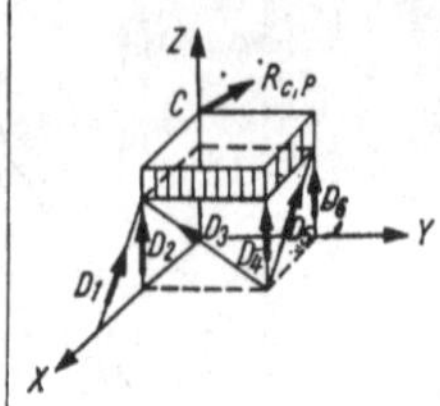	$\begin{pmatrix} R_{0x,P} \\ R_{0y,P} \\ R_{0z,P} \\ M_{0x,P} \\ M_{0y,P} \\ M_{0z,P} \end{pmatrix} = \begin{pmatrix} e_{1x} & e_{2x} & e_{3x} & e_{4x} & e_{5x} & e_{6x} \\ e_{1y} & e_{2y} & e_{3y} & e_{4y} & e_{5y} & e_{6y} \\ e_{1z} & e_{2z} & e_{3z} & e_{4z} & e_{5z} & e_{6z} \\ f_{1x} & f_{2x} & f_{3x} & f_{4x} & f_{5x} & f_{6x} \\ f_{1y} & f_{2y} & f_{3y} & f_{4y} & f_{5y} & f_{6y} \\ f_{1z} & f_{2z} & f_{3z} & f_{4z} & f_{5z} & f_{6z} \end{pmatrix}$
Spatiales	Zentrales Geradensystem	Fall *B*	$d = 1, 2, 3$	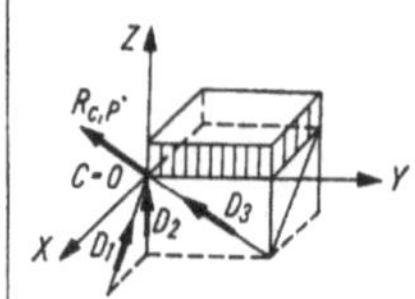	$f_{dx} = f_{dy} = f_{dz} = 0 \mid d = 1, 2, 3$ $\begin{pmatrix} R_{0x,P} \\ R_{0y,P} \\ R_{0z,P} \\ 0 \\ 0 \\ 0 \end{pmatrix} = \begin{pmatrix} e_{1x} & e_{2x} & e_{3x} & e_{4x} & e_{5x} & e_{6x} \\ e_{1y} & e_{2y} & e_{3y} & e_{4y} & e_{5y} & e_{6y} \\ e_{1z} & e_{2z} & e_{3z} & e_{4z} & e_{5z} & e_{6z} \\ 0 & 0 & 0 & f_{4x} & f_{5x} & f_{6x} \\ 0 & 0 & 0 & f_{4y} & f_{5y} & f_{6y} \\ 0 & 0 & 0 & f_{4z} & f_{5z} & f_{6z} \end{pmatrix}$
Spatiales	Paralleles Geradensystem	Fall *C*	$d = 2, 4, 6$	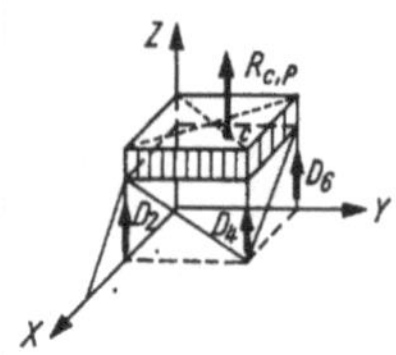	$e_{dx} = e_{dy} = f_{dz} = 0 \mid d = 2, 4, 6$ $\begin{pmatrix} 0 \\ 0 \\ R_{0z,P} \\ M_{0x,P} \\ M_{0y,P} \\ 0 \end{pmatrix} = \begin{pmatrix} e_{1x} & 0 & e_{3x} & 0 & e_{5x} & 0 \\ e_{1y} & 0 & e_{3y} & 0 & e_{5y} & 0 \\ e_{1z} & e_{2z} & e_{3z} & e_{4z} & e_{5z} & e_{6z} \\ f_{1x} & f_{2x} & f_{3x} & f_{4x} & f_{5x} & f_{6x} \\ f_{1y} & f_{2y} & f_{3y} & f_{4y} & f_{5y} & f_{6y} \\ f_{1z} & 0 & f_{3z} & 0 & f_{5z} & 0 \end{pmatrix} \begin{pmatrix} D_1 \\ D_2 \\ D_3 \\ D_4 \\ D_5 \\ D_6 \end{pmatrix}$
Komplanares	Beliebiges Geradensystem	Fall *D*	$d = 2, 3, 4$	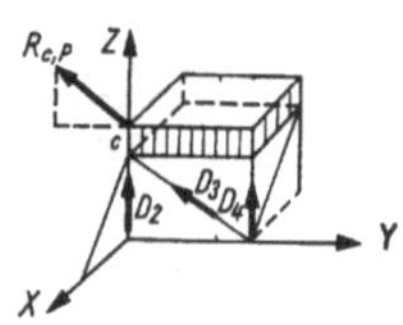	$e_{dx} = f_{dy} = f_{dz} = 0 \mid d = 2, 3, 4$ $\begin{pmatrix} 0 \\ R_{0y,P} \\ R_{0z,P} \\ M_{0x,P} \\ 0 \\ 0 \end{pmatrix} = \begin{pmatrix} e_{1x} & 0 & 0 & 0 & e_{5x} & e_{6x} \\ e_{1y} & e_{2y} & e_{3y} & e_{4y} & e_{5y} & e_{6y} \\ e_{1z} & e_{2z} & e_{3z} & e_{4z} & e_{5z} & e_{6z} \\ f_{1x} & f_{2x} & f_{3x} & f_{4x} & f_{5x} & f_{6x} \\ f_{1y} & 0 & 0 & 0 & f_{5y} & f_{6y} \\ f_{1z} & 0 & 0 & 0 & f_{5z} & f_{6z} \end{pmatrix} \begin{pmatrix} D_1 \\ D_2 \\ D_3 \\ D_4 \\ D_5 \\ D_6 \end{pmatrix}$
Komplanares	Zentrales Geradensystem	Fall *E*	$d = 2, 3$	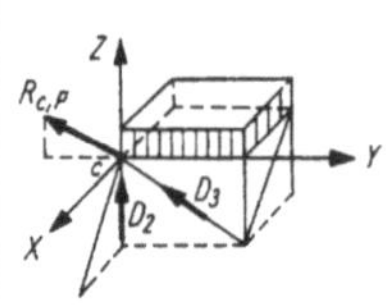	$e_{dx} = f_{dx} = f_{dy} = f_{dz} = 0 \mid d = 2, 3$ $\begin{pmatrix} 0 \\ R_{0y,P} \\ R_{0z,P} \\ 0 \\ 0 \\ 0 \end{pmatrix} = \begin{pmatrix} e_{1x} & 0 & 0 & e_{4x} & e_{5x} & e_{6x} \\ e_{1y} & e_{2y} & e_{3y} & e_{4y} & e_{5y} & e_{6y} \\ e_{1z} & e_{2z} & e_{3z} & e_{4z} & e_{5z} & e_{6z} \\ f_{1x} & 0 & 0 & f_{4x} & f_{5x} & f_{6x} \\ f_{1y} & 0 & 0 & f_{4y} & f_{5y} & f_{6y} \\ f_{1z} & 0 & 0 & f_{4z} & f_{5z} & f_{6z} \end{pmatrix} \begin{pmatrix} D_1 \\ D_2 \\ D_3 \\ D_4 \\ D_5 \\ D_6 \end{pmatrix}$
Komplanares	Paralleles Geradensystem	Fall *F*	$d = 2, 4$	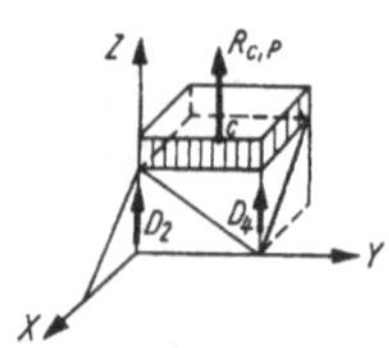	$e_{dx} = e_{dy} = f_{dy} = f_{dz} = 0 \mid d = 2, 4$ $\begin{pmatrix} 0 \\ 0 \\ R_{0z,P} \\ M_{0x,P} \\ 0 \\ 0 \end{pmatrix} = \begin{pmatrix} e_{1x} & 0 & e_{3x} & 0 & e_{5x} & e_{6x} \\ e_{1y} & 0 & e_{3y} & 0 & e_{5y} & e_{6y} \\ e_{1z} & e_{2z} & e_{3z} & e_{4z} & e_{5z} & e_{6z} \\ f_{1x} & f_{2x} & f_{3x} & f_{4x} & f_{5x} & f_{6x} \\ f_{1y} & 0 & f_{3y} & 0 & f_{5y} & f_{6y} \\ f_{1z} & 0 & f_{3z} & 0 & f_{5z} & f_{6z} \end{pmatrix} \begin{pmatrix} D_1 \\ D_2 \\ D_3 \\ D_4 \\ D_5 \\ D_6 \end{pmatrix}$
Kollineares Geradensystem		Fall *G*	$d = 2$	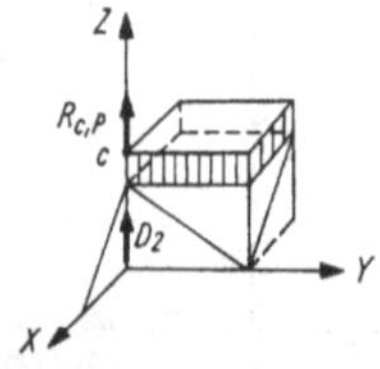	$e_{dx} = e_{dy} = f_{dx} = f_{dy} = f_{dz} = 0 \mid d = 2$ $\begin{pmatrix} 0 \\ 0 \\ R_{0z,P} \\ 0 \\ 0 \\ 0 \end{pmatrix} = \begin{pmatrix} e_{1x} & 0 & e_{3x} & e_{4x} & e_{5x} & e_{6x} \\ e_{1y} & 0 & e_{3y} & e_{4y} & e_{5y} & e_{6y} \\ e_{1z} & e_{2z} & e_{3z} & e_{4z} & e_{5z} & e_{6z} \\ f_{1x} & 0 & f_{3x} & f_{4x} & f_{5x} & f_{6x} \\ f_{1y} & 0 & f_{3y} & f_{4y} & f_{5y} & f_{6y} \\ f_{1z} & 0 & f_{3z} & f_{4z} & f_{5z} & f_{6z} \end{pmatrix} \begin{pmatrix} D_1 \\ D_2 \\ D_3 \\ D_4 \\ D_5 \\ D_6 \end{pmatrix}$

Das System der homogenen Gleichung	Das vereinfachte Gleichungssystem der speziellen Disduktionsbedingung f. Fall J ($J = B, \ldots, G$)
	Bei der praktischen Anwendung werden die in dieser Spalte aufgeführten von Null verschiedenen D-Komponenten mit Hilfe der allgemeinen Disduktionsbedingung ermittelt. $\boxed{\begin{matrix} D_1 = \\ D_2 = \\ D_3 = \\ D_4 = \\ D_5 = \\ D_6 = \end{matrix}}$
Ist $\boldsymbol{M''} = \boldsymbol{0}$ und schneiden sich die Zentrallinie und drei Disduktionsgeraden – nichtkomplanar – in einem Punkt, so sind die Koordinaten der D-Vektoren in den übrigen drei Disduktionsgeraden Null. $\begin{pmatrix} 0 \\ 0 \\ 0 \end{pmatrix} = \begin{pmatrix} f_{4x} & f_{5x} & f_{6x} \\ f_{4y} & f_{5y} & f_{6y} \\ f_{4z} & f_{5z} & f_{6z} \end{pmatrix} \begin{pmatrix} D_4 \\ D_5 \\ D_6 \end{pmatrix} \Rightarrow \boxed{\begin{matrix} D_4 = 0 \\ D_5 = 0 \\ D_6 = 0 \end{matrix}}$	$\begin{pmatrix} R_{0x,P} \\ R_{0y,P} \\ R_{0z,P} \end{pmatrix} = \begin{pmatrix} e_{1x} & e_{2x} & e_{3x} \\ e_{1y} & e_{2y} & e_{3y} \\ e_{1z} & e_{2z} & e_{3z} \end{pmatrix} \begin{pmatrix} D_1 \\ D_2 \\ D_3 \end{pmatrix} \Rightarrow \boxed{\begin{matrix} D_1 = \\ D_2 = \\ D_3 = \end{matrix}}$
Ist $\boldsymbol{M''} = \boldsymbol{0}$ und sind die Zentrallinie und drei Disduktionsgeraden nichtkomplanar und parallel, so sind die Koordinaten der D-Vektoren in den übrigen drei Disduktionsgeraden Null. $\begin{pmatrix} 0 \\ 0 \\ 0 \end{pmatrix} = \begin{pmatrix} e_{1x} & e_{3x} & e_{5x} \\ e_{1y} & e_{3y} & e_{5y} \\ f_{1z} & f_{3z} & f_{5z} \end{pmatrix} \begin{pmatrix} D_1 \\ D_3 \\ D_5 \end{pmatrix} \Rightarrow \boxed{\begin{matrix} D_1 = 0 \\ D_3 = 0 \\ D_5 = 0 \end{matrix}}$	$\begin{pmatrix} R_{0z,P} \\ M_{0x,P} \\ M_{0y,P} \end{pmatrix} = \begin{pmatrix} e_{2z} & e_{4z} & e_{6z} \\ f_{2x} & f_{4x} & f_{6x} \\ f_{2y} & f_{4y} & f_{6y} \end{pmatrix} \begin{pmatrix} D_2 \\ D_4 \\ D_6 \end{pmatrix} \Rightarrow \boxed{\begin{matrix} D_2 = \\ D_4 = \\ D_6 = \end{matrix}}$
Ist $\boldsymbol{M''} = \boldsymbol{0}$ und sind die Zentrallinie und drei Disduktionsgeraden komplanar, so sind die Koordinaten der D-Vektoren in den übrigen drei Disduktionsgeraden Null. $\begin{pmatrix} 0 \\ 0 \\ 0 \end{pmatrix} = \begin{pmatrix} e_{1x} & e_{5x} & e_{6x} \\ f_{1y} & f_{5y} & f_{6y} \\ f_{1z} & f_{5z} & f_{6z} \end{pmatrix} \begin{pmatrix} D_1 \\ D_5 \\ D_6 \end{pmatrix} \Rightarrow \boxed{\begin{matrix} D_1 = 0 \\ D_5 = 0 \\ D_6 = 0 \end{matrix}}$	$\begin{pmatrix} R_{0y,P} \\ R_{0z,P} \\ M_{0x,P} \end{pmatrix} = \begin{pmatrix} e_{2y} & e_{3y} & e_{4y} \\ e_{2z} & e_{3z} & e_{4z} \\ f_{2x} & f_{3x} & f_{4x} \end{pmatrix} \begin{pmatrix} D_2 \\ D_3 \\ D_4 \end{pmatrix} \Rightarrow \boxed{\begin{matrix} D_2 = \\ D_3 = \\ D_4 = \end{matrix}}$
Ist $\boldsymbol{M''} = \boldsymbol{0}$ und schneiden sich die Zentrallinie und zwei Disduktionsgeraden – komplanar – in einem Punkt, so sind die Koordinaten der D-Vektoren in den übrigen vier Disduktionsgeraden Null. $\begin{pmatrix} 0 \\ 0 \\ 0 \\ 0 \end{pmatrix} = \begin{pmatrix} e_{1x} & e_{4x} & e_{5x} & e_{6x} \\ f_{1x} & f_{4x} & f_{5x} & f_{6x} \\ f_{1y} & f_{4y} & f_{5y} & f_{6y} \\ f_{1z} & f_{4z} & f_{5z} & f_{6z} \end{pmatrix} \begin{pmatrix} D_1 \\ D_4 \\ D_5 \\ D_6 \end{pmatrix} \Rightarrow \boxed{\begin{matrix} D_1 = 0 \\ D_4 = 0 \\ D_5 = 0 \\ D_6 = 0 \end{matrix}}$	$\begin{pmatrix} R_{0y,P} \\ R_{0z,P} \end{pmatrix} = \begin{pmatrix} e_{2y} & e_{3y} \\ e_{2z} & e_{3z} \end{pmatrix} \begin{pmatrix} D_2 \\ D_3 \end{pmatrix} \Rightarrow \boxed{\begin{matrix} D_2 = \\ D_3 = \end{matrix}}$
Ist $\boldsymbol{M''} = \boldsymbol{0}$ und sind die Zentrallinie und zwei Disduktionsgeraden komplanar und parallel, so sind die Koordinaten der D-Vektoren in den übrigen vier Disduktionsgeraden Null. $\begin{pmatrix} 0 \\ 0 \\ 0 \\ 0 \end{pmatrix} = \begin{pmatrix} e_{1x} & e_{3x} & e_{5x} & e_{6x} \\ e_{1y} & e_{3y} & e_{5y} & e_{6y} \\ f_{1y} & f_{3y} & f_{5y} & f_{6y} \\ f_{1z} & f_{3z} & f_{5z} & f_{6z} \end{pmatrix} \begin{pmatrix} D_1 \\ D_3 \\ D_5 \\ D_6 \end{pmatrix} \Rightarrow \boxed{\begin{matrix} D_1 = 0 \\ D_3 = 0 \\ D_5 = 0 \\ D_6 = 0 \end{matrix}}$	$\begin{pmatrix} R_{0z,P} \\ M_{0x,P} \end{pmatrix} = \begin{pmatrix} e_{2z} & e_{4z} \\ f_{2x} & f_{4x} \end{pmatrix} \begin{pmatrix} D_2 \\ D_4 \end{pmatrix} \Rightarrow \boxed{\begin{matrix} D_2 = \\ D_4 = \end{matrix}}$
Ist $\boldsymbol{M''} = \boldsymbol{0}$ und sind die Zentrallinie und eine Disduktionsgerade komplanar, so sind die Koordinaten der D-Vektoren in den übrigen fünf Disduktionsgeraden Null. $\begin{pmatrix} 0 \\ 0 \\ 0 \\ 0 \\ 0 \end{pmatrix} = \begin{pmatrix} e_{1x} & e_{3x} & e_{4x} & e_{5x} & e_{6x} \\ e_{1y} & e_{3y} & e_{4y} & e_{5y} & e_{6y} \\ f_{1x} & f_{3x} & f_{4x} & f_{5x} & f_{6x} \\ f_{1y} & f_{3y} & f_{4y} & f_{5y} & f_{6y} \\ f_{1z} & f_{3z} & f_{4z} & f_{5z} & f_{6z} \end{pmatrix} \begin{pmatrix} D_1 \\ D_3 \\ D_4 \\ D_5 \\ D_6 \end{pmatrix} \Rightarrow \boxed{\begin{matrix} D_1 = 0 \\ D_3 = 0 \\ D_4 = 0 \\ D_5 = 0 \\ D_6 = 0 \end{matrix}}$	$R_{0z,P} = e_{2z} \cdot D_2 \Rightarrow \boxed{D_2 =}$

Tafel B.24. **Originaler Ergebnisausdruck der Matrizenmultiplikation nach Gleichung (B. 136)**

— Fortsetzung s. Rückseite —

B

1	50,000000
2	150,000000
3	157,000000
4	150,000000
5	100,000000
6	40,000000
7	62,500000
8	70,000000
9	30,000000
10	90,000000

Λ

	1	2	3	4	5	6
1	0,000000	-1,000000	-0,629600	0,000000	0,000000	0,000000
2	-1,000000	0,000000	0,615400	0,000000	0,000000	0,000000
3	0,000000	0,000000	-0,474200	-1,000000	0,000000	0,000000
4	2,000000	0,000000	-4,358400	1,980000	0,000000	0,000000
5	0,000000	-2,000000	4,120400	8,540000	0,000000	0,000000
6	-15,000000	8,000000	11,134000	0,000000	0,000000	0,000000
7	0,000000	0,000000	0,000000	0,000000	0,000000	0,000000
8	0,000000	0,000000	0,000000	0,000000	0,000000	0,000000
9	0,000000	0,000000	0,000000	0,000000	-1,000000	0,000000
10	0,000000	0,000000	0,000000	0,000000	-13,500000	0,000000
11	0,000000	0,000000	0,000000	0,000000	-1,000000	0,000000
12	0,000000	0,000000	0,000000	0,000000	0,000000	0,000000
13	0,000000	0,000000	0,000000	0,000000	0,000000	1,000000
14	0,000000	0,000000	0,000000	0,000000	0,000000	0,000000
15	0,000000	0,000000	0,000000	0,000000	0,000000	0,000000
16	0,000000	0,000000	0,000000	0,000000	0,000000	0,000000
17	0,000000	0,000000	0,000000	0,000000	0,000000	2,000000
18	0,000000	0,000000	0,000000	0,000000	0,000000	-18,250000

	7	8	9	10
1	0,000000	0,000000	0,000000	0,000000
2	0,000000	0,000000	0,000000	0,000000
3	0,000000	0,000000	0,000000	0,000000
4	0,000000	0,000000	0,000000	0,000000
5	0,000000	0,000000	0,000000	0,000000
6	0,000000	0,000000	0,000000	0,000000
7	0,000000	0,000000	0,000000	0,000000
8	0,000000	0,000000	0,000000	0,000000
9	0,000000	0,000000	0,000000	0,000000
10	0,000000	0,000000	0,000000	0,000000
11	0,000000	0,000000	0,000000	0,000000
12	0,000000	0,000000	0,000000	0,000000
13	0,000000	1,000000	0,000000	0,000000
14	0,000000	0,000000	1,000000	0,000000
15	1,000000	0,000000	0,000000	-1,000000
16	30,000000	0,000000	-4,000000	-24,000000
17	3,000000	6,000000	0,000000	9,000000
18	0,000000	-32,000000	0,000000	0,000000

R

1	-248,847200
2	46,617800
3	-224,449400
4	-287,268800
5	1627,902800
6	2198,038000
7	0,000000
8	0,000000
9	-100,000000
10	-1350,000000
11	-100,000000
12	0,000000
13	110,000000
14	30,000000
15	-27,500000
16	-405,000000
17	1497,500000
18	-2970,000000

Y

	1	2	3	4	5	6
1	-1,000000	0,000000	0,000000	0,000000	0,000000	0,000000
2	0,000000	-1,000000	0,000000	0,000000	0,000000	0,000000
3	0,000000	0,000000	-1,000000	0,000000	0,000000	0,000000
4	0,000000	0,000000	0,000000	-1,000000	0,000000	0,000000
5	0,000000	0,000000	0,000000	0,000000	-1,000000	0,000000
6	0,000000	0,000000	0,000000	0,000000	0,000000	-1,000000
7	0,000000	0,000000	0,000000	0,000000	0,000000	0,000000
8	0,000000	0,000000	0,000000	0,000000	0,000000	0,000000
9	0,000000	0,000000	0,000000	0,000000	0,000000	0,000000
10	0,000000	0,000000	0,000000	0,000000	0,000000	0,000000
11	0,000000	0,000000	0,000000	0,000000	0,000000	0,000000
12	0,000000	0,000000	0,000000	0,000000	0,000000	0,000000
13	0,000000	0,000000	0,000000	0,000000	0,000000	0,000000
14	0,000000	0,000000	0,000000	0,000000	0,000000	0,000000
15	0,000000	0,000000	0,000000	0,000000	0,000000	0,000000
16	0,000000	0,000000	0,000000	0,000000	0,000000	0,000000
17	0,000000	0,000000	0,000000	0,000000	0,000000	0,000000
18	0,000000	0,000000	0,000000	0,000000	0,000000	0,000000

	7	8	9	10	11	12
1	0,000000	0,000000	0,000000	0,000000	0,000000	0,000000
2	0,000000	0,000000	0,000000	0,000000	0,000000	0,000000
3	0,000000	0,000000	0,000000	0,000000	0,000000	0,000000
4	0,000000	0,000000	0,000000	0,000000	0,000000	0,000000
5	0,000000	0,000000	0,000000	0,000000	0,000000	0,000000
6	0,000000	0,000000	0,000000	0,000000	0,000000	0,000000
7	-1,000000	0,000000	0,000000	0,000000	0,000000	0,000000
8	0,000000	-1,000000	0,000000	0,000000	0,000000	0,000000
9	0,000000	0,000000	-1,000000	0,000000	0,000000	0,000000
10	0,000000	0,000000	0,000000	-1,000000	0,000000	0,000000
11	0,000000	0,000000	0,000000	0,000000	-1,000000	0,000000
12	0,000000	0,000000	0,000000	0,000000	0,000000	-1,000000
13	0,000000	0,000000	0,000000	0,000000	0,000000	0,000000
14	0,000000	0,000000	0,000000	0,000000	0,000000	0,000000
15	0,000000	0,000000	0,000000	0,000000	0,000000	0,000000
16	0,000000	0,000000	0,000000	0,000000	0,000000	0,000000
17	0,000000	0,000000	0,000000	0,000000	0,000000	0,000000
18	0,000000	0,000000	0,000000	0,000000	0,000000	0,000000

Y

	13	14	15	16	17	18
1	0,000000	0,000000	0,000000	0,000000	0,000000	0,000000
2	0,000000	0,000000	0,000000	0,000000	0,000000	0,000000
3	0,000000	0,000000	0,000000	0,000000	0,000000	0,000000
4	0,000000	0,000000	0,000000	0,000000	0,000000	0,000000
5	0,000000	0,000000	0,000000	0,000000	0,000000	0,000000
6	0,000000	0,000000	0,000000	0,000000	0,000000	0,000000
7	0,000000	0,000000	0,000000	0,000000	0,000000	0,000000
8	0,000000	0,000000	0,000000	0,000000	0,000000	0,000000
9	0,000000	0,000000	0,000000	0,000000	0,000000	0,000000
10	0,000000	0,000000	0,000000	0,000000	0,000000	0,000000
11	0,000000	0,000000	0,000000	0,000000	0,000000	0,000000
12	0,000000	0,000000	0,000000	0,000000	0,000000	0,000000
13	-1,000000	0,000000	0,000000	0,000000	0,000000	0,000000
14	0,000000	-1,000000	0,000000	0,000000	0,000000	0,000000
15	0,000000	0,000000	-1,000000	0,000000	0,000000	0,000000
16	0,000000	0,000000	0,000000	-1,000000	0,000000	0,000000
17	0,000000	0,000000	0,000000	0,000000	-1,000000	0,000000
18	0,000000	0,000000	0,000000	0,000000	0,000000	-1,000000

–R

1	248,847200
2	-46,617800
3	224,449400
4	287,268800
5	-1627,902800
6	-2198,038000
7	0,000000
8	0,000000
9	100,000000
10	1350,000000
11	100,000000
12	0,000000
13	-110,000000
14	-30,000000
15	27,500000
16	405,000000
17	-1497,500000
18	2970,000000

Q^{-1}

		2	3	4	5	6
1	-0,993838	0,000000	0,000000	0,000000	0,000000	-0,062115
2	1,111071	0,250000	-1,000000	0,125000	0,000000	0,027778
3	-1,201779	0,000000	-0,000000	0,000000	-0,000000	-0,000000
4	0,111104	-0,250000	1,000000	-0,125000	-0,055556	0,000000
5	-0,000000	0,000000	0,000000	0,000000	0,000000	-0,000000
6	-0,888889	1,000000	0,000000	0,000000	0,000000	-0,055556
7	-0,111104	-0,000000	1,000000	0,000000	0,055556	0,000000
8	-2,222196	2,000000	4,000000	0,000000	0,222222	-0,111111
9	-0,333313	-0,000000	3,000000	0,000000	0,166667	0,000000
10	2,666667	-3,000000	-0,000000	0,000000	-0,000000	0,166667
11	-0,111104	0,000000	1,000000	0,000000	0,055556	-0,000000
12	0,000000	0,000000	0,000000	0,000000	0,000000	0,000000
13	-0,888889	1,000000	0,000000	0,000000	0,000000	-0,055556
14	0,000000	-0,000000	0,000000	0,000000	0,000000	0,000000
15	-0,444444	0,500000	0,000000	0,000000	0,000000	-0,027778
16	0,993838	-1,118068	-0,000000	0,000000	-0,000000	0,062115
17	0,000000	0,000000	0,000000	0,000000	0,000000	0,000000
18	0,000000	0,000000	0,000000	0,000000	0,000000	0,000000

	7	8	9	10	11	12
1	-0,993838	0,000000	0,000000	-0,000000	0,000000	-0,062115
2	1,111071	0,250000	-1,000000	0,125000	0,000000	0,027778
3	-1,201779	0,000000	-0,000000	0,000000	-0,000000	0,000000
4	0,111104	-0,250000	1,000000	-0,125000	-0,055556	-0,000000
5	-1,000000	0,000000	0,000000	0,000000	0,000000	0,000000
6	-0,888889	-0,000000	0,000000	-0,000000	0,000000	-0,055556
7	-0,111104	0,000000	0,000000	-0,000000	0,055556	-0,000000
8	-2,222196	-2,000000	8,000000	-1,000000	0,222222	-0,111111
9	3,666687	0,000000	0,000000	-0,000000	-0,833333	-0,000000
10	-1,333333	0,000000	-0,000000	0,000000	-0,000000	-0,833333
11	-0,111104	0,000000	1,000000	-0,000000	0,055556	-0,000000
12	0,000000	0,000000	0,000000	0,000000	0,000000	0,000000
13	-0,888889	1,000000	0,000000	-0,000000	0,000000	-0,055556
14	0,000000	-0,000000	0,000000	0,000000	0,000000	0,000000
15	-0,444444	0,500000	0,000000	-0,000000	0,000000	-0,027778
16	0,993838	-1,118068	-0,000000	0,000000	-0,000000	0,062115
17	0,000000	0,000000	0,000000	0,000000	0,000000	0,000000
18	0,000000	0,000000	0,000000	0,000000	0,000000	0,000000

	13	14	15	16	17	18
1	-0,000000	0,000000	-0,000000	0,000000	0,000000	0,000000
2	0,666627	-0,250000	3,000000	-0,125000	0,000000	-0,000000
3	-1,201779	-0,000000	0,000000	-0,000000	0,000000	-0,000000
4	-0,000007	0,250000	-3,000000	0,125000	0,000000	-0,000000
5	-1,000000	0,000000	0,000000	0,000000	0,000000	-0,000000
6	-0,000000	0,000000	-0,000000	0,000000	0,000000	-0,000000
7	0,000007	0,000000	-0,000000	0,000000	0,000000	0,000000
8	0,000027	2,000000	-24,000000	1,000000	0,000000	-0,000000
9	2,000020	0,000000	0,000000	0,000000	0,000000	-0,000000
10	12,000000	0,000000	0,000000	-0,000000	0,000000	0,000000
11	0,000007	-0,250000	3,000000	-0,125000	0,000000	0,000000
12	-1,000000	0,000000	0,000000	0,000000	0,000000	0,000000
13	-0,000000	0,000000	-0,000000	0,000000	0,000000	-0,000000
14	0,000000	0,250000	-3,000000	0,125000	0,000000	0,000000
15	-1,111111	0,750000	-2,000000	0,125000	0,111111	-0,055556
16	1,987676	-1,118068	0,000000	-0,000000	0,000000	0,124230
17	1,111111	0,000000	0,000000	0,000000	-0,111111	0,055556
18	-1,987676	0,000000	0,000000	0,000000	0,000000	-0,124230

X

1	-110,782971
2	50,031132
3	-166,863598
4	204,602501
5	110,000000
6	-145,702089
7	111,917149
8	-708,735581
9	15,751448
10	-882,893733
11	251,292149
12	110,000000
13	-145,702089
14	-39,375000
15	-308,892711
16	346,764908
17	209,166667
18	-150,318058

Γ_S

	1	2	3	4	5	6
1	0,000000	0,000000	0,000000	0,000000	1,000000	0,000000
2	0,000000	0,000000	0,000000	0,000000	0,000000	1,000000
3	0,000000	0,000000	0,000000	0,000000	0,000000	0,000000
4	0,000000	0,000000	0,000000	0,000000	0,000000	0,000000
5	0,000000	0,000000	0,000000	0,000000	0,000000	0,000000
6	0,000000	0,000000	0,000000	0,000000	0,000000	0,000000

	7	8	9	10	11	12
1	0,000000	0,000000	0,000000	0,000000	0,000000	0,000000
2	0,000000	0,000000	0,000000	0,000000	0,000000	0,000000
3	1,000000	0,000000	0,000000	0,000000	0,000000	0,000000
4	0,000000	1,000000	0,000000	0,000000	0,000000	0,000000
5	0,000000	0,000000	1,000000	0,000000	0,000000	0,000000
6	0,000000	0,000000	0,000000	1,000000	0,000000	0,000000

	13	14	15	16	17	18
1	0,000000	0,000000	0,000000	0,000000	0,000000	0,000000
2	0,000000	0,000000	0,000000	0,000000	0,000000	0,000000
3	0,000000	0,000000	0,000000	0,000000	0,000000	0,000000
4	0,000000	0,000000	0,000000	0,000000	0,000000	0,000000
5	0,000000	0,000000	0,000000	0,000000	0,000000	0,000000
6	0,000000	0,000000	0,000000	0,000000	0,000000	0,000000

S

1	110,00
2	-145,70
3	111,91
4	-708,73
5	15,75
6	-882,89

T

	1	2	3	4	5	6
1	0,800000	0,600000	0,000000	0,000000	0,000000	0,000000
2	0,222800	-0,297100	-0,928500	0,000000	0,000000	0,000000
3	-0,557100	0,742800	-0,371400	0,000000	0,000000	0,000000
4	0,000000	0,000000	0,000000	0,800000	0,600000	0,000000
5	0,000000	0,000000	0,000000	0,222800	-0,297100	-0,928500
6	0,000000	0,000000	0,000000	-0,557100	0,742800	-0,371400

S_T

1	0,57
2	-36,11
3	-211,07
4	-557,53
5	657,18
6	734,44

Γ_E

	1	2	3	4	5	6
1	0,000000	0,000000	1,000000	0,000000	0,000000	0,000000
2	0,000000	0,000000	0,000000	1,000000	0,000000	0,000000
3	0,000000	0,000000	0,000000	0,000000	1,000000	0,000000

S_E

1	-211,07
2	-557,53
3	657,18

A^{-1}

	1	2	3
1	17,123288	0,000000	0,000000
2	0,000000	174,733531	0,000000
3	0,000000	0,000000	214,638334

N

1	-3614,29
2	-97420,51
3	141056,18

K

	1	2	3
1	1,000000	0,400000	-0,350000
2	1,000000	0,400000	0,350000
3	1,000000	-0,400000	0,350000
4	1,000000	-0,400000	-0,350000

σ

1	-91952,16
2	6787,17
3	84723,58
4	-14015,75

ε_L

	1	2	3	4	5	6
1	-19,697106	52.527906	125,928260	180.325987	-260.668051	-975.077217
2	61.213318	-163.233225	-144.228887	180.318091	-400.143022	788.249678
3	23.936832	-63.833927	-142.314571	-187.010622	259.961430	955.998534
4	-56,973592	151.927204	127.842576	-187.002726	399.436401	-807.328360

	7	8	9	10
1	-235,063396	-975,077217	78,354465	0,000000
2	-435,913364	788,249678	145,304455	0,000000
3	235,063396	955,998534	-78,354465	-0,000000
4	435,913364	-807,328360	-145,304455	-0,000000

LASTFALL

	1	2	3	4	5	6
1	50.000000	0.000000	0.000000	0.000000	0.000000	0.000000
2	0.000000	150,000000	0,000000	0.000000	0,000000	0.000000
3	0.000000	0.000000	157,000000	0.000000	0,000000	0.000000
4	0.000000	0.000000	0.000000	150,000000	0.000000	0.000000
5	0.000000	0.000000	0.000000	0.000000	100,000000	0.000000
6	0.000000	0.000000	0.000000	0,000000	0.000000	40.000000
7	0.000000	0.000000	0.000000	0.000000	0.000000	0.000000
8	0.000000	0.000000	0.000000	0.000000	0.000000	0.000000
9	0.000000	0.000000	0.000000	0.000000	0.000000	0.000000
10	0.000000	0.000000	0.000000	0.000000	0.000000	0.000000

L

	1	2	3	4	5	6
1	-984.855289	7879,185933	19770,736751	27048,898065	-26066,805102	-39003,088661
2	3060,665925	-24484,983789	-22643,935327	27047,713619	-40014,302181	31529,987110
3	1196,841590	-9575,089083	-22343,387722	-28051,593271	25996,143002	38239,941373
4	-2848,679623	22789,080640	20071,284356	-28050,408825	39943,640081	-32293,134398

LASTFALL

	7	8	9	10	11
1	0,000000	0,000000	0,000000	0,000000	50,000000
2	0.000000	0.000000	0.000000	0.000000	150,000000
3	0.000000	0.000000	0.000000	0.000000	157,000000
4	0.000000	0.000000	0.000000	0.000000	150,000000
5	0.000000	0.000000	0.000000	0.000000	100,000000
6	0,000000	0.000000	0.000000	0.000000	40,000000
7	62,500000	0.000000	0.000000	0.000000	62,500000
8	0.000000	70.000000	0.000000	0.000000	70,000000
9	0.000000	0,000000	30,000000	0,000000	30,000000
10	0,000000	0,000000	0,000000	90,000000	90,000000

L

	7	8	9	10	11
1	0,000000	-14691,462270	2350,633963	0,000000	-91952,161766
2	0,000000	-27244,585258	4359,133641	0,000000	6787,171183
3	0,000000	14691,462270	-2350,633963	-0,000000	84723,591599
4	0,000000	27244,585258	-4359,133641	-0,000000	-14015,751351

FSC
www.fsc.org
MIX
Papier | Fördert
gute Waldnutzung
FSC® C083411

Zeitfracht Medien GmbH
Ferdinand-Jühlke-Straße 7
99095 Erfurt, Deutschland
produktsicherheit@kolibri360.de